第3版

みんなが欲しか

電験三種

機械の教科書&問題集

TAC出版開発グループ 編著

TAC出版
TAC PUBLISHING Group

はしがき

電験三種の内容は難しく，学習範囲が膨大です。かといって中途半端に薄い教材で学習して負担を軽減しようとすると，説明不足でかえって多数の書籍を購入しなければならなくなり，理解に時間がかかってしまうという問題がありました。

そこで，本書では教科書と問題集を分冊にし，十分な紙面を設けて，他書では記述が省略される基礎的な内容も説明しました。

1．教科書

紙面を大胆に使ってたくさんのイラストを載せています。電験三種の膨大な範囲をイラストによって直感的にわかるように説明しているため，学習スピードを大幅に加速することができます。

2．問題集

過去に出題された良問を厳選して十分な量を収録しました。電験三種では似た内容の問題が繰り返し出題されます。しかし，過去問題の丸暗記で対応できるものではないので，教科書と問題集を何度も交互に読み理解を深めるようにして下さい。

なお，本シリーズでは科目間（理論，電力，機械，法規）の関連を明示しています。これにより，ある科目の知識を別の科目でそのまま使える分野については，学習負担を大幅に軽減できます。

皆様が本書を利用され，見事合格されることを心よりお祈り申し上げます。

2024年３月

TAC出版開発グループ

●第３版刊行にあたって

本書は『みんなが欲しかった！　電験三種機械の教科書＆問題集』につき，試験傾向に基づき，改訂を行ったものです。

本書の特長と効果的な学習法

1 「このCHAPTERで学習すること」「このSECTIONで学習すること」をチェック！

学ぶにあたって，該当単元の全体を把握しましょう。全体像をつかみ，知識を整理することで効率的な学習が可能です。

また，重要な公式などを抜粋しているので，復習する際にも活用することができます。

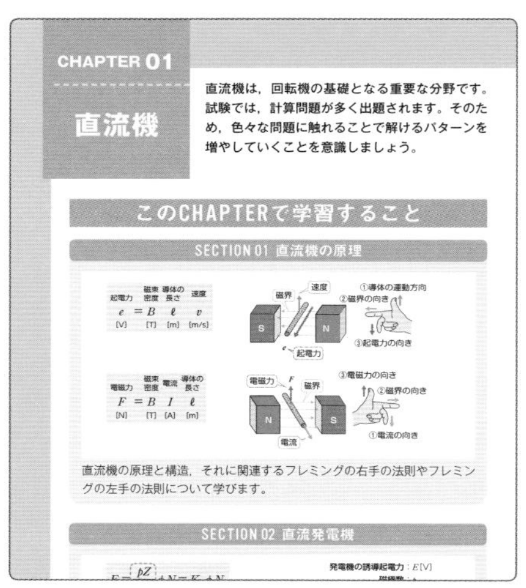

CHAPTER 01

直流機

直流機は，回転機の基礎となる重要な分野です。試験では，計算問題が多く出題されます。そのため，色々な問題に触れることで解けるパターンを増やしていくことを意識しましょう。

このCHAPTERで学習すること

SECTION 01 直流機の原理

直流機の原理と構造，それに関連するフレミングの右手の法則やフレミングの左手の法則について学びます。

SECTION 02 直流発電機

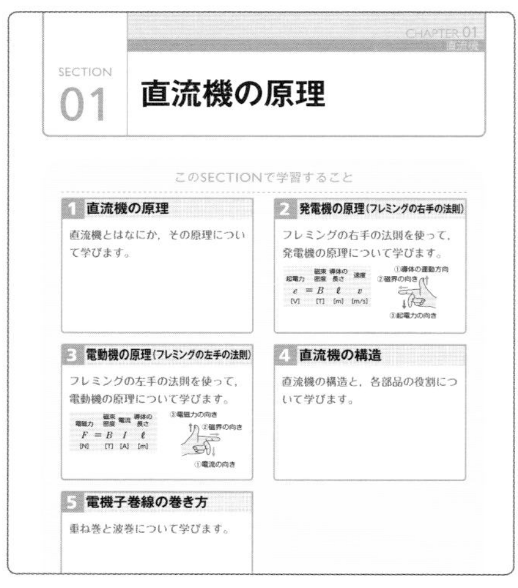

SECTION 01 直流機の原理

このSECTIONで学習すること

1 直流機の原理

直流機とはなにか，その原理について学びます。

2 発電機の原理（フレミングの右手の法則）

フレミングの右手の法則を使って，発電機の原理について学びます。

3 電動機の原理（フレミングの左手の法則）

フレミングの左手の法則を使って，電動機の原理について学びます。

4 直流機の構造

直流機の構造と，各部品の役割について学びます。

5 電機子巻線の巻き方

重ね巻と波巻について学びます。

2 シンプルで読みやすい「本文」

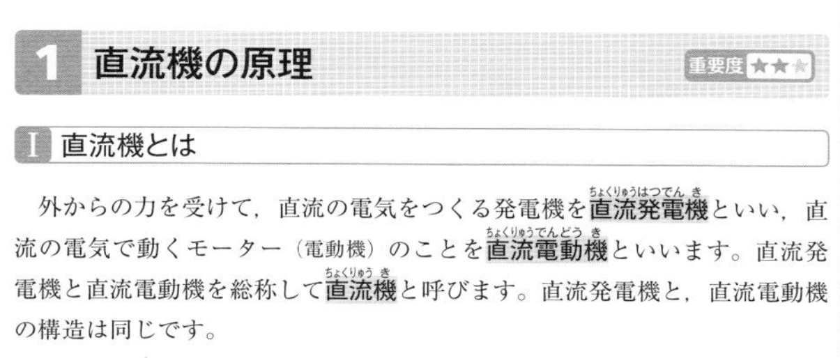

1 直流機の原理
重要度★★★
I 直流機とは
外からの力を受けて，直流の電気をつくる発電機を直流発電機といい，直流の電気で動くモーター（電動機）のことを直流電動機といいます。直流発電機と直流電動機を総称して直流機と呼びます。直流発電機と，直流電動機の構造は同じです。

論点をやさしい言葉でわかりやすくまとめ，少ない文章でも理解できるようにしました。カラーの図表をふんだんに掲載しているので，初めて学習する人でも安心して勉強できます。

3 「板書」で理解を確実にする

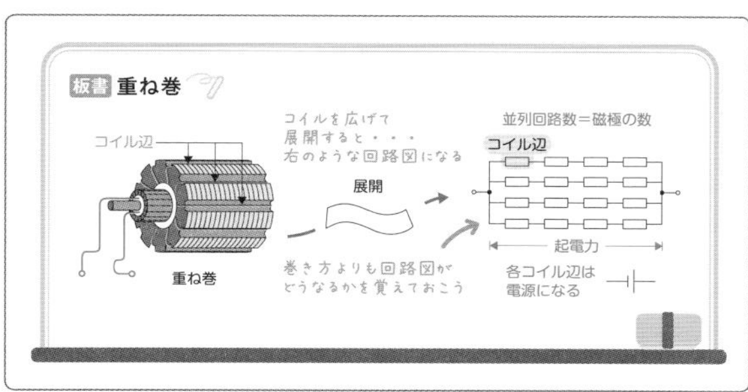

板書 重ね巻
コイル辺
重ね巻
コイルを広げて
展開すると・・・
右のような回路図になる
展開
巻き方よりも回路図が
どうなるかを覚えておこう
並列回路数＝磁極の数
コイル辺
起電力
各コイル辺は
電源になる

フルカラーの図解やイラストなどを用いてわかりにくいポイントを徹底的に整理しています。

本文，板書，公式をセットで反復学習しましょう。復習する際は板書と公式を重点的に確認しましょう。

4 重要な「公式」をしっかりおさえる

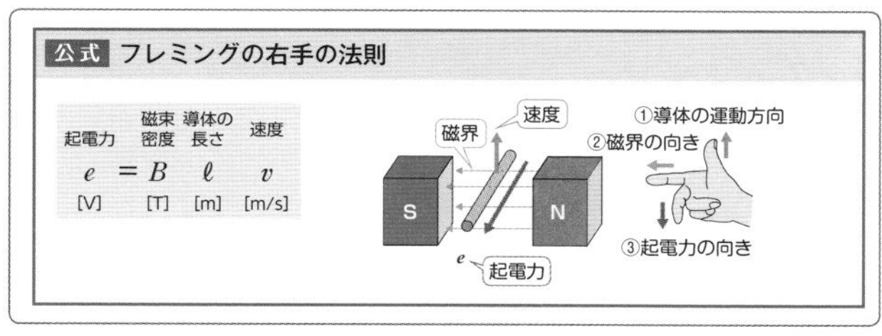

公式 フレミングの右手の法則
起電力
磁束密度
導体の長さ
速度
e = B ℓ v
[V] [T] [m] [m/s]
磁界
速度
S
N
e
起電力
①導体の運動方向
②磁界の向き
③起電力の向き

電験は計算問題が多く出題されます。重要な公式をまとめていますので，必ず覚えるようにしましょう。問題を解く際に思い出せなかった場合は，必ず公式に立ち返るようにしましょう。

5　かゆいところに手が届く「ひとこと」

本文を理解するためのヒントや用語の意味，応用的な内容など，補足情報を掲載しています。プラスαの知識で理解がいっそう深まります。

←ほかの科目の内容を振り返るときはこのアイコンが出てきます。

6　学習を助けるさまざまな工夫

●重要度

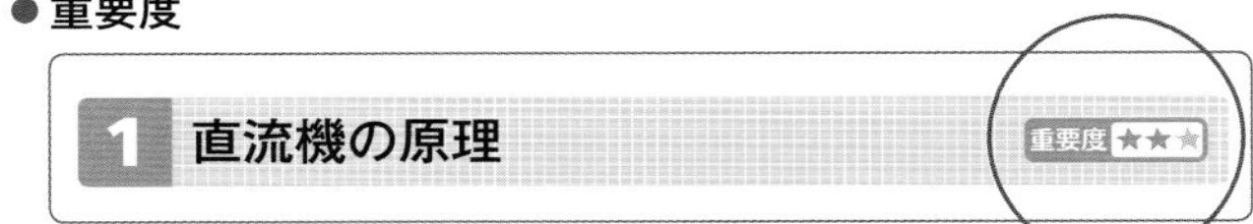

見出しの横に重要度を示しています。

重要度★★★　重要度　高

重要度★★☆　重要度　中

重要度★☆☆　重要度　低

●問題集へのリンク

本書には，教科書にリンクした問題集がセットになっています。教科書中に，そこまで学習した内容に対応した問題集の番号を記載しています。

●科目間リンク

電験の試験科目４科目はそれぞれ関連しているところがあります。関連する項目には，関連箇所のリンクを施しています。

7　理解したことを確認する「基本例題」

基本例題　　直流発電機の誘導起電力

電機子巻線が波巻で，磁極数が4極，電機子の全導体数が576，1極あたりの磁束が0.02 Wbである直流発電機がある。回転子の回転速度が500 min^{-1}のときの誘導起電力の値[V]を求めよ。

解答

電機子巻線が波巻のため並列回路数a=2である。公式より，誘導起電力E[V]は，

$$E=\frac{pZ}{60a}\phi N$$

$$=\frac{4\times 576}{60\times 2}\times 0.02\times 500=192\ \mathrm{V}$$

知識を確認するための基本例題を掲載しています。簡単な計算問題や，公式を導き出すもの，過去問のなかでやさしいものから出題していますので，教科書を読みながら確実に答えられるようにしましょう。

8　重要問題を厳選した過去問題で実践力を身につけよう！

本書の問題集編は，厳選された過去問題で構成されています。教科書にリンクしているので，効率的に学習をすることが可能です。

レベル表示
問題の難易度を示しています。AとBは必ず解けるようにしましょう。
- A　平易なもの
- B　少し難しいもの
- C　相当な計算・思考が求められるもの

出題
実際にどの過去問かが分かるようにしています。なお，B問題のなかで選択問題はCと記載しています。

問題集の構成
徹底した本試験の分析をもとに，重要な問題を厳選しました。1問ずつの見開き構成なので，解説を探す手間が省け効率的です。

難易度 A　**起電力と逆起電力**　教科書 SECTION 01

問題01 直流電動機が回転しているとき，導体は磁束を切るので起電力を誘導する。この起電力の向きは，フレミングの（ア）によって定まり，外部から加えられる直流電圧とは逆向き，すなわち電機子電流を減少させる向きとなる。このため，この誘導起電力は逆起電力と呼ばれている。直流電動機の機械的負荷が増加して（イ）が低下すると，逆起電力は（ウ）する。これにより，電機子電流が増加するので（エ）も増加し，機械的負荷の変化に対応するようになる。

上記の記述中の空白箇所(ア)，(イ)，(ウ)及び(エ)に記入する語句として，正しいものを組み合わせたのは次のうちどれか。

	(ア)	(イ)	(ウ)	(エ)
(1)	右手の法則	回転速度	減　少	電動機の入力
(2)	右手の法則	磁束密度	増　加	電動機の入力
(3)	左手の法則	回転速度	増　加	電動機の入力
(4)	左手の法則	磁束密度	増　加	電機子反作用
(5)	左手の法則	回転速度	減　少	電機子反作用

H13-A1

	①	②	③	④	⑤
学習日					
理解度 (○/△/×)					

4

チェック欄
学習した日と理解度を記入することができます。問題演習は全体を通して何回も繰り返しましょう。

教科書編とのリンク
教科書編の対応するSECTIONを示しています。教科書を読み，対応する問題番号を見つけたらその都度問題を解くことで，インプットとアウトプットを並行して行うことができます。

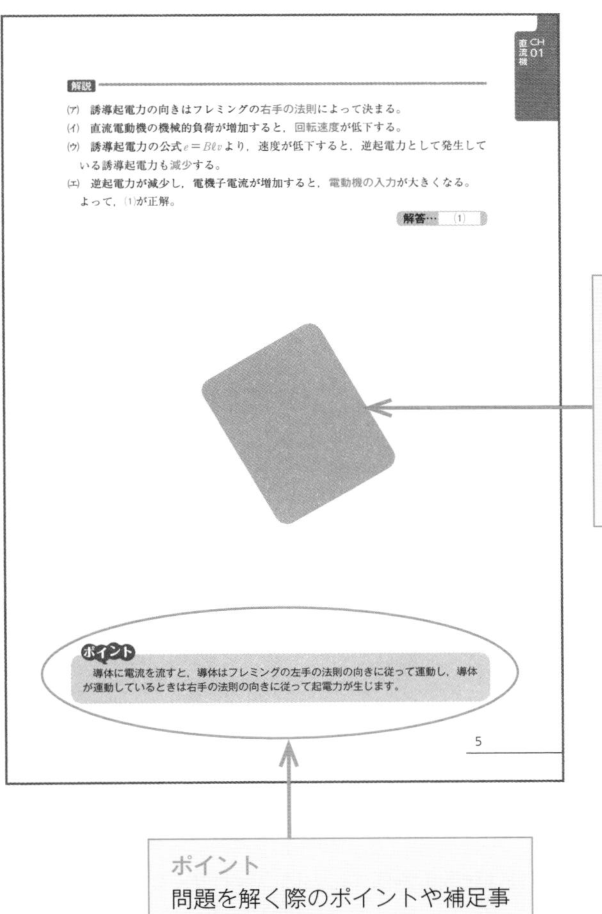

CH 01
直流機
解説
(ア) 誘導起電力の向きはフレミングの右手の法則によって決まる。
(イ) 直流電動機の機械的負荷が増加すると，回転速度が低下する。
(ウ) 誘導起電力の公式 e = Blv より，速度が低下すると，逆起電力として発生している誘導起電力も減少する。
(エ) 逆起電力が減少し，電機子電流が増加すると，電動機の入力が大きくなる。
よって，(1)が正解。
解答… (1)
ポイント
導体に電流を流すと，導体はフレミングの左手の法則の向きに従って運動し，導体が運動しているときは右手の法則の向きに従って起電力が生じます。
5

こたえかくすシート
問題と解答解説が左右に収録されています。問題を解く際には，こたえかくすシートで解答解説を隠しながら学習すると便利です。

ポイント
問題を解く際のポイントや補足事項をまとめました。

電験三種試験の概要

試験日程など

	筆記方式	CBT方式
試験日程	（上期）8月下旬の日曜日 （下期）3月下旬の日曜日	（上期）7月上旬～7月下旬で日時指定 （下期）2月上旬～3月初旬で日時指定 ※CBT方式への変更申請が必要
出題形式	マークシートによる五肢択一式	コンピュータ上での五肢択一式
受験資格	なし	

申込方法，申込期間，受験手数料，合格発表

申込方法	インターネット（原則）
申込期間	5月中旬～6月上旬（上期）　11月中旬～11月下旬（下期）
受験手数料	7700円（書面による申し込みは8100円）
合格発表	9月上旬（上期）　4月上旬（下期）

試験当日持ち込むことができるもの

・筆記用具
・電卓（関数電卓は不可）
・時計
※CBT方式では会場で貸し出されるボールペンとメモ用紙，持参した電卓以外は持ち込むことができません。

試験実施団体

一般財団法人電気技術者試験センター
https：//www.shiken.or.jp/

※上記は出版時のデータです。詳細は試験実施団体にお問い合わせください。

試験科目，合格基準

試験科目	内容	出題形式	試験時間
理論	電気理論，電子理論，電気計測及び電子計測に関するもの	A問題14問 B問題３問（選択問題を含む）	90分
電力	発電所，蓄電所及び変電所の設計及び運転，送電線路及び配電線路（屋内配線を含む。）の設計及び運用並びに電気材料に関するもの	A問題14問 B問題３問	90分
機械	電気機器，パワーエレクトロニクス，電動機応用，照明，電熱，電気化学，電気加工，自動制御，メカトロニクス並びに電力システムに関する情報伝送及び処理に関するもの	A問題14問 B問題３問（選択問題を含む）	90分
法規	電気法規（保安に関するものに限る。）及び電気施設管理に関するもの	A問題10問 B問題３問	65分

・合格基準…すべての科目で合格基準点（目安として60点）以上

科目合格制度

・一部の科目のみ合格の場合，申請により２年間（連続５回）試験が免除される

過去５回の受験者数，合格者数の推移

	R2年	R3年	R4年上期	R4年下期	R5年上期
申込者（人）	55,406	53,685	45,695	40,234	36,978
受験者（人）	39,010	37,765	33,786	28,785	28,168
合格者（人）	3,836	4,357	2,793	4,514	4,683
合格率	9.8%	11.5%	8.3%	15.7%	16.6%
科目合格者(人)	11,686	12,278	9,930	8,269	9,252
科目合格率	30.0%	32.5%	29.4%	28.7%	32.8%

目 contents 次

第1分冊 教科書編

CHAPTER 01 直流機

CHAPTER 02 変圧器

CHAPTER 03 誘導機

CHAPTER 04

同期機

CHAPTER 05

パワーエレクトロニクス

CHAPTER 06

自動制御

CHAPTER 07

情報

CHAPTER 08

照明

CHAPTER 09

電熱

第2分冊 問題集編

電験三種の試験科目の概要

電験三種の試験では電気についての理論，電力，
機械，法規の４つの試験科目があります。
どんな内容なのか，ざっと確認しておきましょう。

理論

内容

電気理論，電子理論，電気計測及び電子計測に関するもの

ポイント

理論は電験三種の土台となる科目です。すべての範囲が重要です。合格には，❶直流回路，❷静電気，❸電磁力，❹単相交流回路，❺三相交流回路を中心にマスターしましょう。この範囲を理解していないと，ほかの科目の参考書を読んでも理解ができなくなります。一発合格をめざす場合は，この５つの分野に８割程度の力を入れて学習します。

電力

内容

発電所，蓄電所及び変電所の設計及び運転，送電線路及び配電線路（屋内配線を含む。）の設計及び運用並びに電気材料に関するもの

ポイント

重要なのは，❶発電（電気をつくる），❷変電（電気を変成する），❸送電（電力会社のなかで電気を輸送していく），❹配電（電力会社がお客さんに電気を配分していく）の４つです。

電力は，知識問題の割合が理論・機械に比べて多いので４科目のなかでは学習負担が少ない科目です。専門用語を理解しながら，理論との関連を意識しましょう。

4科目の相関関係はこんな感じ

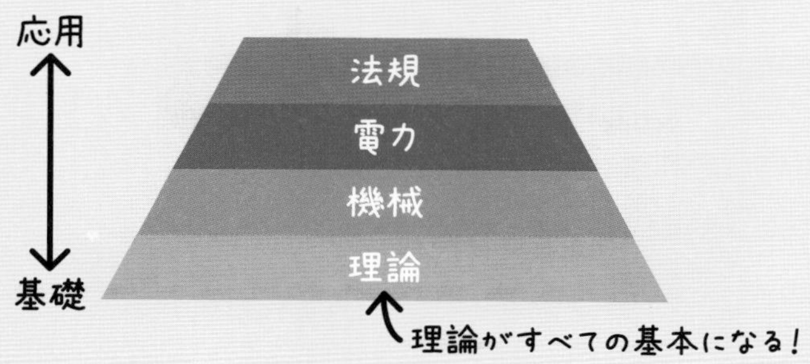

機械

内容

電気機器，パワーエレクトロニクス，電動機応用，照明，電熱，電気化学，電気加工，自動制御，メカトロニクス並びに電力システムに関する情報伝送及び処理に関するもの

ポイント

「電気機器」と「それ以外」に分けられ，「電気機器」が重要です。「電気機器」は❶直流機，❷変圧器，❸誘導機，❹同期機の4つに分けられ，「四機（よんき）」と呼ばれるほど重要です。他の3科目と同時に，一発合格をめざす場合は，この四機に全体の7割程度の力を入れて，学習します。

法規

内容

電気法規（保安に関するものに限る。）及び電気施設管理に関するもの

ポイント

法規は4科目の集大成ともいえる科目です。法規を理解するために，理論，電力，機械という科目を学習するともいえます。ほかの3科目をしっかり学習していれば，学習の内容が少なくてすみます。
過去問の演習にあたりながら，実際の条文にも目を通しましょう。特に「電気設備技術基準」はすべて原文を読んだことがある状態にしておくことが大事です。

機械の学習マップ

「機械」のイメージ図

機械の出題範囲

四機

CH01 直流機
- 直流機の原理
- 直流発電機
- 直流電動機

CH02 変圧器
- 変圧器の構造と理論
- 変圧器の等価回路
- 特性
- 損失と効率
- 並行運転
- 三相結線

CH03 誘導機
- 三相誘導電動機の原理と構造
- 誘導電動機の等価回路
- 特性
- 始動法
- 特殊かご形誘導電動機
- 単相誘導電動機

CH04 同期機
- 三相同期発電機
- 三相同期電動機

機械で学習する内容とほかの試験科目の関係をざっと確認しましょう。
また，次のページからは学習のコツもまとめました。

「理論」科目

- 直流回路
- 電子回路
- 電磁力
- 交流回路
- 三相交流回路

関連あり

関連あり

CH06 自動制御

- フィードバック制御
- ブロック線図
- ボード線図

CH07 情報

- 論理回路

（物理）

CH10 電動機応用

- クレーン
- エレベータ
- ポンプ
- 小形モータ

CH09 電熱

- 熱回路
- ヒートポンプ

CH05 パワーエレクトロニクス

- ダイオード
- サイリスタ
- トランジスタ
- 整流回路と電力調整回路
- 直流チョッパ

CH08 照明

- 光束
- 光度
- 照度
- 輝度

CH11 電気化学

- 一次電池と二次電池
- 蓄電池

学習のコツ

教材の選び方

勉強に必要なもの

あとノートも

各科目の学習にあたっては，まずは勉強に必要なものを用意しましょう。必要なものは，教科書，問題集，そして電卓です。

問題を解く過程を残しておくためにもノートも用意しましょう。

電卓について

○

×

電卓については，試験会場に持ち込むことができるのは，計算機能（四則計算機能）のみのものに限られ，プログラム機能のある電卓や関数電卓は持ち込めません。

電卓の選び方

- 「00」と「√」は必須
- メモリーキーも必須
- 10ないし12桁程度あるとよい

必須なのは「00」と「√」です。電験の問題は桁数が多く，ルートを使った計算も多いからです。

メモリー機能と戻る機能があると便利です。桁数は10桁以上，12桁程度あるとよいでしょう。

教科書

教科書の選び方

- 読み比べて選ぶ
- 初学者は丁寧な解説のあるものを選ぶ

教科書については，一冊に全科目がまとまっているものもあれば，科目ごとに分冊化されているものもあります。試験日までずっと使うものですので，読み比べて，自分に合ったものを選ぶとよいでしょう。

TAC出版の書籍なら…

機械の教科書&問題集(本書)

☆全科目そろえる！
☆長期間使えるものを選ぶ！

物理や電気の勉強をこれまであまりしてこなかった人は，丁寧な解説のある教科書を選びましょう。

問題集

TAC出版の書籍なら，教科書と問題集がセット！

理論の教科書&問題集

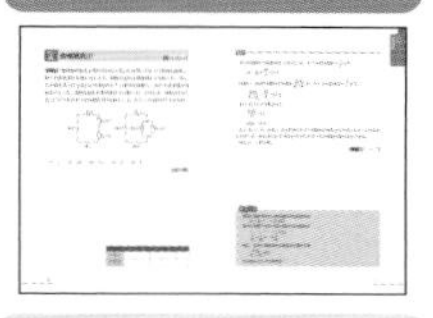

☆教科書に対応したものを選ぶ
☆教科書を読んだら，必ず問題を解く！

教科書に対応している問題集が1冊あると便利です。教科書を読み，該当する箇所の問題を解くというサイクルができるようにしましょう。

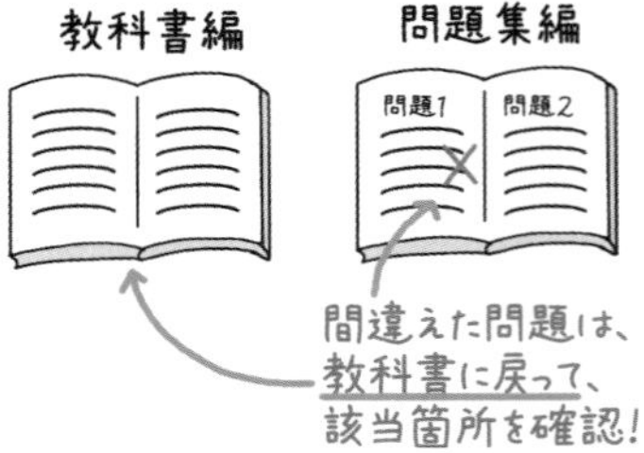

間違えた箇所は必ず教科書に戻って確認しましょう。

その他購入するもの

TAC出版の書籍なら…

電験三種合格へのはじめの一歩

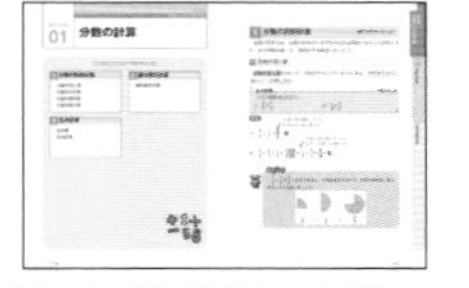

☆数学の知識が身につくものを！

電験はとても難しい試験です。問題を解くためには，高校の数学や物理の知識が必要です。もし，いろいろな教科書を読んでみて，なんだかよくわからないという場合は，基本的な知識を学習しましょう。

実力をつけるために

TAC出版の書籍なら…

電験三種の10年過去問題集

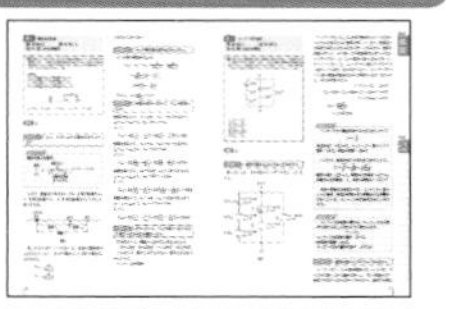

☆解説がわかりやすいものを！

教科書と問題集で学習したら，1回分の過去問を通して解きましょう。

過去問は最低5年分，できれば10年分解いておくとよいでしょう。

勉強方法のポイント

ポイント（1）

× テキストを全部読んでから、問題を解く

○ テキストをちょっと読んだら、それに対応する問題を解く

そのつど解く！

電験の難しいところは，過去問を丸暗記しても合格できないということです。過去問と似た問題が出題されることはありますが，単に数字を変えただけの問題が出題されるわけではないからです。一つひとつの分野を丁寧に勉強して，しっかりと理解することが合格への近道です。

ポイント（2）

- 過去問丸暗記ではなく理解する
- 教科書は何度も読む
- じっくり読むというよりは，何度も読み返す
- 問題を解くときは，ノートに計算過程を残す

学習の際は，公式や重要用語を暗記するのではなく，しっかりと理解するようにしましょう。疑問点や理解したところを教科書やノートにメモするとよいでしょう。
また，教科書は何回も読みましょう。一度目はざっくりと，すべてをじっくり理解しようとせず，全体像を把握するようなイメージで。

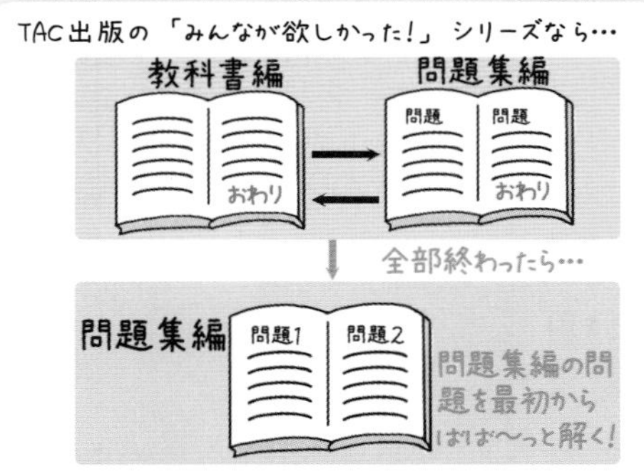
TAC出版の「みんなが欲しかった！」シリーズなら…
教科書編
問題集編
問題
問題
おわり
おわり
全部終わったら…
問題集編
問題1
問題2
問題集編の問題を最初からばばば〜っと解く！

こまめに過去問を解くようにしましょう。一度教科書を読んだだけでは解けない問題も多いので，同じ問題でも繰り返し解きましょう。

CBT試験のポイント

CBT方式の申し込み

CBT方式とは,「Computer Based Testing」の略で,コンピュータを使った試験方式のことです。テストセンターで受験し,マークシートではなく,解答をマウスで選択して行います。

CBT方式とは?

- コンピュータを使った試験方式
- テストセンターで受験
- マークシートではなくマウスで解答
- CBT方式を希望する場合は,変更の申請が必要

→申請しないと筆記方式のまま

CBT方式で受験するには受験申し込み後の変更期間内に申請が必要です。変更の申請をしないと筆記方式での受験となります。

試験日の選択

○1日に4科目連続で受験
○各科目を別日で受験
　例 「理論」「電力」「機械」「法規」をそれぞれ別の日に受験
　例 「理論」と「電力」,「機械」と「法規」を同じ日に受験
×筆記とCBTを併用
　例 「理論」のみ筆記,ほかはCBT

1日で4科目を連続して受験することも,各科目を別日で受験することも可能ですが,筆記方式とCBT方式の併用はできません。

試験当日は?

当日は30分前に

- 30分～5分前には会場に着く
- 30分遅刻すると受験できない
- 本人確認証を忘れずに!

当日は受験時刻の30分～5分前までに会場に着くようにしましょう。開始時刻から30分遅刻すると受験することはできません。また，遅刻すると遅刻した分受験時間が短くなります。

メモ用紙と筆記用具が貸与されます。持ち込みが可能なのは電卓のみで自分の筆記用具も持ち込みはできません。
メモ用紙はA4用紙１枚です。電卓はPCの電卓機能を使うことができますが，できるだけ使い慣れた電卓を持っていきましょう。

メモ用紙について

- 科目ごとに配布，交換される
- 問題に書き込む場合は，PC画面内のペンツールを使う

配布されたメモ用紙（A4）は科目ごとに交換されます。試験中に追加が可能ですが，とくに計算問題の多い理論科目などはスペースを計画的に使うようにしましょう。

執筆者

澤田隆治（代表執筆者）
青野　晃
石田聖人
田中真実
山口陽太

装丁

黒瀬章夫（Nakaguro Graph）

イラスト

matsu（マツモト　ナオコ）
エイブルデザイン

２分冊の使い方

★セパレートBOOKの作りかた★

白い厚紙から，各分冊の冊子を取り外します。

※厚紙と冊子が，のりで接着されています。乱暴に扱いますと，破損する危険性がありますので，丁寧に抜きとるようにしてください。

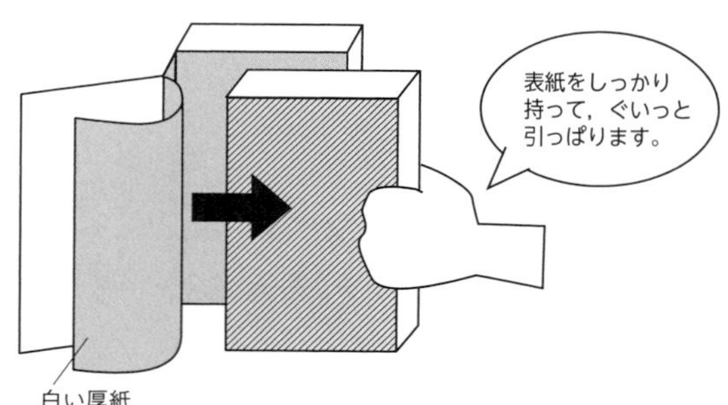
表紙をしっかり
持って，ぐいっと
引っぱります。
白い厚紙

※抜きとるさいの損傷についてのお取替えはご遠慮願います。

みんなが欲しかった！電験三種シリーズ

みんなが欲しかった！ 電験三種 機械の教科書&問題集 第3版

2018年3月20日　初　版　第1刷発行
2024年4月20日　第3版　第1刷発行

編著者　TAC出版開発グループ
発行者　多田敏男
発行所　TAC株式会社　出版事業部
（TAC出版）

〒101-8383
東京都千代田区神田三崎町3-2-18
電 話 03(5276)9492(営業)
FAX 03(5276)9674
https://shuppan.tac-school.co.jp

組　版　株式会社　グラフト
印　刷　株式会社　光邦
製　本　株式会社　常川製本

© TAC 2024　Printed in Japan

ISBN 978-4-300-10883-3
N.D.C. 540.79

乱丁・落丁による交換，および正誤のお問合せ対応は，該当書籍の改訂版刊行月末日までといたします。なお，交換につきましては，書籍の在庫状況等により，お受けできない場合もございます。
また，各種本試験の実施の延期，中止を理由とした本書の返品はお受けいたしません。返金もいたしかねますので，あらかじめご了承くださいますようお願い申し上げます。

売上No.1*の実績を持つわかりやすい教材!

「みんなが欲しかった!シリーズ」を使った講座なのでお手持ちの教材も使用可能!

TAC出版の大人気シリーズ教材を使って学習します。
教科書で学習したあとに、厳選した重要問題を解く。解けない問題があったら教科書で復習することで効率的に実力がつき、全科目の合格を目指せます。

*※紀伊國屋書店・丸善ジュンク堂書店・三省堂書店・TSUTAYA各社POS売上データをもとに弊社にて集計(2019年1月～2023年12月)
「みんなが欲しかった! 電験三種 はじめの一歩」、「みんなが欲しかった! 電験三種 理論の教科書 & 問題集」、
「みんなが欲しかった! 電験三種 電力の教科書 & 問題集」、「みんなが欲しかった! 電験三種 機械の教科書 & 問題集」、
「みんなが欲しかった! 電験三種 法規の教科書 & 問題集」、「 みんなが欲しかった! 電験三種の10年過去問題集」

自分の環境で選べる学習スタイル!

無理なく学習できる! 通学講座だけでなくWeb通信・DVD通信講座も選べる!

教室講座
日程表に合わせてTACの教室で講義を受講する学習スタイルです。欠席フォロー制度なども充実していますので、安心して学習を進めていただけます。

ビデオブース講座
収録した講義映像をTAC各校舎のビデオブースで視聴する学習スタイルです。ご自宅で学習しにくい環境の方にオススメです。

Web通信講座
インターネットを利用していつでもどこでも教室講義と変わらぬ臨場感と情報量で集中学習が可能です。時間にとらわれず、学習したい方にオススメです。

DVD通信講座
教室講義を収録した講義DVDで学習を進めます。DVDプレーヤーがあれば、外出先でもどこでも学習可能です。

合格するための充実のサポート。安心の学習フォロー!

講義を休んだらどうなるの? そんな心配もTACなら不要! 下記以外にも多数ご用意!

質問制度 
様々な学習環境にも対応できるよう質問制度が充実しています。

- 講義後に講師に直接質問
- 校舎での対面質問
- 質問メール
- 質問電話
- 質問カード
- オンライン質問

Webフォロー 標準装備
受講している同一コースの講義を、インターネットを通じて学習できるフォロー制度です。弱点補強等、講義の復習や欠席フォローとして、様々にご活用できます!

- いつでも好きな時間に何度でも繰り返し受講することができます。
- 講義を欠席してしまったときや復習用としてもオススメです。

自習室の利用 コース生のみ 
家で集中して学習しにくい方向けに教室を自習室として開放しています。

i-support 
インターネットでメールでの質問や最新試験情報など、役立つ情報満載!

最後の追い込みもTACがしっかりサポート!

予想全国公開模試 CBT or 筆記

全国順位も出る! 実力把握に最適!

本試験さながらの緊張感の中で行われる予想全国公開模試は受験必須です! 得点できなかった論点など、弱点をしっかり克服して本試験に挑むことができ、関東・関西・名古屋などの会場で実施予定です。またご自宅でも受験することができます。予想全国公開模試の詳細は、ホームページをご覧ください。

オプション講座・直前対策

直前期に必要な知識を総まとめ!

強化したいテーマのみの受講や、直前対策とポイントに絞った講義で総仕上げできます。
詳細は、ホームページをご覧ください。

※電験三種各種コース生には、「予想全国公開模試」が含まれておりますので、別途お申込みの必要はありません。

資料請求・お問い合わせ
通話無料 0120-509-117（ゴウカク イイナ）
受付時間 平日・土日祝／10:00～17:00
※営業時間変更の場合がございます。詳細はHPにてご確認ください。

TAC電験三種ホームページで最新情報をチェック!

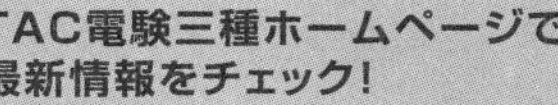

TAC出版 書籍のご案内

TAC出版では、資格の学校TAC各講座の定評ある執筆陣による資格試験の参考書をはじめ、資格取得者の開業法や仕事術、実務書、ビジネス書、一般書などを発行しています！

TAC出版の書籍

*一部書籍は、早稲田経営出版のブランドにて刊行しております。

資格・検定試験の受験対策書籍

- 日商簿記検定
- 建設業経理士
- 全経簿記上級
- 税　理　士
- 公認会計士
- 社会保険労務士
- 中小企業診断士
- 証券アナリスト
- ファイナンシャルプランナー(FP)
- 証券外務員
- 貸金業務取扱主任者
- 不動産鑑定士
- 宅地建物取引士
- 賃貸不動産経営管理士
- マンション管理士
- 管理業務主任者
- 司法書士
- 行政書士
- 司法試験
- 弁理士
- 公務員試験(大卒程度・高卒者)
- 情報処理試験
- 介護福祉士
- ケアマネジャー
- 電験三種　ほか

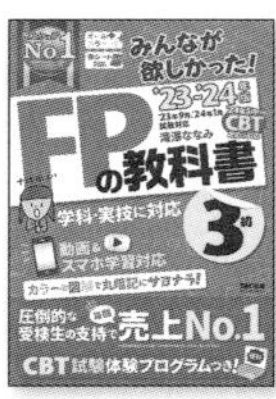

実務書・ビジネス書

- 会計実務、税法、税務、経理
- 総務、労務、人事
- ビジネススキル、マナー、就職、自己啓発
- 資格取得者の開業法、仕事術、営業術

一般書・エンタメ書

- ファッション
- エッセイ、レシピ
- スポーツ
- 旅行ガイド（おとな旅プレミアム/旅コン）

(2024年2月現在)

書籍のご購入は

1 全国の書店、大学生協、ネット書店で

2 TAC各校の書籍コーナーで

資格の学校TACの校舎は全国に展開!
校舎のご確認はホームページにて

資格の学校TAC ホームページ
https://www.tac-school.co.jp

3 TAC出版書籍販売サイトで

TAC 出版 で 検索

24時間
ご注文
受付中

https://bookstore.tac-school.co.jp/

新刊情報をいち早くチェック!

たっぷり読める立ち読み機能

学習お役立ちの特設ページも充実!

TAC出版書籍販売サイト「サイバーブックストア」では、TAC出版および早稲田経営出版から刊行されている、すべての最新書籍をお取り扱いしています。
また、会員登録(無料)をしていただくことで、会員様限定キャンペーンのほか、送料無料サービス、メールマガジン配信サービス、マイページのご利用など、うれしい特典がたくさん受けられます。

サイバーブックストア会員は、特典がいっぱい!(一部抜粋)

通常、1万円(税込)未満のご注文につきましては、送料・手数料として500円(全国一律・税込)頂戴しておりますが、1冊から無料となります。

専用の「マイページ」は、「購入履歴・配送状況の確認」のほか、「ほしいものリスト」や「マイフォルダ」など、便利な機能が満載です。

メールマガジンでは、キャンペーンやおすすめ書籍、新刊情報のほか、「電子ブック版TACNEWS(ダイジェスト版)」をお届けします。

書籍の発売を、販売開始当日にメールにてお知らせします。これなら買い忘れの心配もありません。

書籍の正誤に関するご確認とお問合せについて

書籍の記載内容に誤りではないかと思われる箇所がございましたら、以下の手順にてご確認とお問合せをしてくださいますよう、お願い申し上げます。
なお、正誤のお問合せ以外の**書籍内容に関する解説および受験指導などは、一切行っておりません。**
そのようなお問合せにつきましては、お答えいたしかねますので、あらかじめご了承ください。

1 「Cyber Book Store」にて正誤表を確認する

TAC出版書籍販売サイト「Cyber Book Store」のトップページ内「正誤表」コーナーにて、正誤表をご確認ください。

CYBER BOOK STORE TAC出版書籍販売サイト

URL:https://bookstore.tac-school.co.jp/

2 1の正誤表がない、あるいは正誤表に該当箇所の記載がない ⇒ 下記①、②のどちらかの方法で文書にて問合せをする

★ご注意ください★

お電話でのお問合せは、お受けいたしません。
①、②のどちらの方法でも、お問合せの際には、「お名前」とともに、
「対象の書籍名(○級・第○回対策も含む)およびその版数(第○版・○○年度版など)」
「お問合せ該当箇所の頁数と行数」
「誤りと思われる記載」
「正しいとお考えになる記載とその根拠」
を明記してください。
なお、回答までに1週間前後を要する場合もございます。あらかじめご了承ください。

① ウェブページ「Cyber Book Store」内の「お問合せフォーム」より問合せをする

【お問合せフォームアドレス】

https://bookstore.tac-school.co.jp/inquiry/

② メールにより問合せをする

【メール宛先 TAC出版】

syuppan-h@tac-school.co.jp

※土日祝日はお問合せ対応をおこなっておりません。
※正誤のお問合せ対応は、該当書籍の改訂版刊行月末日までといたします。

乱丁・落丁による交換は、該当書籍の改訂版刊行月末日までといたします。なお、書籍の在庫状況等により、お受けできない場合もございます。
また、各種本試験の実施の延期、中止を理由とした本書の返品はお受けいたしません。返金もいたしかねますので、あらかじめご了承くださいますようお願い申し上げます。

(2022年7月現在)

２分冊の使い方

★セパレートBOOKの作りかた★

白い厚紙から，各分冊の冊子を取り外します。

※厚紙と冊子が，のりで接着されています。乱暴に扱いますと，破損する危険性がありますので，丁寧に抜きとるようにしてください。

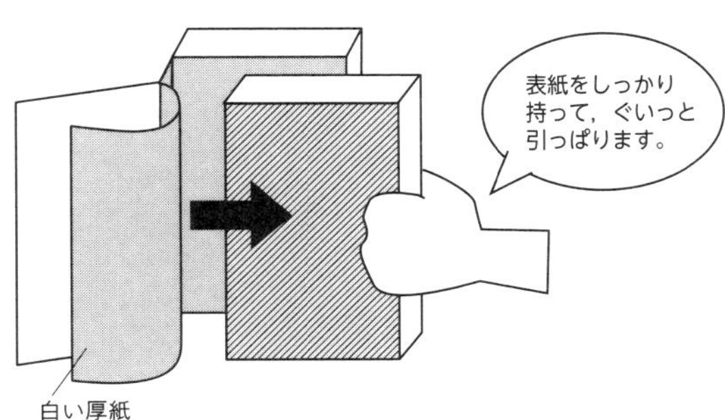
表紙をしっかり
持って，ぐいっと
引っぱります。
白い厚紙

※抜きとるさいの損傷についてのお取替えはご遠慮願います。

第3版

みんなが欲しかった!

電験三種 機械の 教科書&問題集

第1分冊

教科書編

第 **1** 分冊

教科書編

目 contents 次

第1分冊 教科書編

CHAPTER 01 直流機

CHAPTER 02 変圧器

CHAPTER 03 誘導機

CHAPTER 04 同期機

CHAPTER 05

パワーエレクトロニクス

CHAPTER 06

自動制御

CHAPTER 07

情報

CHAPTER 08

照明

CHAPTER 09

電熱

CHAPTER 10

電動機応用

CHAPTER 11

電気化学

CHAPTER 01

直流機

CHAPTER 01

直流機

直流機は，回転機の基礎となる重要な分野です。試験では，計算問題が多く出題されます。そのため，色々な問題に触れることで解けるパターンを増やしていくことを意識しましょう。

このCHAPTERで学習すること

SECTION 01 直流機の原理

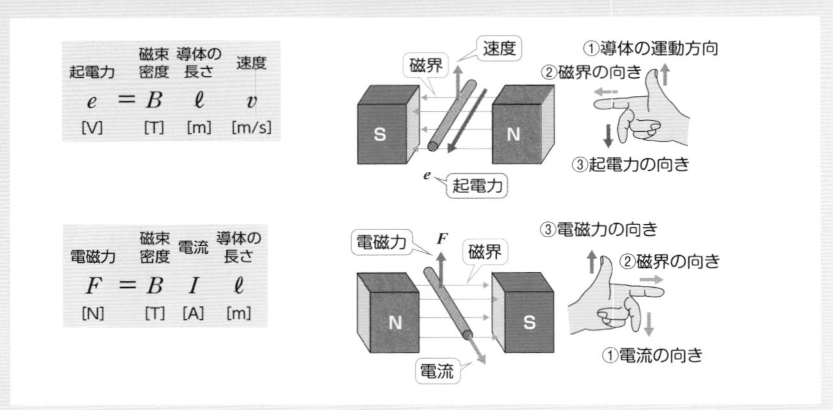

直流機の原理と構造，それに関連するフレミングの右手の法則やフレミングの左手の法則について学びます。

SECTION 02 直流発電機

$$E=\frac{pZ}{60a}\phi N=K_1\phi N$$

直流発電機をつくってしまうと，もう変化させられない値

(重ね巻は$a=p$，波巻は$a=2$)

発電機の誘導起電力：E[V]
磁極数：p
電機子の全導体数（コイル辺の数）：Z
1極あたりの磁束：ϕ（ファイ）[Wb]
回転速度：N[min^{-1}]
並列回路数：a
定数：K_1

直流発電機のしくみと，誘導起電力について学びます。

SECTION 03 直流電動機

$$T=\frac{pZ}{2\pi a}\phi I_a=K_2\phi I_a$$

直流電動機をつくってしまうと，もう変化させられない値

$$P_o=\omega T=2\pi\frac{N}{60}T=EI_a$$

電動機のトルク：T[N·m]
磁極数：p
並列回路数：a
電機子の全導体数（コイル辺の数）：Z
1極あたりの磁束：ϕ [Wb]
電機子電流：I_a[A]
定数：K_2
電動機の出力：P_o[W]
角速度：ω [rad/s]
回転速度：N[min^{-1}]
誘導起電力：E[V]

（重ね巻は$a=p$，波巻は$a=2$）

直流電動機の回転する力であるトルクと出力を学びます。

傾向と対策

出題数

2問程度／22問中

・計算問題中心

	H27	H28	H29	H30	R1	R2	R3	R4上	R4下	R5上
直流機	2	2	2	2	2	2	2	1	1	2

ポイント

直流機の計算問題は，種類別の等価回路をスムーズに作成できるかがカギとなります。そのため，それぞれの原理や特性をしっかりと理解し，多くの問題を解くことによって，等価回路の作成に慣れるようにしましょう。毎年決まった問題数の出題がある分野のため，計算の際に電流や誘導起電力の向きに注意し，確実に得点できるようにしましょう。

SECTION 01 直流機の原理

このSECTIONで学習すること

1 直流機の原理

直流機とはなにか，その原理について学びます。

2 発電機の原理（フレミングの右手の法則）

フレミングの右手の法則を使って，発電機の原理について学びます。

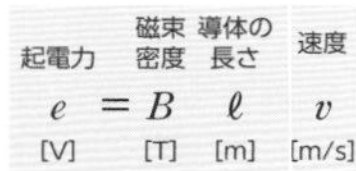

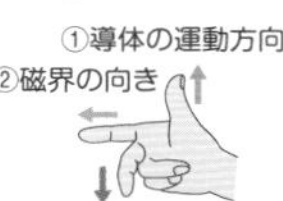

3 電動機の原理（フレミングの左手の法則）

フレミングの左手の法則を使って，電動機の原理について学びます。

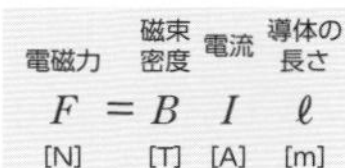

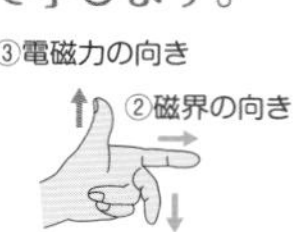

4 直流機の構造

直流機の構造と，各部品の役割について学びます。

5 電機子巻線の巻き方

重ね巻と波巻について学びます。

1 直流機の原理

重要度★★★

I 直流機とは

外からの力を受けて，直流の電気をつくる発電機を**直流発電機**(ちょくりゅうはつでんき)といい，直流の電気で動くモーター（電動機）のことを**直流電動機**(ちょくりゅうでんどうき)といいます。直流発電機と直流電動機を総称して**直流機**(ちょくりゅうき)と呼びます。直流発電機と，直流電動機の構造は同じです。

ひとこと

歴史的には，展示会で偶然，電気をつくるための発電機に電気を流すと，モーターが回りだし，電動機になることが発見されたといわれています。同じ機械が，使い方によって，発電機にも電動機にもなったということです。

II 直流機の原理

直流発電機は，磁界中で外からの力（外力）でコイルを回転させて起電力を発生させます。一方，直流電動機は，磁界中でコイルに電流を流し，コイルを回転させます。

板書 直流発電機と直流電動機

直流発電機	回転させて→直流の起電力を発生させる
直流電動機	直流の電流を流して→トルク（回転力）を発生させる

理論の「電磁力」を理解していないと，さっぱりわからなくなるので，不安な人は理論の教科書で確認して下さい。

2 発電機の原理（フレミングの右手の法則） 理論 重要度★★★

発電機の原理は，**フレミングの右手の法則**により導くことができます。

フレミングの右手の法則は，右手の親指，人差し指，中指をそれぞれ互いに直角にして，①親指を導体の運動方向，②人差し指を磁界の向きに合わせると，③中指は誘導起電力の向きを表すという法則です。起電力e[V]は次の公式で表されます。

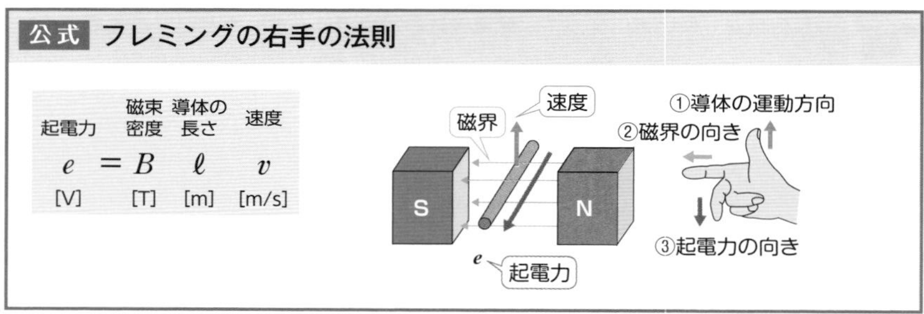

起電力の単位は[V]で，電圧のことです。電流ではありません。

3 電動機の原理(フレミングの左手の法則) 理論 重要度

電動機の原理は，**フレミングの左手の法則**を応用して理解します。

フレミングの左手の法則は，左手の親指，人差し指，中指をそれぞれ互いに直角にして，①中指を電流の向き，②人差し指を磁界の向きに合わせると，③親指の向きが電磁力の向きを表すという法則です。電磁力F[N]は次の公式で表されます。

公式 フレミングの左手の法則

電磁力		磁束密度	電流	導体の長さ
F	$=$	B	I	ℓ
[N]		[T]	[A]	[m]

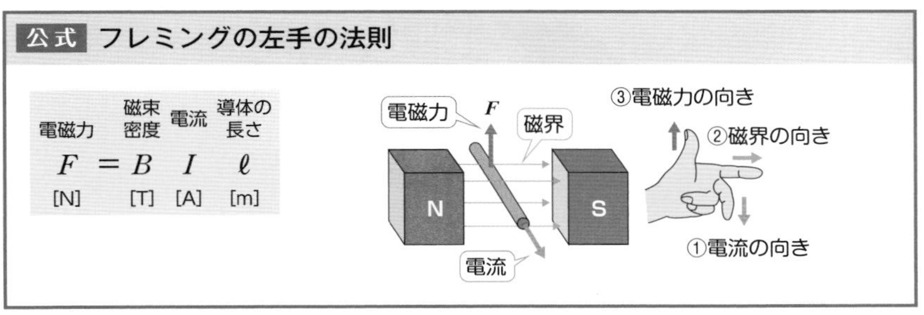

問題集 問題01

4 直流機の構造

重要度★★☆

図のように，磁石の間（磁界の中）に方形コイル（四角いコイル）をおきます。直流発電機として用いる場合は，コイルの軸を外力（この場合は風車）によって回転させると，フレミングの右手の法則により起電力が発生します。

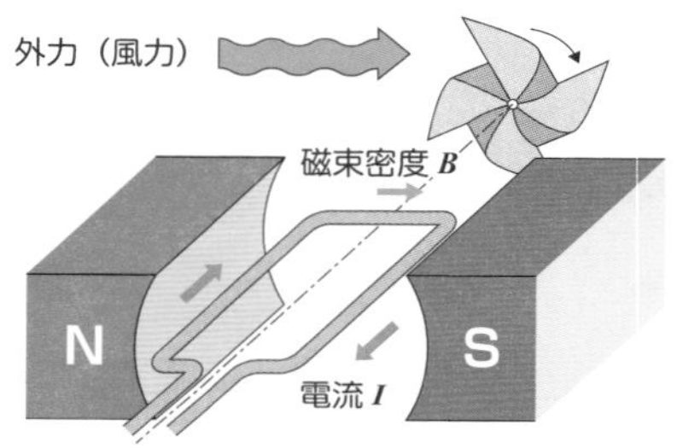

効率よく起電力を発生させるため，次のI～VIのような工夫をします。

I スリップリング，ブラシを付ける

このまま回転させると導線がからまってしまいます。そこで，以下のように，スリップリングという金属のリングと，ブラシというスリップリングにこすれるように接触させる金属の部品を取りつけます。

コイルを回転させると次のグラフのような交流の起電力e[V]を得ることができます（理論）。

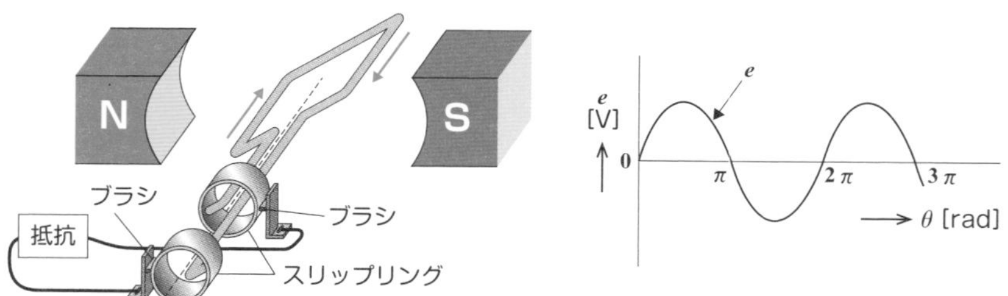

II 整流子をつける

このままでは半周ごとに起電力の向きが変化する交流になってしまいます。そこで直流を得るために，スリップリングの代わりに**整流子**(せいりゅうし)を取りつけます。整流子は電流の方向を周期的に切り替えることができる部品です。

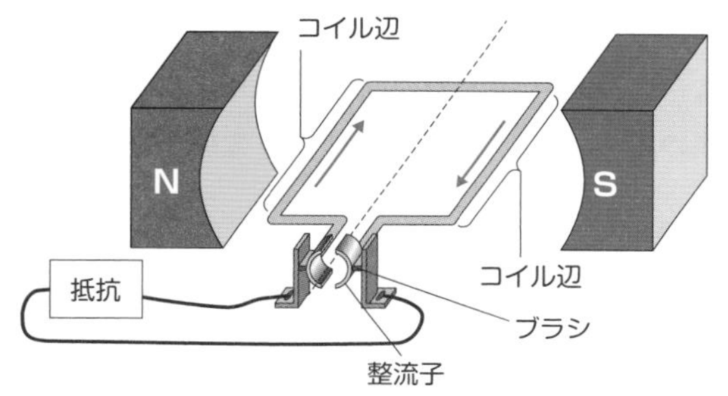

ひとこと

起電力は整流しても脈流（左側の山のような形のグラフ）になりますが，実際の直流機では，コイルは１本ではありません。たとえば，３本のコイルの場合，右側のグラフのようになります。

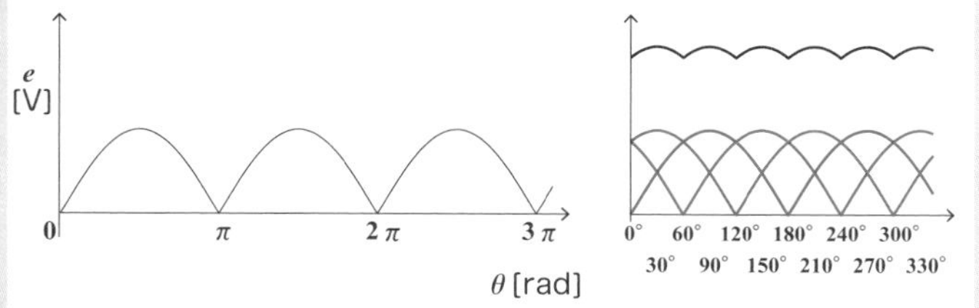

コイルが多数巻かれていると，それぞれのコイルで位相がずれた電圧が生じ，それらの電圧が重ね合わさって脈流はほとんどなくなります。

III コイルをたくさん巻く（電機子巻線法）

効率よく起電力を発生させるために，コイルを１本ではなく，たくさん巻きます。たくさんのコイルを相互につなげる方法を**電機子巻線法**(でんきしまきせんほう)といい，これには**重ね巻**(かさねまき)と**波巻**(なみまき)という方法があります。

ふむ ふむ

ひとこと

電機子巻線法については5で詳しく説明します。

Ⅳ 磁束密度を大きくする（電機子鉄心）

磁束密度が大きいほど，起電力は大きくなります。そこで，磁束を通しやすい鉄を直流機の中心におきます。これを，**電機子鉄心**（でんきしてっしん）といいます。

ふむ ふむ

ひとこと

空気の透磁率は低い（磁束を通しにくい）ので，鉄を入れることによって磁束密度を強くします。

電機子鉄心には**スロット**という溝（みぞ）があり，そこにコイルを収納します。このコイルを**電機子巻線**（でんきしまきせん）（**電機子コイル**）といいます。

このようにすると，磁束のほとんどが電機子を通り，磁束密度を高めることができます。

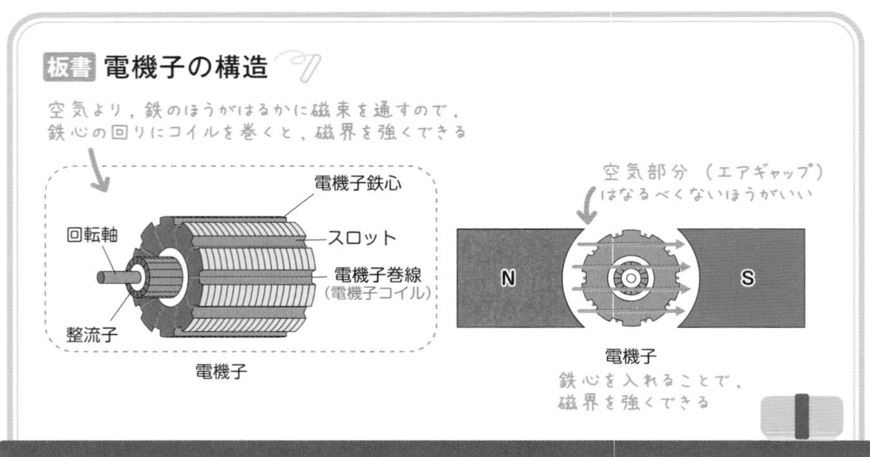
板書 電機子の構造
空気より，鉄のほうがはるかに磁束を通すので，
鉄心の回りにコイルを巻くと，磁界を強くできる
電機子鉄心
回転軸
スロット
電機子巻線
（電機子コイル）
整流子
電機子
空気部分（エアギャップ）
はなるべくないほうがいい
N
S
電機子
鉄心を入れることで，
磁界を強くできる

ひとこと

説明では電機子鉄心を鉄としましたが，交番磁界による渦電流損を小さくするために，ケイ素鋼板の積層鉄心（表面を絶縁し，薄い鋼板を積み重ねたもの）を用います。

V 電磁石を使用する

磁束の強さをコントロールするために，永久磁石ではなく，電磁石を使います。このように磁界をつくる装置のことを**界磁**（かいじ）といいます。

板書 界磁と電機子

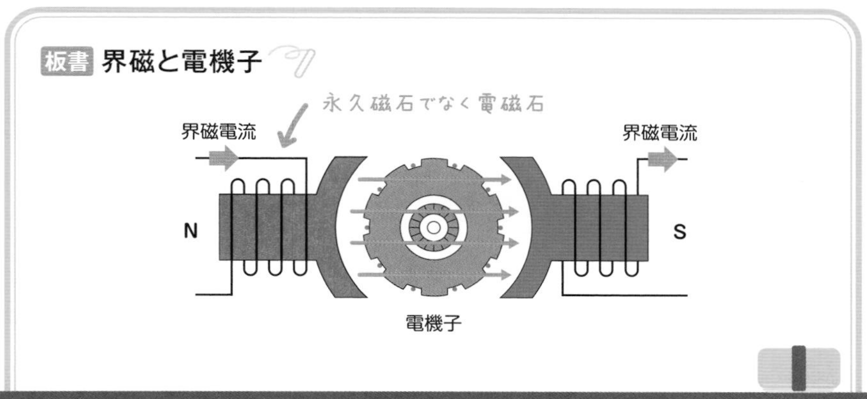

Ⅵ 磁束の通り道をつくる

電磁石となる部分（界磁鉄心・界磁巻線）を固定し，磁束を漏らさないように外枠で磁束の通り道をつくります。

この外枠を形作る部分を**継鉄**といいます。

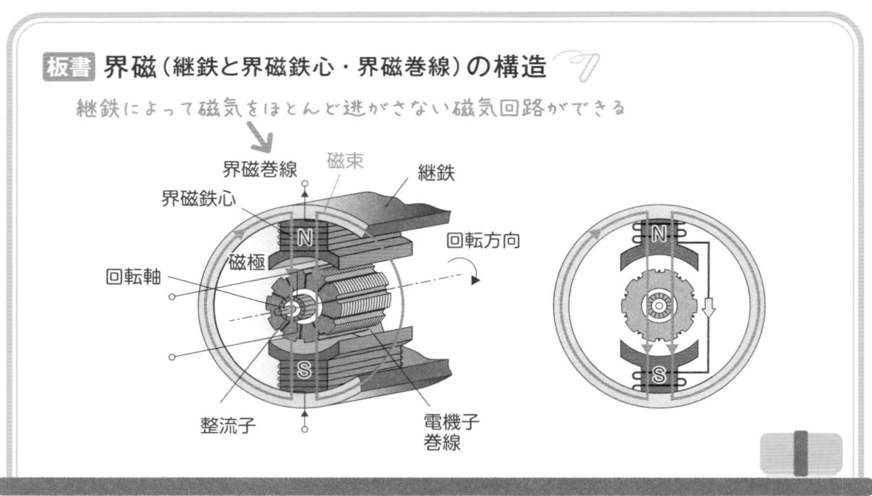

ひとこと

磁極の数は2極（2極セットで1対とも数える）である必要はありません。N極とS極をたくさんつくって，4極以上の多極になってもかまいません。

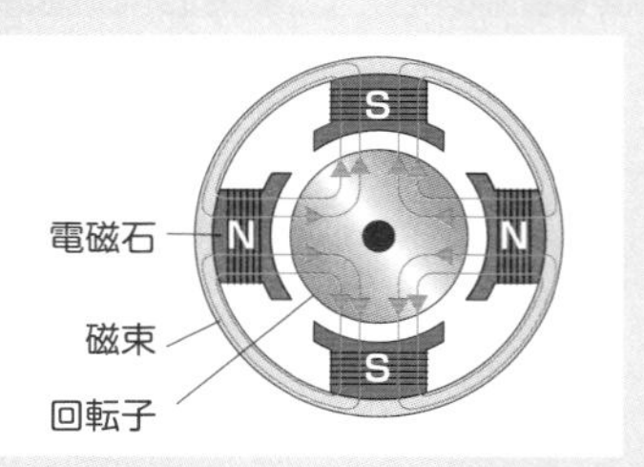

5 電機子巻線の巻き方

重要度★★★

電機子巻線法には重ね巻と波巻という巻き方があります。

ひとこと

ふむ ふむ

磁石をつくる界磁巻線の話ではありません。電機子巻線法はたくさんの電機子コイル（巻線）をどのようにつなぐかの方法です。コイル辺1本1本は起電力を生じます（電源のようなイメージ）。つまり起電力をどのようにつなぐかという話です。

I 重ね巻

重ね巻（かさねまき）（並列巻（へいれつまき））は，始めのコイルの巻き終りを，次のコイルの巻き始めと重ね（接続し），整流子片につなげて，次々に接続していく巻き方です。

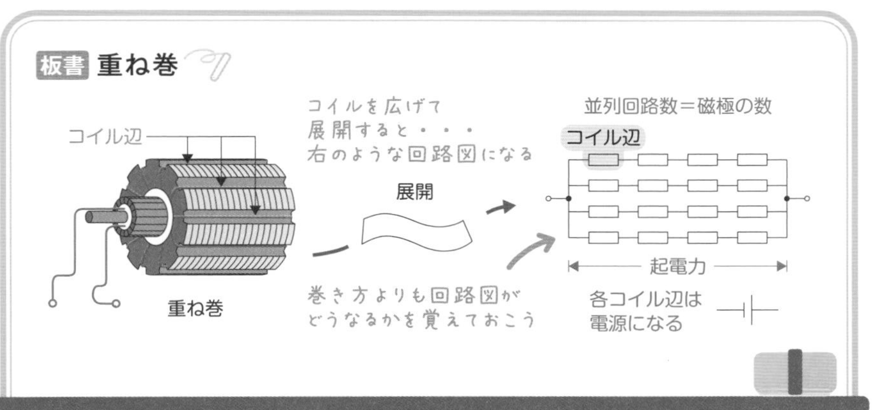
板書 重ね巻
コイル辺
重ね巻
コイルを広げて
展開すると・・・
右のような回路図になる
展開
巻き方よりも回路図が
どうなるかを覚えておこう
並列回路数＝磁極の数
コイル辺
起電力
各コイル辺は
電源になる

重ね巻の特徴は次のとおりです。

板書 重ね巻の特徴

①並列回路数 a と磁極数 p は等しくなる

→ $a=p$

②並列回路数とブラシの数は等しくなる

③低電圧に適する

←（回路図より）電源となるコイル辺が並列に多く接続されるから

④大電流に適する

←並列回路の電流が合流するから

ひとこと

ふむ ふむ

巻き方が実際にどうなっているかは，複雑な上に試験において重要ではないので，深く理解する必要はありません。重要なのは，重ね巻は，並列回路数 a と磁極数 p が等しいということです。

Ⅱ 波巻

波巻（直列巻）は，波形にコイルを収めていく方法です。

板書 波巻

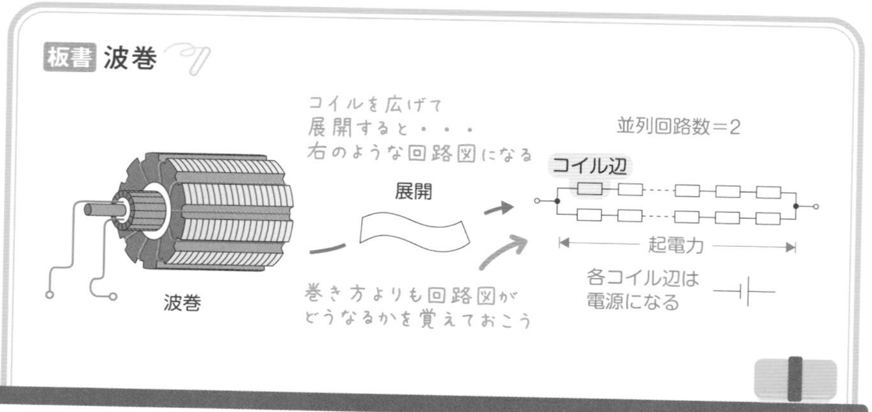

コイルを広げて
展開すると・・・
右のような回路図になる
並列回路数＝2
コイル辺
展開
起電力
波巻
巻き方よりも回路図が
どうなるかを覚えておこう
各コイル辺は
電源になる

波巻の特徴は次のとおりです。

板書 波巻の特徴

①並列回路数 a はつねに2となる
→ $a=2$

②ブラシの数も並列回路数と同じく2となる

③高電圧に適する
←（回路図より）電源となるコイル辺が直列に多く接続されるから

④小電流に適する
←並列回路数が2しかないから

以上より，重ね巻と波巻をまとめると次のようになります。

公式 重ね巻と波巻

	重ね巻	波巻
並列回路数 a	磁極数 p と等しい	2
ブラシの数	磁極数 p と等しい	2
特徴	低電圧・大電流に適する	高電圧・小電流に適する

この結論が重要なので，上の表を押さえてください。実際の試験問題で重ね巻という言葉をみたら「磁極数」を探しましょう。また，波巻という言葉をみたら「並列回路数 $a=2$」とメモしましょう。

問題集 問題02

SECTION 02

直流発電機

このSECTIONで学習すること

1 直流発電機の誘導起電力

直流発電機の誘導起電力について，導き方を学びます。

$$E=\frac{pZ}{60a}\phi N=K_1\phi N$$

2 電機子反作用

電機子反作用とその影響，対策について学びます。

3 直流発電機の種類

直流発電機の分類について学びます。

4 他励発電機

直流発電機の分類の一つである他励発電機について，そのしくみと原理について学びます。

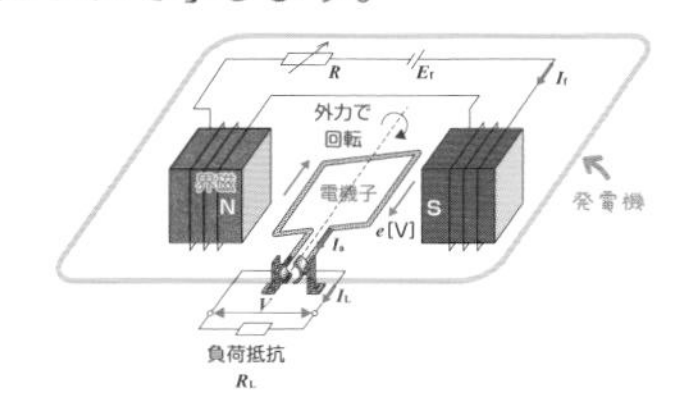

5 自励発電機

直流発電機の分類の一つである自励発電機について，そのしくみと原理について学びます。

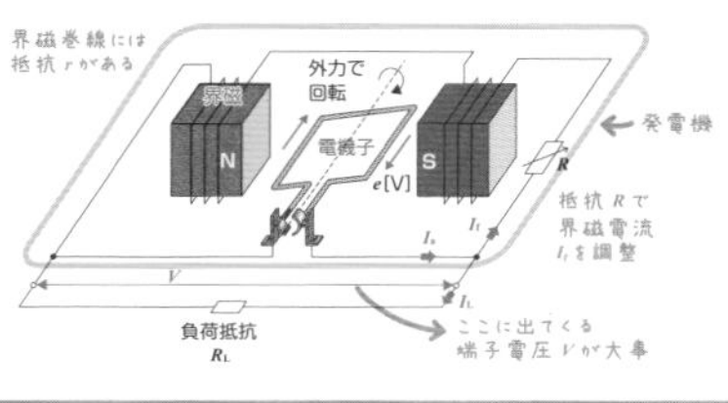

1 直流発電機の誘導起電力

重要度★★★

直流発電機とは，外からの力でコイルを回転させて直流の電気をつくる発電機のことです。直流発電機の学習で最も大事なことは，誘導起電力を求められるようになることです。誘導起電力の公式は，次のようになります。

公式 直流発電機の誘導起電力

$$E=\frac{pZ}{60a}\phi N=K_1\phi N$$

↑ 直流発電機をつくってしまうと，もう変化させられない値

（重ね巻は$a=p$，波巻は$a=2$）

発電機の誘導起電力	：E[V]
磁極数	：p
電機子の全導体数（コイル辺の数）	：Z
1極あたりの磁束	：ϕ（ファイ）[Wb]
回転速度	：N[min^{-1}]
並列回路数	：a
定数	：K_1

基本例題 直流発電機の誘導起電力

電機子巻線が波巻で，磁極数が4極，電機子の全導体数が576，1極あたりの磁束が0.02 Wbである直流発電機がある。回転子の回転速度が500 min^{-1}のときの誘導起電力の値[V]を求めよ。

解答

電機子巻線が波巻のため並列回路数a=2である。公式より，誘導起電力E[V]は，

$$E=\frac{pZ}{60a}\phi N$$

$$=\frac{4\times576}{60\times2}\times0.02\times500=192\ \text{V}$$

この公式は，使えるだけでなく自分で導き出せるようになる必要があります。理論で学習した，誘導起電力の公式$e=B\ell v$を変形して，導くことができます。

直流発電機の誘導起電力の導き方

$e = B\ell v$のうちBとvに注目する。

STEP 1 磁束密度Bについて

磁極数をp, 1極あたりの磁束をϕ[Wb]とする。

$$\underbrace{\text{磁束密度}B = \frac{\text{全磁束}\Phi}{\text{面積}A}}_{\text{理論の知識}} = \frac{\text{磁極数}p\times 1\text{極あたりの磁束}\phi}{\text{電機子の表面積}\pi D\ell} = \frac{p\phi}{\pi D\ell}[\mathrm{T}]$$

機械に適用

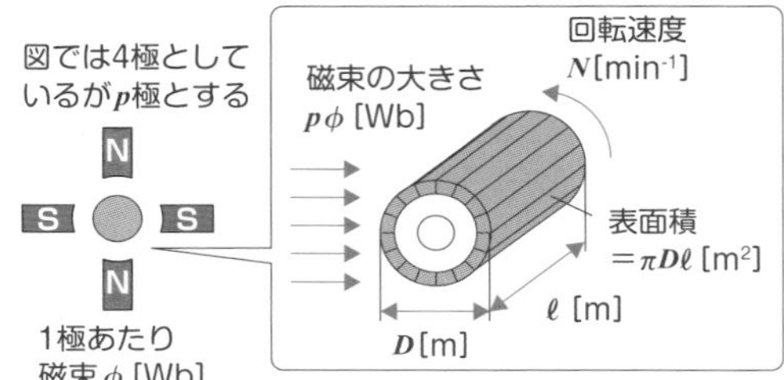

STEP 2 速度vについて

電機子の直径をD[m], 回転速度をN[min^{-1}]とすると, 円周はπD[m]だから, 1分間にN回転するコイル辺の移動速度v[m/s]は,

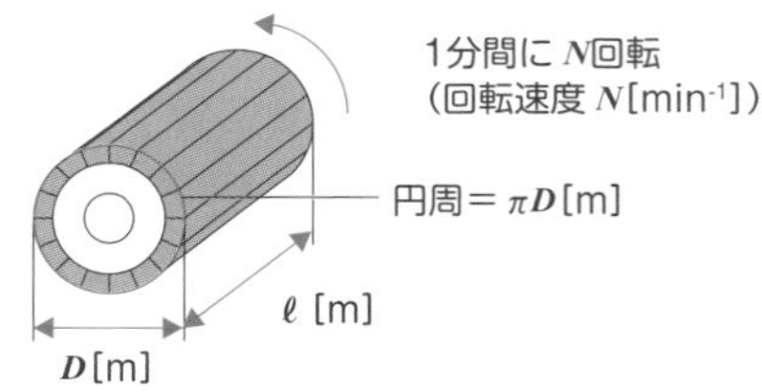

$$\text{速度}v = \frac{\text{円周}\times N\text{回転}}{1\text{分}} = \frac{\pi DN}{60}[\mathrm{m/s}]$$

STEP 3 $e = B\ell v$[V]に代入する

ゆえに, 1本のコイル辺の誘導起電力e[V]は,

理論の知識 $e = B\ell v$

機械に適用

$$= \frac{p\phi}{\pi D\ell}\cdot\ell\cdot\frac{\pi DN}{60}$$

$$= \frac{p\phi N}{60}[\mathrm{V}]$$

STEP 4 直流発電機の起電力E[V]

しかし，直流発電機においては，コイル辺はたくさんある。そこで，電機子の全導体数（コイル辺の数）をZとし，並列回路数をaとすると，直流発電機の起電力E[V]は，

並列回路数＝a
コイル辺の数＝Z

機械に適用

$$E = \frac{p\phi N}{60} \cdot \frac{Z}{a}$$

$$= \frac{pZ}{60a}\phi N = K_1\phi N[\mathrm{V}]$$ となる。

直流発電機の構造によって決まる定数部分をK_1とおいた
（発電機をつくったらもう変化させられない）

ひとこと

機械 の科目では，式を整理するとき，①具体的な数字，②一度つくったら確定してしまうような文字式，③変化させられる文字式の順番に整理することがよくあります。

問題集 問題03 問題04 問題05

2 電機子反作用

I 右ねじの法則と電機子反作用 理論

電流の流れる向きを，右ねじの進む向きと合わせると，右ねじを回す向きが磁界の向きとなります。これを**右ねじの法則**といいます。

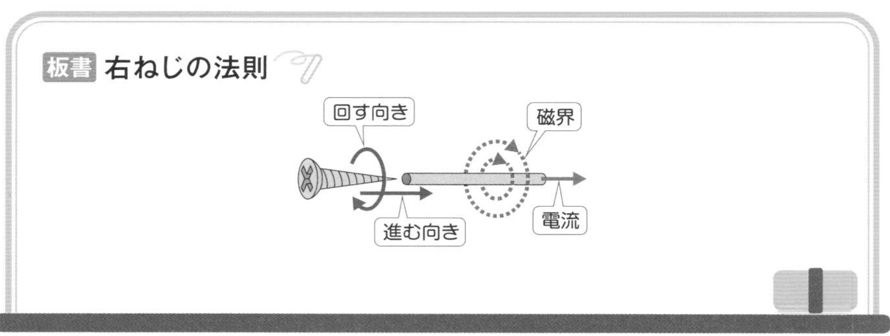

この法則に従えば，発電機で電気をつくり，コイルに電流が流れたときにもコイルを中心に磁束が発生します。これは，N極から出てS極に吸い込まれる磁束に影響を与えます。これを**電機子反作用**(でんきしはんさよう)といいます。

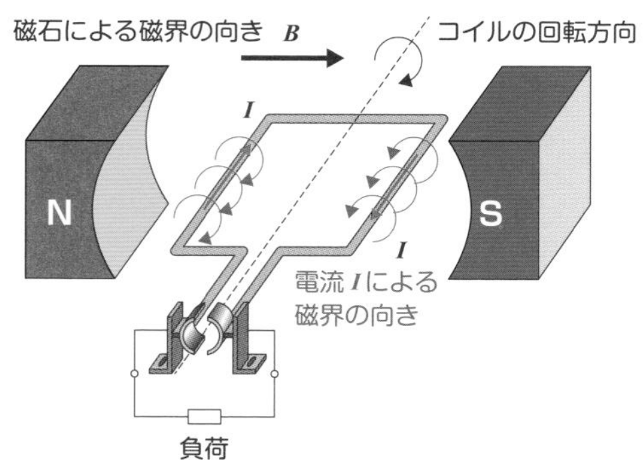

Ⅱ 電機子電流の影響

1 幾何学的中性軸

界磁磁束（かいじじそく）とは，界磁電流によってつくられる磁束をいいます。今までN極から出て，S極に吸い込まれると考えていた磁束です。電機子に電流が流れていない状態では，磁束の分布は次のようになります。

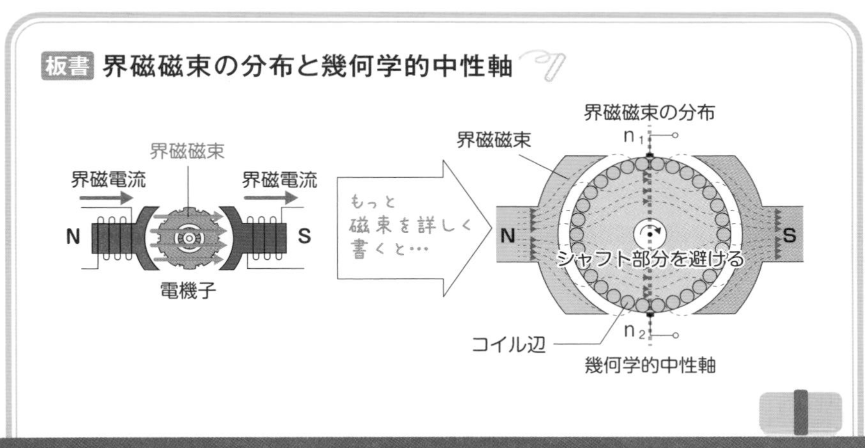

ここで，コイル辺は磁界中を垂直に移動しないと起電力を生じないので，n_1とn_2の位置にあるコイル辺は，磁束と平行に移動して発電しません。この電機子に電流が流れていないときのn_1とn_2を結ぶ線を**幾何学的中性軸**（きかがくてきちゅうせいじく）といいます。

ひとこと

記号のnは中性軸（neutral axis（ニュートラル アクシス））からとっています。

2 電気的中性軸

右ねじの法則から，電機子に電流が流れると，界磁磁束とは別に電機子電流の周りに磁束が発生します。

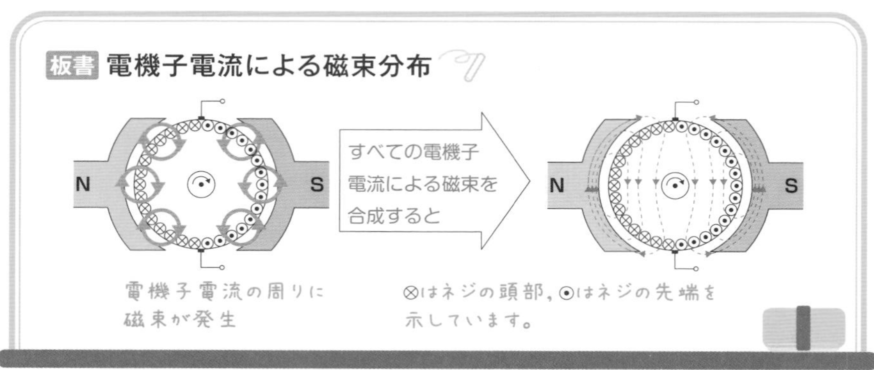

界磁磁束と電機子電流による磁束を合成すると次のようになります。磁束分布は偏り（偏磁作用），中性軸が移動します。この移動した中性軸を**電気的中性軸**といいます。

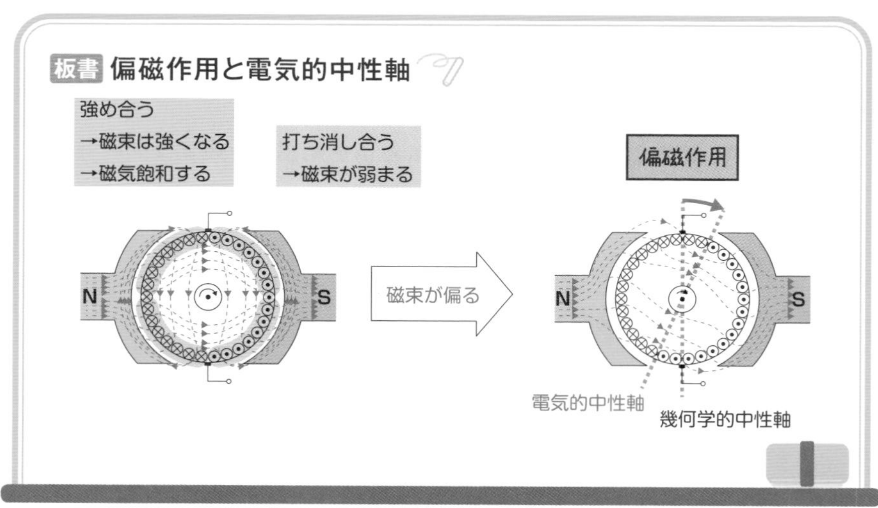

このように，界磁磁束の分布が乱れると，次のような悪影響が起こり，これを**電機子反作用**（でんきしはんさよう）といいます。

❶主磁束の減少	磁束を打ち消し合う部分では磁束が弱くなり，磁束を強め合う部分では磁気飽和（理論）が起こり，全体として磁束が減少して，起電力も減少する。
❷電気的中性軸の移動	起電力が発生しているコイルをブラシで短絡してしまい，火花が生じる。
❸整流子片間の電圧不均一	磁束密度が不均一になり，高い起電力を生じるコイルとつながった整流子片に火花（小さなアーク）が生じ，焼損（しょうそん）の恐れがある。

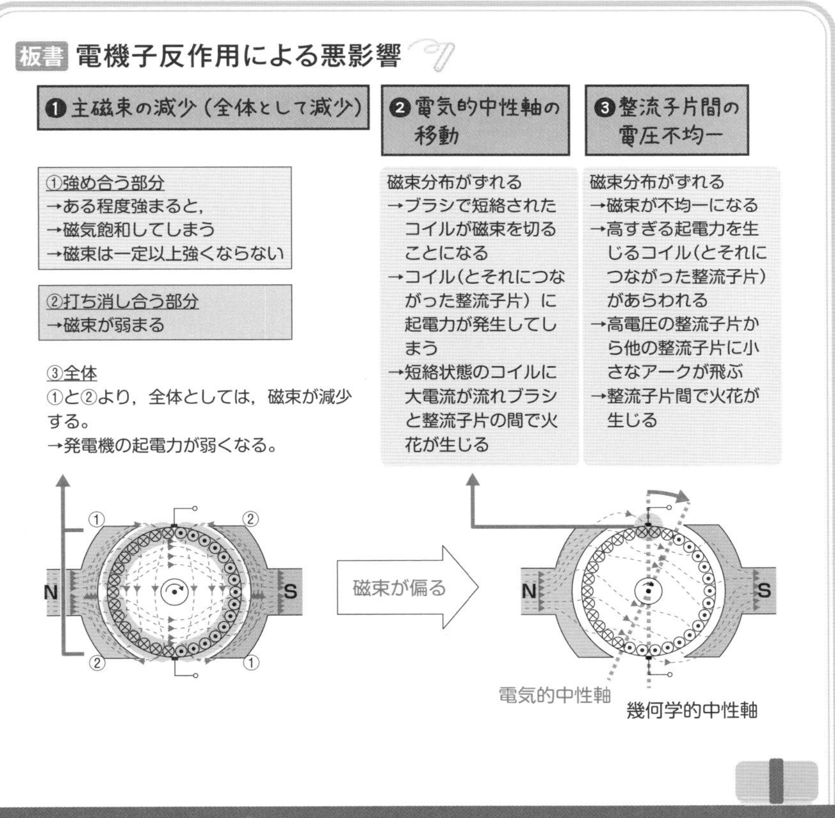

板書 電機子反作用による悪影響
❶主磁束の減少（全体として減少）
❷電気的中性軸の移動
❸整流子片間の電圧不均一
①強め合う部分
→ある程度強まると，
→磁気飽和してしまう
→磁束は一定以上強くならない
②打ち消し合う部分
→磁束が弱まる
③全体
①と②より，全体としては，磁束が減少する。
→発電機の起電力が弱くなる。
磁束分布がずれる
→ブラシで短絡されたコイルが磁束を切ることになる
→コイル（とそれにつながった整流子片）に起電力が発生してしまう
→短絡状態のコイルに大電流が流れブラシと整流子片の間で火花が生じる
磁束分布がずれる
→磁束が不均一になる
→高すぎる起電力を生じるコイル（とそれにつながった整流子片）があらわれる
→高電圧の整流子片から他の整流子片に小さなアークが飛ぶ
→整流子片間で火花が生じる
N
S
磁束が偏る
電気的中性軸
幾何学的中性軸

問題集 問題06

Ⅲ 電機子反作用の対策

電機子反作用の対策には，**❶ブラシの移動**，**❷補償巻線を施す**，**❸補極を設ける**という3つの方法があります。

1 ブラシの移動

火花の発生を防ぐために，ブラシを電気的中性軸に移します。

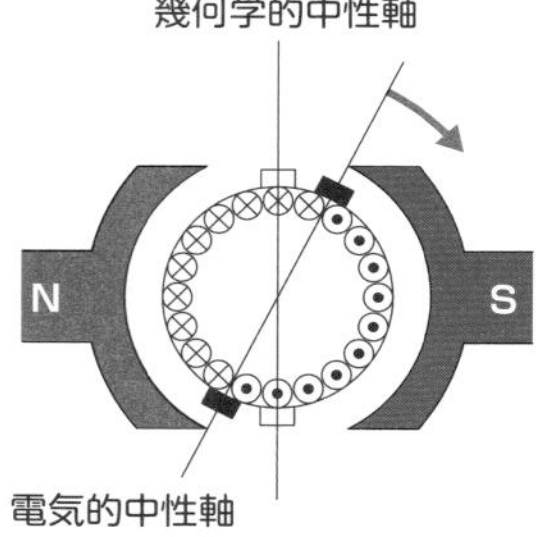

ひとこと

実際には電気的中性軸の位置は，一定ではなく負荷によって絶えず変動するので，ブラシを軸に合わせて移動することは困難です。

2 補償巻線

電機子に流れる電流と逆方向の電流を近くで流せば，電機子電流がつくる磁束を打ち消すことができます。また，打ち消すために流す電流は，打ち消したい磁束に比例しなくてはなりません。

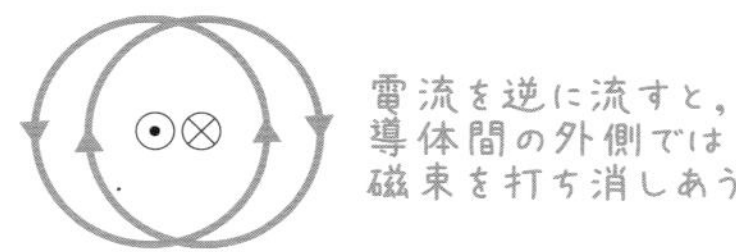

そこで，磁極片に巻線を施し，電機子巻線と直列に接続します。これを**補償巻線**といいます。

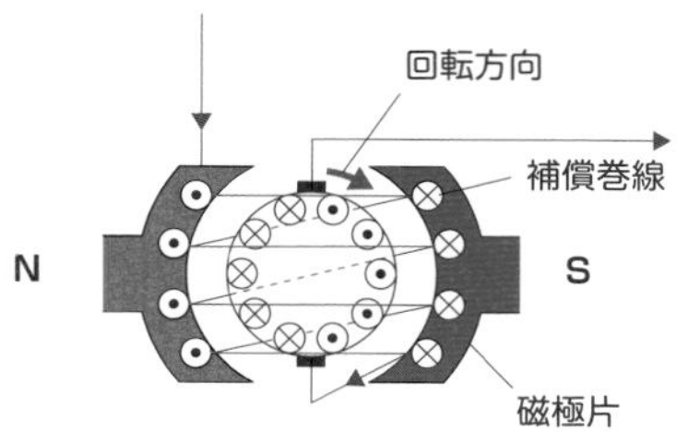

ひとこと

ここでの補償は，補って釣り合わせるというニュアンスがあります。

3 補極

補極（ほきょく）は，主磁極とは別に，幾何学的中性軸上に設けた磁極をいいます。❶幾何学的中性軸上の磁束を打ち消し，❷整流時のリアクタンス電圧も打ち消します。補極の界磁巻線も電機子巻線と直列に接続します。

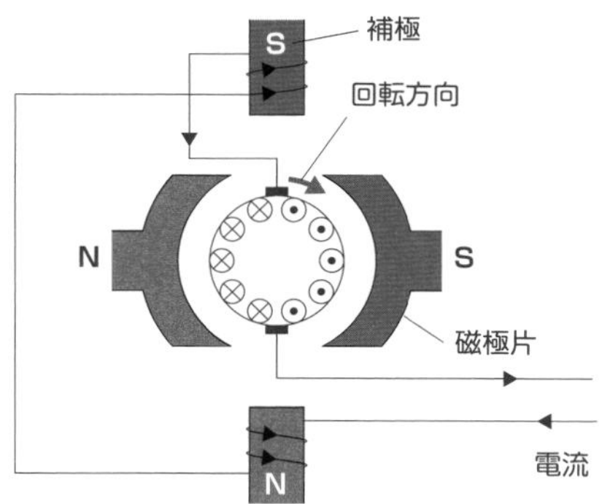

ひとこと

リアクタンス電圧とは？

ブラシと整流子片は接触していますが，回転しているので一瞬だけ離れ，電流の大きさが0に変化する瞬間があります。そのとき，直流機にあるコイルは，電流変化（磁束変化）を嫌がり，誘導起電力を発生させます（理論）。これをリアクタンス電圧といい，整流子片とブラシ間に発生する火花の原因となります。

3 直流発電機の種類

直流発電機は，界磁をつくる方法（励磁方法）により，次のように分類できます。本書では，出題頻度が高い他励式，分巻式，直巻式について説明します。

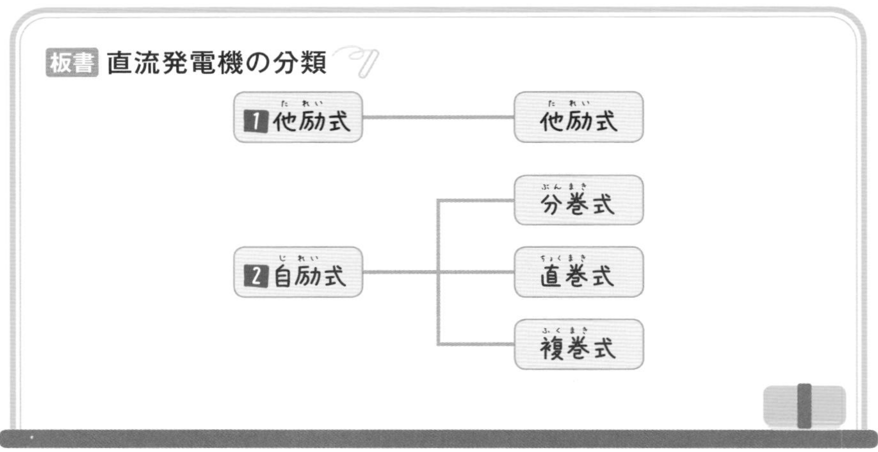

ひとこと

分巻は「ぶんけん」，直巻は「ちょくけん」と読むこともあります。

4 他励発電機

他励発電機(たれいはつでんき)は，界磁回路(かいじかいろ)（磁束を発生させる回路）と電機子回路(でんきしかいろ)（誘導起電力が発生する回路）が分離されており，界磁のために電源を他から取ってくる必要がある発電機です。

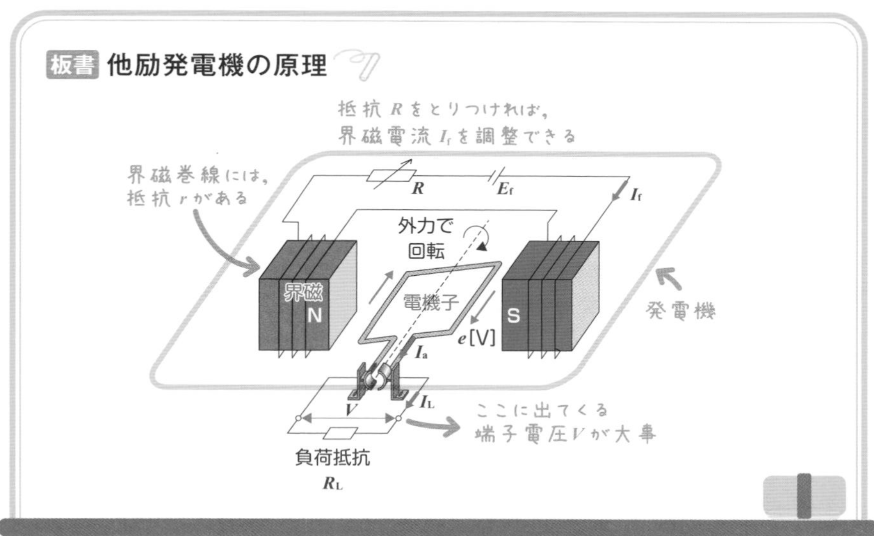

発電機の電機子は，回路図において，Ⓖと表します。したがって，電気回路を以下のように描くことができます。

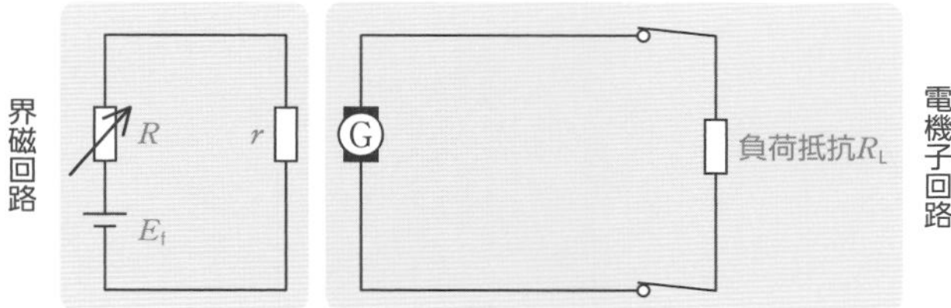

ここで，調整抵抗Rと界磁巻線抵抗rの合成抵抗を界磁抵抗r_fと考えます。また，電機子Ⓖは，小さな抵抗r_aを持ち，誘導起電力E_aを生じます。したがって，以下のように描くこともできます。

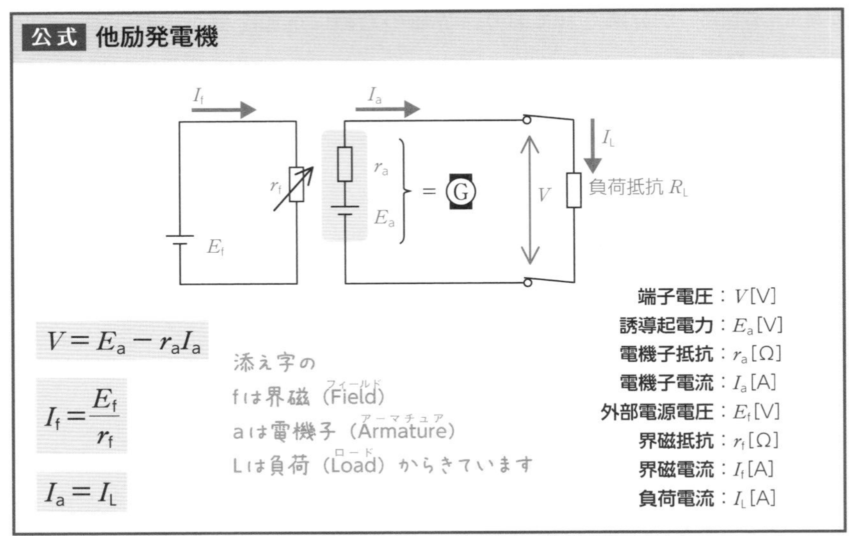

正確には，$V = E_a - (r_a I_a + v_a + v_b)$ですが，$v_a$と$v_b$は，電験三種では無視することが多いので省きました。

電機子反作用による電圧降下：v_a[V]
ブラシの接触による電圧降下：v_b[V]

基本例題　他励発電機の等価回路と誘導起電力

電機子抵抗0.1 Ωの他励直流発電機があり，端子電圧が220 Vで電機子電流が100 A流れているとき，次の問に答えよ。

(1)　上の条件における他励直流発電機の等価回路をかけ。

(2)　発電機の誘導起電力の大きさ[V]を求めよ。

解答

(1)　等価回路は，下図の通り。

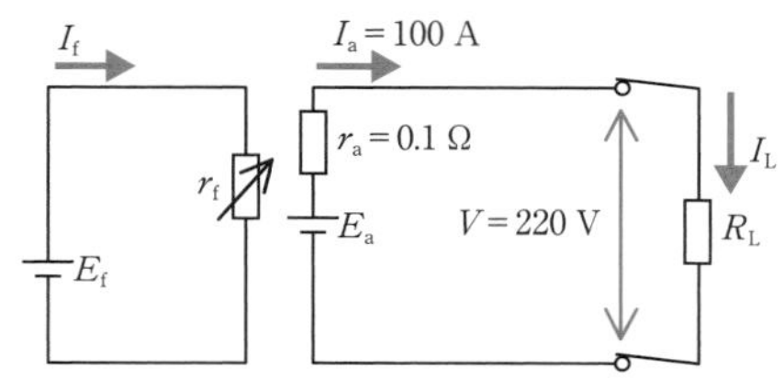

(2)　求める誘導起電力をE_a[V]とすると，他励発電機の端子電圧Vと誘導起電力E_aの関係式を用いて，

$$V = E_a - r_a I_a$$

$$\therefore E_a = V + r_a I_a$$

$$= 220 + 0.1 \times 100$$

$$= 230 \text{ V}$$

5 自励発電機

重要度★★★

自励発電機(じれいはつでんき)は，発電機自身を界磁のための電源として利用する発電機です。自励発電機には，分巻発電機と直巻発電機があります。

I 分巻発電機

分巻発電機(ぶんまきはつでんき)は，電機子回路と界磁回路が並列接続された，自励式の発電機です。

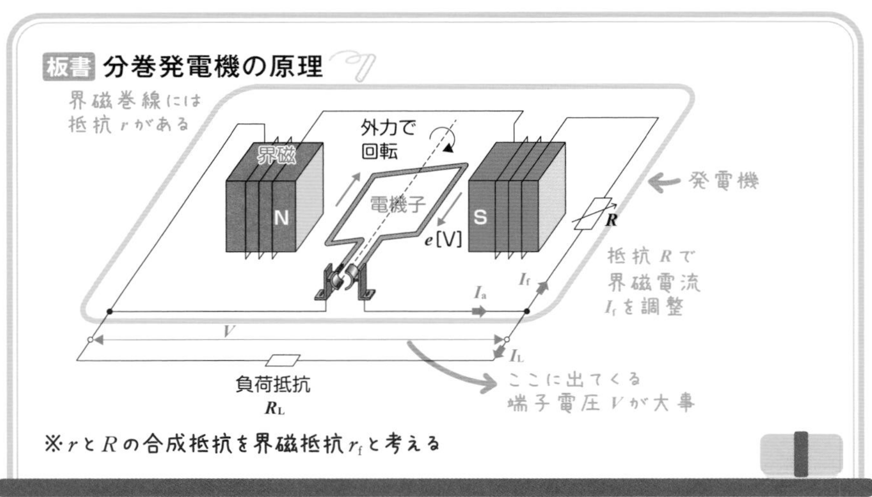

公式 分巻発電機

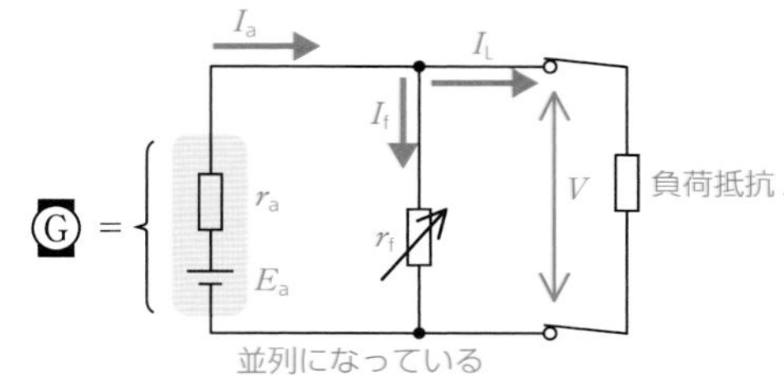

$$V = E_a - r_a I_a$$

$$I_f = \frac{V}{r_f}$$

$$I_a = I_f + I_L$$

端子電圧：V[V]
誘導起電力：E_a[V]
電機子抵抗：r_a[Ω]
電機子電流：I_a[A]
界磁抵抗：r_f[Ω]
界磁電流：I_f[A]
負荷電流：I_L[A]

ひとこと

正確には，$V = E_a - (r_a I_a + v_a + v_b + v_f)$ ですが，v_a と v_b と v_f は，電験三種では無視することが多いので省きました。

電機子反作用による電圧降下：v_a[V]
ブラシの接触による電圧降下：v_b[V]
界磁電流の減少による電圧降下：v_f[V]

基本例題　分巻発電機の等価回路と誘導起電力

電機子抵抗0.5 Ω，界磁抵抗100 Ωの直流分巻発電機があり，端子電圧200 V，負荷電流50 Aで運転しているとき，次の問に答えよ。

(1) 上の条件における直流分巻発電機の等価回路をかけ。

(2) 発電機の誘導起電力の大きさ[V]を求めよ。

解答

(1) 等価回路は，下図の通り。

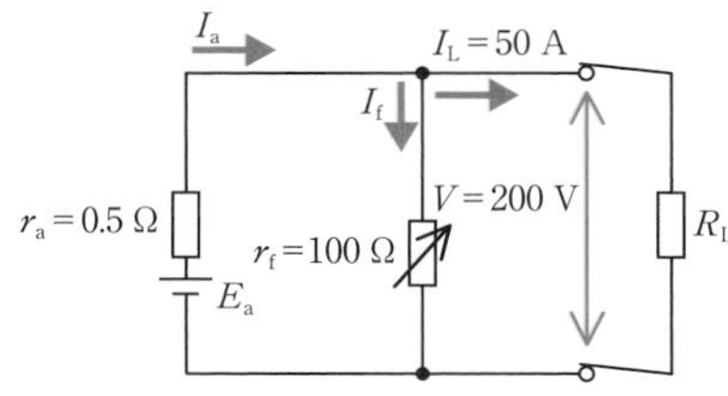

(2) 界磁電流I_f[A]は，端子電圧Vおよび界磁抵抗r_fの値を用いて，

$$I_f=\frac{V}{r_f}=\frac{200}{100}=2\ \mathrm{A}$$

電機子電流I_a[A]は，界磁電流I_fと負荷電流I_Lの和で求めることができるので，

$$I_a=I_f+I_L=2+50=52\ \mathrm{A}$$

求める誘導起電力をE_a[V]とすると，分巻発電機の端子電圧Vと誘導起電力E_aの関係式を用いて，

$$V=E_a-r_aI_a$$

$$\therefore E_a=V+r_aI_a$$

$$=200+0.5\times52$$

$$=226\ \mathrm{V}$$

II 直巻発電機

直巻発電機（ちょくまきはつでんき）は，電機子回路と界磁回路が直列接続された，自励式の発電機です。

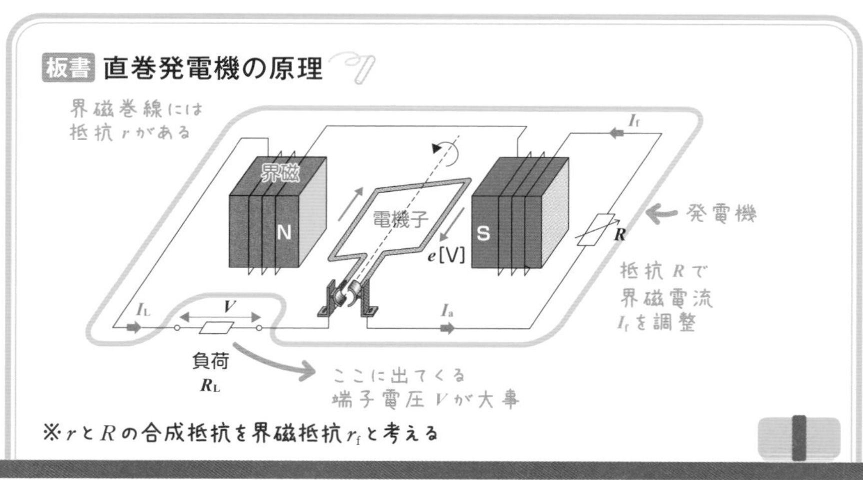

公式 直巻発電機の端子電圧

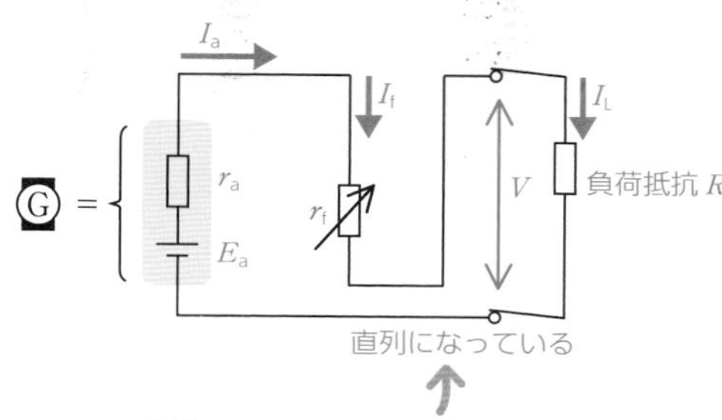

負荷によって，出てくる電圧 V が変わるので，
発電機としては使い物にならない

$$V = E_a - (r_a + r_f) I_a$$

$$I_f = I_a = I_L$$

端子電圧：V[V]
誘導起電力：E_a[V]
電機子抵抗：r_a[Ω]
電機子電流：I_a[A]
界磁抵抗：r_f[Ω]
界磁電流：I_f[A]
負荷電流：I_L[A]

ひとこと

正確には，$V = E_a - \{(r_a + r_f)I_a + v_a + v_b\}$ ですが，v_a と v_b は，電験三種では無視することが多いので省きました。

電機子反作用による電圧降下：v_a[V]
ブラシの接触による電圧降下：v_b[V]

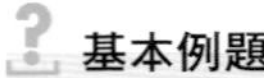

基本例題

直巻発電機の等価回路と誘導起電力

電機子抵抗と界磁抵抗の合計が0.2 Ωとなる直流直巻発電機があり，端子電圧200 V，負荷電流50 Aで運転しているとき，次の問に答えよ。

(1) 上の条件における直流直巻発電機の等価回路をかけ。

(2) 発電機の誘導起電力の大きさ[V]を求めよ。

解答

(1) 等価回路は，下図の通り。

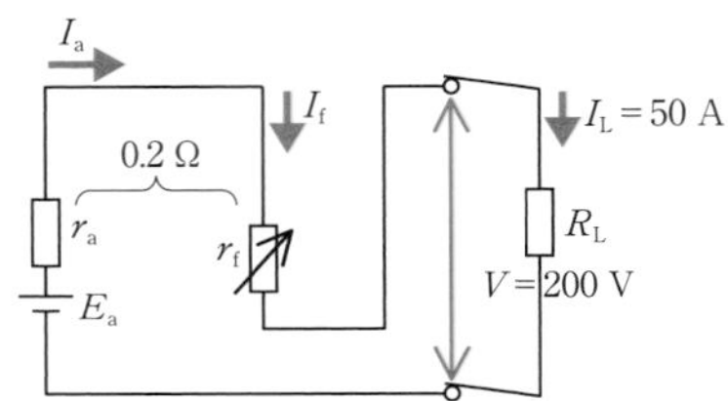

(2) 直巻発電機の電機子電流I_a[A]は，負荷電流I_Lと等しくなるため，

$I_a = I_L = 50$ A

求める誘導起電力をE_a[V]とすると，直巻発電機の端子電圧Vと誘導起電力E_aの関係式を用いて，

$$V = E_a - (r_a + r_f)I_a$$

$$\therefore E_a = V + (r_a + r_f)I_a$$

$$= 200 + 0.2 \times 50 = 210 \text{ V}$$

6 直流発電機の効率

重要度★★★

直流発電機に入力した動力は，何の損失もなく発電機から電力として出力できるわけではありません。たとえば，以下の損失が生じます。

板書 直流発電機の主な損失

銅損…電機子巻線や界磁巻線に電流が流れたときに生じる抵抗損

鉄損…鉄心中の損失

機械損…摩擦による損失

ここで，入力に対する出力の比を**効率**（量記号：η（イータ））と考えると，次のように表せます。

公式 直流発電機の効率

$$\eta=\frac{P_{out}}{P_{in}}\times 100=\frac{P_{out}}{P_{out}+P_{l}}\times 100=\frac{P_{out}}{P_{out}+P_{c}+P_{i}+P_{m}}\times 100$$

分母	入力	出力	分子
		損失	→ 銅損や鉄損など

効率：η [%]　全損失：P_{l} [W]

入力：P_{in} [W]　銅損：P_{c} [W]

出力：P_{out} [W]　鉄損：P_{i} [W]

機械損：P_{m} [W]

添え字は，以下からきています。
loss（ロス）（損失）　copper loss（カッパーロス）（銅損）
iron loss（アイロンロス）（鉄損）
mechanical loss（メカニカルロス）（機械損）

ひとこと

損失は色々な種類がありますが，電験三種において全損失は銅損と鉄損および機械損の合計に等しいと考えてかまいません。

問題集 問題07 問題08

SECTION 03
直流電動機

このSECTIONで学習すること

1 直流電動機のトルクと出力

直流電動機の原理と，回転の力であるトルクと出力の導き方について学びます。

$$T=\frac{pZ}{2\pi a}\phi I_{\mathrm{a}}=K_2\phi I_{\mathrm{a}}$$

2 直流電動機の等価回路

直流電動機の等価回路について学びます。

3 直流電動機の特性

直流電動機の速度特性とトルク特性について，それぞれ学びます。

4 始動・制動と速度制御

直流電動機の始動法，速度制御法，制動法についてそれぞれ学びます。

5 直流電動機の効率

直流電動機の効率について学びます。

1 直流電動機のトルクと出力

重要度★★★

I トルクと出力

直流電動機とは直流の電気で動くモーター（電動機）のことです。直流電動機で最も大事なことは，回転する力であるトルクと出力を求められるようになることです。トルクと出力の公式は，次のようになります。

公式 直流電動機のトルクと出力

$$T=\frac{pZ}{2\pi a}\phi I_a=K_2\phi I_a$$

↑ 直流電動機をつくってしまうと，もう変化させられない値

$$P_o=\omega T=2\pi\frac{N}{60}T=EI_a$$

電動機のトルク：T[N·m]
磁極数：p
並列回路数：a
電機子の全導体数（コイル辺の数）：Z
1極あたりの磁束：ϕ [Wb]
電機子電流：I_a[A]
定数：K_2
電動機の出力：P_o[W]
角速度：ω [rad/s]
回転速度：N[min^{-1}]
誘導起電力：E[V]

（重ね巻は$a=p$，波巻は$a=2$）

理論で学習した，電磁力の公式$F=BI\ell$，トルクの公式$T=F\times$腕の長さDを変形して，導き出すことができます。

ひとこと

回転機が単位時間あたりにする仕事をパワーといいます。P_oの添え字は，アウトプット（output）の頭文字からきています。

直流電動機のトルクの導き方

$F = BI\ell$のうちBとIに注目する。

STEP 1 磁束密度Bについて

磁極数をp，1極あたりの磁束をϕ[Wb]とする。

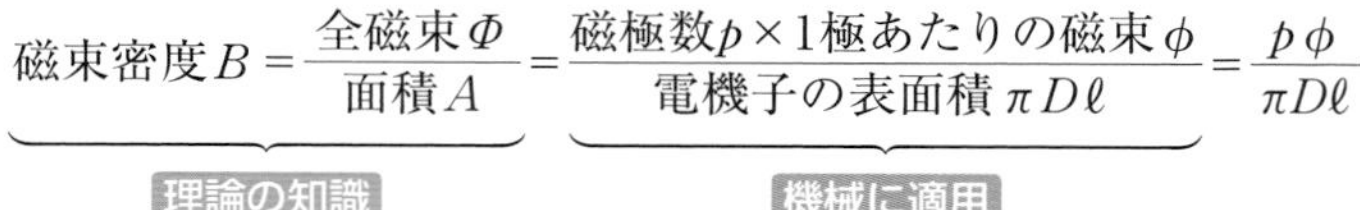

$$\underbrace{磁束密度B = \frac{全磁束\Phi}{面積A}}_{理論の知識} = \underbrace{\frac{磁極数p \times 1極あたりの磁束\phi}{電機子の表面積\pi D\ell}}_{機械に適用} = \frac{p\phi}{\pi D\ell}$$

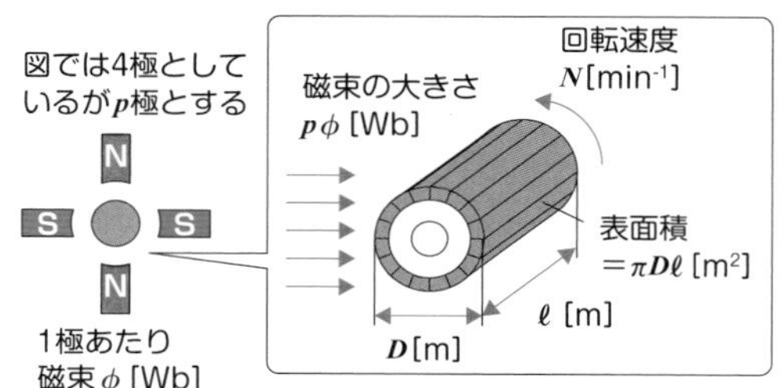

STEP 2 導体の長さℓについて

コイル辺1本の長さをℓ[m]とおく。

STEP 3 電流Iについて

並列回路数をa，電機子電流をI_aとすると，コイル辺に流れる電流I[A]は，

$$I = \frac{I_a}{a}$$

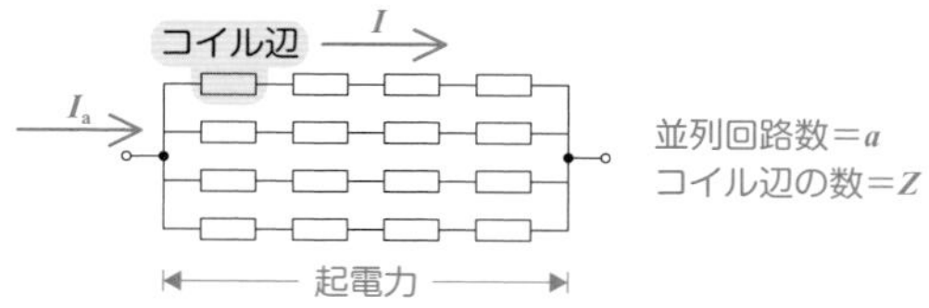

STEP 4　直流電動機のトルクTについて

導体1本あたりのトルクT'[N·m]は，

$$T' = F \times \frac{D}{2}$$

理論の知識

コイル辺はZ本あるから，STEP 1，STEP 2より，

トルク $T = F \times$腕の長さ$\times Z$本

$$= BI\ell \times \frac{D}{2} \times Z$$

$$= \frac{p\phi}{\pi D\ell} \times \frac{I_a}{a} \times \ell \times \frac{D}{2} \times Z$$

$$= \frac{pZ}{2\pi a} \times \phi I_a$$

機械に適用

直流電動機の構造によって決まる定数部分（電動機をつくったらもう変化させられない部分）$\frac{pZ}{2\pi a}$をK_2とおくと，

トルク $T = K_2\phi I_a$

となる。

直流電動機の出力の導き方

直流機の誘導起電力の公式$P_o = EI_a$[W]，$E = \frac{pZ}{60a}\phi N$[V]より，

$$EI_a = \frac{pZ}{60a}\phi N I_a$$

右辺に$\frac{2\pi}{2\pi}(=1)$を掛けて，角速度$\omega = \frac{2\pi N}{60}$でくくると，

$$EI_a = \frac{pZ}{60a}\phi N I_a = \frac{pZ}{60a}\phi N I_a \times \frac{2\pi}{2\pi} = \frac{2\pi N}{60} \times \frac{pZ}{2\pi a}\phi I_a = \omega T$$

よって，$P_o = EI_a = \omega T$となる。

基本例題

直流電動機のトルクと出力

磁極数$p=4$の直流電動機が電機子電流I_a=250 A，回転速度N=1200 min^{-1}で一定の出力で運転されている。電機子導体の並列回路数はa=2であり，全導体数がZ=258，1極当たりの磁束がϕ=0.020 Wbであるとき，この電動機のトルク[N·m]および出力[kW]を求めよ。

解答

直流電動機のトルクT[N·m]は，

$$T=\frac{pZ}{2\pi a}\phi I_a=\frac{4\times 258}{2\pi\times 2}\times 0.020\times 250 \fallingdotseq 410.6\ \text{N·m}$$

また，直流電動機の出力P_o[kW]は，

$$P_o=2\pi\frac{N}{60}T=2\pi\times\frac{1200}{60}\times 410.6 \fallingdotseq 51600\ \text{W}=51.6\ \text{kW}$$

2 直流電動機の等価回路

重要度★★★

直流電動機の電機子が磁界中を回転すると，電源の電圧 V[V]とは逆向きの誘導起電力 E_a[V]が発生します。他励式，自励式それぞれの電動機の等価回路をまとめると以下のようになります。

公式 直流電動機の等価回路図（他励式・分巻式・直巻式）

	等価回路	関係式
他励式	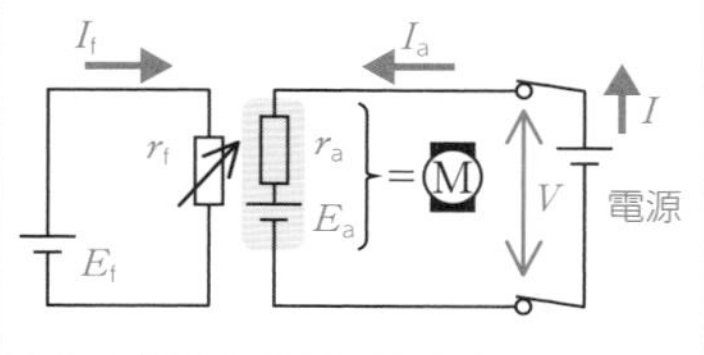 I_f I_a r_f r_a E_a M V 電源 I E_f	$E_a = V - r_a I_a$ $I_f = \dfrac{E_f}{r_f}$ $I_a = I$
分巻式	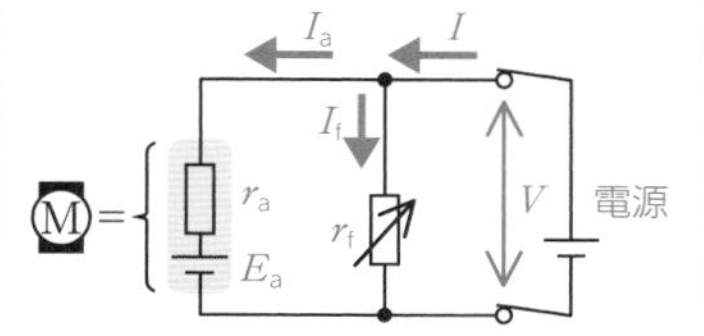 I_a I I_f M r_a E_a r_f V 電源	$E_a = V - r_a I_a$ $I_f = \dfrac{V}{r_f}$ $I_a = I - I_f$
直巻式	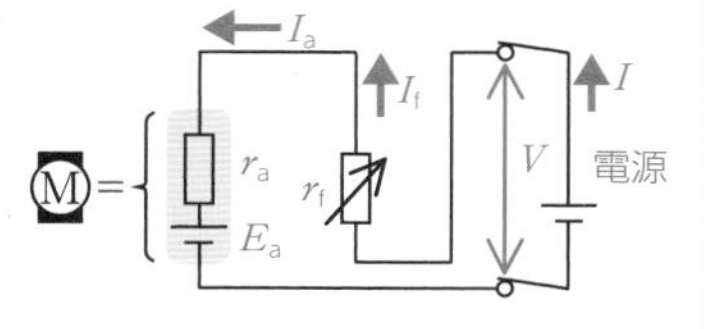 I_a I_f I M r_a E_a r_f V 電源	$E_a = V - (r_a + r_f) I_a$ $I_a = I = I_f$

基本例題　直流電動機の誘導起電力

定格出力5 kW，定格電圧220 Vの直流分巻電動機がある。この電動機を定格電圧で運転したとき，電機子電流が23.6 Aで定格出力を得た。また，この電動機をある負荷に対して定格電圧で運転したとき，電機子電流が20 Aになった。このときの誘導起電力[V]の値を求めよ。

解答

まず，電機子電流$I_{a1}=23.6$ Aで定格出力5 kWを得る場合の誘導起電力E_{a1}[V]は，

$$E_{a1}\ I_{a1}=5\times10^3$$

$$\therefore E_{a1}=\frac{5\times10^3}{I_{a1}}=\frac{5\times10^3}{23.6}\fallingdotseq 211.9\ \mathrm{V}$$

このとき，端子電圧は定格電圧V=220 Vを印加しているため，誘導起電力E_{a1}[V]との関係式から電機子抵抗r_a[Ω]を求めると，

$$E_{a1}=V-r_a\ I_{a1}$$

$$211.9=220-23.6r_a$$

$$\therefore r_a=\frac{220-211.9}{23.6}\fallingdotseq 0.343\ \Omega$$

したがって，負荷を接続して電機子電流$I_{a2}=20$ Aとなったときの誘導起電力E_{a2}[V]は，

$$E_{a2}=V-r_a\ I_{a2}=220-0.343\times20\fallingdotseq 213\ \mathrm{V}$$

問題集　問題09　問題10　問題11　問題12

3 直流電動機の特性

重要度★★★

Ⅰ 速度特性とトルク特性

直流電動機では，負荷の変化によって，回転速度やトルクが変化する性質があります。これを，それぞれ**速度特性**，**トルク特性**といいます。

分巻電動機と直巻電動機の，速度特性とトルク特性を表したグラフは，次のようになります。

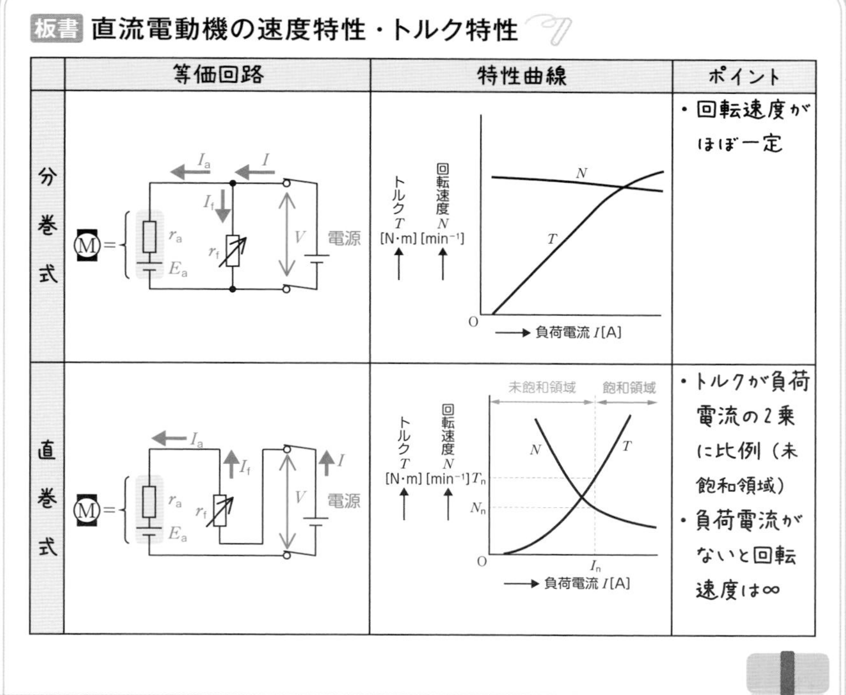

直流電動機の回転速度の導き方

機械 で学習した誘導起電力$E_a = \dfrac{pZ}{60a}\phi N = K_1\phi N$を変形して，他励式，直巻式，分巻式における回転速度を導きなさい。

公式より，$E_a = \dfrac{pZ}{60a}\phi N$

両辺に$\dfrac{60a}{pZ\phi}$を掛けて，右辺のN以外を消去して整理すると，

$$E_a \times \frac{60a}{pZ\phi} = \frac{pZ}{60a}\phi N \times \frac{60a}{pZ\phi}$$

よって，$N = E_a \times \dfrac{60a}{pZ\phi}$

ここで，$\dfrac{60a}{pZ}$は構造上の定数K_1の逆数であるから，$\dfrac{1}{K_1}$とおくと，

$$N = \frac{60a}{pZ} \times \frac{E_a}{\phi} = \frac{E_a}{K_1\phi}$$

ここで，E_aは，他励式，分巻式，直巻式のそれぞれの回路図から，

他励式のとき　$N = \dfrac{E_a}{K_1\phi} = \dfrac{V - r_aI_a}{K_1\phi}$

分巻式のとき　$N = \dfrac{E_a}{K_1\phi} = \dfrac{V - r_aI_a}{K_1\phi}$

直巻式のとき　$N = \dfrac{E_a}{K_1\phi} = \dfrac{V - (r_a + r_f)I_a}{K_1\phi}$

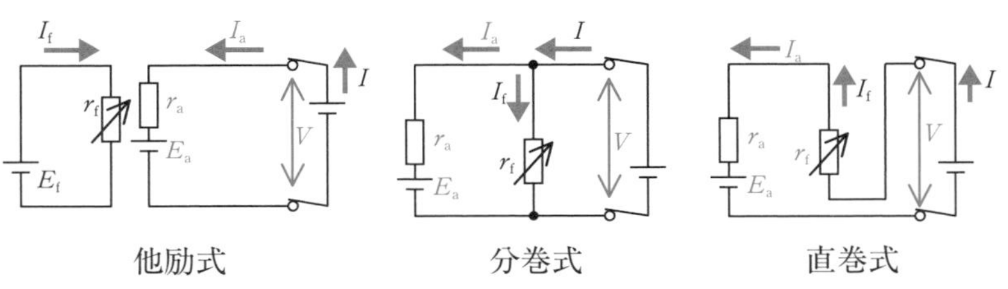

問題集 問題13 問題14

II 分巻電動機の特性

1 負荷電流 I と回転速度 N の関係（速度特性）

分巻電動機の回転速度は，$N=\dfrac{E_a}{K_1\phi}=\dfrac{V-r_aI_a}{K_1\phi}$[min^{-1}]（式①）です。ここで，電動機に接続する電圧源（端子電圧）V[V]と，界磁抵抗 r_f[Ω]を一定という条件とします。すると，$I_f=\dfrac{\overbrace{V}^{\text{定数}}}{\underbrace{r_f}_{\text{定数}}}$ で界磁電流 I_f も一定になります。

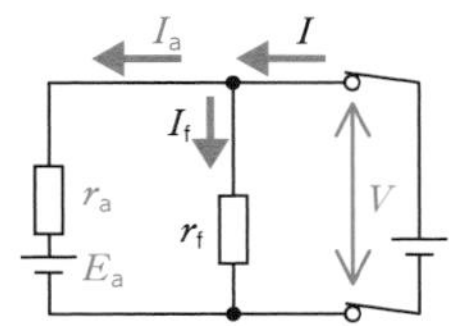

磁気回路のオームの法則から，$\dfrac{\text{起磁力}\,NI_f}{\text{磁気抵抗}\,R_m}=$ 磁束 ϕ です。巻数 N も，磁気抵抗 R_m も一定のはずなので，界磁磁束 ϕ も一定になります。

したがって，$N=\dfrac{\overbrace{V}^{\text{定数}}-\overbrace{r_a}^{\text{定数}}I_a}{\underbrace{K_1\phi}_{\text{定数}}}$（式①）となり，電機子電流 I_a の変化のみによって回転速度が変化することがわかります。

I_f は一定なので，式①とキルヒホッフの第一法則（電流則）から，

$$N=\frac{V-r_aI_a}{K_1\phi}=\frac{V-r_a(I-I_f)}{K_1\phi}=\frac{\overbrace{V}^{\text{定数}}-\overbrace{r_a}^{\text{定数}}I}{\underbrace{K_1\phi}_{\text{定数}}}+\underbrace{\frac{\overbrace{r_aI_f}^{\text{定数}}}{K_1\phi}}_{\text{定数}}$$

となります。

したがって，負荷電流 I が増加すると，わずかに回転速度 N が減少します。

ひとこと

キルヒホッフの第一法則はある点に流れ込む電流の和と，そこから流れ出る電流の和は等しいという法則でした。理論の直流回路で学習する非常に重要な定理ですので，忘れている場合は復習しておきましょう。

分巻電動機は，負荷の変化によらず，回転速度がほぼ一定なので，定速度(ていそくど)電動機(でんどうき)と呼ばれることがあります。r_aは非常に小さいので，$N \fallingdotseq$一定と考えられます。

基本例題 分巻電動機の負荷電流と回転速度の関係

電機子抵抗が$r_a = 0.20\ \Omega$の直流分巻電動機があり，界磁電流が$I_f = 2$ Aで一定になるように制御されている。端子電圧$V = 100$ V，負荷電流$I_{L1} = 50$ Aで運転したところ，回転速度は$N_1 = 1200\ \mathrm{min}^{-1}$であった。次に，界磁電流および端子電圧を一定に保ったまま電動機の負荷を変化させたところ，負荷電流$I_{L2} = 60$ Aとなった。このときの回転速度$N_2[\mathrm{min}^{-1}]$の値を求めよ。

解答

まず，界磁電流I_fが一定であることから，磁束ϕも定数であり，負荷電流$I_{L1} = 50$ Aにおける回転速度$N_1[\mathrm{min}^{-1}]$を求める式から，定数$K_1\phi$を求めると，

$$N_1 = \frac{V - r_a(I_{L1} - I_f)}{K_1\phi}$$

$$\therefore K_1\phi = \frac{V - r_a(I_{L1} - I_f)}{N_1}$$

$$= \frac{100 - 0.20 \times (50 - 2)}{1200} = \frac{90.4}{1200}$$

したがって，負荷電流をI_{L2}=60 Aに変化させたときの回転速度$N_2[\mathrm{min}^{-1}]$は，

$$N_2 = \frac{V - r_a(I_{L2} - I_f)}{K_1\phi}$$

$$= \frac{100 - 0.2 \times (60 - 2)}{\dfrac{90.4}{1200}} \fallingdotseq 1173\ \mathrm{min}^{-1}$$

問題集 問題15

2 負荷電流Iとトルクの関係（トルク特性）

電動機のトルクは，公式$T = \underbrace{K_2}_{定数}\phi I_a[\mathrm{N \cdot m}]$（式②）でした。ここで，界磁電流$I_f$も一定だったので，$\dfrac{起磁力 NI_f}{磁気抵抗 R_m}$＝磁束$\phi$より，界磁磁束$\phi$は一定です。

したがって，$T = \underbrace{K_2\phi}_{定数} I_a$となり，トルクは電機子電流$I_a$に比例することがわかります。

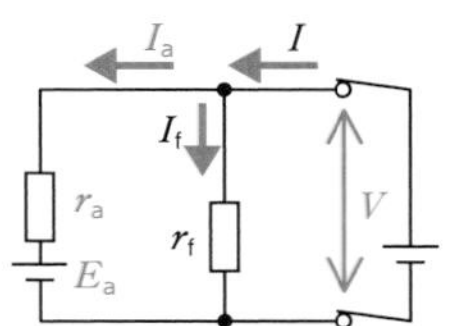

また，キルヒホッフの第一法則（電流則）から，

$$T = K_2\phi I_a = K_2\phi(I - I_f) = \underbrace{K_2\phi}_{\text{定数}}\cdot I - \underbrace{K_2\phi I_f}_{\text{定数}}$$ となります。

トルク特性のグラフは，$T = \underbrace{K_2\phi}_{\text{定数}}\cdot I$を，縦軸方向の下に$\underbrace{K_2\phi I_f}_{\text{定数}}$だけ下げたようなグラフになります。

基本例題　　分巻電動機の負荷電流とトルクの関係

ある直流分巻電動機は界磁電流$I_f = 2$ Aが一定になるように制御されている。ある端子電圧，回転速度で運転したところ，負荷電流$I_{L1} = 100$ Aであった。次に，界磁電流および端子電圧を一定に保ったまま電動機の負荷を変化させたところ，負荷電流$I_{L2} = 120$ Aとなった。負荷電流変化前後でトルクは何倍になるか。

解答

まず，界磁電流I_fが一定であることから，磁束ϕも一定であり，負荷電流$I_{L1} = 100$ AにおけるトルクT_1[N·m]を求める式は，

$$T_1 = K_2\phi I_a = K_2\phi(I_{L1} - I_f) = K_2\phi\times(100 - 2) = 98K_2\phi\ [\text{N·m}]$$

次に，負荷電流$I_{L2} = 120$ AにおけるトルクT_2[N·m]を求める式は，

$$T_2 = K_2\phi I_a = K_2\phi(I_{L2} - I_f) = K_2\phi\times(120 - 2) = 118K_2\phi\ [\text{N·m}]$$

したがって，負荷電流変化前後のトルクの比は，

$$\frac{T_2}{T_1} = \frac{118K_2\phi}{98K_2\phi} \fallingdotseq 1.20\text{ 倍}$$

Ⅲ 直巻電動機の特性

1 負荷電流Iと回転速度Nの関係（速度特性）

直巻電動機の回転速度は，$N=\dfrac{E_a}{K_1\phi}=\dfrac{V-(r_a+r_f)I_a}{K_1\phi}$[min^{-1}]（式③）でした。ここで，$r_a+r_f=R_a$とします。また，電動機に接続する電圧源（端子電圧）V[V]と，界磁抵抗r_f[Ω]を一定という条件とすると，$N=\dfrac{V-R_aI_a}{K_1\phi}=\dfrac{V}{K_1\phi}-\dfrac{R_aI_a}{K_1\phi}$（式③′）となります。

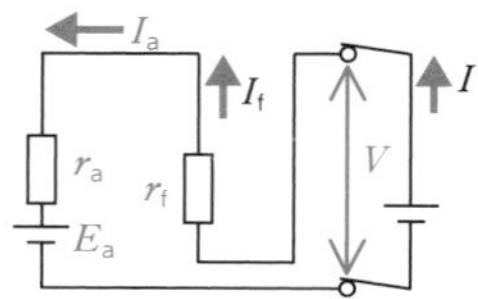

また，回路図より$I_a=I_f=I$です。これと，磁気回路のオームの法則から，

磁束$\phi=\dfrac{\overbrace{NI}^{\text{定数}}}{\underbrace{R_m}_{\text{定数}}}=\underbrace{K}_{\text{定数}}I$（式④）です。よって，磁束$\phi$は負荷電流に比例します。

これを式③′に代入し，$I_a=I$であることに注意して整理すると，

$$N=\frac{V}{K_1\phi}-\frac{R_aI_a}{K_1\phi}=\frac{\overbrace{V}^{\text{定数}}}{\underbrace{K_1K}_{\text{定数}}\cdot I}-\underbrace{\frac{R_a\cancel{I}}{K_1K\cancel{I}}}_{\text{定数}}$$

となり，I[A]の反比例のグラフを，下方向に下げたような形になります。

直巻電動機は，負荷電流によって回転速度が大きく変化するので，変速度電動機と呼ばれることがあります。

基本例題 直巻電動機の負荷電流と回転速度の関係

電機子抵抗と界磁抵抗の合計が$R_a = 0.20\ \Omega$の直流直巻電動機がある。端子電圧$V = 100$ V，負荷電流$I_{L1} = 50$ Aで運転したところ，回転速度は$N_1 = 1200\ \text{min}^{-1}$であった。次に，端子電圧を一定に保ったまま電動機の負荷を変化させたところ，負荷電流$I_{L2} = 60$ Aとなった。このときの回転速度$N_2\ [\text{min}^{-1}]$の値を求めよ。

解答

まず，直流直巻電動機において，負荷電流に磁束が比例するときの定数をKとすると，負荷電流$I_{L1} = 50$ Aにおける回転速度$N_1\ [\text{min}^{-1}]$を求める式から，定数K_1Kを求めると，

$$N_1 = \frac{V - R_a I_a}{K_1 \phi} = \frac{V - R_a I_{L1}}{K_1 K I_{L1}}$$

$$\therefore K_1 K = \frac{V - R_a I_{L1}}{N_1 I_{L1}}$$

$$= \frac{100 - 0.20 \times 50}{1200 \times 50} = 1.5 \times 10^{-3}$$

したがって，負荷電流$I_{L2} = 60$ Aに変化させたときの回転速度$N_2\ [\text{min}^{-1}]$は，

$$N_2 = \frac{V - R_a I_{L2}}{K_1 K I_{L2}}$$

$$= \frac{100 - 0.20 \times 60}{1.5 \times 10^{-3} \times 60} \fallingdotseq 978\ \text{min}^{-1}$$

2 負荷電流Iとトルクの関係（トルク特性）

電動機のトルクは，公式$T = \underbrace{K_2}_{\text{定数}} \phi I_a\ [\text{N·m}]$（式②）でした。

$\dfrac{\text{起磁力}\ NI}{\text{磁気抵抗}\ R_m}$ = 磁束ϕより，界磁磁束ϕはIに比例します（磁気飽和していない前提）。

したがって，式②より，

$$T = K_2 \phi I_a = K_2 \cdot \frac{NI}{R_m} I_a = \underbrace{K_2 \frac{N}{R_m}}_{\text{定数}} \cdot I_a^2$$

となり，トルクは負荷電流の2乗に比例することがわかります。

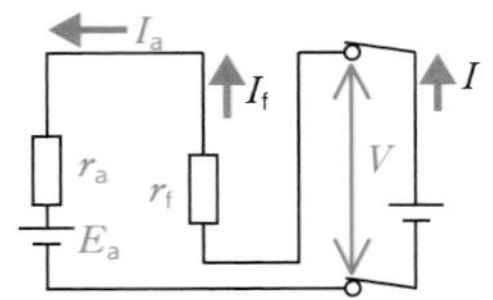

ひとこと

トルクが負荷電流の２乗に比例するというのは，よく出題されます。また，直巻電動機では，始動時のトルクが大きいという特徴も重要です。

基本例題 直巻電動機の負荷電流とトルクの関係

直流直巻電動機をある端子電圧，回転速度で運転したところ，負荷電流I_{L1}＝100 Aであった。次に，端子電圧を一定に保ったまま電動機の負荷を変化させたところ，負荷電流I_{L2}＝120 Aとなった。負荷電流変化前後でトルクは何倍になるか。

解答

まず，直流直巻電動機において，負荷電流に磁束が比例するときの定数をKとすると，負荷電流I_{L1}＝100 AにおけるトルクT_1[N·m]を求める式は，

$$T_1 = K_2\,\phi\,I_a = K_2\,KI_{L1}^2 = 100^2 K_2 K\,[\mathrm{N\cdot m}]$$

次に，負荷電流I_{L2}＝120 AにおけるトルクT_2[N·m]を求める式は，

$$T_2 = K_2\,\phi\,I_a = K_2\,KI_{L2}^2 = 120^2 K_2 K\,[\mathrm{N\cdot m}]$$

したがって，負荷電流変化前後のトルクの比は，

$$\frac{T_2}{T_1} = \frac{120^2\,K_2K}{100^2\,K_2K} = 1.44\text{倍}$$

問題集 問題16 問題17 問題18 問題19

4 始動・制動と速度制御

重要度★★★

I 始動（回転開始時）

直流電動機は，始動時には電機子が回転していません。したがって，逆起電力E_a[V]がゼロとなり，また電機子抵抗r_a[Ω]も小さいため，非常に大きな電機子電流$I_a = \dfrac{V}{r_a}$[A]が流れます。これを**始動電流**（しどうでんりゅう）といいます。

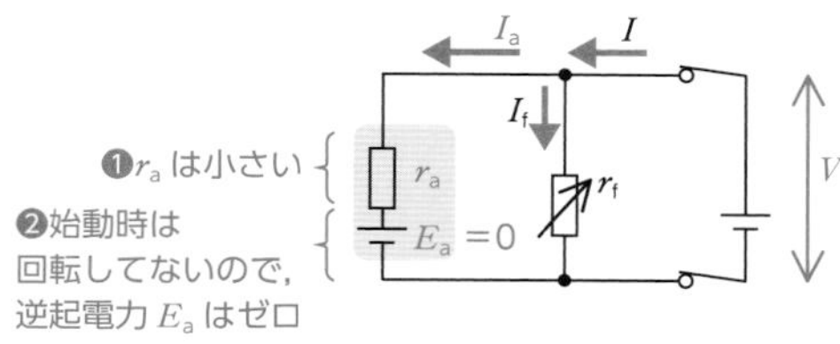

ひとこと

始動電流によって，電機子巻線を焼損するおそれがあります。

問題集 問題20

この始動電流を抑えるため，始動時には電機子回路に抵抗（**始動抵抗**（しどうていこう））を直列に挿入します。

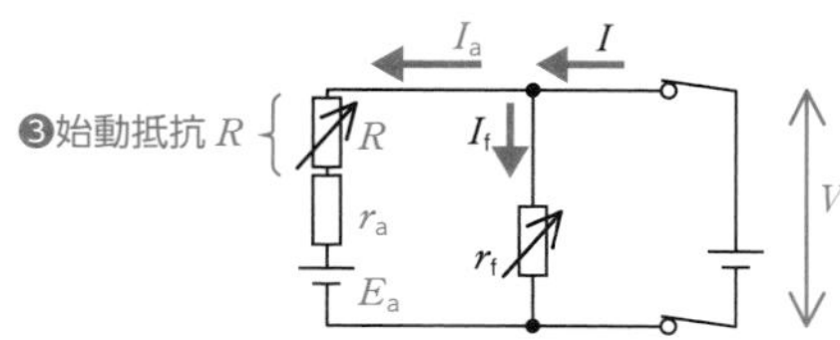

基本例題　　直流電動機の始動抵抗

端子電圧V＝100 Vの直流分巻電動機の始動電流をI＝40 Aに抑えるために挿入する始動抵抗R[Ω]の値を求めよ。ただし，電機子抵抗をr_a＝0.25 Ωとする。

解答

始動時の分巻電動機の電機子電流をI_a[A] とすると，始動電流I[A]は，

$$I = I_a$$

また，I_a[A]を端子電圧V[V]および電機子抵抗r_a[Ω]を用いて表すと，

$$I_a = \frac{V}{R + r_a}$$

上式をIの式に代入して，始動抵抗R[Ω]を求めると，

$$I = \frac{V}{R + r_a}$$

$$40 = \frac{100}{R + 0.25}$$

$$40(R + 0.25) = 100$$

$$\therefore R = \frac{100 - 0.25 \times 40}{40} = 2.25\ \Omega$$

II 速度制御(回転中)

電動機の回転速度を変化させることを，**速度制御**(そくどせいぎょ)といいます。直流電動機の回転速度を制御するには，公式から次の方法がわかります。

公式　直流電動機の速度制御

$$N = \frac{V - r_a I_a}{K_1 \phi}$$

抵抗制御(ていこうせいぎょ)：r_aを変化させる
界磁制御(かいじせいぎょ)：ϕを変化させる
電圧制御(でんあつせいぎょ)：Vを変化させる

回転速度：N [min^{-1}]
端子電圧（電源電圧）：V [V]
電機子電流：I_a [A]
電機子抵抗：r_a [Ω]
界磁磁束：ϕ [Wb]

抵抗制御においては，電機子と直列に抵抗を入れて，電機子抵抗を変化させます。

界磁制御においては，界磁電流を変化させて，磁束を変化させます。

電圧制御の方法に，❶ワードレオナード方式，❷静止レオナード方式，❸直流チョッパ方式があります。

基本例題 直流電動機の速度制御(1)

定数K_1＝10，界磁磁束0.04 Wb，電機子抵抗0.1 Ωの他励直流電動機がある。この電動機に端子電圧200 Vを加えたときの回転速度と，端子電圧250 Vを加えたときの回転速度を比較せよ。ただし，端子電圧によらず電機子電流は20 Aで一定とする。

解答

端子電圧が200 Vのときの回転速度N_{200}[min^{-1}]は，

$$N_{200}=\frac{V-r_a I_a}{K_1\phi}=\frac{200-0.1\times 20}{10\times 0.04}=495\ \text{min}^{-1}$$

端子電圧が250 Vのときの回転速度N_{250}[min^{-1}]は，

$$N_{250}=\frac{V-r_a I_a}{K_1\phi}=\frac{250-0.1\times 20}{10\times 0.04}=620\ \text{min}^{-1}$$

よって，端子電圧250 Vを加えたときの方が回転速度が大きいことがわかる。

基本例題 直流電動機の速度制御(2)

電機子抵抗が0.4 Ωである他励直流電動機が，トルクが一定で回転速度に対して機械出力が比例して上昇する特性をもつ負荷に接続されている。最初，電動機は600 min^{-1}で運転しており，このときの誘導起電力は200 V，電機子電流は20 Aで一定であった。次に，電動機の回転速度を1320 min^{-1}にしたときに，界磁電流の大きさを$\frac{1}{2}$にして，電機子電流がある一定の値で負荷とつり合った状態にするには，端子電圧を何[V]に制御しなければならないか。

解答

電動機の速度が$N_1 = 600\ \mathrm{min}^{-1}$であるときの誘導起電力$E_1$[V]は，$E = K_1\phi N$の関係式より，

$$E_1 = K_1\phi N_1$$

また，電動機の速度が$N_2 = 1320\ \mathrm{min}^{-1}$に変化したとき，題意より「界磁電流の大きさを$\frac{1}{2}$」にしたので，界磁磁束は$\frac{1}{2}$になる。このときの誘導起電力$E_2$[V]は，

$$E_2 = K_1 \cdot \frac{1}{2}\phi N_2$$

上の2式から，E_2[V]の値を求めると，

$$\frac{E_2}{E_1} = \frac{K_1 \cdot \frac{1}{2}\phi N_2}{K_1\phi N_1} = \frac{N_2}{2N_1}$$

$$\therefore E_2 = \frac{N_2}{2N_1} \cdot E_1 = \frac{1320}{2 \times 600} \times 200 = 220\ \mathrm{V}$$

また，題意より，負荷は「トルクが一定」であるため，$T = K_2\phi I_a$より，界磁磁束ϕが$\frac{1}{2}$になってもトルクTが一定であるためには，電機子電流I_a[A]が速度変化前の2倍になる必要がある。

以上より，速度が$N_2 = 1320\ \mathrm{min}^{-1}$に変化したときの端子電圧$V$は，

$$V = E_2 + r_a I_a = 220 + 0.4 \times (2 \times 20) = 236\ \mathrm{V}$$

問題集 問題21

Ⅲ 制動法(回転を止める)

電動機を急に停止させることを**制動**(せいどう)(ブレーキ)といいます。電気的な制動の方法には，❶発電制動(はつでんせいどう)，❷回生制動(かいせいせいどう)，❸逆転制動(ぎゃくてんせいどう)の3つがあります。

制動法

制動法	内容
発電制動	電源から切り離して抵抗を接続する。しばらく回り続ける電機子は逆起電力を発生させ続けるので，電動機を発電機として運転し，発電電力を抵抗で消費させる
回生制動	電動機を発電機として運転し，発電した電力を電源に戻し，他の用途で電力を消費する(有効利用する)
逆転制動	電機子端子を逆に接続して，逆トルクを発生させて制動する

ひとこと

電動機は，電源を切れば停止しますが，しばらく回転したままになってしまいます。そこで，すぐに停止させたいときは，運動エネルギーを何らかの形で消費させます。

5 直流電動機の効率

重要度★★★

直流電動機に入力した電力は，何の損失もなく電動機から動力として出力できるわけではありません。ここで，入力に対する出力の比を**効率**（量記号：η）と考えると，次のように表せます。

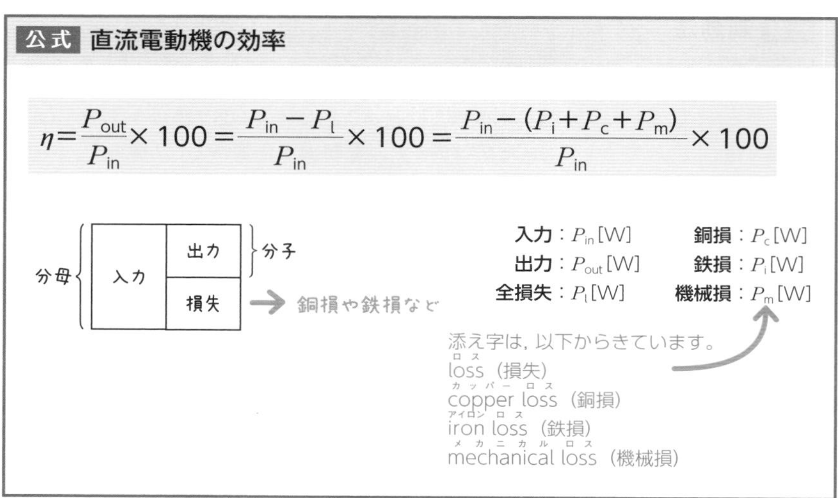

公式 直流電動機の効率
$\eta=\frac{P_{out}}{P_{in}}\times 100=\frac{P_{in}-P_{l}}{P_{in}}\times 100=\frac{P_{in}-(P_{i}+P_{c}+P_{m})}{P_{in}}\times 100$
分母
入力
出力
損失
分子
銅損や鉄損など
入力：P_{in}[W]
出力：P_{out}[W]
全損失：P_{l}[W]
銅損：P_{c}[W]
鉄損：P_{i}[W]
機械損：P_{m}[W]
添え字は，以下からきています。
loss（損失）
copper loss（銅損）
iron loss（鉄損）
mechanical loss（機械損）

ひとこと

直流電動機も直流発電機と同様に，全損失は銅損と鉄損および機械損の合計に等しいと考えます。

問題22

CHAPTER 02

変圧器

CHAPTER 02

変圧器

電圧の大きさを変えることができる変圧器の原理，損失や効率，結線方法について学びます。複雑な等価回路や，結線図，ベクトル図が多いので，実際に作図して慣れることを意識しましょう。

このCHAPTERで学習すること

SECTION 01 変圧器の構造と理想変圧器

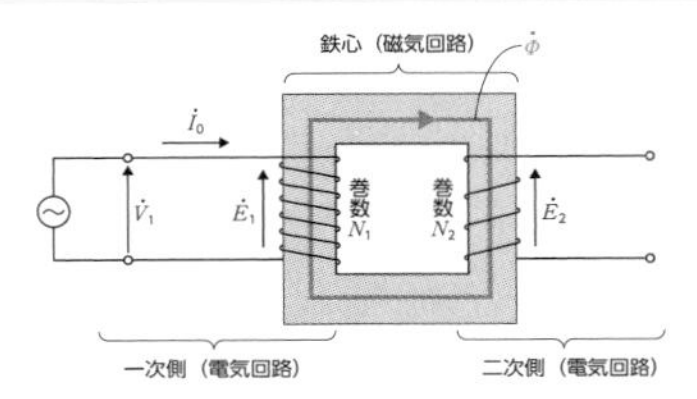

変圧器のしくみについて学びます。

SECTION 02 変圧器の等価回路

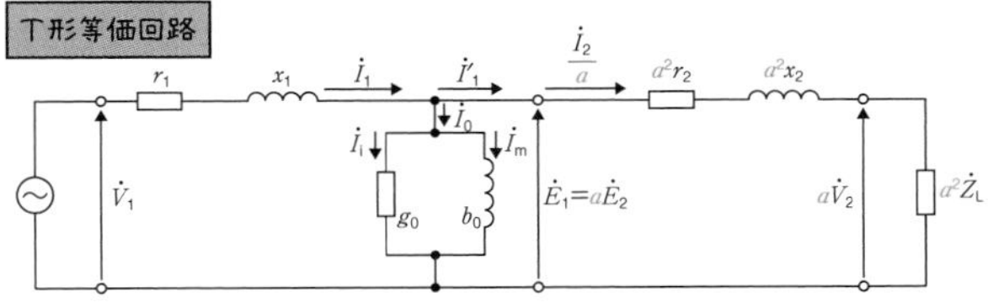

二次側を一次側に換算した等価回路（T形等価回路）

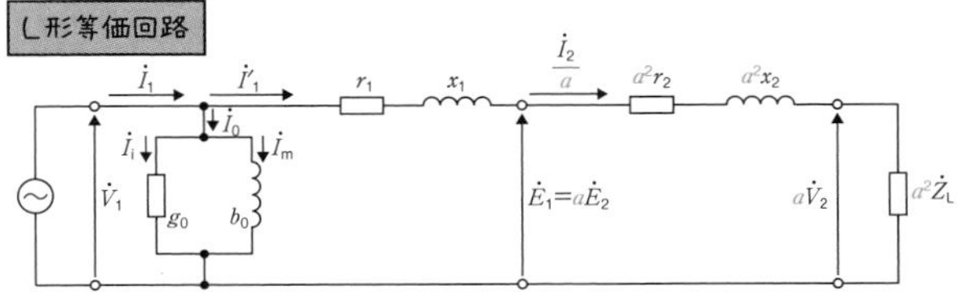

二次側を一次側に換算した簡易等価回路（L形等価回路）

変圧器の特性を考えるのに便利な等価回路について学びます。

SECTION 03 変圧器の定格と電圧変動率

定格…「使用限度」「基準」のこと

変圧器の定格(使用限度や基準)や，電圧変動率について学びます。

SECTION 04 変圧器の損失と効率

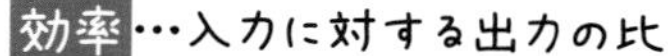

$$\eta=\frac{\text{出力}}{\text{出力}+\text{損失}}\times100=\frac{\text{入力}-\text{損失}}{\text{入力}}\times100\ [\%]$$

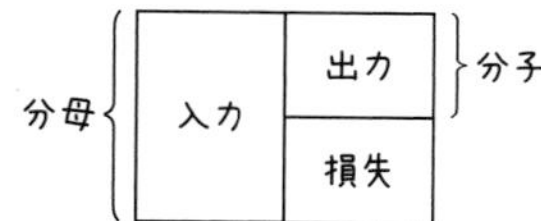

変圧器の損失と効率について学びます。

SECTION 05 変圧器の並行運転

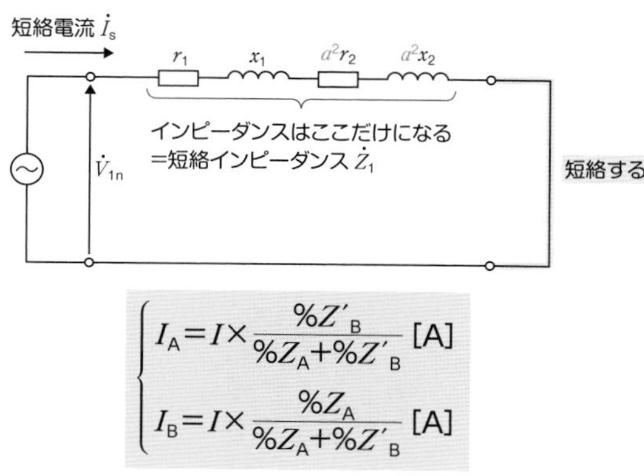

$$\begin{cases} I_A=I\times\dfrac{\%Z'_B}{\%Z_A+\%Z'_B}\ [A] \\ I_B=I\times\dfrac{\%Z_A}{\%Z_A+\%Z'_B}\ [A] \end{cases}$$

複数の変圧器を並列に接続して運転する並行運転時のさまざまな数値についてその求め方を学びます。

SECTION 06 変圧器の三相結線

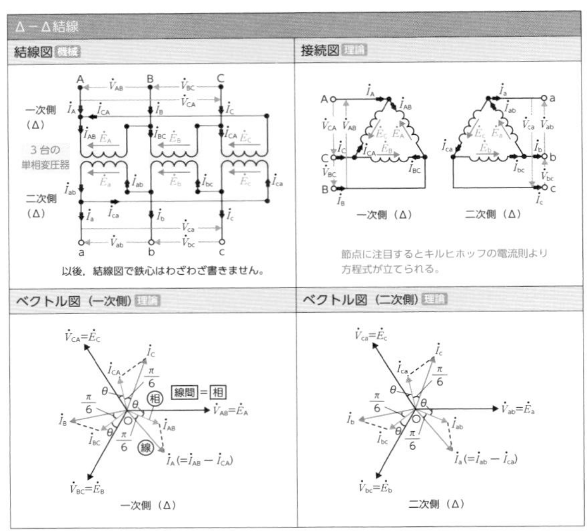

複数の単相変圧器で三相交流の変圧を行うための方法について学びます。

SECTION 07 単巻変圧器

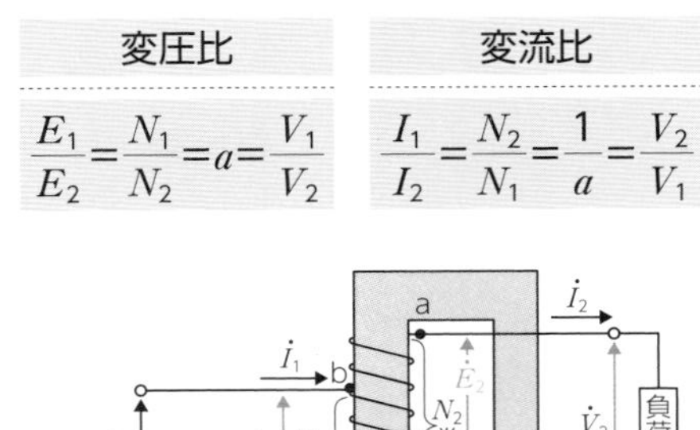

変圧比	変流比
$\dfrac{E_1}{E_2}=\dfrac{N_1}{N_2}=a=\dfrac{V_1}{V_2}$	$\dfrac{I_1}{I_2}=\dfrac{N_2}{N_1}=\dfrac{1}{a}=\dfrac{V_2}{V_1}$

誘導起電力：$\dot{E}_1, \dot{E}_2$ [V]
端子電圧：$\dot{V}_1, \dot{V}_2$ [V]
電流：$\dot{I}_1, \dot{I}_2$ [A]
巻数：N_1, N_2
巻数比：a

1つの巻線で変圧を行う単巻変圧器について学びます。

傾向と対策

出題数

2～4問／22問中

・計算問題中心

	H27	H28	H29	H30	R1	R2	R3	R4上	R4下	R5上
変圧器	2	2	2	3	2	2	3	2	2	4

ポイント

計算問題は，幅広い範囲から出題されるため，多くの問題を解いて理解しましょう。特に出題されやすい変圧器の等価回路，電圧変動率や効率のベクトル図の意味を確実に理解するために，正しく計算できるようにしましょう。変圧器の考え方は，CH03で学ぶ誘導機でも重要になるため，しっかりと学習しましょう。

SECTION 01

変圧器の構造と理想変圧器

このSECTIONで学習すること

1 変圧器の構造

理論で学んだファラデーの法則を復習した後，変圧器の構造を学びます。

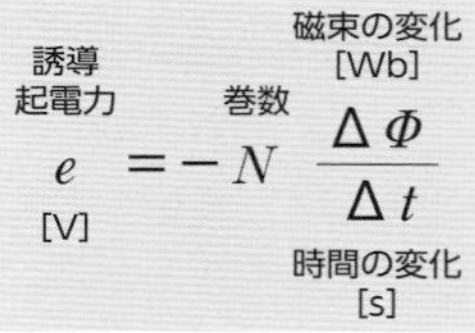

$$e = -N\frac{\Delta\Phi}{\Delta t}$$

2 理想変圧器

変圧器をシンプルに考えるためのモデルである理想変圧器について学びます。

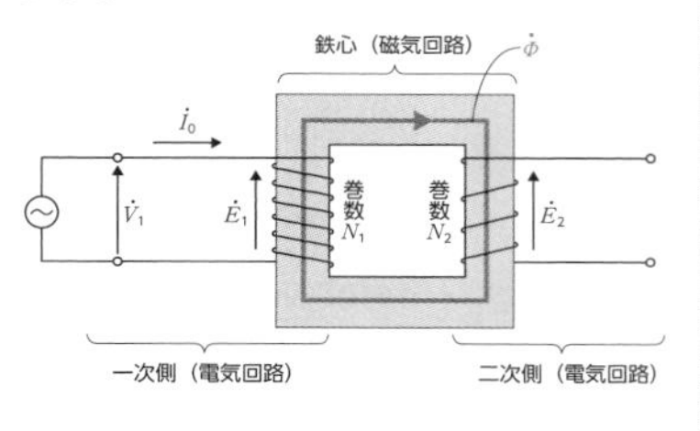

1 変圧器の構造

重要度★★★

I 電磁誘導に関するファラデーの法則 理論

コイルに磁石を近づけたり遠ざけたりするとコイルを貫く磁束が変化してコイルに起電力（誘導起電力）が発生し，電流が流れます。誘導起電力の大きさは，コイル内部を貫く磁束の時間あたりの変化に比例します。誘導起電力の向きと大きさは次の公式で表されます。

公式 電磁誘導に関するファラデーの法則

$$e = -N\frac{\Delta \Phi}{\Delta t}$$

（誘導起電力 e [V]，巻数 N，磁束の変化 $\Delta\Phi$ [Wb]，時間の変化 Δt [s]）

コイルの巻数：N
磁束：Φ [Wb]
時間：t[s]
誘導起電力：e[V]

基本例題 電磁誘導に関するファラデーの法則

巻数が200回のコイルのそばにある磁石を遠ざけたところ，0.2秒間でコイルを貫く磁束が0.04 Wbから0.02 Wbに減少した。このとき，コイルに生じる誘導起電力の大きさ[V]を求めよ。

解答

電磁誘導に関するファラデーの法則より，コイルに生じる誘導起電力の大きさe[V]は，

$$e = \left| -N\frac{\Delta \phi}{\Delta t} \right| = \left| -200 \times \frac{0.02 - 0.04}{0.2} \right| = 20\ \text{V}$$

Ⅱ 理想変圧器

変圧器(へんあつき)は，電圧を高くしたり，低くしたりできる電気機器です。原理図のように互いに独立した巻線（電気回路）と，1つの鉄心（磁気回路）から構成されています。

独立した電気回路のうち，電源が接続される電気回路を一次側(いちじがわ)，負荷が接続される電気回路を二次側(にじがわ)といい，それぞれに接続される巻線を一次巻線(いちじまきせん)，二次巻線(にじまきせん)といいます。

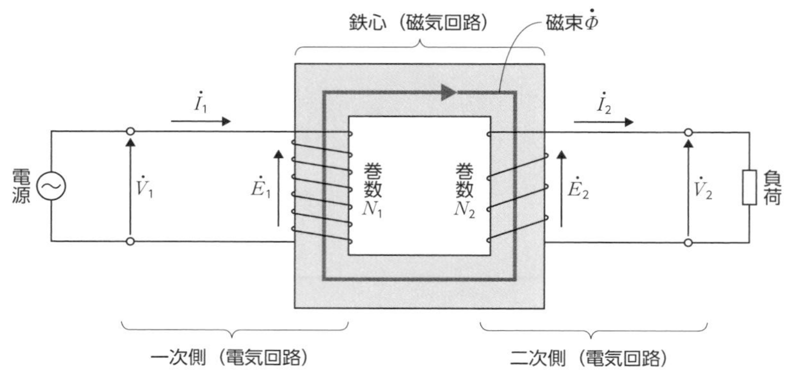

変圧器をシンプルに考えるために理想変圧器というモデルを使って考えます。理想変圧器(りそうへんあつき)とは，一次巻線と二次巻線の抵抗，漏れ磁束，鉄損を無視した変圧器のことをいいます。

2 理想変圧器

重要度★★☆

I 無負荷時

図のように，二次側に負荷を接続していない状態を考えます。一次側（電源側）で，交流電流$\dot{I}_0$がN_1巻の一次コイルに流れると，起磁力$N_1\dot{I}_0$が生じ，鉄心の磁気抵抗をR_m[H^{-1}]とすると，鉄心に磁束$\dot{\Phi}=\dfrac{N_1\dot{I}_0}{R_m}$[Wb]が発生します。

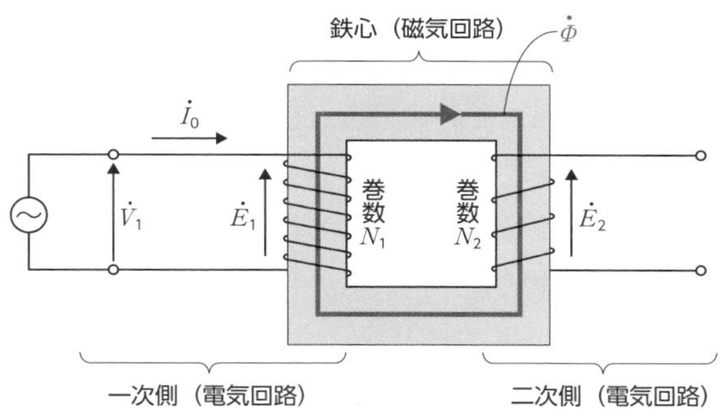

この磁束は一次側のコイルだけでなく，二次側のコイルも貫きます。周波数f[Hz]の正弦波交流電流によってつくられる磁束は，次のグラフのような正弦波になります。ここで，磁束の時間変化の平均値を考えます。

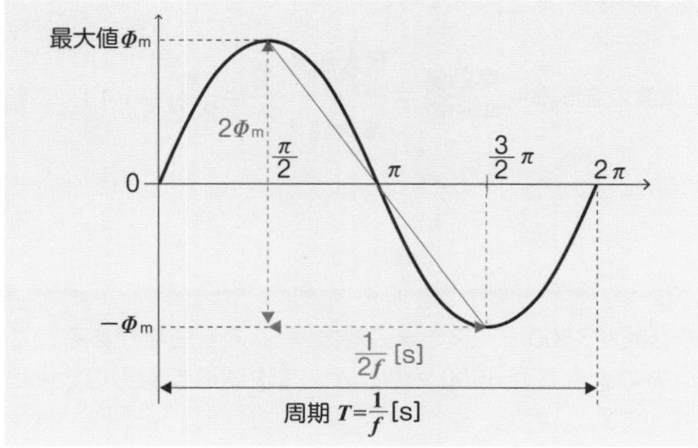

磁束の時間変化の平均値は，

$$\text{磁束の時間変化の平均値} = \frac{\Delta \Phi}{\Delta t} = \frac{2\,\Phi_{\mathrm{m}}}{\dfrac{1}{2f}} = 4f\,\Phi_{\mathrm{m}} \cdots ①$$

周期的に磁束が変化するので，電磁誘導に関するファラデーの法則（理論）より，一次巻線と二次巻線に誘導起電力 $e_1 = N_1 \dfrac{\Delta \Phi}{\Delta t}$ [V]，$e_2 = N_2 \dfrac{\Delta \Phi}{\Delta t}$ [V] が発生します。

電磁誘導に関するファラデーの法則の公式に①を代入すると，

$$\begin{cases} \text{誘導起電力の平均値} E_{\mathrm{av1}} = N_1 \times 4f\,\Phi_{\mathrm{m}} = 4fN_1\,\Phi_{\mathrm{m}} \\ \text{誘導起電力の平均値} E_{\mathrm{av2}} = N_2 \times 4f\,\Phi_{\mathrm{m}} = 4fN_2\,\Phi_{\mathrm{m}} \end{cases}$$

正弦波の実効値は，平均値に波形率（≒ 1.11倍）（理論）を掛けたものだから，誘導起電力の実効値は，

$$\begin{cases} \text{誘導起電力の実効値} E_1 = 4fN_1\,\Phi_{\mathrm{m}} \times 1.11 = 4.44fN_1\,\Phi_{\mathrm{m}} \\ \text{誘導起電力の実効値} E_2 = 4fN_2\,\Phi_{\mathrm{m}} \times 1.11 = 4.44fN_2\,\Phi_{\mathrm{m}} \end{cases}$$

となります。

ゆえに，$\dfrac{E_1}{E_2} = \dfrac{\cancel{4.44f}N_1\,\cancel{\Phi_{\mathrm{m}}}}{\cancel{4.44f}N_2\,\cancel{\Phi_{\mathrm{m}}}} = \dfrac{N_1}{N_2} = a$ となり，巻数比である $\dfrac{N_1}{N_2}$ を a とすると，変圧比である $\dfrac{E_1}{E_2}$ と等しくなります。

波形率の復習（理論）をすると，

$$\text{正弦波の波形率} = \frac{\text{実効値}}{\text{平均値}} = \frac{\text{最大値} \times \dfrac{1}{\sqrt{2}}}{\text{最大値} \times \dfrac{2}{\pi}} = \frac{\pi}{2\sqrt{2}} \fallingdotseq 1.11 \quad \text{です。}$$

基本例題　　巻数比と変圧比

一次巻線の巻数が3300，二次巻線の巻数が50の変圧器がある。この変圧器の一次誘導起電力の大きさが6600 Vのとき，二次誘導起電力の大きさ[V]を求めよ。

解答

この変圧器の巻数比aは,

$$a=\frac{N_1}{N_2}=\frac{3300}{50}=66$$

変圧比は巻数比aに等しくなるので，二次誘導起電力の大きさE_2[V]は,

$$\frac{E_1}{E_2}=a$$

$$\therefore E_2=\frac{E_1}{a}=\frac{6600}{66}=100\ \text{V}$$

II 負荷接続時（二次側にも電流が流れ出した時）

図のように負荷を接続すると，二次側でも電流$\dot{I}_2$[A]が流れます。すると，今度は二次側に起磁力$N_2\dot{I}_2$[A]が発生し，逆向きの磁束$\dot{\Phi}_2$[Wb]が発生して，磁束$\dot{\Phi}$[Wb]の変化が減少します。

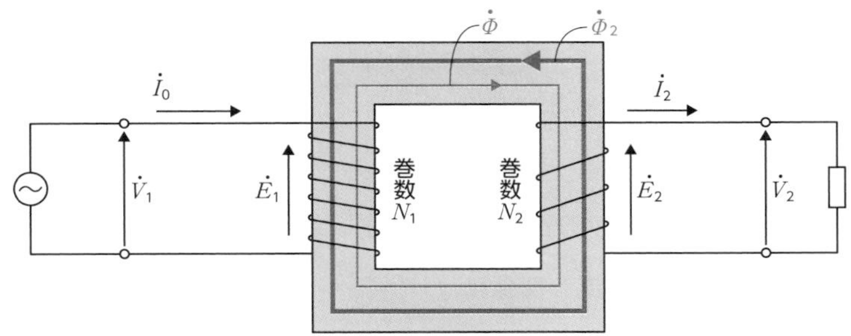

このままでは，ファラデーの法則より，誘導起電力$e_1=N_1\dfrac{\Delta\Phi}{\Delta t}$だったものが，誘導起電力$e_1=N_1\dfrac{\Delta(\Phi-\Phi_2)}{\Delta t}$となってしまい，誘導起電力$\dot{E}_1$も減少することになってしまいます。

誘導起電力$\dot{E}_1$が減少すると$\dot{V}_1\neq\dot{E}_1$となり，一次側回路でキルヒホッフの電圧則（任意の閉ループにおいて起電力の総和＝逆起電力の総和）が成り立ちません。

ひとこと

キルヒホッフの電圧則からひもとけば，二次電流（負荷電流）が流れているのを観測した時点で，一次側でもつじつまが合うような現象が起こっているはずです。

一次側でコイルの誘導起電力（電源と逆向きの起電力）が小さくなり，電源からの電流を妨げにくくなっているので，一次側コイルにはそれにみあう電流がたくさん流れていると予測がつきます。

ここで，二次電流$\dot{I}_2$[A]を観測した時点で，電流$\dot{I}_0$に加えて電流$\dot{I}_1'$が一次巻線に流入して起磁力$N_1\dot{I}_1'$[A]が生じ，その結果，$\dot{\Phi}_2$[Wb]を打ち消すような$\dot{\Phi}_1$[Wb]が発生しているはずだと考えます。

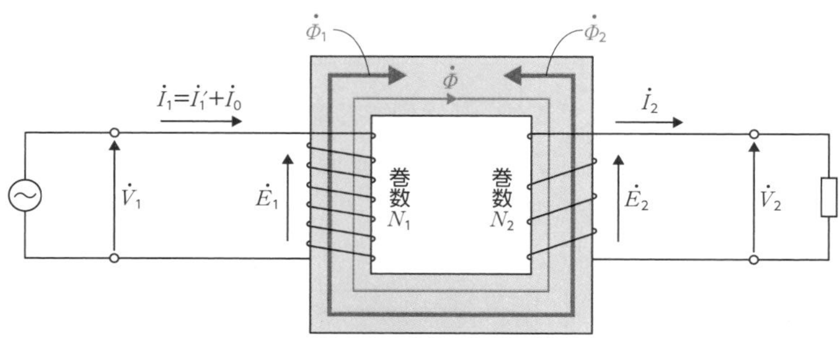

すると，誘導起電力$e_1=N_1\dfrac{\Delta\{\Phi-(\Phi_2-\Phi_1)\}}{\Delta t}=N_1\dfrac{\Delta\Phi}{\Delta t}$となり，初めの状態に戻ります。互いの起磁力を打ち消しあうためには，$N_1I_1'=N_2I_2$となる必要があるので，電流の関係は，$\dfrac{I_1'}{I_2}=\dfrac{N_2}{N_1}=\dfrac{1}{a}$となります。

以上より，次のような公式を導くことができます。

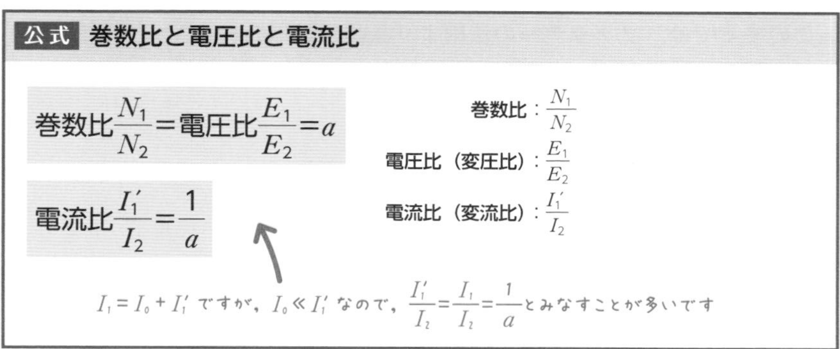

公式 巻数比と電圧比と電流比

$$\text{巻数比}\frac{N_1}{N_2}=\text{電圧比}\frac{E_1}{E_2}=a$$

$$\text{電流比}\frac{I_1'}{I_2}=\frac{1}{a}$$

巻数比：$\dfrac{N_1}{N_2}$

電圧比（変圧比）：$\dfrac{E_1}{E_2}$

電流比（変流比）：$\dfrac{I_1'}{I_2}$

$I_1=I_0+I_1'$ですが，$I_0\ll I_1'$なので，$\dfrac{I_1'}{I_2}=\dfrac{I_1}{I_2}=\dfrac{1}{a}$とみなすことが多いです

なお，$\dot{E}_1$[V]，$\dot{E}_2$[V]は，それぞれ**一次誘導起電力**（いちじゆうどうきでんりょく），**二次誘導起電力**（にじゆうどうきでんりょく），$\dot{I}_1$[A]，$\dot{I}_2$[A]は，それぞれ**一次電流**（いちじでんりゅう），**二次電流**（にじでんりゅう）と呼ばれます。

基本例題　変圧器の二次誘導起電力と二次電流

一次巻線の巻数が1100，二次巻線の巻数が100の変圧器がある。この変圧器の一次誘導起電力の大きさが6600 V，一次電流の大きさが10 Aのとき，二次誘導起電力の大きさ[V]および二次電流の大きさ[A]を求めよ。

解答

この変圧器の巻数比aは，

$$a=\frac{N_1}{N_2}=\frac{1100}{100}=11$$

二次誘導起電力E_2[V]は，$\frac{E_1}{E_2}=a$より$E_1=aE_2$なので，

$$E_2=\frac{E_1}{a}=\frac{6600}{11}=600\ \text{V}$$

二次電流I_2[A]は，$\frac{I_1}{I_2}=\frac{1}{a}$より$I_1=\frac{I_2}{a}$なので，

$$I_2=aI_1=11\times10=110\ \text{A}$$

SECTION 02

変圧器の等価回路

このSECTIONで学習すること

1 理想変圧器の等価回路

理想変圧器の電気的特性を考えるのに便利な等価回路について学びます。

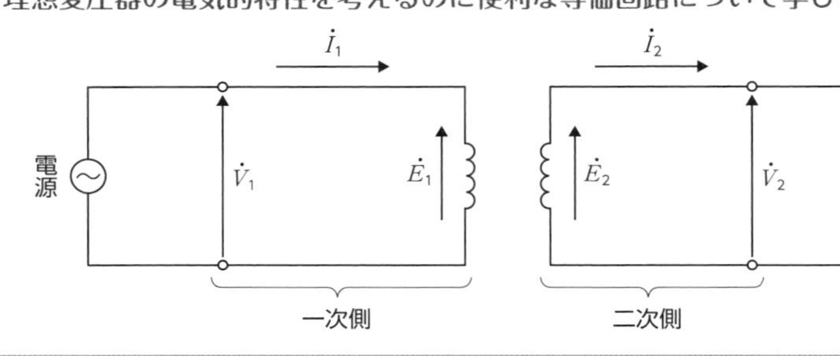

2 実際の変圧器の等価回路

実際の変圧器の等価回路について学びます。

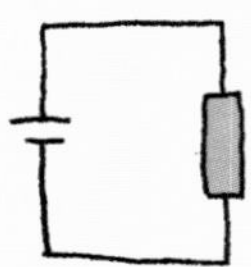

1 理想変圧器の等価回路 重要度★★★

理想変圧器の等価回路を描くと次のようになります。一次側と二次側の，2つの独立した等価回路で描き表せます。なお，コイルで発生する誘導起電力は，わかりやすくコイルの図記号で表しています。

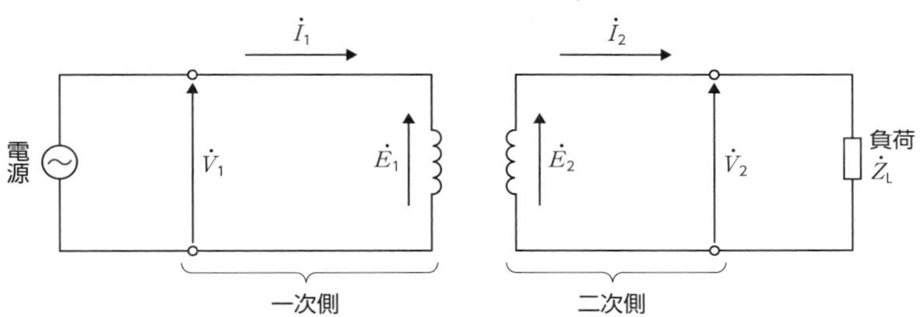

2 実際の変圧器の等価回路 重要度★★★

実際の変圧器の等価回路（一次側に換算した等価回路）は，最終的には次のような等価回路になります。なぜこのような回路になるのか，順に説明します。

板書 変圧器の等価回路

T形等価回路

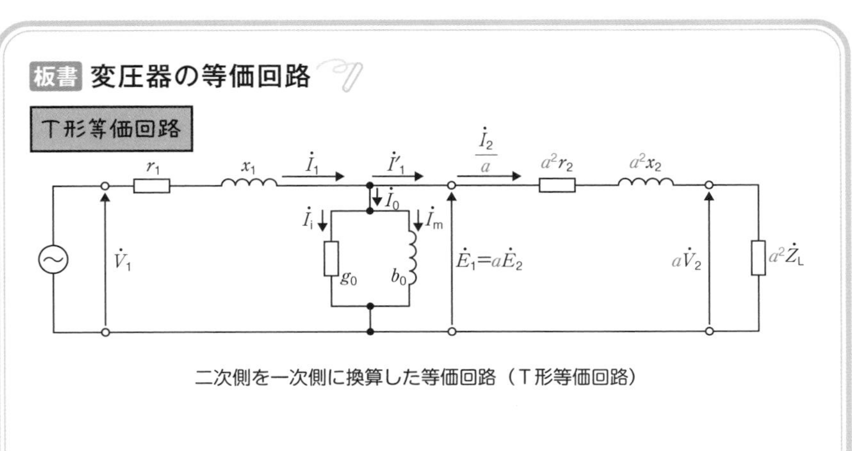

二次側を一次側に換算した等価回路（T形等価回路）

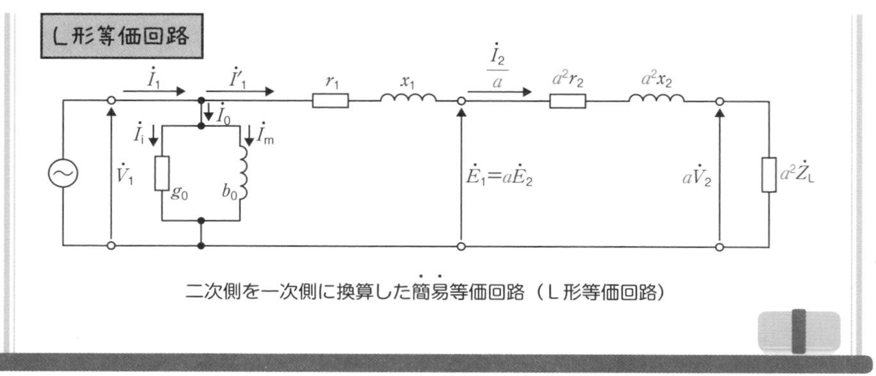

二次側を一次側に換算した簡易等価回路（L形等価回路）

ひとこと

試験においては，暗記することを優先して下さい。

ひとこと

なお，等価回路とは，①ある回路図Aに対して回路方程式を立てて，②その回路方程式を変形し，③変形した式から回路図Bを描いたとき，回路図Bを回路図Aの等価回路といいます。

I 実際の変圧器

理想変圧器では，巻線抵抗と磁束の漏れを無視していました。しかし，実際の変圧器には，巻線に抵抗があり，漏れ磁束も存在します。

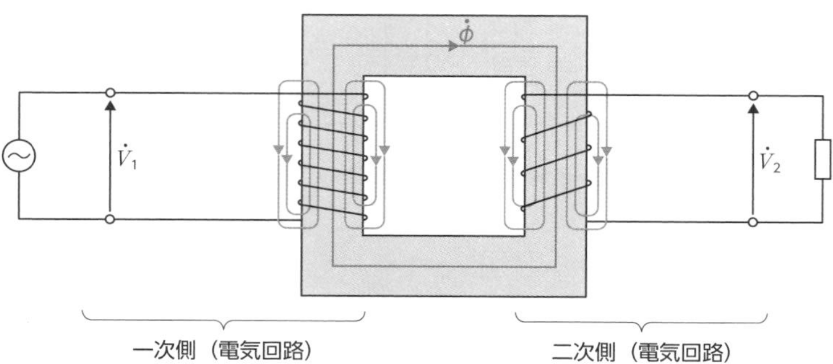

Ⅱ 巻線抵抗と漏れ磁束を考慮した等価回路

巻線抵抗と漏れ磁束を考慮した場合，以下のような等価回路になります。ただし，一次と二次の巻線抵抗をr_1，r_2，一次と二次の漏れリアクタンスをx_1，x_2とします。

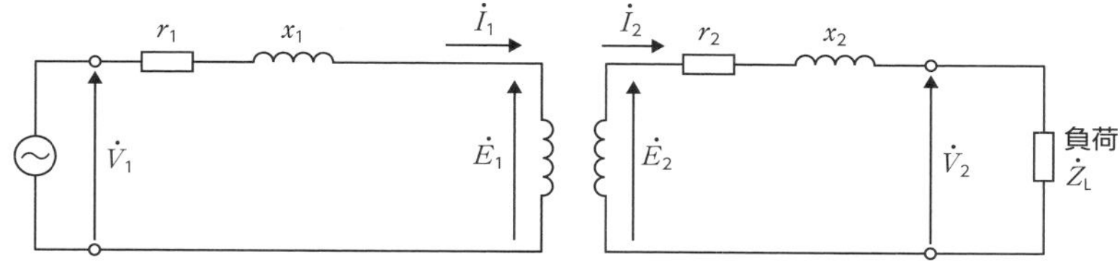

ひとこと

一次側の漏れ磁束$\Phi_{\ell 1}$は，一次巻線とだけ鎖交するので，一次回路にのみ誘導起電力が発生します。二次側の漏れ磁束$\Phi_{\ell 2}$は，二次巻線とだけ鎖交するので，二次回路にのみ誘導起電力が発生します。したがって，それぞれの回路にリアクタンスx_1，x_2を直列に挿入します。

なお，添え字のℓは，漏れ磁束（Leakage flux）からきています。

Ⅲ 励磁回路

実際の変圧器においては，さらに，鉄損と励磁電流のひずみの影響があります。

ふむ ふむ

励磁とは，巻線に電流を流すことによって磁束を発生させることをいい，その回路のことを励磁回路といいます。

1 鉄損

鉄損とは，主にヒステリシス損（理論）と，鉄心中の渦電流による渦電流損（理論）によって構成される損失をいいます。

ひとこと

ヒステリシス損は，交番磁界によって，分子磁石が向きを変えるときの摩擦によって発生する損失です。渦電流損は，鉄心の中に生じる渦電流によってジュール熱が発生することによる損失です。

2 励磁電流

励磁電流（れいじでんりゅう）（量記号：$\dot{I}_0$，単位：A（アンペア））とは，磁束Φ[Wb]を発生させるための電流のことをいいます。

変圧器の一次巻線に正弦波交流電圧v_1[V]を加えたとき，磁気飽和とヒステリシス特性（理論）を考慮すると，正弦波の磁束Φ[Wb]を生じる励磁電流$\dot{I}_0$[A]は，ひずみ波（非正弦波交流）になります。

変圧器の一次巻線に正弦波交流電圧v_1[V]を加えたとき生じる正弦波の誘導起電力e_1[V]，正弦波の磁束Φ[Wb]，ひずみ波の励磁電流i_0[A]のグラフは，以下のようになります。

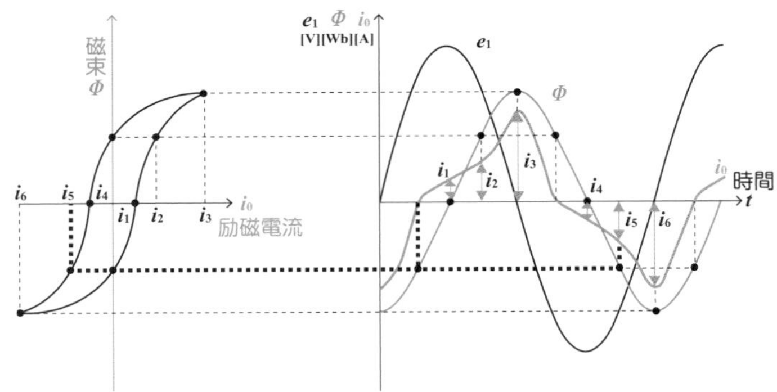

ひとこと

ヒステリシスループを参考に，ある時間における磁束に対応する電流を探して，縦方向にプロットしていくと，励磁電流のグラフを書くことができます。

ひずみ波の取扱いは複雑なので，励磁電流は，ひずみ波と周波数および実効値が等しい等価正弦波$\dot{I}_0$として考えます。励磁電流$\dot{I}_0$[A]は鉄損により$\dot{\Phi}$よりも位相αだけ進み，これを**鉄損角**（てっそんかく）といいます。

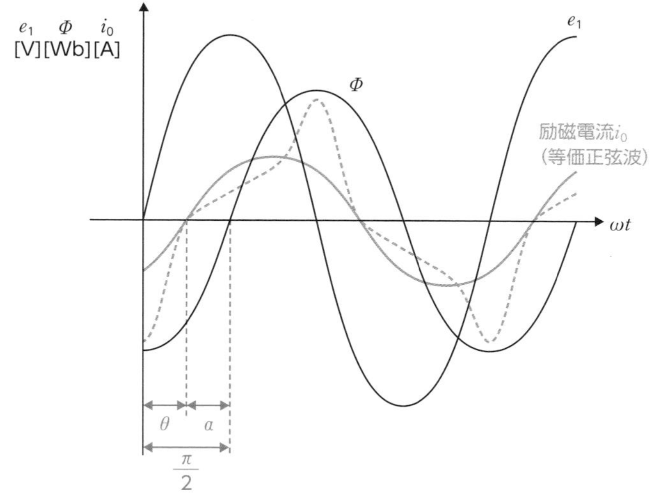

3 励磁回路

励磁電流（れいじでんりゅう）$\dot{I}_0$は，主磁束をつくる成分である**磁化電流**（じかでんりゅう）$\dot{I}_m$と，鉄損を供給する成分である**鉄損電流**（てっそんでんりゅう）$\dot{I}_i$に分解できます。

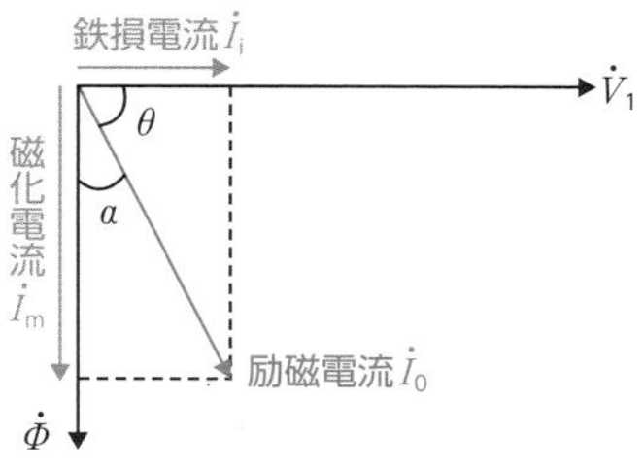

励磁電流のベクトル図

無理やり回路をつくるために，このように分解します。ベクトル図より，$\dot{I}_0=\dot{I}_i+\dot{I}_m$となり，キルヒホッフの電流則をイメージして，節点で分岐させるような並列回路を書き起こします。

鉄損電流$\dot{I}_i$によって鉄損が生じていることを表現するために，$\dot{I}_i$の通り道に抵抗をおきます。また，$\dot{I}_m$は主磁束をつくる電流であり，その通り道にリアクタンスをおきます。

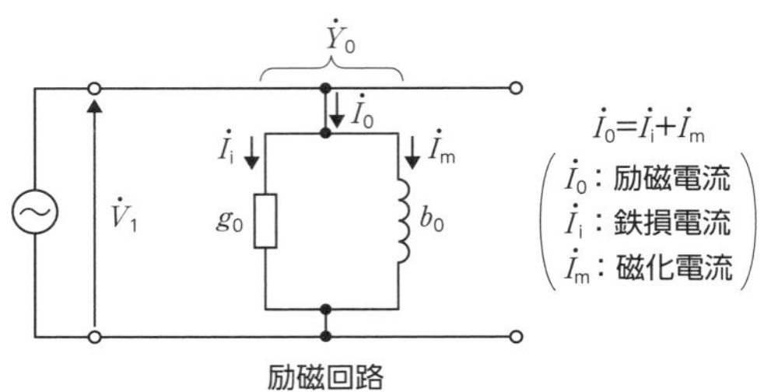

励磁回路

一般に，$\dot{Y}_0$[S（ジーメンス）]を**励磁（れいじ）アドミタンス**といい，$\dot{Y}_0 = g_0 - jb_0$と表すことができます。励磁アドミタンスの実部を**励磁（れいじ）コンダクタンス**（g_0[S]），虚部を**励磁（れいじ）サセプタンス**（b_0[S]）といいます。

ひとこと

アドミタンスはインピーダンスの逆数です。

次のような関係があります。

$$\begin{cases} g_0 = \dfrac{I_i}{V_1} = \dfrac{V_1 I_i}{V_1^2} = \dfrac{\text{鉄損}}{V_1^2} \\ b_0 = \dfrac{I_m}{V_1} = \dfrac{V_1 I_m}{V_1^2} = \dfrac{\text{無効電力}}{V_1^2} \\ \dot{Y}_0 = \dfrac{\dot{I}_0}{\dot{V}_1} \end{cases}$$

Ⅳ 実際の変圧器の等価回路

実際の変圧器では，巻線抵抗，鉄心の漏れ磁束，励磁電流による損失を考慮すると，次のような等価回路になります。

理想変圧器の外に抵抗や漏れリアクタンスを接続したり，励磁回路を接続したりして，現実の変圧器に近づけています。

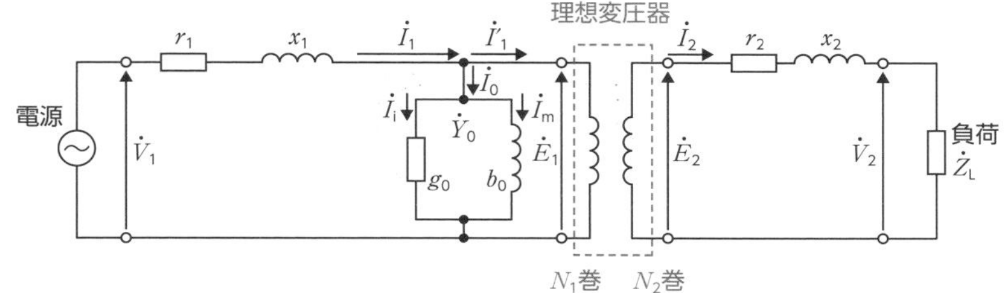

ひとこと

このように，実際の変圧器の等価回路ができました。しかし，一次側と二次側が別々の回路になってしまっています。そこで，2つの回路を1つの回路にできないか考えます。なるべく二次側の$\dot{I}_2$，r_2，x_2などの情報がすぐに把握できる形で1つにできれば便利です。

V 二次側を一次側に換算した等価回路（T形等価回路）

次に，理想変圧器を取り外し，仮想的に一次回路と二次回路を接続します。一次回路と二次回路を接続した端子の電圧は，共通で等しくないといけないので，$\dot{E}_1$[V]で統一します。また電流$\dot{I}_1'$ [A]が，そのまま二次側に流れていきます。

ここで巻数比をaとすると，$\dot{E}_1 = a\dot{E}_2$，$\dot{I}_1' = \dfrac{\dot{I}_2}{a}$ですから，以下のように表されます。

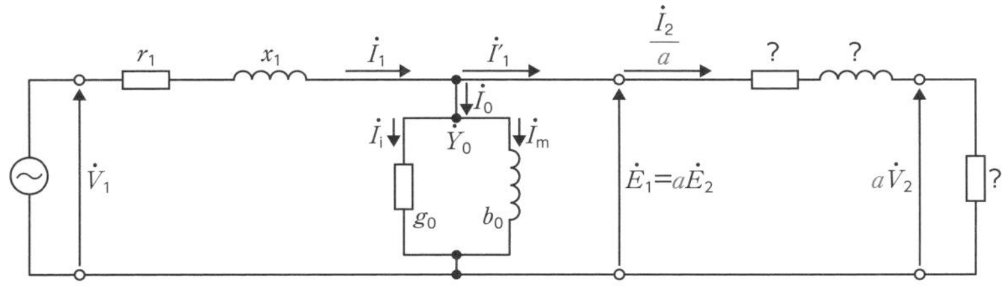

次に，各素子での電力関係が，もとの回路と等しくなるような抵抗，リアクタンス，負荷にするにはどうするか計算します。

元の二次回路　　　　等価回路

$$\begin{cases} I_2^2 r_2 = (aI_1')^2 r_2 = I_1'^2 (a^2 r_2) \\ I_2^2 x_2 = (aI_1')^2 x_2 = I_1'^2 (a^2 x_2) \\ I_2^2 Z_L = (aI_1')^2 Z_L = I_1'^2 (a^2 Z_L) \end{cases}$$

これらの式から回路を書き起こすと，**二次側を一次側に換算した等価回路（T形等価回路（がたとうかかいろ））**ができます。

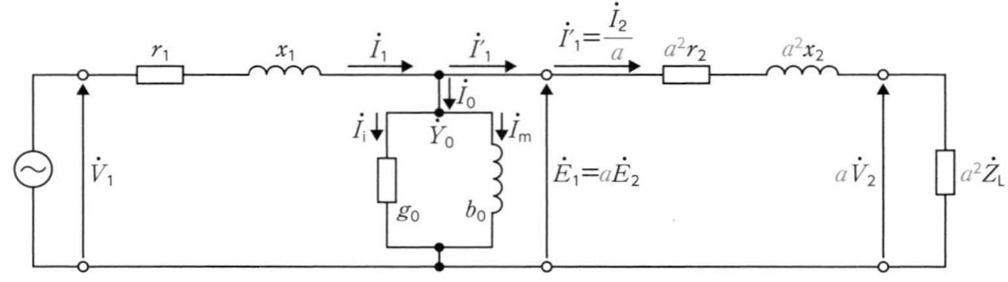

二次側を一次側に換算した等価回路（T形等価回路）

基本例題　　変圧器の等価回路

下図のような一次巻線の巻数が3000，二次巻線の巻数が100の変圧器を用いた回路がある。二次誘導起電力E_2＝220 V，二次電流I_2＝3 A，二次巻線抵抗r_2＝0.5 Ω，二次漏れリアクタンスx_2＝1.2 Ω，負荷Z_L＝2 Ωのとき，二次側を一次側に換算した等価回路の空欄①～⑤に当てはまる数値を求めよ。

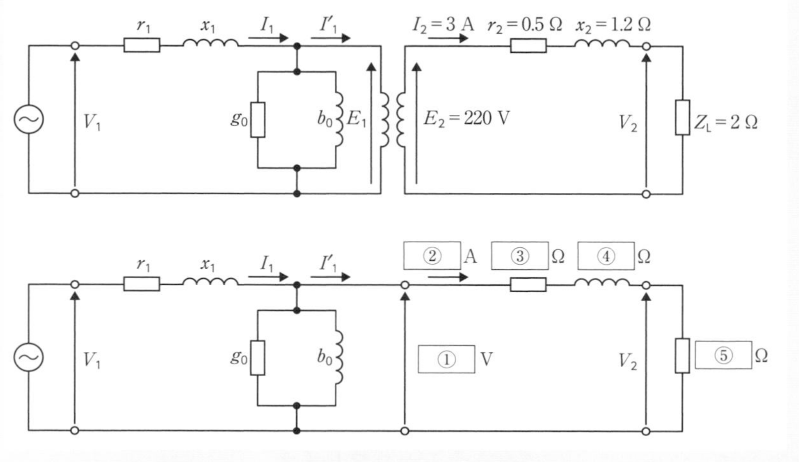

解答

図の等価回路で，一次側と二次側を接続した場合の①の端子電圧は，一次誘導起電力E_1[V]に等しくなる。一次と二次の誘導起電力の比は巻数比aに等しくなることから，E_1[V]の値を求めると，

$$\frac{E_1}{E_2}=a=\frac{3000}{100}=30$$

$$\therefore E_1=aE_2=30\times 220=6600\ \text{V}\cdots①$$

また，一次側と二次側を接続した回路では，二次電流I_2[A]の一次側換算値は一次電流I_1'[A]に等しくなる。巻数比aと電流比の関係より，②の電流I_1'[A]の値は，

$$\frac{I_1'}{I_2}=\frac{1}{a}=\frac{1}{30}$$

$$\therefore I_1'=\frac{I_2}{a}=\frac{3}{30}=0.1\ \text{A}\cdots②$$

さらに，二次側の各回路定数を一次側に換算するには，元の値にa^2をかければよいため，

$$a^2 r_2=30^2\times 0.5=450\ \Omega\cdots③$$
$$a^2 x_2=30^2\times 1.2=1080\ \Omega\cdots④$$
$$a^2 Z_L=30^2\times 2=1800\ \Omega\cdots⑤$$

Ⅵ 簡易等価回路（L形等価回路）

計算を簡単にするために，励磁アドミタンス$\dot{Y}_0$を電源側に移動させた回路を**簡易等価回路（L形等価回路）**といいます。

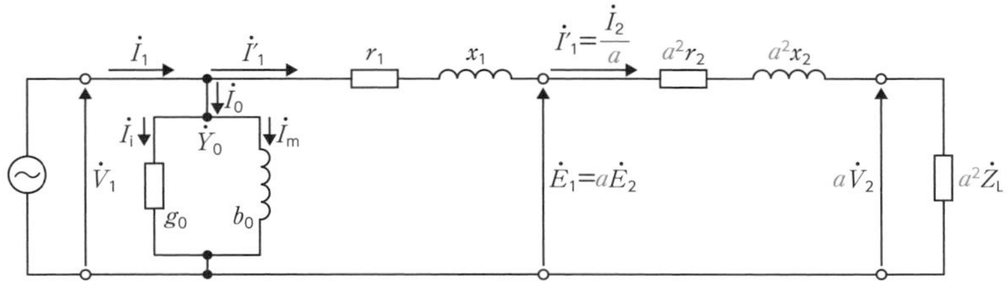

二次側を一次側に換算した簡易等価回路（L形等価回路）

ひとこと

T形等価回路において，励磁電流$\dot{I}_0$は小さいので，$\dot{I}'_1 \fallingdotseq \dot{I}_1$とみなせます。また，一次インピーダンス$\dot{Z}_1 = r_1 + jx_1$も小さいので，電源に比べて一次インピーダンス降下$\dot{Z}_1\dot{I}'_1$も小さく，$\dot{V}_1 = \dot{E}_1$とみなせます。したがって，T形等価回路とL形等価回路は，ほぼ等価な回路とみなせます。

問題集 問題23 問題24

Ⅶ 一次側を二次側に換算した等価回路

一次側を二次側に換算した等価回路も，二次側の電圧と電流とインピーダンスをそのままにして，一次側を換算することでつくることができます。以下に，簡易等価回路を載せておきます。

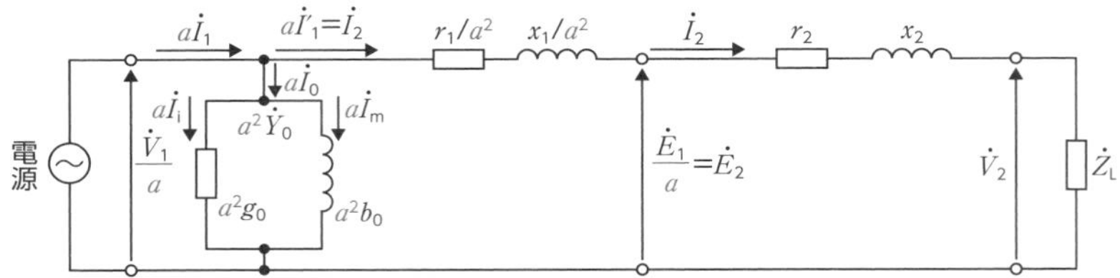

一次側を二次側に換算した簡易等価回路（L形等価回路）

二次側を換算した等価回路に比べると重要度が低いです。赤字の部分を覚えましょう。

SECTION 03

変圧器の定格と電圧変動率

このSECTIONで学習すること

1 変圧器の定格

変圧器の使用限度または基準である定格について学びます。

2 変圧器の電圧変動率

負荷の接続によって二次端子電圧がどの程度変化するかを表す電圧変動率について学びます。

電圧変動率 $\varepsilon = \dfrac{V_{20} - V_{2n}}{V_{2n}} \times 100\,[\%]$

1 変圧器の定格

重要度★★★

I 定格電圧・定格電流

定格（ていかく）とは，メーカーが保証している使用限度（または基準としている値）のことです。定格電圧（ていかくでんあつ）や定格電流（ていかくでんりゅう）や定格容量（ていかくようりょう）など，「定格～」という表現がよく使われます。

板書「定格～」の意味

「定格○○」→「使用限度の○○」または「基準と考える○○」

ひとこと

たとえば，変圧器に限らず，定格電流を超えるとジュール熱によって巻線の絶縁が劣化したり，定格電圧を超えると絶縁が効かなくなって絶縁破壊したりするおそれがあります。

II 定格運転

定格運転（ていかくうんてん）とは，変圧器の電圧と電流を，それぞれ一次側と二次側で，①定格電圧V_{1n}，V_{2n}，②定格電流I_{1n}，I_{2n}に保って，③定格容量で運転している状態をいいます。

板書「定格運転」の意味

「定格運転」→ すべて（電流も電圧も容量も）定格（の数値）で運転すること

問題集 問題25

Ⅲ 無負荷と全負荷

電験の問題を解く上で知っておかないといけない用語に，①無負荷(むふか)，②全負荷(ぜんふか)（定格負荷(ていかくふか)），③全負荷の$\frac{1}{2}$$\left(\frac{1}{2}\text{負荷}\right)$などの用語があります。

板書 「無負荷」「全負荷」「$\frac{1}{2}$負荷」の意味

用語	意味
無負荷	負荷を取り外し，回路が途切れて，オープン（開放）になっている状態
全負荷（定格負荷）	定格負荷を接続し，変圧器の定格容量と，負荷の皮相電力が等しい状態
全負荷の$\frac{1}{2}$	負荷を接続し，変圧器の定格容量の1/2と，負荷の皮相電力が等しい状態

無負荷は，抵抗値やインピーダンスが0の負荷を接続したという意味ではありません。それとはまったく逆で，電流が流れなくなった状態なので，抵抗値やインピーダンスが∞の負荷を接続したと考えられます。

2 変圧器の電圧変動率

重要度★★★

変圧器の二次端子電圧は，接続する負荷によって変化します。この変化の程度を表すものとして，電圧変動率(でんあつへんどうりつ)があります。

I 電圧変動率を考える上での簡易等価回路

まず，二次側換算の簡易等価回路において，直列に接続された抵抗とリアクタンスを，それぞれ1つにまとめて考えます。また，励磁回路は取り除きます。

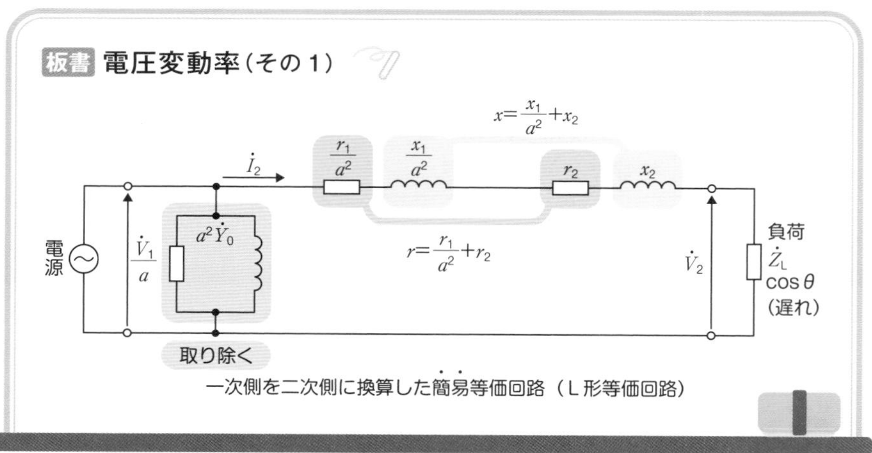

II 定格二次端子電圧と無負荷時の二次端子電圧

次に，（一次側の端子電圧を調整して）二次端子で（定格周波数，定格力率の）定格電流I_{2n}[A]，定格電圧V_{2n}[V]に保った状態にします。

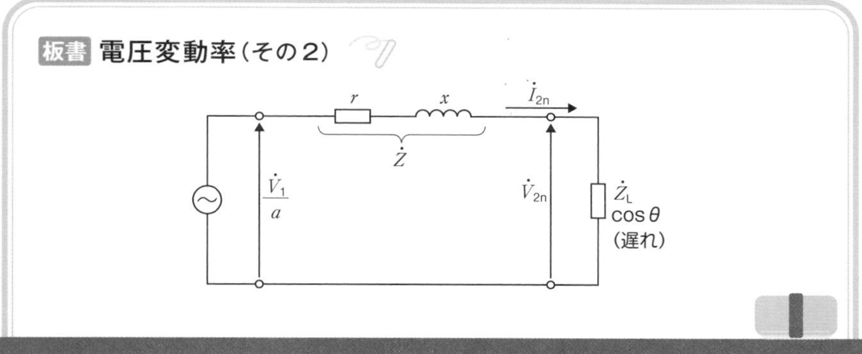

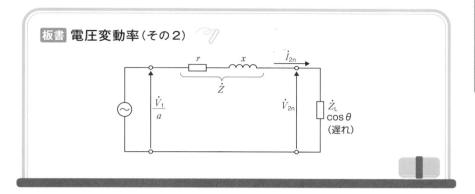

添え字のnは定格（nominal（ノミナル））からきています。

このままの状態で，負荷を取り外します（無負荷状態）。回路は途切れて開放状態になり，二次端子電圧が変化します。このときに表れる二次端子電圧をV_{20}[V]とします。

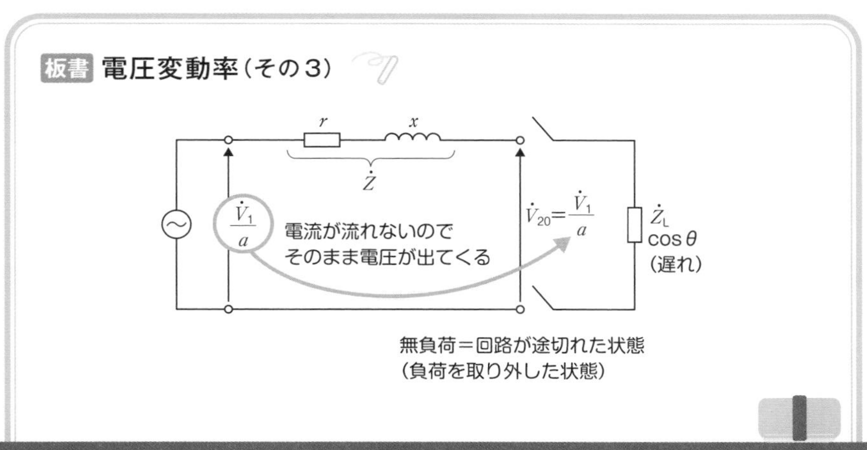

III 電圧変動率

以上のような操作をしたとき，電圧変動率 ε [%]は，以下の式で表すことができます。

公式 電圧変動率

$$電圧変動率\ \varepsilon = \frac{V_{20} - V_{2n}}{V_{2n}} \times 100\,[\%]$$

$$\fallingdotseq p\cos\theta + q\sin\theta\ (近似式)$$

$\cos\theta$または$\sin\theta$の片方しかわからなくても，$\cos^2\theta + \sin^2\theta = 1$ から両方を知ることができます。

無負荷時の二次端子電圧：V_{20} [V]
定格運転時の二次端子電圧：V_{2n} [V]
百分率抵抗降下：p [%]
百分率リアクタンス降下：q [%]
負荷の力率角：θ

基本例題 電圧変動率

変圧器の百分率抵抗降下が3.2 %，百分率リアクタンス降下が1.6 %，負荷の力率が0.8のときの電圧変動率の値[%]を求めよ。ただし，近似式を使うこと。

解答

$\cos^2\theta + \sin^2\theta = 1$ より $\sin^2\theta = 1 - \cos^2\theta$ なので，

$$\sin\theta = \sqrt{1 - \cos^2\theta}$$

負荷の力率 $\cos\theta = 0.8$ より

$$\sin\theta = \sqrt{1 - 0.8^2} = \sqrt{1 - 0.64} = \sqrt{0.36} = 0.6$$

よって，電圧変動率 ε [%]は，

$$\varepsilon \fallingdotseq p\cos\theta + q\sin\theta = 3.2 \times 0.8 + 1.6 \times 0.6 = 3.52\ \%$$

電圧変動率の近似式の導き方(1)（ベクトル図）

変圧器の等価回路Aにおいて，無負荷時には電流が流れず，一次側の電圧が二次側端子にそのまま出てくるため，無負荷時の二次側電圧 $\dot{V}_{20}=\dfrac{\dot{V}_1}{a}$ である。

これと，等価回路Bを参考に，$\dot{V}_{20}$ と $\dot{V}_{2n}$ の関係を表したベクトル図を描きなさい。ただし，$\dot{V}_{2n}$ を基準ベクトルとすること。

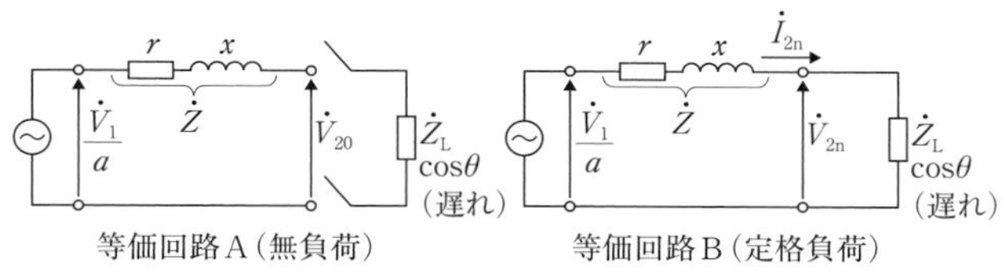

等価回路A（無負荷）　　等価回路B（定格負荷）

$\dot{V}_{20}=\dfrac{\dot{V}_1}{a}=\dot{V}_{2n}+r\dot{I}_{2n}+\mathrm{j}x\dot{I}_{2n}$ だから，ベクトル図は以下のとおり。③は電圧降下分 $r\dot{I}_{2n}$ で②の二次電流 $\dot{I}_{2n}$ と同相，④のリアクタンス降下分 $\mathrm{j}x\dot{I}_{2n}$ は二次電流 $\dot{I}_{2n}$ より90度進む。①～⑤は描き順である。

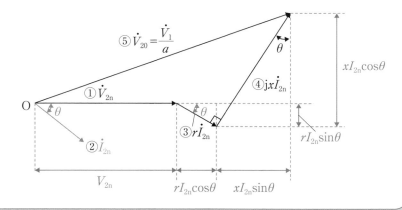

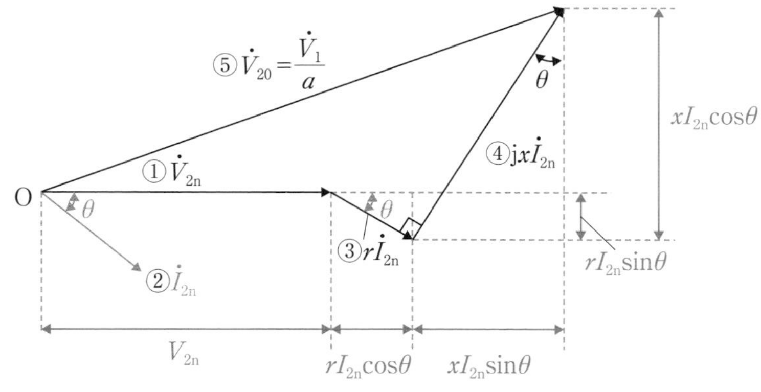

電圧変動率の近似式の導き方(2)

電圧変動率 $\varepsilon = \dfrac{V_{20} - V_{2n}}{V_{2n}} \times 100$[%]の式とベクトル図から，電圧変動率の近似式である $\varepsilon \fallingdotseq p\cos\theta + q\sin\theta$を導きなさい。ただし，$\overline{OA}^2$に比べ，$\overline{AB}^2$は小さいので無視できるものとする。

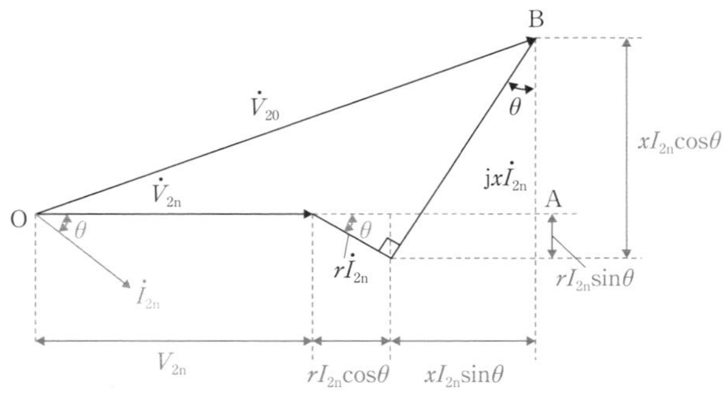

ピタゴラスの定理を△OABに適用する。

$$V_{20}^2 = \overline{OA}^2 + \overline{AB}^2$$

$$= (V_{2n} + rI_{2n}\cos\theta + xI_{2n}\sin\theta)^2 + \underbrace{(xI_{2n}\cos\theta - rI_{2n}\sin\theta)^2}_{\text{一般に小さいので無視できる}}$$

$$\fallingdotseq (V_{2n} + rI_{2n}\cos\theta + xI_{2n}\sin\theta)^2$$

両辺に平方根をとって，整理する。

$$V_{20} = V_{2n} + rI_{2n}\cos\theta + xI_{2n}\sin\theta$$

$$V_{20} - V_{2n} = rI_{2n}\cos\theta + xI_{2n}\sin\theta$$

これを電圧変動率の式に代入する。

$$\text{電圧変動率 } \varepsilon = \frac{V_{20} - V_{2n}}{V_{2n}} \times 100$$

$$= \frac{rI_{2n}\cos\theta + xI_{2n}\sin\theta}{V_{2n}} \times 100$$

$$= \left(\frac{rI_{2n}}{V_{2n}}\cos\theta + \frac{xI_{2n}}{V_{2n}}\sin\theta\right) \times 100$$

$$= \underbrace{\left(\frac{rI_{2n}}{V_{2n}} \times 100\right)}_{p\text{と置く}}\cos\theta + \underbrace{\left(\frac{xI_{2n}}{V_{2n}} \times 100\right)}_{q\text{と置く}}\sin\theta$$

$$= p\cos\theta + q\sin\theta\,[\%]$$

ひとこと

p，q は定格二次電流 I_{2n} が流れたときの電圧降下を，定格二次電圧 V_{2n} の百分率で表したものです。それぞれ，百分率抵抗降下，百分率リアクタンス降下と呼びます。

問題集 問題26

SECTION 04

変圧器の損失と効率

このSECTIONで学習すること

1 変圧器の損失

変圧器内部で発生する損失について学びます。

2 変圧器の効率

変圧器の効率の算出方法と，最大効率や全日効率の求め方について学びます。

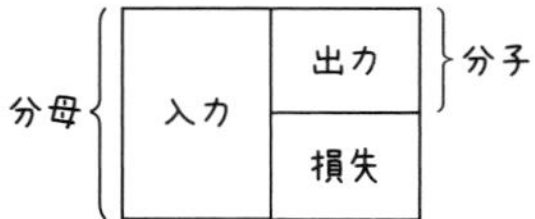

1 変圧器の損失

重要度★★★

I 損失とは

変圧器内部での損失は，大部分が鉄損と銅損です。

鉄損（てっそん）は，負荷に関係なく鉄心中で発生する損失であり，ヒステリシス損と渦電流損から成り立っています。**銅損**（どうそん）（抵抗損）は，一次巻線と二次巻線の抵抗で，ジュール熱となって発生する損失です。負荷電流によって変化します。

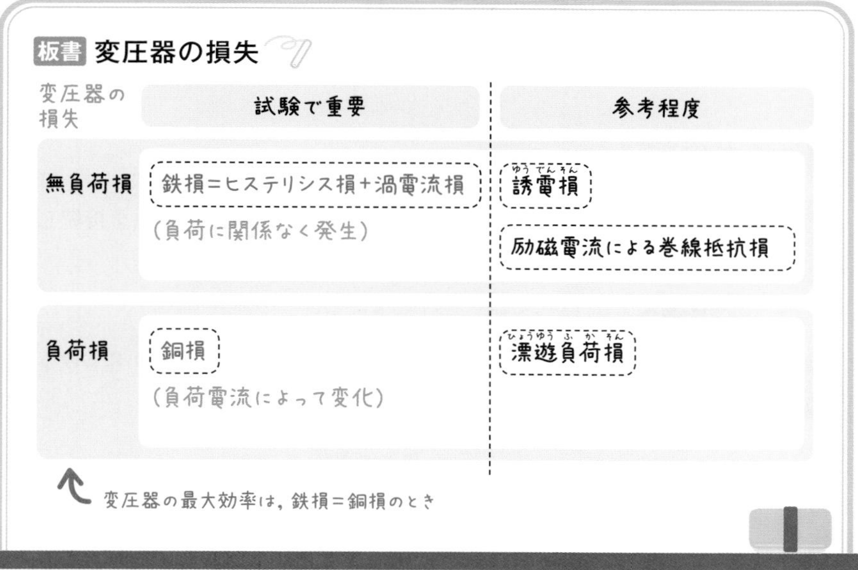

板書 変圧器の損失

変圧器の損失	試験で重要	参考程度
無負荷損	鉄損＝ヒステリシス損＋渦電流損 （負荷に関係なく発生）	誘電損（ゆうでんそん） 励磁電流による巻線抵抗損
負荷損	銅損 （負荷電流によって変化）	漂遊負荷損（ひょうゆうふかそん）

変圧器の最大効率は，鉄損＝銅損のとき

ひとこと

（参考）ヒステリシス損と渦電流損

①ヒステリシス損 $P_h = \sigma_h \frac{f}{100} B_m^{1.6\sim2.0}$ [W/kg]

材料による定数（ヒステリシス定数）：σ_h（シグマ）
周波数：f [Hz]
最大磁束密度：B_m [T]

②渦電流損 $P_e = \sigma_e (k_f t \frac{f}{100} B_m)^2$ [W/kg]

→鉄心を形成する鉄板が薄いほど渦電流損が少ない

材料による定数：σ_e（シグマ）
電圧の波形率：k_f
鉄心を形成する鉄板の厚さ：t [m]
最大磁束密度：B_m [T]
周波数：f [Hz]

Ⅱ 無負荷損

無負荷損（むふかそん）は，変圧器の二次側に負荷を接続せず，一次側に電源を接続しただけで発生する損失です。無負荷損の大部分は鉄損 P_i [W] です。

ひとこと

ほかにも誘電損などがあります。誘電損とは，絶縁体（誘電体）における損失をいいます。

変圧器の鉄損を測定するためには，**無負荷試験**（むふかしけん）を行います。

無負荷試験では，変圧器の一方の巻線（通常は高圧側の巻線）を開放（無負荷）にし，もう一方の巻線（通常は低圧側の巻線）に定格周波数の定格電圧を加えます。

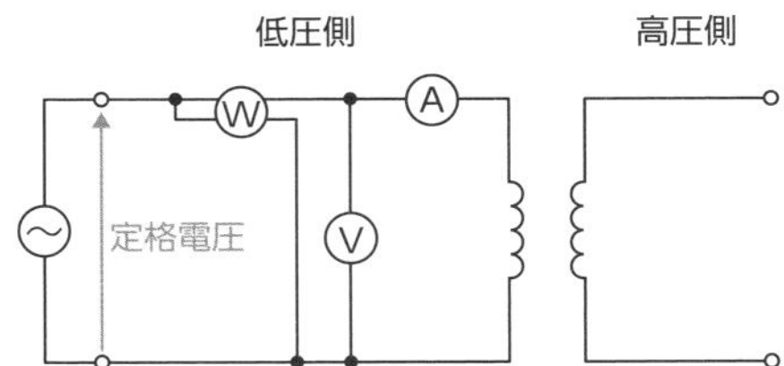

測定回路において，電流計の指示値が励磁電流，電力計の指示値が無負荷損に等しくなります。これらの測定値から，定格電圧における鉄損および励磁電流を求めます。

ひとこと

必ずしも一次側＝高圧側，二次側＝低圧側ではないことに注意しましょう。たとえば，発電所などに用いられる昇圧用変圧器は，一次側（電源側）が低圧側となります。

Ⅲ 負荷損

負荷損は，負荷電流が流れることによって生じる損失のことをいいます。負荷損の大部分は銅損P_c[W]であり，負荷電流によって変化します。

ひとこと

ほかにも漂遊負荷損があります。漂遊負荷損は，漏れ磁束により外箱や締付ボルトなどに発生する渦電流損です。ただし，試験では無視して考えることが多いです。

変圧器の銅損を測定するためには，**短絡試験**を行います。

短絡試験は，変圧器の一方の巻線（通常は低圧側の巻線）を短絡し，もう一方の巻線（通常は高圧側の巻線）に定格周波数の電圧を加え，定格電流を流します。

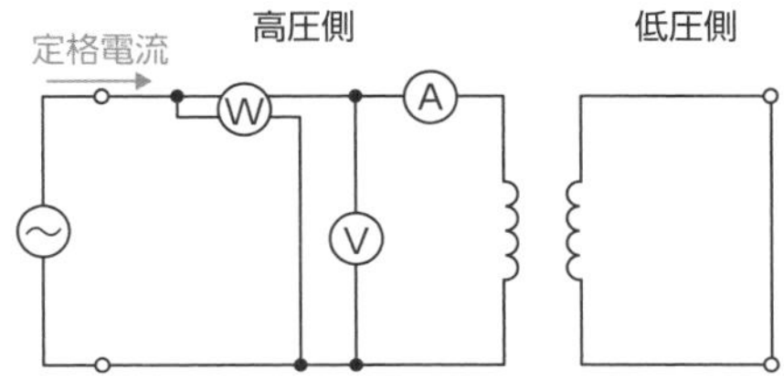

短絡試験時の電力計の指示値は，定格電流I_{1n}[A]を流したときの銅損P_{cn}[W]に等しくなります。巻線の一次側および二次側の巻線抵抗に漂遊負荷損分の等価抵抗を加えた抵抗をR_1[Ω]とすると，次の関係があります。

$$P_{cn} = R_1 I_{1n}^2$$

定格電流を流すために加えた定格周波数の電圧のことをインピーダンス電圧といいます。

基本例題 無負荷損と負荷損

ある単相変圧器がある。負荷電流100 Aのとき，鉄損200 W，銅損1000 Wであった。負荷電流が50 Aに変化したときの鉄損及び銅損の値[W]を求めよ。ただし，誘電損，励磁電流による巻線抵抗損及び漂遊負荷損は無視できるものとする。

解答

変圧器の鉄損P_i[W]は，負荷電流に関わりなく一定であるため，負荷電流が50 Aに変化した前後で変わらず，

$$P_i = 200\ \mathrm{W}$$

一方，銅損P_c[W]は，負荷電流I[A]が一次巻線と二次巻線を合わせた抵抗R[Ω]に流れたときに生じる損失に等しく，消費電力の公式$P_c = RI^2$より，負荷電流I[A]の2乗に比例します。

したがって，負荷電流が50 Aに変化したときの銅損P_c[W]は，

$$P_c = 1000 \times \left(\frac{50}{100}\right)^2 = 1000 \times \frac{1}{4} = 250\ \mathrm{W}$$

問題集 問題27

Ⅳ 変圧器の温度上昇試験

変圧器は鉄損や銅損などの損失によって温度が上昇します。この温度が許容値を超えると問題が生じます。そこで，変圧器の温度上昇が許容値内であることを確認するために，**温度上昇試験**(おんどじょうしょうしけん)を行います。

温度上昇試験の方法の一つとして，２台の同じ仕様の変圧器および試験用の補助変圧器を用いた**返還負荷法**(へんかんふかほう)があります。

返還負荷法では，電源側から変圧器の定格容量相当の電力を供給する必要がなく，損失に相当する電力のみを供給すればよいのが特徴で，試験コストが経済的であるというメリットがあります。

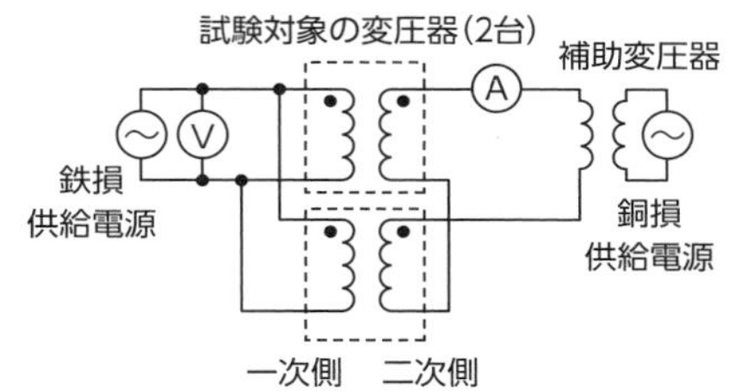

ひとこと

回路の●印は，変圧器の極性を表しています。極性は巻線に発生する起電力の向きを表しており，図の変圧器の場合，一次側と二次側の巻線どうしで同じ向きに起電力が発生します。極性についてはSECTION05で詳しく学習します。

返還負荷法では，鉄損および定格負荷時の銅損は別々の電源を用いて供給します。

試験対象の各変圧器の一次側には，鉄損供給電源を各変圧器が並列回路となるよう接続し，定格電圧を印加します。このような接続により，各変圧器の励磁回路に定格電圧を加えて励磁電流を流し，鉄損を発生させます。

一方，試験対象の各変圧器の二次側には，銅損供給電源を各変圧器が直列回路かつ二次側の極性が反転するよう接続します。そして，銅損供給電源から電圧を印加して，試験対象の変圧器に定格電流を流し，銅損を発生させます。このように，定格容量で運転することなく，試験対象の変圧器に定格負荷時の銅損と鉄損を供給することができるため，返還負荷法は経済的な温度上昇試験です。

ひとこと

試験対象の変圧器に二次側の極性を反転させるように接続することで，各端子間に加わる電圧を打ち消し合わせることができます。

2 変圧器の効率

重要度★★★

I 規約効率

効率（量記号：η）とは，入力に対する出力の比をいいます。変圧器では，損失を測定し，入力から損失を差し引いた値を出力と考えて効率を間接的に算出する**規約効率**が用いられます。

板書 効率（規約効率）

効率…入力に対する出力の比

$$\eta=\frac{出力}{出力+損失}\times100=\frac{入力-損失}{入力}\times100\ [\%]$$

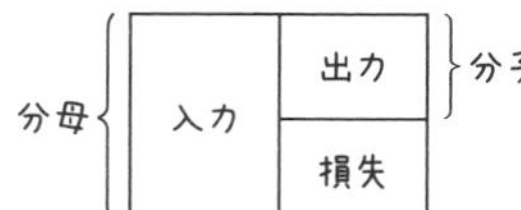

損失を測定して求めた効率を，規約効率といいます。これは出力を直接測定することが困難な場合に用いられます。入力と出力を直接測定して求めた効率を，実測効率といいます。なお，変圧器は回転機ではないので，四機（直流機，変圧器，誘導機，同期機）のなかで最も効率が高いです。

II 最大効率

変圧器の効率は，以下の公式で求めることができます。また，効率が最大となるのは，鉄損P_{i}＝銅損P_{c}となるような負荷を接続した場合です。

公式 定格負荷（全負荷）のときの効率

$$\eta=\frac{V_{2n}I_{2n}\cos\theta}{V_{2n}I_{2n}\cos\theta+P_{\mathrm{i}}+P_{\mathrm{c}}}\times100\,[\%]$$

$$=\frac{出力}{出力+損失}$$

定格二次端子電圧：V_{2n} [V]
定格二次電流：I_{2n} [A]
鉄損：P_{i} [W]
銅損：P_{c} [W]
力率：$\cos\theta$

鉄損P_{i}＝銅損P_{c}のとき効率最大
→このときは$P_{\mathrm{i}}+P_{\mathrm{c}}=2P_{\mathrm{i}}$を代入して計算できる

公式 $\frac{1}{n}$負荷のときの効率

$$\eta_{\frac{1}{n}}=\frac{\frac{1}{n}V_{2n}I_{2n}\cos\theta}{\frac{1}{n}V_{2n}I_{2n}\cos\theta+P_{\mathrm{i}}+\left(\frac{1}{n}\right)^2P_{\mathrm{c}}}\times100\,[\%]$$

定格二次端子電圧：V_{2n} [V]
定格二次電流：I_{2n} [A]
鉄損：P_{i} [W]
銅損：P_{c} [W]
負荷率：$\frac{1}{n}$
力率：$\cos\theta$

基本例題　変圧器の効率

定格容量50 kV·A，無負荷損600 W，全負荷時の銅損1400 Wの単相変圧器がある。負荷力率が0.8のとき，全負荷効率および$\frac{1}{3}$負荷時の効率を求めよ。

解答

定格容量P_{n}＝50 kV·Aより，$V_{2n}I_{2n}$＝50 kV·Aとなる。よって，全負荷効率η [%]は，

$$\eta=\frac{V_{2n}I_{2n}\cos\theta}{V_{2n}I_{2n}\cos\theta+P_{\mathrm{i}}+P_{\mathrm{c}}}\times100$$

$$=\frac{50\times10^3\times0.8}{50\times10^3\times0.8+600+1400}\times100\fallingdotseq95.2\ \%$$

$\frac{1}{3}$負荷時の効率$\eta_{\frac{1}{3}}$[%]は，

$$\eta_{\frac{1}{3}}=\frac{\frac{1}{3}V_{2n}I_{2n}\cos\theta}{\frac{1}{3}V_{2n}I_{2n}\cos\theta+P_i+\left(\frac{1}{3}\right)^2P_c}\times100$$

$$=\frac{\frac{1}{3}\times50\times10^3\times0.8}{\frac{1}{3}\times50\times10^3\times0.8+600+\frac{1}{9}\times1400}\times100\fallingdotseq94.6\ \%$$

ひとこと

（参考）変圧器の効率最大化の条件の導き方

鉄損P_iは負荷に関係なく生じる損失なので，負荷電流I_2に関係なく一定です。一方銅損P_cは負荷電流I_2によって生じる損失なので，$P=RI^2$より負荷電流I_2の２乗に比例します。

$$\eta=\frac{V_2I_2\cos\theta}{V_2I_2\cos\theta+P_i+P_c}=\frac{V_2I_2\cos\theta}{V_2I_2\cos\theta+P_i+RI_2^2}$$

$$=\frac{V_2\cos\theta}{V_2\cos\theta+\frac{P_i}{I_2}+RI_2}$$

分母が最小のとき，効率ηは最大になります。電圧が一定であるとすると，負荷の変化によってI_2が変化します。I_2の変化の影響を受けるのは分母の第２項$\left(\frac{P_i}{I_2}\right)$と第３項（$RI_2$）だけなので，$\frac{P_i}{I_2}+RI_2$が最小のとき，変圧器の効率$\eta$は最大となります。

最小定理より，$\frac{P_i}{I_2}=RI_2$のとき$\frac{P_i}{I_2}+RI_2$が最小になります。

$$\frac{P_i}{I_2}=RI_2$$

$$P_i=RI_2^2=P_c$$

よって，鉄損と銅損が等しいとき，変圧器の効率ηが最大になることがわかります。

ひとこと

最小定理がわからない場合は『電験三種合格へのはじめの一歩』などで数学の知識をおさらいしましょう。

ひとこと

最大効率となる負荷率から負荷の値が多少変化しても，変圧器の損失が非常に小さいため，効率はあまり変わりません。

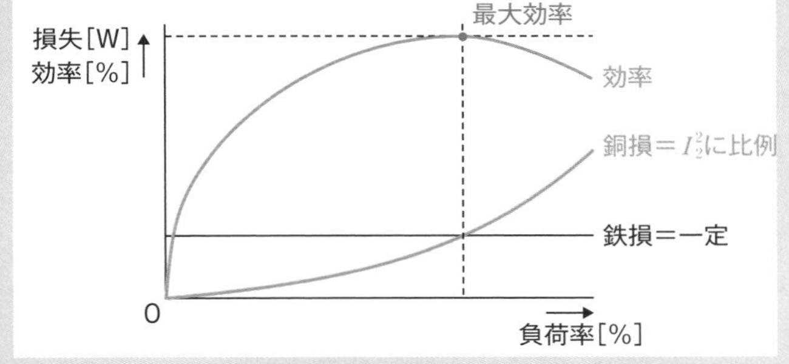

問題集 問題28 問題29 問題30 問題31 問題32 問題33

Ⅲ 全日効率 法規

全日効率（ぜんにちこうりつ）とは，一日の出力電力量と入力電力量の比をいい，次の公式で求めることができます。

公式 全日効率

$$\eta_d = \frac{\text{一日の出力電力量}}{\text{一日の入力電力量}} \times 100$$

$$= \frac{PT}{PT + 24P_i + P_cT} \times 100 [\%]$$

運転時の平均出力：P[W]
変圧器負荷運転時間：T[h]
鉄損：P_i[W]
負荷運転時の平均銅損：P_c[W]

ひとこと

変圧器の一次側では電圧が一日中加わっているため，無負荷損である鉄損P_iは24時間ずっと発生します。一方，負荷損である銅損P_cは負荷運転しているT時間しか発生しません。

全日効率

ある変圧器の運転時の平均出力が14.4 kW，負荷運転時間が8時間，鉄損が200 W，全負荷時の銅損が1000 Wのとき，全日効率の値[%]を求めよ。ただし，変圧器の損失のうち，鉄損と銅損以外の損失は無視できるものとする。

解答

求める変圧器の全日効率 η_{d}[%]は，

$$\eta_{\mathrm{d}}=\frac{PT}{PT+24P_{\mathrm{i}}+P_{\mathrm{c}}T}\times 100$$

$$=\frac{14.4\times 10^3\times 8}{14.4\times 10^3\times 8+24\times 200+1000\times 8}\times 100=90\ \%$$

問題集 問題34

SECTION 05

変圧器の並行運転

このSECTIONで学習すること

1 変圧器の極性

変圧器の巻線に誘導される起電力の相対的な方向を示す極性について学びます。

2 変圧器の並行運転

複数の変圧器を並列に接続して運転する並行運転について学びます。

3 百分率インピーダンス

変圧器の短絡インピーダンス，短絡インピーダンスを百分率インピーダンスで表す方法，百分率インピーダンスから短絡電流を求める方法について学びます。

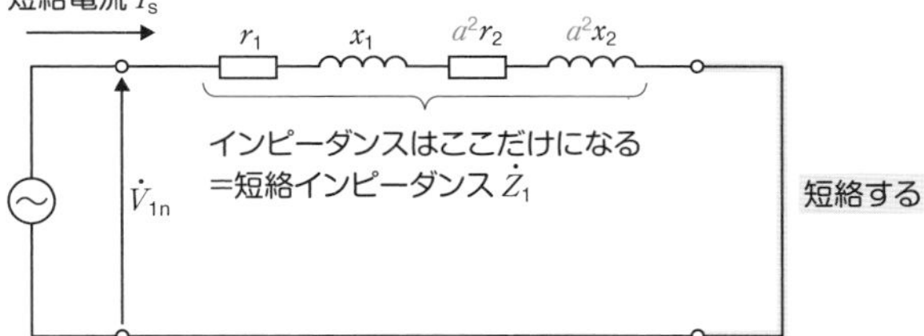

4 並行運転時の分担電流と百分率インピーダンス

百分率インピーダンスから並行運転時の変圧器が分担する電流を求める方法について学びます。

$$
\begin{cases}
I_A = I \times \dfrac{\%Z'_B}{\%Z_A + \%Z'_B} \text{ [A]} \\
I_B = I \times \dfrac{\%Z_A}{\%Z_A + \%Z'_B} \text{ [A]}
\end{cases}
$$

1 変圧器の極性

極性(きょくせい)とは，変圧器の巻線に誘導される起電力の，相対的な方向をいいます。極性は，変圧器を並行運転する場合や三相結線する場合に考慮する必要があります。

以下のように，変圧器には，**加極性**(かきょくせい)と**減極性**(げんきょくせい)があります。

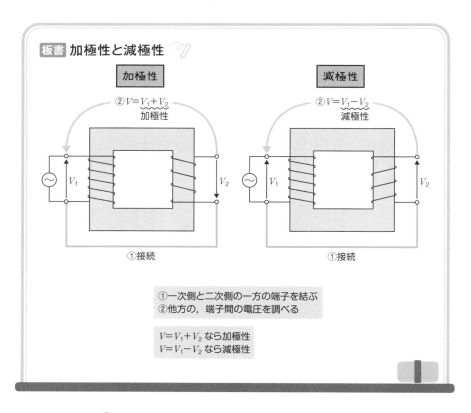

板書 加極性と減極性

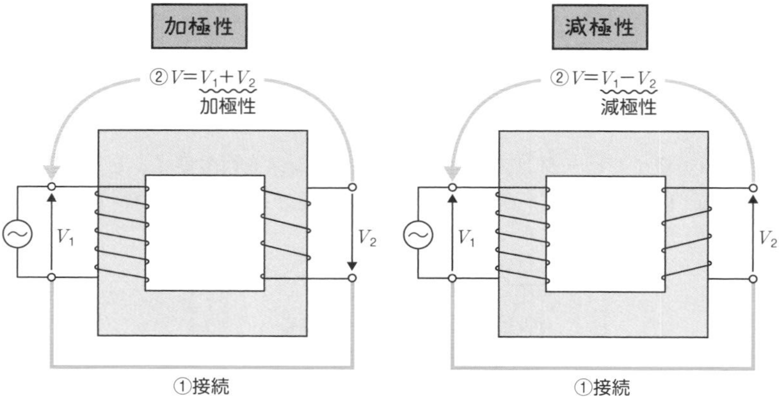

加極性

②$V=V_1+V_2$ 加極性

V_1　V_2

①接続

減極性

②$V=V_1-V_2$ 減極性

V_1　V_2

①接続

①一次側と二次側の一方の端子を結ぶ
②他方の，端子間の電圧を調べる

$V=V_1+V_2$ なら加極性
$V=V_1-V_2$ なら減極性

ひとこと

日本の変圧器は減極性です。

2 変圧器の並行運転

重要度★★☆

並行運転(へいこううんてん)とは，複数の変圧器の一次側と二次側を，それぞれ並列に接続して運転することをいいます。変圧器の並行運転には，安全性や経済性を考慮したさまざまな条件があります。

板書 変圧器の並行運転の条件

①極性が一致していること
極性が一致していないと…
→大きな循環電流が流れ，巻線が焼損する

②変圧比（巻数比）が等しいこと
変圧比が異なると…
→電位差ができ循環電流が流れる。

③百分率インピーダンス（%Z）が等しいこと
百分率インピーダンスが一致していないと…
→電流を定格出力に比例するように配分できない

④抵抗rと漏れリアクタンスxの比が等しいこと
$\frac{r}{x}$が等しくないと…
→電流に位相差が生じて，負荷供給電流が減少する

三相変圧器を並行運転する場合は，さらに「⑤相回転と位相変位（角変位）が一致している」という条件が必要になります。一致していないと，循環電流が流れてしまいます。

なお，変圧器を並行運転しているときの等価回路は，次のように表すことができます。

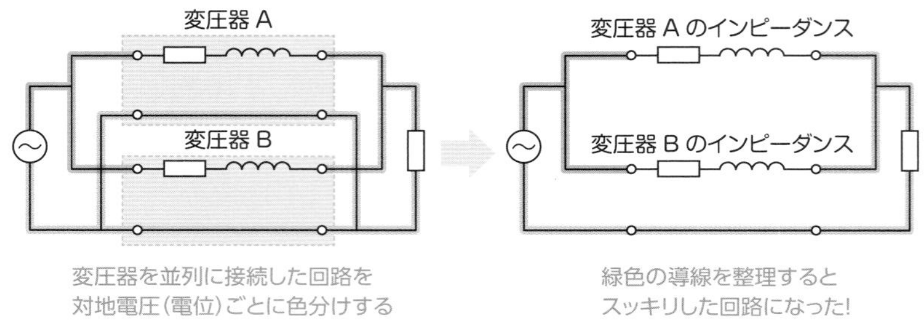

変圧器を並列に接続した回路を対地電圧(電位)ごとに色分けする

緑色の導線を整理するとスッキリした回路になった!

基本例題

変圧器の並行運転の条件

以下のような並列に接続された一次誘導起電力$E_{a1}=E_{b1}=6600$ Vの変圧器A, Bがある。①変圧器Aと変圧器Bの極性が反対（二次側を逆に接続）のとき，②変圧器Aと変圧器Bの巻数比がそれぞれ30，60のとき，③$E_{a2}=E_{b2}$で，各変圧器のインピーダンスの値が容量に反比例していないとき，④$E_{a2}=E_{b2}$で$\frac{r_{a2}}{x_{a2}}\neq\frac{r_{b2}}{x_{b2}}$のとき，それぞれの条件で生じる問題を特定せよ。

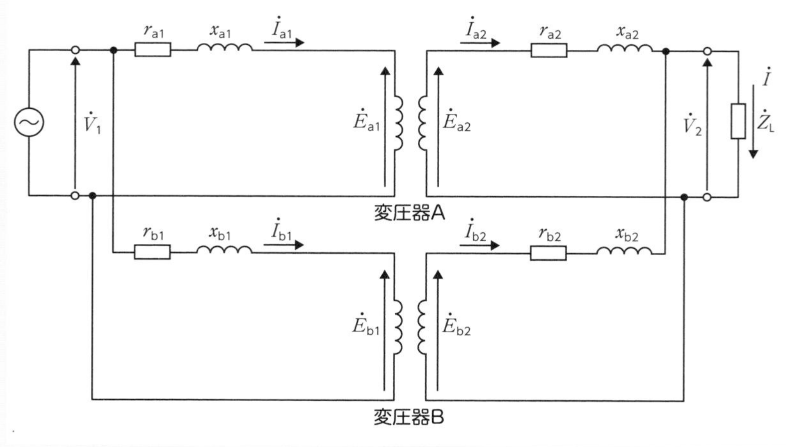

解答

① 二次側を逆に接続したときの回路は以下のようになる。

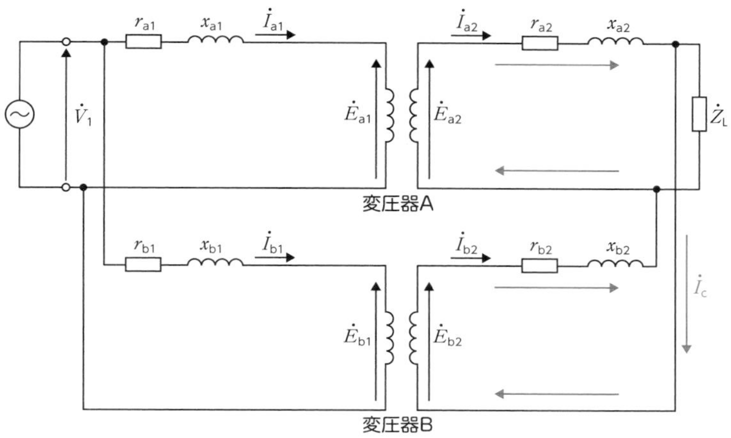

このとき，各変圧器の間に図のような循環電流$\dot{I}_c$が流れる。その大きさI_c[A]は，

$$I_c = \frac{E_{a2} + E_{b2}}{\sqrt{(r_{a2} + r_{b2})^2 + (x_{a2} + x_{b2})^2}}$$

極性が一致している場合は分子が$E_{a2} - E_{b2}$となり，$E_{a2} = E_{b2}$のときに循環電流は流れないが，極性が反対の場合は大きな循環電流が流れ，巻線が焼損する問題が発生する。

② 極性が一致している場合の循環電流の大きさI_c[A]は以下のようになる。

$$I_c = \frac{E_{a2} - E_{b2}}{\sqrt{(r_{a2} + r_{b2})^2 + (x_{a2} + x_{b2})^2}}$$

変圧比は巻数比と等しくなることから，二次側の誘導起電力E_{a2}[V]，E_{b2}[V]はそれぞれ，

$$E_{a2} = \frac{E_{a1}}{a_A} = \frac{6600}{30} = 220\ \text{V}$$

$$E_{b2} = \frac{E_{b1}}{a_B} = \frac{6600}{60} = 110\ \text{V}$$

両方の変圧器の変圧比が等しい場合は（$a_A = a_B$），$E_{a2} = E_{b2}$となり分子が0，つまり循環電流は流れない。しかし，上式のように変圧比が異なる場合は$E_{a2} - E_{b2} \neq 0$となり，変圧器間で電位差ができるため，循環電流が流れるという問題が発生する。

③　$E_{a2}=E_{b2}$のとき，各変圧器のインピーダンス降下の大きさV_d[V]は等しくなるので，

$$V_d=I_{a2}\sqrt{r_{a2}^2+x_{a2}^2}=I_{b2}\sqrt{r_{b2}^2+x_{b2}^2}$$

これより，両変圧器の負荷電流の比は，

$$\frac{I_{a2}}{I_{b2}}=\frac{\sqrt{r_{b2}^2+x_{b2}^2}}{\sqrt{r_{a2}^2+x_{a2}^2}}$$

となり，負荷電流は各変圧器のインピーダンスに反比例して分流する。つまり，変圧器の容量に比例して負荷電流を分担させるためには，各変圧器のインピーダンスが容量に反比例している必要がある。これを満たさない場合，電流を定格出力に比例するように配分できないという問題が発生する。

④　$E_{a2}=E_{b2}$のとき，各変圧器のインピーダンス降下V_d[V]は等しくなるので，

$$\dot{V}_d=\dot{I}_{a2}(r_{a2}+jx_{a2})=\dot{I}_{b2}(r_{b2}+jx_{b2})$$

これより，

$$\frac{\dot{I}_{a2}}{\dot{I}_{b2}}=\frac{r_{b2}+jx_{b2}}{r_{a2}+jx_{a2}}=\frac{x_{b2}\left(\dfrac{r_{b2}}{x_{b2}}+j\right)}{x_{a2}\left(\dfrac{r_{a2}}{x_{a2}}+j\right)}$$

上式で，$\dfrac{r_{a2}}{x_{a2}}=\dfrac{r_{b2}}{x_{b2}}$のとき，分担される負荷電流は互いの比が実数となり同相となるが，$\dfrac{r_{a2}}{x_{a2}}\neq\dfrac{r_{b2}}{x_{b2}}$のときに電流間で位相差が生じるので，下図のように同相の場合と比較すると負荷供給電流は減少し，利用率が低下する問題が発生する。

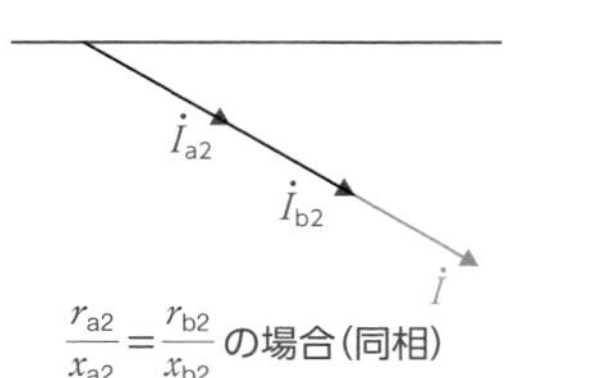

$\dfrac{r_{a2}}{x_{a2}}=\dfrac{r_{b2}}{x_{b2}}$の場合（同相）

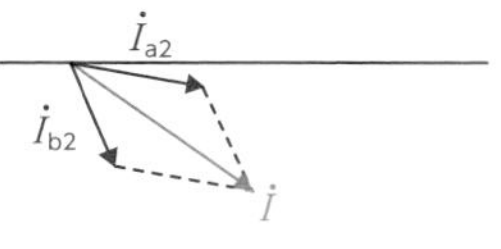

$\dfrac{r_{a2}}{x_{a2}}\neq\dfrac{r_{b2}}{x_{b2}}$の場合

3 百分率インピーダンス 電力

重要度★★☆

短絡インピーダンスとは，図のように，二次側の負荷を短絡し，電源から負荷側をみたインピーダンスをいいます。

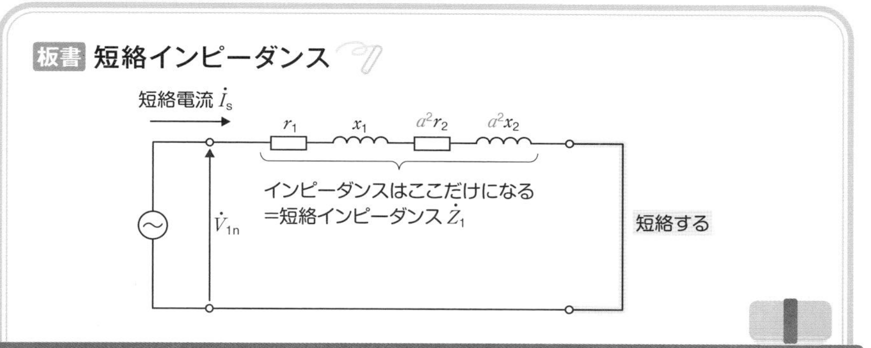

短絡インピーダンスは，通常，百分率インピーダンスで表します。**百分率インピーダンス（パーセントインピーダンス）**は，変圧器内部のインピーダンスに基準電流（定格電流）が流れることによる電圧降下が基準電圧（定格電圧）の何%に相当するかを表したものです。

百分率インピーダンスを利用すると，短絡電流I_sは次のように表すことができます。

公式 百分率インピーダンス

$$\%Z = \frac{\text{インピーダンス降下}}{\text{基準となる電圧}} = \frac{I_n Z}{V_n} \times 100$$

百分率インピーダンス：$\%Z$[%]
定格電流：I_n[A]
短絡インピーダンス：Z[Ω]
定格電圧：V_n[V]

公式 短絡電流

$$I_s = \frac{I_{1n}}{\%Z} \times 100$$

短絡電流：I_s[A]
定格一次電流：I_{1n}[A]
百分率インピーダンス：$\%Z$[%]

基本例題

定格電圧100 V，定格一次電流3 A，短絡インピーダンス0.8 Ωの単相変圧器がある。この変圧器の百分率インピーダンスの値[%]と短絡電流の値[A]を求めよ。

解答

この変圧器の百分率インピーダンス$\%Z$[%]は，

$$\%Z=\frac{I_{1n}Z}{V_n}\times 100=\frac{3\times 0.8}{100}\times 100=2.4\ \%$$

また，上で求めた$\%Z$[%]の値を用いて，短絡電流I_s[A]を求めると，

$$I_s=\frac{I_{1n}}{\%Z}\times 100=\frac{3}{2.4}\times 100=125\ \text{A}$$

短絡電流の公式の導き方

短絡電流I_sを，$\%Z$を使って表しなさい。ただし，$\%Z=\frac{I_{1n}Z_1}{V_{1n}}\times 100$と定義するものとする。

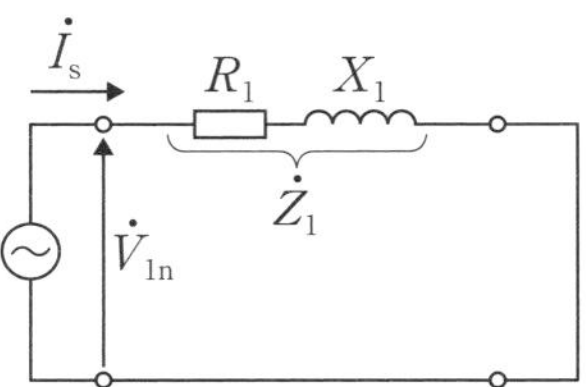

$\%Z$は，基準電圧V_{1n}に比べて，インピーダンスに基準電流I_{1n}が流れることによって何%電圧降下するかを表したものである。

$$\%Z=\frac{I_{1n}Z_1}{V_{1n}}\times 100$$

$$\therefore Z_1=\frac{\%Z\times V_{1n}}{100I_{1n}}$$

オームの法則$I=\frac{V}{Z}$より

$$I_s=\frac{V_{1n}}{Z_1}=\frac{V_{1n}}{\frac{\%Z\times V_{1n}}{100I_{1n}}}=\frac{I_{1n}}{\%Z}\times 100$$

$$\therefore I_s=\frac{I_{1n}}{\%Z}\times 100$$

4 並行運転時の分担電流と百分率インピーダンス 重要度★★★

並列に接続された変圧器に流れる電流を**分担電流**（ぶんたんでんりゅう）といい，次のように表すことができます。ただし，変圧器A，Bの定格容量をP_{An}，P_{Bn}としたとき，$\%Z'_B = \%Z_B \times \dfrac{P_{An}}{P_{Bn}}$とします。

公式 並行運転時の分担電流

$$\begin{cases} I_A = I \times \dfrac{\%Z'_B}{\%Z_A + \%Z'_B}\ [A] \\ I_B = I \times \dfrac{\%Z_A}{\%Z_A + \%Z'_B}\ [A] \end{cases}$$

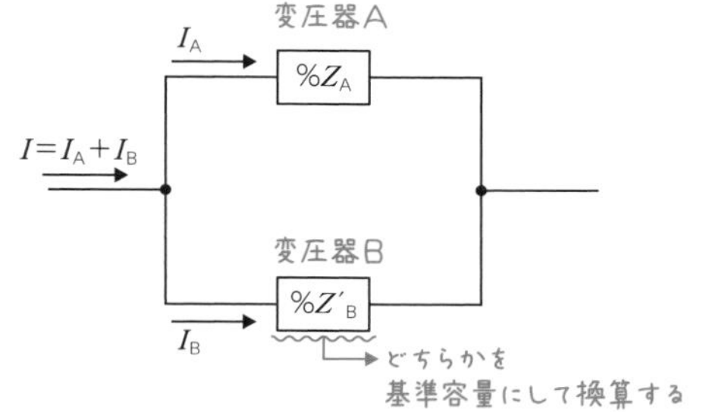

変圧器Aに流れる電流：I_A[A]
変圧器Bに流れる電流：I_B[A]

変圧器Aの百分率インピーダンス（基準）：$\%Z_A$[%]
変圧器Bの百分率インピーダンス（換算後）：$\%Z'_B$[%]

大きいほうの定格容量を基準にすると楽なことが多い

ひとこと

変圧器の分担電流の公式の両辺に定格電圧V_nを掛けると，変圧器の負荷分担の公式を導くことができます。

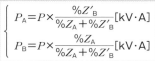

$$\begin{cases} P_A = P \times \dfrac{\%Z'_B}{\%Z_A + \%Z'_B}[kV\cdot A] \\ P_B = P \times \dfrac{\%Z_A}{\%Z_A + \%Z'_B}[kV\cdot A] \end{cases}$$

全負荷容量：$P = P_A + P_B$[kV·A]
変圧器の負荷分担：P_A, P_B[kV·A]

基本例題

以下のような並列に接続された変圧器A，Bがあり，定格容量および自己容量基準の百分率インピーダンスは表のとおりである。負荷電流I＝400 Aのとき，各変圧器に流れる分担電流I_A[A]，I_B[A]を求めよ。

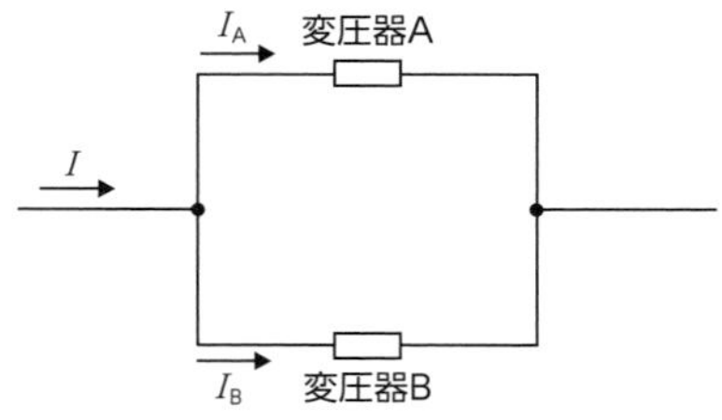

	定格容量[MV·A]	百分率インピーダンス [%]
変圧器A	20	5
変圧器B	10	10

解答

変圧器Aの容量をP_{An}[MV·A]，変圧器Bの容量をP_{Bn}[MV·A]とし，変圧器Aを容量の基準としたとき，変圧器Bの基準容量への換算後の百分率インピーダンス$\%Z'_B$[%]は，

$$\%Z'_B = \%Z_B \times \frac{P_{An}}{P_{Bn}} = 10 \times \frac{20}{10} = 20\ \%$$

負荷電流I＝400 Aのとき，各変圧器に流れる分担電流I_A[A]，I_B[A]は，

$$I_A = I \times \frac{\%Z'_B}{\%Z_A + \%Z'_B} = 400 \times \frac{20}{5+20} = 320\ \mathrm{A}$$

$$I_B = I \times \frac{\%Z_A}{\%Z_A + \%Z'_B} = 400 \times \frac{5}{5+20} = 80\ \mathrm{A}$$

（参考）分担電流の公式の導き方

分担電流を$\dot{I}_A$，$\dot{I}_B$とすると，並列回路なので，インピーダンス降下は等しい。

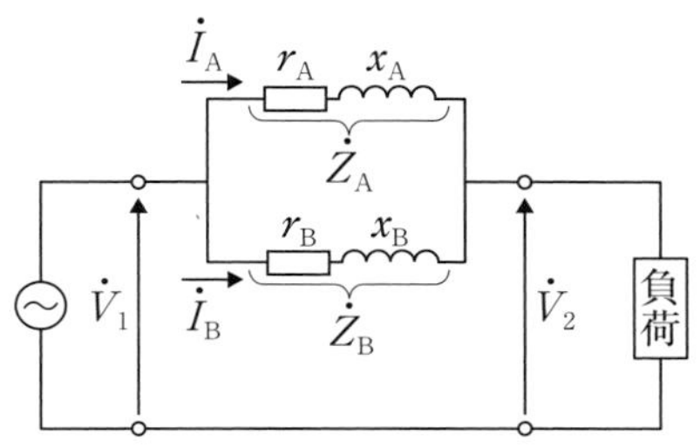

$$\dot{I}_A\dot{Z}_A = \dot{I}_B\dot{Z}_B$$

$$\therefore \frac{\dot{I}_A}{\dot{I}_B} = \frac{\dot{Z}_B}{\dot{Z}_A}$$

定格二次電圧をV_{2n}，変圧器Aと変圧器Bの定格二次電流をそれぞれI_{An}，I_{Bn}，百分率インピーダンスをそれぞれ$\%Z_A$，$\%Z_B$とすると，

$$\begin{cases} \%Z_A = \dfrac{\text{インピーダンス降下}}{\text{基準となる電圧}} \times 100 = \dfrac{I_{An}Z_A}{V_{2n}} \times 100 \\ \%Z_B = \dfrac{\text{インピーダンス降下}}{\text{基準となる電圧}} \times 100 = \dfrac{I_{Bn}Z_B}{V_{2n}} \times 100 \end{cases}$$

次に，$\dfrac{\%Z_B}{\%Z_A}$は，$\dfrac{\%Z_B}{\%Z_A} = \dfrac{I_{Bn}Z_B}{\cancel{V_{2n}}} \times \dfrac{\cancel{V_{2n}}}{I_{An}Z_A}$となる。この式を約分して，さらに式変形すると

$$\frac{\%Z_B}{\%Z_A} = \frac{I_{Bn}Z_B}{I_{An}Z_A}$$

$$\frac{Z_B}{Z_A} = \frac{\%Z_B \times I_{An}}{\%Z_A \times I_{Bn}}$$

したがって，以下の等式が成り立つ。

$$\frac{I_A}{I_B} = \frac{Z_B}{Z_A} = \frac{\%Z_B \times I_{An}}{\%Z_A \times I_{Bn}}$$

分母分子に，定格電圧V_{2n}を掛けても，等式は成り立つ。

$$\frac{I_{\mathrm{A}}}{I_{\mathrm{B}}}=\frac{\%Z_{\mathrm{B}}\times\overbrace{I_{\mathrm{An}}V_{2\mathrm{n}}}^{\text{定格容量}P_{\mathrm{An}}}}{\%Z_{\mathrm{A}}\times\underbrace{I_{\mathrm{Bn}}V_{2\mathrm{n}}}_{\text{定格容量}P_{\mathrm{Bn}}}}$$

分母分子をP_{Bn}で割る。

$$\frac{I_{\mathrm{A}}}{I_{\mathrm{B}}}=\frac{\overbrace{\%Z_{\mathrm{B}}\times\frac{P_{\mathrm{An}}}{P_{\mathrm{Bn}}}}^{\%Z'_{\mathrm{B}}\text{とする。}}}{\%Z_{\mathrm{A}}\times\frac{P_{\mathrm{Bn}}}{P_{\mathrm{Bn}}}}=\frac{\%Z'_{\mathrm{B}}}{\%Z_{\mathrm{A}}}$$

これは電流I[A]が，$\%Z'_{\mathrm{B}}:\%Z_{\mathrm{A}}$で分流するということだから，

$$\begin{cases} I_{\mathrm{A}}=I\times\dfrac{\%Z'_{\mathrm{B}}}{\%Z_{\mathrm{A}}+\%Z'_{\mathrm{B}}}\,[\mathrm{A}] \\ I_{\mathrm{B}}=I\times\dfrac{\%Z_{\mathrm{A}}}{\%Z_{\mathrm{A}}+\%Z'_{\mathrm{B}}}\,[\mathrm{A}] \end{cases}$$

となる。

試験対策を考えると，この公式の導き方は参考程度にとどめ，公式を使って問題を解く練習を優先しましょう。

SECTION 06

変圧器の三相結線

このSECTIONで学習すること

1 三相結線とは

複数台の単相変圧器で三相交流の変圧を行うための結線方法である三相結線について学びます。

2 Δ−Δ結線

3台の単相変圧器の一次側と二次側をΔ結線するΔ-Δ結線について学びます。

3 Y−Y結線

3台の単相変圧器の一次側と二次側をY結線するY-Y結線について学びます。

4 Δ−Y結線，Y−Δ結線

3台の単相変圧器の一次側をΔ結線，二次側をY結線するΔ-Y結線と，一次側をY結線，二次側をΔ結線するY-Δ結線について学びます。

5 V−V結線

2台の単相変圧器の一次側と二次側をV結線するV-V結線について学びます。

6 V−V結線とΔ−Δ結線の比較

V-V結線時の変圧器容量の利用率と，V-V結線時とΔ-Δ結線時の出力の比について学びます。

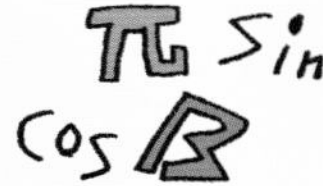

1 三相結線とは

重要度★★★

三相交流回路で，それぞれの相を同時に変圧したい場合，単相変圧器3台（または2台）を同時に使い，それぞれの単相変圧器を結線（**三相結線**）することで実現できます。

複数の単相変圧器を1組にしたときの単位を，**バンク**といいます。

このSECTIONの内容は確実に得点できるようにしましょう。

位相変位（角変位）とは，一次側の線間電圧と，それに対応する二次側の線間電圧の位相差のことをいいます。

2 Δ－Δ結線

重要度★★☆

Δ－Δ結線(デルタデルタけっせん)は，3台の単相変圧器の一次側，二次側をともにΔ結線する方法です。

各変圧器の励磁電流には，第3調波電流を含む高調波が含まれています。Δ－Δ結線では，この第3調波電流をΔ部分で循環させることができるため，ひずみ波として外部に流出しません。

また，1台が故障してもV－V結線として利用できます。

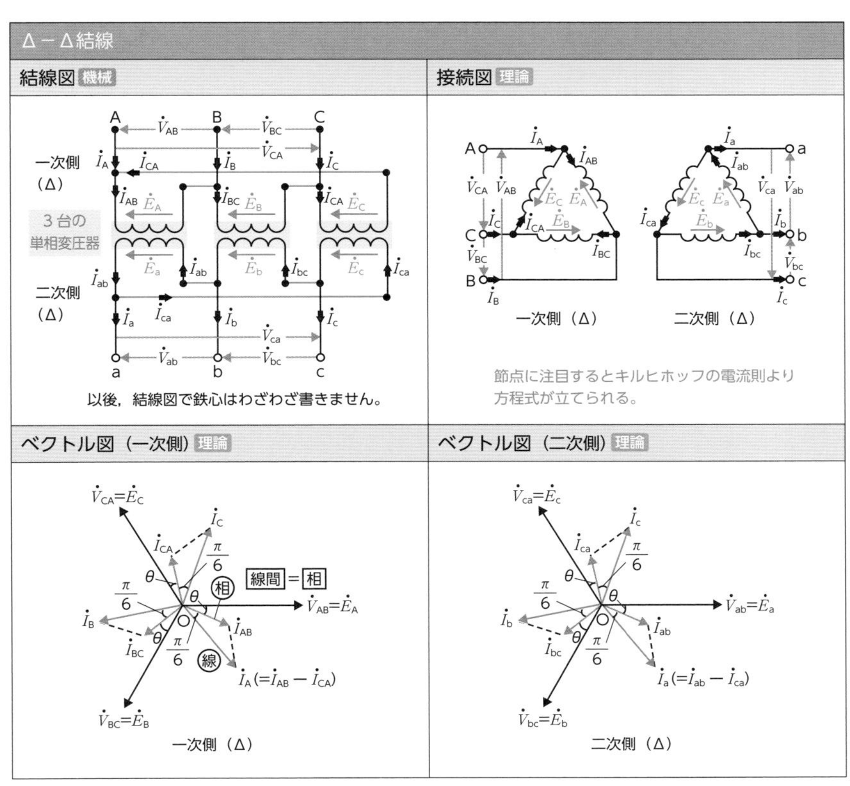

3 Y－Y結線

重要度★★☆

Y－Y結線（スター スター けっせん）は，3台の単相変圧器の一次側，二次側をともにY結線する方法です。

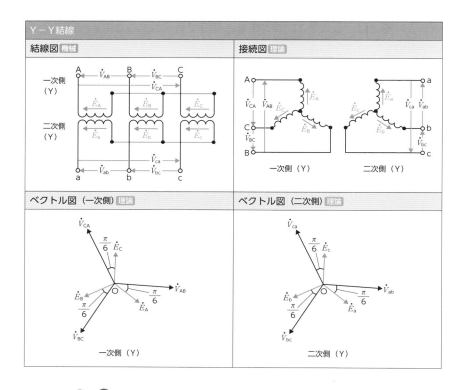

Y－Y結線

結線図 機械	接続図 理論
一次側（Y） 二次側（Y）	一次側（Y）　二次側（Y）
ベクトル図（一次側） 理論	**ベクトル図（二次側） 理論**
一次側（Y）	二次側（Y）

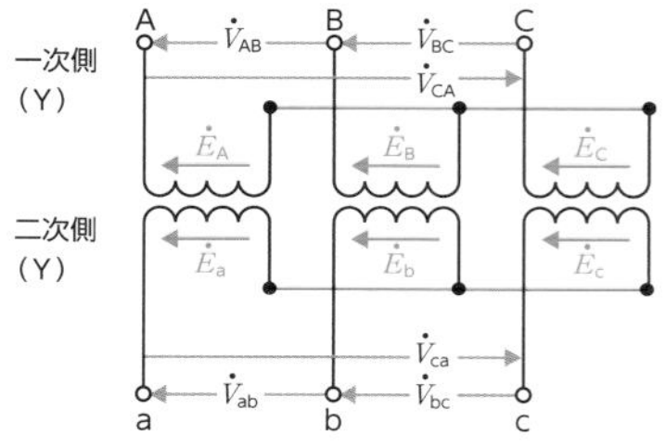

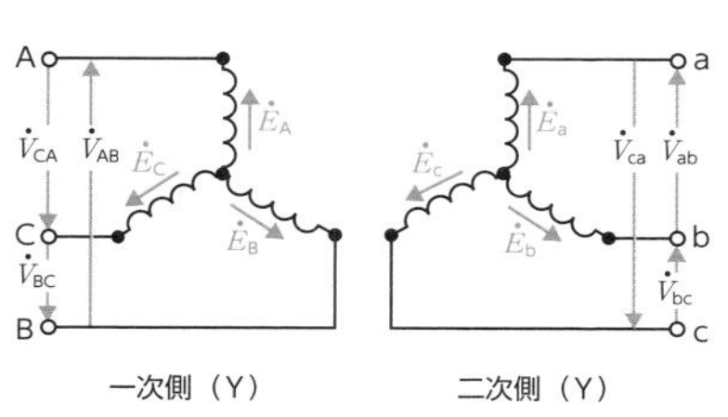

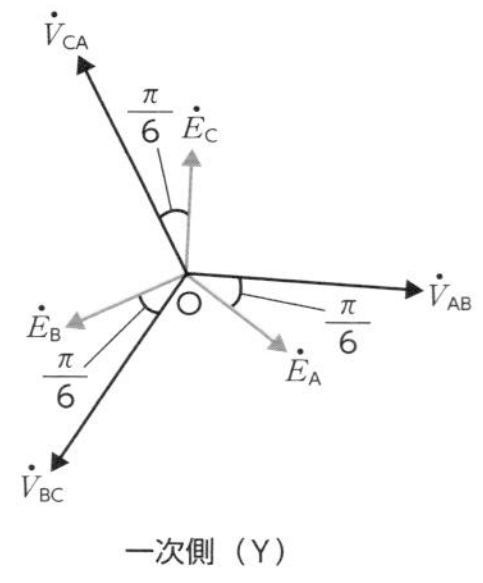

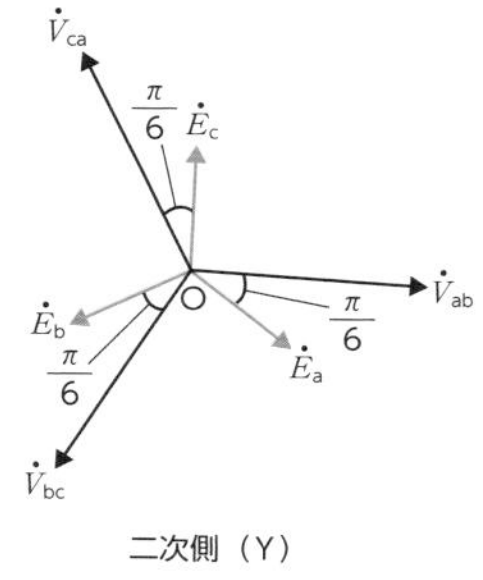

ひとこと

メリットは，中性点接地ができることです。デメリットは，相電圧に第3調波が表れることです。一般には用いられません。

4 Δ－Y結線，Y－Δ結線

重要度★★★

Δ－Y結線（デルタ スター けっせん）は，3台の単相変圧器の一次側をΔ結線，二次側をY結線する方法です。**Y－Δ結線**（スター デルタ けっせん）は，一次側をY結線，二次側をΔ結線する方法です。

Y側は中性点接地でき，Δ側は第3調波が外部に流出しないという利点があります。

欠点として，一次側と二次側の線間電圧に$\frac{\pi}{6}$ radの位相変位が生じます。

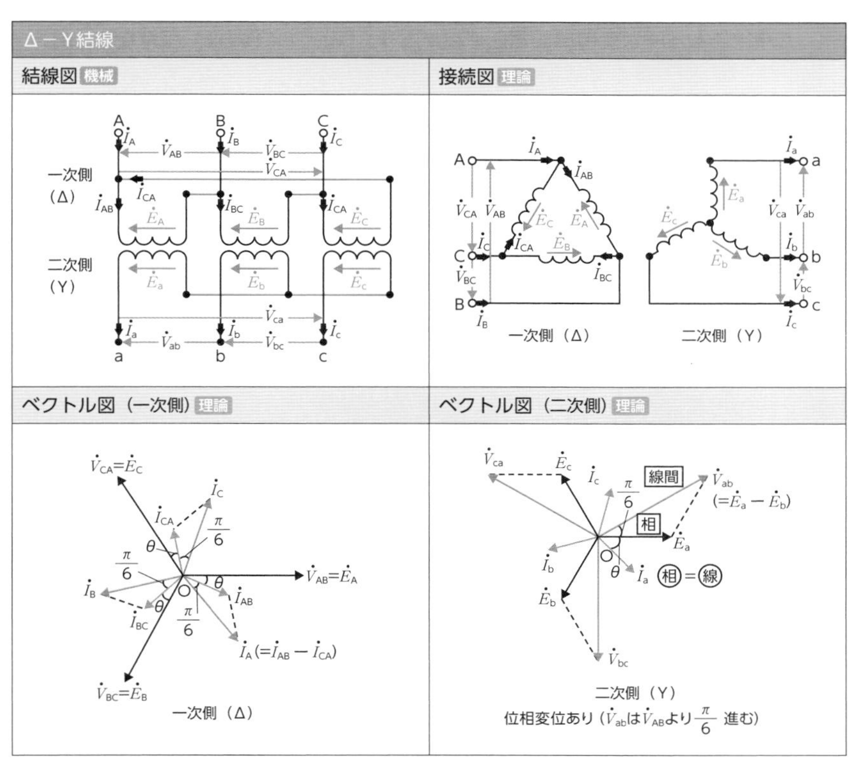

基本例題

Δ-Y結線の位相差

3台の単相変圧器の一次側をΔ結線，二次側をY結線したときの，一次側と二次側の線間電圧に生じる位相差の値[rad]を求めよ。ただし，一次側の各相電圧を極座標表示で表すと，

$$\dot{E}_A = 6600\angle 0\ \text{V},\ \dot{E}_B = 6600\angle\left(-\frac{2}{3}\pi\right)\text{V},\ \dot{E}_C = 6600\angle\left(-\frac{4}{3}\pi\right)\text{V}$$

また，二次側の各相電圧は，

$$\dot{E}_a = 100\angle 0\ \text{V},\ \dot{E}_b = 100\angle\left(-\frac{2}{3}\pi\right)\text{V},\ \dot{E}_c = 100\angle\left(-\frac{4}{3}\pi\right)\text{V}$$

であるとする。

解答

Δ結線である一次側の線間電圧$\dot{V}_{AB}$[V]，$\dot{V}_{BC}$[V]，$\dot{V}_{CA}$[V]は，相電圧$\dot{E}_A$[V]，$\dot{E}_B$[V]，$\dot{E}_C$[V]と等しくなるので，

$$\dot{V}_{AB} = \dot{E}_A = 6600\angle 0\ \text{V}$$

$$\dot{V}_{BC} = \dot{E}_B = 6600\angle\left(-\frac{2}{3}\pi\right)\text{V}$$

$$\dot{V}_{CA} = \dot{E}_C = 6600\angle\left(-\frac{4}{3}\pi\right)\text{V}$$

また，Y結線である二次側の各相電圧を直交座標表示にすると，

$$\dot{E}_a = (100\cos 0,\ 100\sin 0) = (100,\ 0)$$

$$\dot{E}_b = \left(100\cos\left(-\frac{2}{3}\pi\right),\ 100\sin\left(-\frac{2}{3}\pi\right)\right) = \left(-50,\ -50\sqrt{3}\right)$$

$$\dot{E}_c = \left(100\cos\left(-\frac{4}{3}\pi\right),\ 100\sin\left(-\frac{4}{3}\pi\right)\right) = \left(-50,\ 50\sqrt{3}\right)$$

二次側の線間電圧$\dot{V}_{ab}$[V]，$\dot{V}_{bc}$[V]，$\dot{V}_{ca}$[V]は，

$$\dot{V}_{ab} = \dot{E}_a - \dot{E}_b = (100,\ 0) - (-50,\ -50\sqrt{3}) = (150,\ 50\sqrt{3})$$
$$\dot{V}_{bc} = \dot{E}_b - \dot{E}_c = (-50,\ -50\sqrt{3}) - (-50,\ 50\sqrt{3}) = (0,\ -100\sqrt{3})$$
$$\dot{V}_{ca} = \dot{E}_c - \dot{E}_a = (-50,\ 50\sqrt{3}) - (100,\ 0) = (-150,\ 50\sqrt{3})$$

二次側の線間電圧$\dot{V}_{ab}$[V]，$\dot{V}_{bc}$[V]，$\dot{V}_{ca}$[V]の式を極座標表示にすると，

$$\dot{V}_{ab} = \sqrt{150^2 + (50\sqrt{3})^2}\angle\tan^{-1}\left(\frac{50\sqrt{3}}{150}\right) = 100\sqrt{3}\angle\tan^{-1}\left(\frac{1}{\sqrt{3}}\right)$$

$$= 100\sqrt{3}\angle\frac{\pi}{6} = 100\sqrt{3}\angle\left(0 + \frac{\pi}{6}\right)\text{V}$$

$$\dot{V}_{bc} = \sqrt{0^2 + (-100\sqrt{3})^2}\angle\tan^{-1}\left(-\frac{100\sqrt{3}}{0}\right) = 100\sqrt{3}\angle\tan^{-1}(-\infty)$$

$$= 100\sqrt{3}\angle\left(-\frac{\pi}{2}\right) = 100\sqrt{3}\angle\left(-\frac{2}{3}\pi + \frac{\pi}{6}\right)\text{V}$$

$$\dot{V}_{ca} = \sqrt{(-150)^2 + (50\sqrt{3})^2} \angle \tan^{-1}\left(\frac{50\sqrt{3}}{-150}\right) = 100\sqrt{3} \angle \tan^{-1}\left(-\frac{1}{\sqrt{3}}\right)$$

$$= 100\sqrt{3} \angle \left(-\frac{7}{6}\pi\right) = 100\sqrt{3} \angle \left(-\frac{4}{3}\pi + \frac{\pi}{6}\right) \text{V}$$

したがって，一次側と二次側の線間電圧に生じる位相差の値 θ [rad]は，両式の位相を比較して，

$$\theta = \frac{\pi}{6} \text{ rad}$$

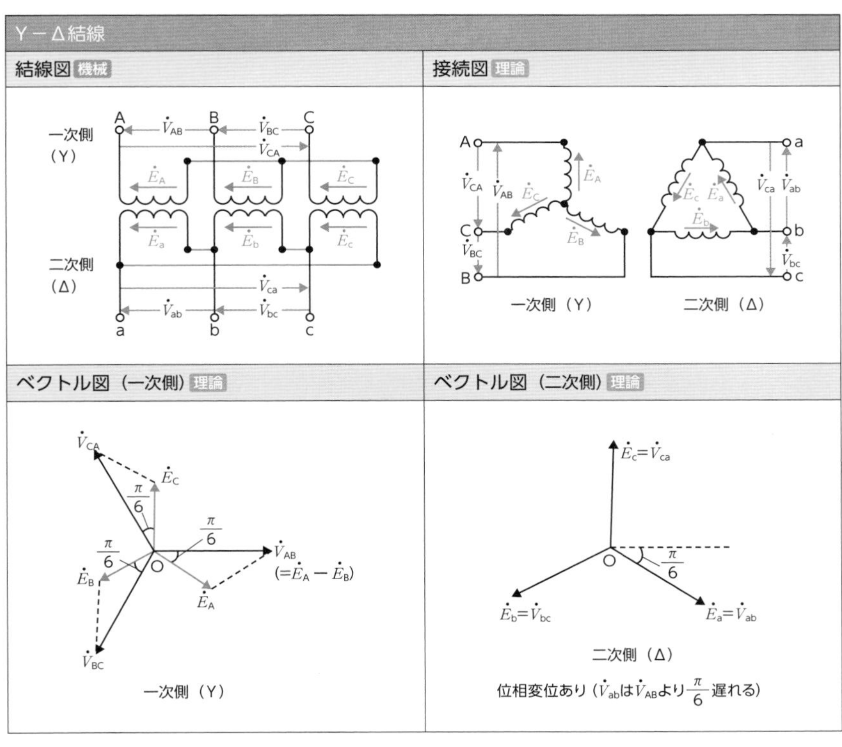

問題集 問題35 問題36

5 V－V結線

重要度★★☆

V－V結線（ブイブイけっせん）は，2台の単相変圧器の一次側，二次側をともにV結線する方法です。

変圧器は2台で済みますが，利用率が0.866と悪くなります。

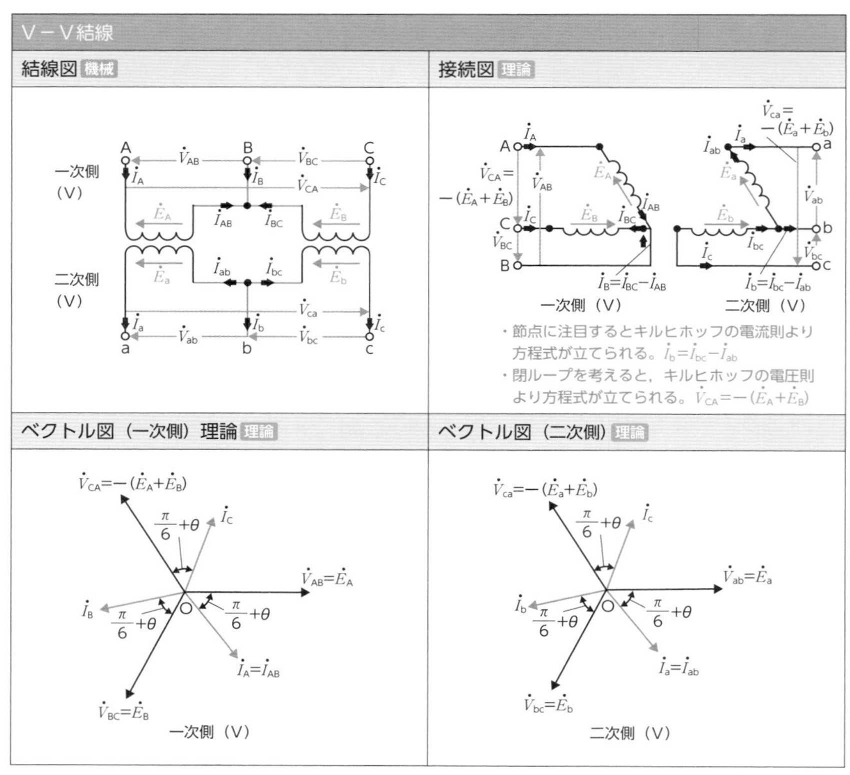

問題集 問題37 問題38

6 V－V結線とΔ－Δ結線の比較

重要度★★★

変圧器の定格容量をP[kV・A]（キロボルト・アンペア）とすると，V－V結線では，2台の変圧器を利用するので，容量は$2P$[kV・A]ですが，実際の出力は$\sqrt{3}P$[kV・A]しか得られません。

公式 V－V結線

$$利用率=\frac{\text{V－V結線の出力}}{\text{設備容量}}=\frac{\sqrt{3}P}{2P}\fallingdotseq 0.866$$

$$出力比=\frac{\text{V－V結線の出力}}{\text{Δ－Δ結線の出力}}=\frac{\sqrt{3}P}{3P}\fallingdotseq 0.577$$

変圧器の定格容量：P[kV・A]

基本例題 V-V結線の出力

定格容量500 kV・Aの単相変圧器3台をΔ－Δ結線した回路がある。この回路の単相変圧器1台を取り外し，2台をV－V結線したときの回路の出力の値[kV・A]を求めよ。

解答

Δ－Δ結線とV－V結線の出力比は，

$$出力比=\frac{\text{V－V結線の出力}}{\text{Δ－Δ結線の出力}}=\frac{\sqrt{3}}{3}$$

Δ－Δ結線時の回路の出力$P_{\Delta-\Delta}$[kV・A]は，

$$P_{\Delta-\Delta}=3\times 500=1500\ \text{kV・A}$$

したがって，V－V結線したときの回路の出力$P_{\text{V}-\text{V}}$[kV・A]は，

$$P_{\text{V}-\text{V}}=P_{\Delta-\Delta}\times\frac{\sqrt{3}}{3}=1500\times\frac{\sqrt{3}}{3}\fallingdotseq 866\ \text{kV・A}$$

V－V結線の利用率の導き方

V－V結線の，利用率の公式を導きなさい。
ただし，V－V結線の三相出力をP_V[kV･A]とする。また，各変圧器の出力をP_1[kV･A]，P_2[kV･A]，二次側の定格電圧をV_n[kV]，定格電流をI_n[A]，変圧器1台の定格容量をP[kV･A]とする。

V－V結線の，三相出力P_Vを求める。

$$
\begin{aligned}
P_V &= P_1 + P_2 \\
&= V_n I_n \cos\left(\frac{\pi}{6}+\theta\right) + V_n I_n \cos\left(\frac{\pi}{6}-\theta\right) \\
&= 2V_n I_n \cos\frac{\pi}{6}\cos\theta \\
&= \sqrt{3}\,V_n I_n \cos\theta \\
&= \sqrt{3}\,P
\end{aligned}
$$

←積和の公式$\cos\alpha\cos\beta=\frac{1}{2}\{\cos(\alpha+\beta)+\cos(\alpha-\beta)\}$より

2台の変圧器があるので，$2P$[kV･A]の容量があるにもかかわらず，$\sqrt{3}P$[kV･A]しか出力できていない。よって，利用率は，

$$\frac{\text{V－V結線の三相出力}}{\text{設備容量}}=\frac{\sqrt{3}P}{2P}\fallingdotseq 0.866$$

となる。

V－V結線とΔ－Δ結線の出力比

V－V結線の出力と，Δ－Δ結線の出力を求め，出力比の公式を導きなさい。
ただし，V－V結線の三相出力をP_V[kV･A]，Δ－Δ結線の三相出力をP_Δ[kV･A]とする。

出力は変圧器の利用率×容量×台数で求めることができる。変圧器1台の出力をPとすると，

V－V結線の三相出力$P_V=\frac{\sqrt{3}}{2}\times P\times 2=\sqrt{3}P$

Δ－Δ結線の三相出力$P_\Delta=1\times P\times 3=3P$

$$\therefore \frac{P_V}{P_\Delta}=\frac{\sqrt{3}P}{3P}=\frac{1}{\sqrt{3}}\fallingdotseq 0.577$$

SECTION 07

単巻変圧器

このSECTIONで学習すること

1 単巻変圧器の構造

1つの巻線を一次側と二次側で共用する単巻変圧器の構造について学びます。

$$\frac{E_1}{E_2}=\frac{N_1}{N_2}=a=\frac{V_1}{V_2}$$

$$\frac{I_1}{I_2}=\frac{N_2}{N_1}=\frac{1}{a}=\frac{V_2}{V_1}$$

2 自己容量と負荷容量

単巻変圧器自身の容量である自己容量と，負荷に供給できる皮相電力を表す負荷容量について学びます。

$$\begin{aligned}P_s &= V_1 I_3\\ &= (V_2 - V_1) I_2\\ &= V_2 I_2 (1-a)\end{aligned}$$

$$\begin{aligned}P_\ell &= V_2 I_2\\ &= V_1 I_1\end{aligned}$$

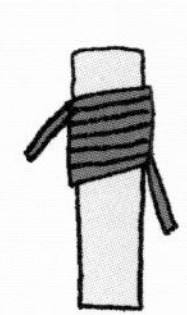

1 単巻変圧器の構造

単巻変圧器は，1つの巻線を，一次巻線・二次巻線として利用し，共用部分を持つ変圧器です。共用部分でない部分（図のab間）を**直列巻線**といい，巻線の共用部分（図のbc間）を**分路巻線**といいます。

励磁電流などを無視すると，変圧比・変流比について，以下の関係が成り立ちます。

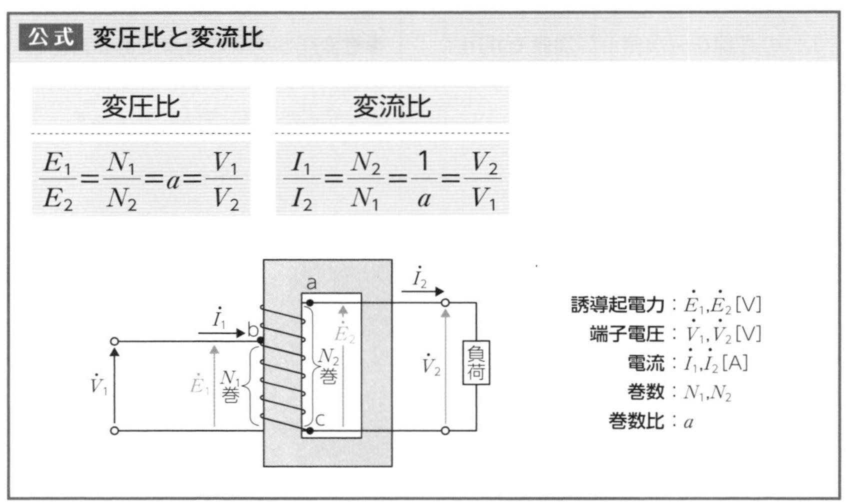

公式 変圧比と変流比
変圧比
$\frac{E_1}{E_2}=\frac{N_1}{N_2}=a=\frac{V_1}{V_2}$
変流比
$\frac{I_1}{I_2}=\frac{N_2}{N_1}=\frac{1}{a}=\frac{V_2}{V_1}$
a
b
c
$\dot{I}_1$
$\dot{I}_2$
$\dot{V}_1$
$\dot{V}_2$
$\dot{E}_1$
$\dot{E}_2$
N_1巻
N_2巻
負荷
誘導起電力：$\dot{E}_1,\dot{E}_2$[V]
端子電圧：$\dot{V}_1,\dot{V}_2$[V]
電流：$\dot{I}_1,\dot{I}_2$[A]
巻数：N_1,N_2
巻数比：a

2 自己容量と負荷容量

重要度★★☆

自己容量は，変圧器自身の容量を表す値であり，分路巻線または直列巻線の容量です。**負荷容量**（**線路容量**または**通過容量**）は，負荷に供給できる皮相電力です。

自己容量P_s[V・A]と負荷容量P_ℓ[V・A]は，次のように表すことができます。

公式 自己容量と負荷容量

自己容量	負荷容量
$P_s = V_1 I_3$ $= (V_2 - V_1) I_2$ $= V_2 I_2 (1 - a)$	$P_\ell = V_2 I_2$ $= V_1 I_1$

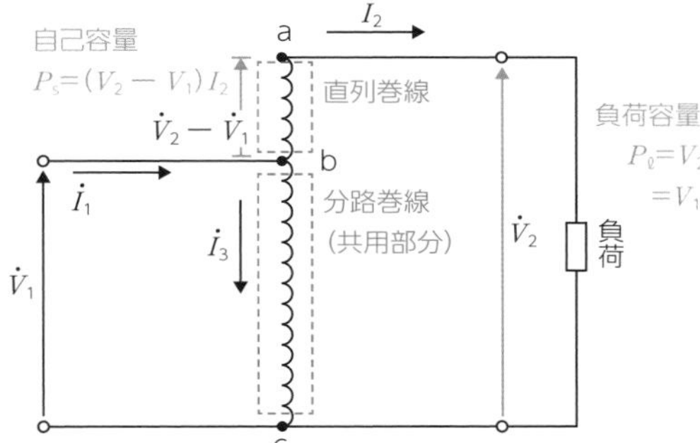

端子電圧：$\dot{V}_1, \dot{V}_2$ [V]
電流：$\dot{I}_1, \dot{I}_2, \dot{I}_3$ [A]
巻数比：a

ひとこと

単巻変圧器を二巻線変圧器（通常の変圧器）で考えて，等価回路を書くと次のようになります。

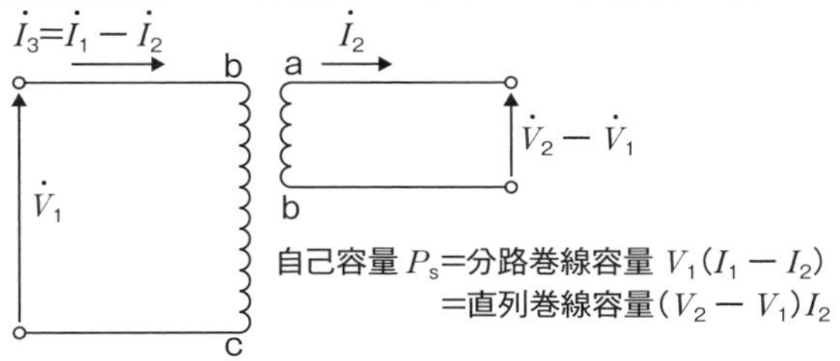

単巻変圧器の定格容量は，自己容量や負荷容量で表されます。

ひとこと

単巻変圧器は，アンペア回数（巻数にその巻線を流れる電流値を乗じたもの）が等しくなるように動作します。

$$N_1(I_1 - I_2) = (N_2 - N_1)I_2$$

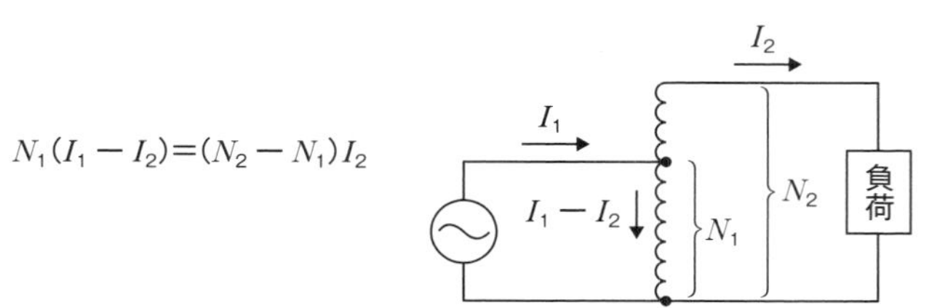

基本例題　単巻変圧器の自己容量と負荷容量

定格一次電圧6000 V，定格二次電圧6600 V，負荷電流15 Aの単相単巻変圧器がある。この変圧器の負荷容量の値[kV·A]と自己容量の値[kV·A]を求めよ。

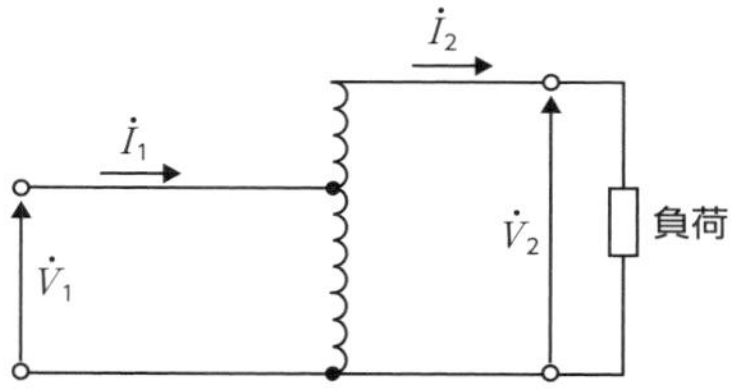

解答

この単相単巻変圧器の負荷容量P_ℓ[kV·A]は，

$$P_\ell = V_2 I_2 = 6600 \times 15 = 99\ \text{kV·A}$$

また，自己容量P_s[kV·A]は，

$$P_s = (V_2 - V_1)I_2 = (6600 - 6000) \times 15 = 9\ \text{kV·A}$$

問題集　問題39　問題40　問題41

CHAPTER 03

誘導機

CHAPTER 03

誘導機

回転機の一種である誘導機の原理や構造を学び，出力やトルクの計算方法，始動法，速度制御について考えます。複雑な計算問題も多く出題されるため，公式や特性の意味をしっかりと理解しましょう。

このCHAPTERで学習すること

SECTION 01 三相誘導電動機の原理

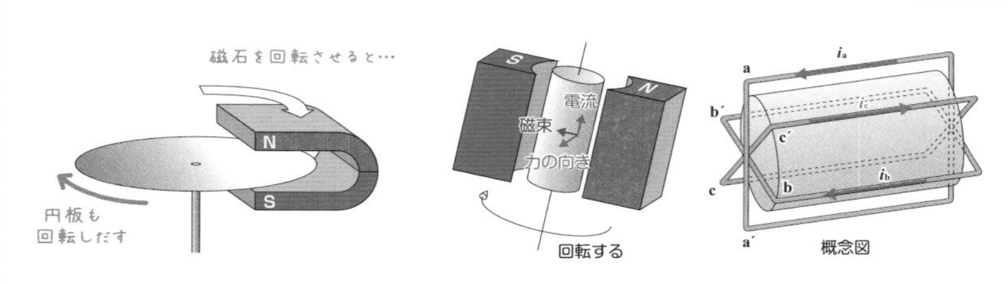

誘導電動機の原理について学びます。

SECTION 02 三相誘導電動機の構造と滑り

$$s=\frac{N_s-N}{N_s}$$

滑り：s
同期速度：N_s[min^{-1}]
回転速度：N[min^{-1}]

$$N=N_s(1-s)=\frac{120f}{p}(1-s)\ [\text{min}^{-1}]$$

回転速度：N[min^{-1}]
同期速度：N_s[min^{-1}]
滑り：s
周波数：f[Hz]
極数：p

三相誘導電動機の構造と，「滑り」について学びます。

SECTION 03 三相誘導電動機の等価回路

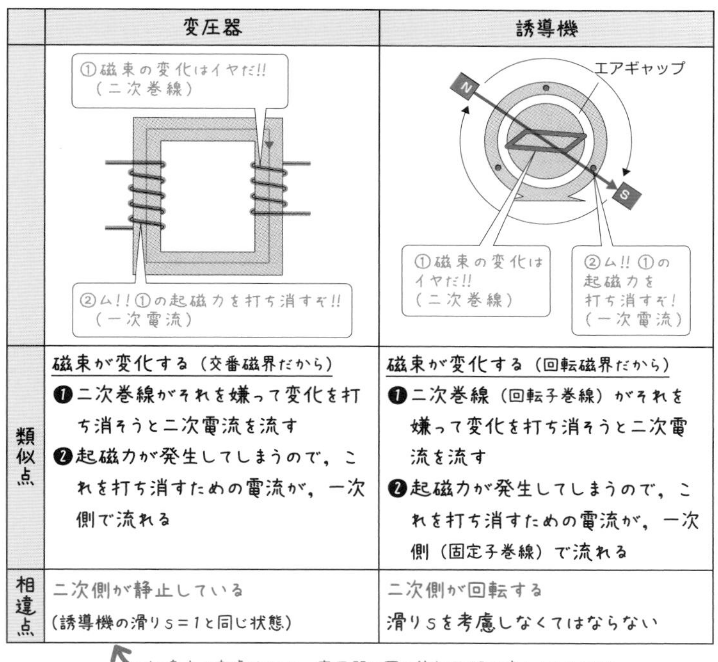

	変圧器	誘導機
	①磁束の変化はイヤだ!!（二次巻線） ②ム!!①の起磁力を打ち消すぞ!!（一次電流）	エアギャップ ①磁束の変化はイヤだ!!（二次巻線） ②ム!!①の起磁力を打ち消すぞ!（一次電流）
類似点	磁束が変化する（交番磁界だから） ❶二次巻線がそれを嫌って変化を打ち消そうと二次電流を流す ❷起磁力が発生してしまうので，これを打ち消すための電流が，一次側で流れる	磁束が変化する（回転磁界だから） ❶二次巻線（回転子巻線）がそれを嫌って変化を打ち消そうと二次電流を流す ❷起磁力が発生してしまうので，これを打ち消すための電流が，一次側（固定子巻線）で流れる
相違点	二次側が静止している （誘導機の滑り $s=1$ と同じ状態）	二次側が回転する 滑り s を考慮しなくてはならない

相違点を考慮すれば，変圧器と同じ等価回路で考えられるはず

変圧器の考え方を利用して，誘導電動機の等価回路を学びます。

SECTION 04 三相誘導電動機の特性

機械的出力 $P_m = \omega T = 2\pi \left(\dfrac{N}{60}\right) T$

トルク $T = \dfrac{P_m}{\omega} = \dfrac{P_2}{\omega_s}$

誘導電動機の出力とトルクの計算方法などについて学びます。

SECTION 05 三相誘導電動機の始動法

❶全電圧始動法（直入始動法）	停止している誘導電動機に，定格電圧をいきなり加える方法
❷Y－Δ始動法	始動時に一次巻線をY結線とし，十分に加速したときΔ結線とする方法
❸始動補償器法	誘導電動機の一次側に，三相単巻変圧器（始動補償器）を接続して，始動電圧を下げる方法
❹始動リアクトルを用いる方法	一次側にリアクトルを接続して，始動電流を制限する方法

三相誘導電動機の始動法について学びます。

SECTION 06 誘導電動機の逆転と速度制御

$$N = N_s(1-s) = \frac{120f}{p}(1-s)$$

f, p, sのいずれかを変化させると回転速度Nも変化する

回転速度：N [min^{-1}]
同期速度：N_s [min^{-1}]
周波数：f [Hz]
滑り：s

誘導電動機の速度制御法について学びます。

SECTION 07 特殊かご形誘導電動機

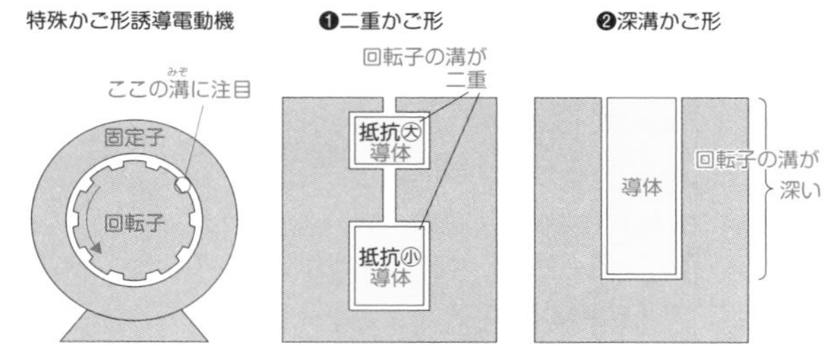

特殊かご形誘導電動機の特徴について学びます。

SECTION 08 単相誘導電動機

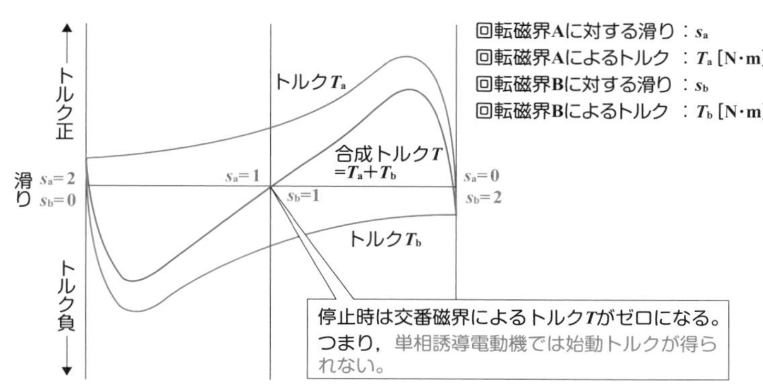

単相交流における誘導電動機の特徴や，交番磁界について学びます。

傾向と対策

出題数

2～3問／22問中

・計算問題中心

	H27	H28	H29	H30	R1	R2	R3	R4上	R4下	R5上
誘導機	3	2	3	2	2	3	2	2	2	2

ポイント

計算問題が中心ですが，構造や始動法，速度制御の方法や手順，出力とトルクの関係の説明など，用語の意味を問われる出題も増えているため，動作の原理をしっかりと押さえ，値の変化による動作の変化を理解しましょう。直流機と同様に，毎年決まった問題数の出題がある分野のため，確実に得点できるようにしましょう。

SECTION 01

三相誘導電動機の原理

このSECTIONで学習すること

1 誘導電動機とアラゴの円板

誘導電動機について，アラゴの円板の原理を通して学びます。

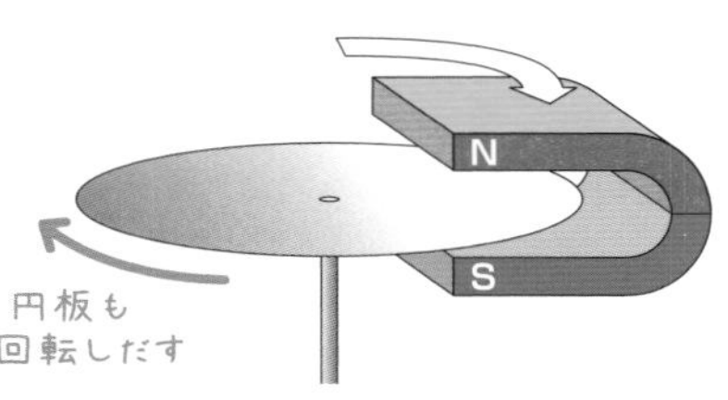

2 誘導電動機の原理

誘導電動機の原理について，フレミングの法則を通して学びます。

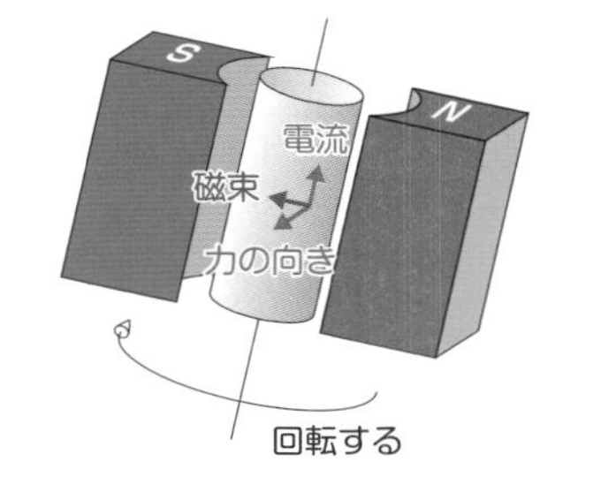

3 回転磁界

三相交流電流を利用してつくり出す回転磁界について学びます。

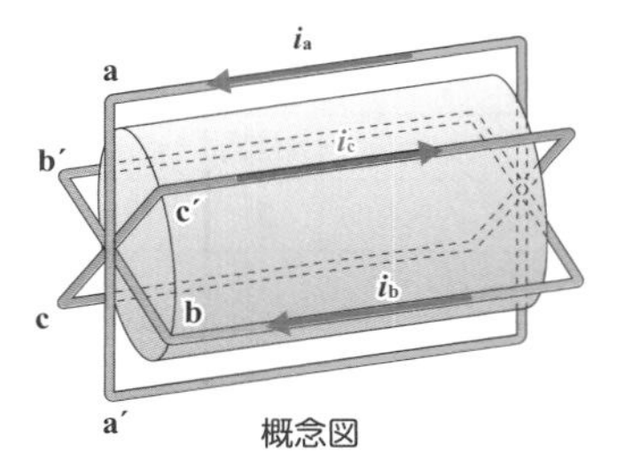

概念図

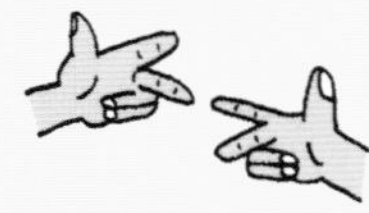

1 誘導電動機とアラゴの円板

重要度 

I 誘導電動機とは

誘導電動機（ゆうどうでんどうき）とは，交流の電源から電気の供給を受けて，アラゴの円板の原理で回転する電動機のことです。単相交流による単相誘導電動機と，三相交流による三相誘導電動機があります。

ふむ ふむ

ひとこと

誘導機には誘導発電機と誘導電動機がありますが，試験で出題されるのはほとんどが誘導電動機です。

II アラゴの円板 理論

プラスチック円板に沿って磁石を回転させても，プラスチック円板は動きません。一方，鉄の円板に沿って磁石を回転させた場合，磁化された鉄の円板は磁石の回転に引っ張られて動き出します。

銅やアルミニウムなどの，磁石に引き寄せられない（プラスチックと同じような）性質の金属円板に沿って磁石を回転させた場合，この金属円板は磁化されていないのに，磁石の回転方向と同じ方向に回転し始めます。この現象を**アラゴの円板**といい，誘導電動機の原理となります。

板書 アラゴの円板

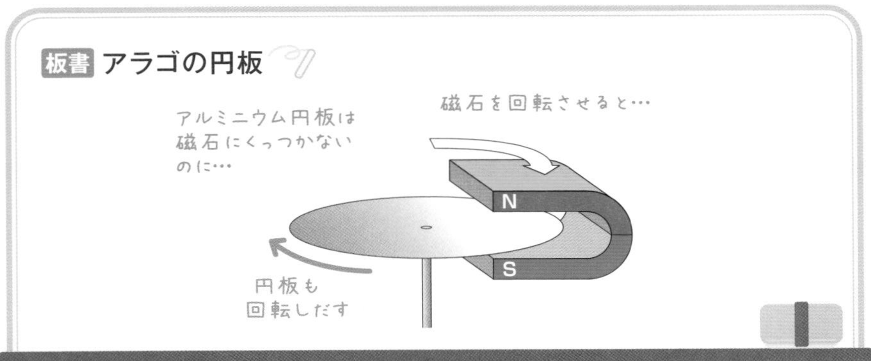
アルミニウム円板は
磁石にくっつかない
のに…
磁石を回転させると…
N
S
円板も
回転しだす

アルミニウムは電気を通しますが，磁石に引き寄せられません。したがって，磁石に引き寄せられて円板が動いているわけではありません。

Ⅲ アラゴの円板の原理

アラゴの円板を理解するには，フレミングの右手の法則とフレミングの左手の法則の両方を使います。

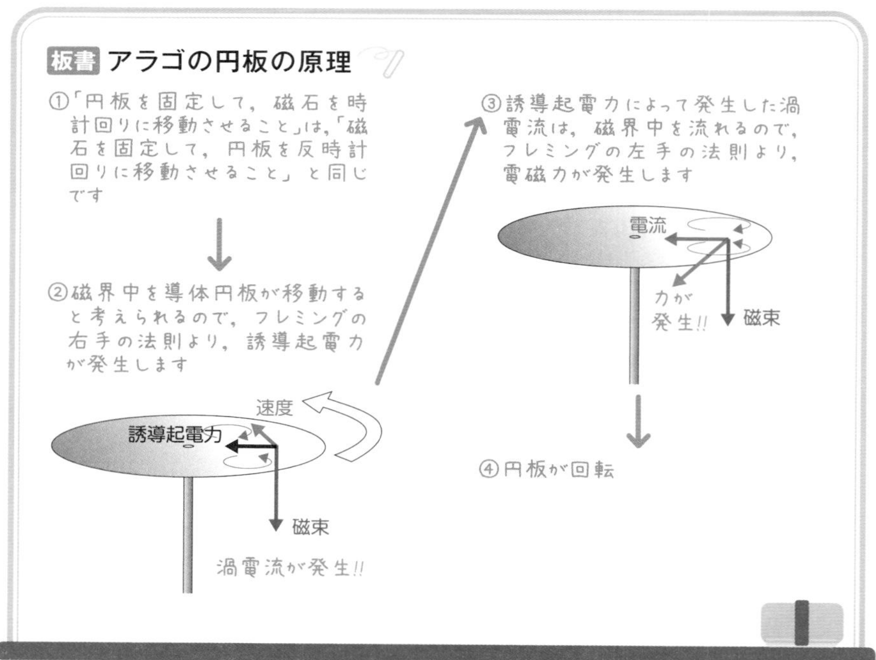

2 誘導電動機の原理 重要度★★★

誘導電動機の原理は，磁石を回転させて，円筒を回転させるアラゴの円板の原理です。まとめると板書のようになります。

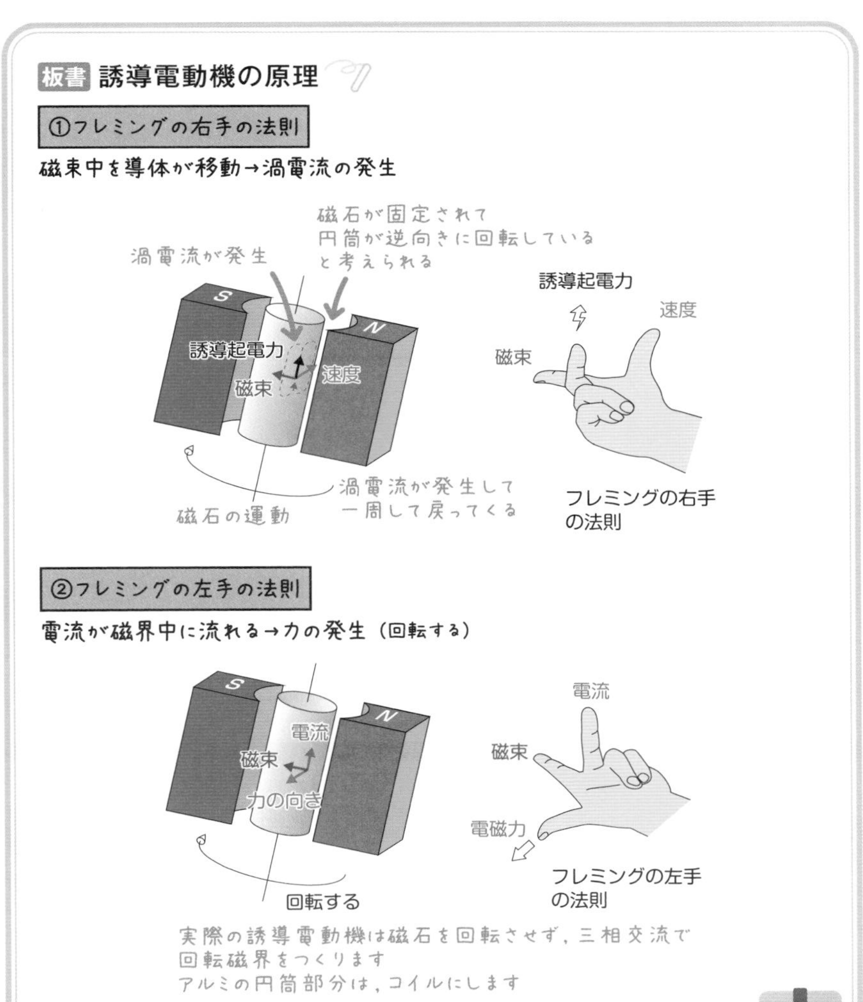

板書 誘導電動機の原理
①フレミングの右手の法則
磁束中を導体が移動→渦電流の発生
磁石が固定されて
円筒が逆向きに回転している
と考えられる
渦電流が発生
S
N
誘導起電力
磁束
速度
渦電流が発生して
一周して戻ってくる
磁石の運動
誘導起電力
速度
磁束
フレミングの右手
の法則
②フレミングの左手の法則
電流が磁界中に流れる→力の発生（回転する）
S
N
電流
磁束
力の向き
回転する
電流
磁束
電磁力
フレミングの左手
の法則
実際の誘導電動機は磁石を回転させず，三相交流で
回転磁界をつくります
アルミの円筒部分は，コイルにします

誘導起電力は回転軸と同じ方向に発生します。

円筒が，フレミングの右手の法則と左手の法則により，磁石の回転方向と同じ方向に回転することを理解しましょう。

3 回転磁界

重要度★★★

三相誘導電動機では，永久磁石ではなく三相交流電流を利用して，回転する磁界をつくります。回転する磁界のことを**回転磁界**(かいてんじかい)といいます。

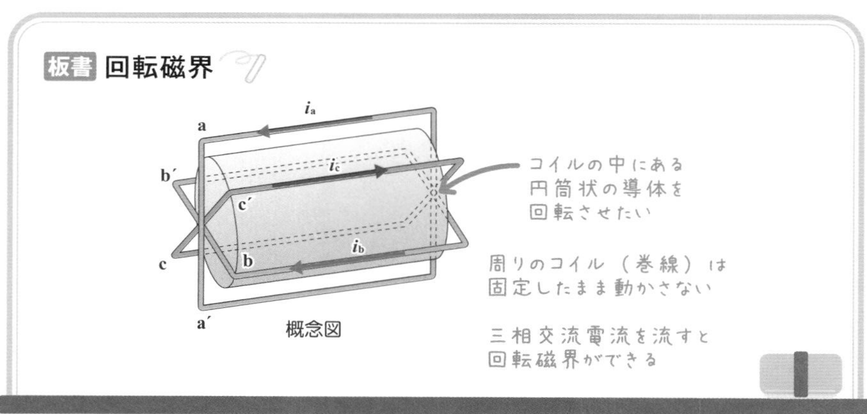

概念図

巻線に流れる電流は，周期的に向きが変化します。右ねじの法則から，磁界の向きを考えると，合成磁界は以下の図のように**2極の回転磁界**になります。

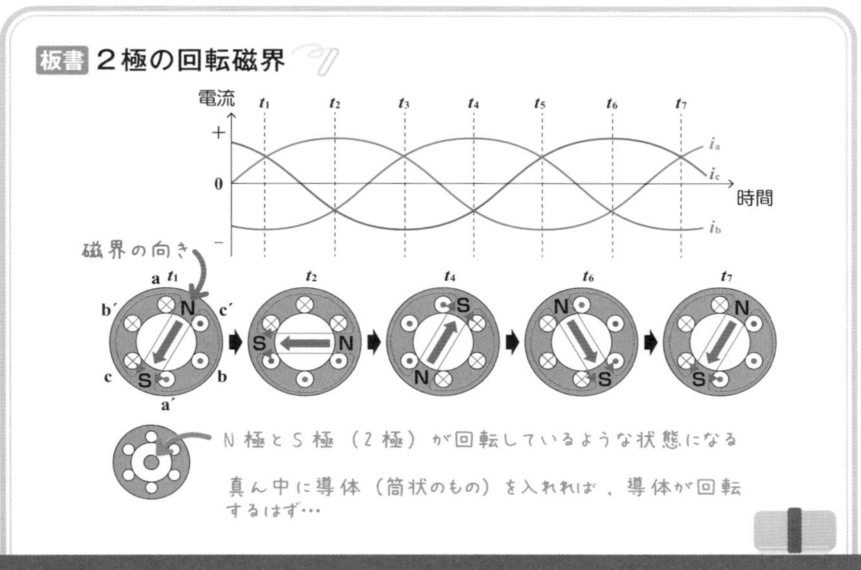
板書 2極の回転磁界
電流
+
0
−
時間
磁界の向き
N極とS極（2極）が回転しているような状態になる
真ん中に導体（筒状のもの）を入れれば，導体が回転するはず…

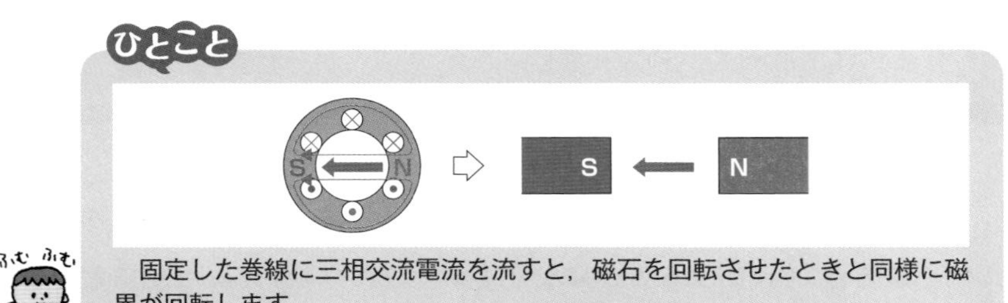
ひとこと
S
N
ふむ ふむ

固定した巻線に三相交流電流を流すと，磁石を回転させたときと同様に磁界が回転します。

2極の回転磁界は半周期でN極とS極が入れ替わり，1周期でN極もS極も元に戻ります。

磁極数がp（N,S合わせてp極）の回転磁界では，半周期で隣の磁極の位置まで移動します。

したがって，電流が1周期変化すると，磁界は$\dfrac{2}{p}$回転します。

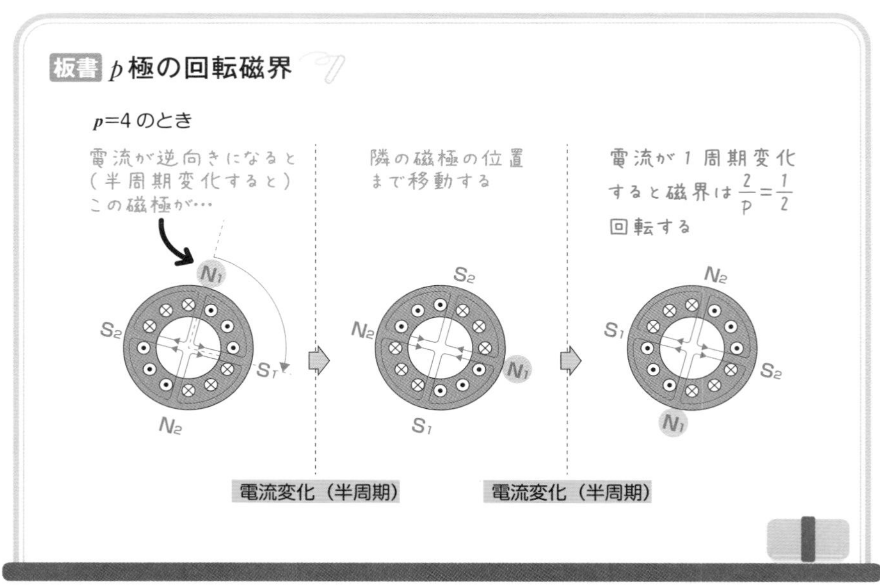

板書 p極の回転磁界
p=4のとき
電流が逆向きになると（半周期変化すると）この磁極が…
隣の磁極の位置まで移動する
電流が1周期変化すると磁界は2/p=1/2回転する
N1
S2
S1
N2
電流変化（半周期）
電流変化（半周期）

ここで，周波数f[Hz]の交流を考えると，1秒間にサイクルをf回繰り返すので，磁界は$\dfrac{2f}{p}$回転することになります。これを1分間あたりで考えると（60秒を掛ける），回転磁界の回転数N_s[min^{-1}]は，$\dfrac{120f}{p}$になります。

1分あたりの回転磁界の回転数N_s（＝回転速度）のことを**同期速度**（どうきそくど）といい，以上をまとめると，次のような公式となります。

公式 同期速度

$$N_s = \frac{2f}{p} \times 60 = \frac{120f}{p}$$

1秒間の回転数　1分あたり60秒

同期速度：N_s[min^{-1}]
周波数：f[Hz]
極数：p

ひとこと

同期速度N_sの添え字のsは，Synchronous（シンクロナス）（同期）からきています。シンクロナイズドスイミングなどのシンクロと同じです。

基本例題 同期速度

4極の三相誘導電動機が周波数50 Hzの電源に接続されているとき，同期速度の値[min^{-1}]を求めよ。

解答

同期速度N_s[min^{-1}]は，

$$N_s = \frac{120f}{p} = \frac{120 \times 50}{4} = 1500\ \mathrm{min}^{-1}$$

SECTION 02

三相誘導電動機の構造と滑り

このSECTIONで学習すること

1 三相誘導電動機の構造

三相誘導電動機の構造について学びます。

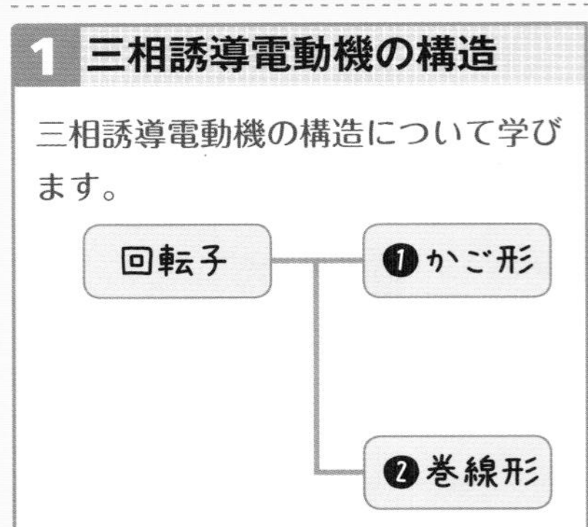

2 滑り

三相誘導電動機における滑りの定義と，滑りが生じる理由について学びます。

$$s = \frac{N_s - N}{N_s}$$

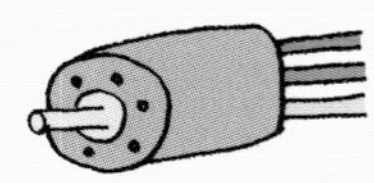

1 三相誘導電動機の構造

重要度★★★

三相誘導電動機は，回転磁界をつくる**固定子**（こていし）と，回転磁界により回転してトルクを発生する**回転子**（かいてんし）などにより構成されています。

ひとこと

磁石が固定子，円筒が回転子にかわったとイメージすると理解しやすいです。

Ⅰ 固定子（外側の部分）

固定子は回転磁界をつくる部分で，固定子わく，鉄心，巻線からできています。

Ⅱ 回転子（内側の部分）

回転子は，軸，鉄心，導体バーまたは巻線などからできています。**❶かご形**と**❷巻線形**（まきせんがた）の2種類があり，以下のように分類できます。

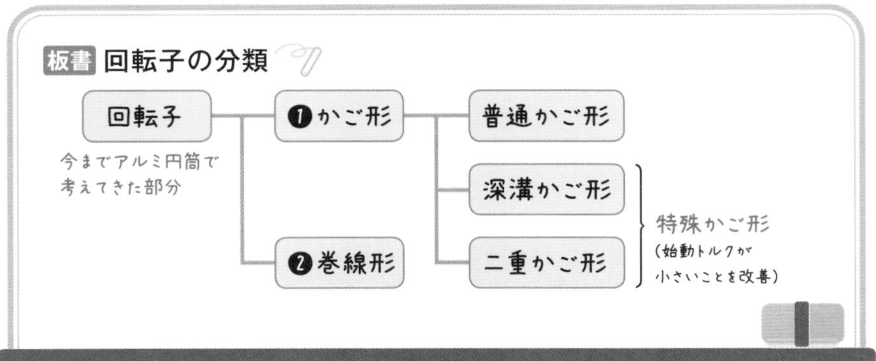

1 かご形回転子

かご形回転子は，今までアルミニウム（導体）の円筒と考えていた部分を，「かご」の形にして，かごの中に透磁率の高い鉄心などを入れたものです。両端は，**端絡環**で電気的に接続されています。

かご形回転子は，構造が単純，頑丈，コンパクトという特徴を持ちます。

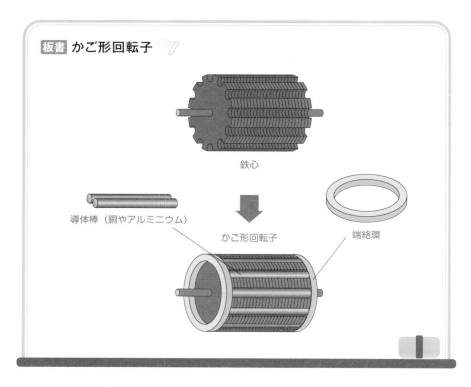

板書 かご形回転子

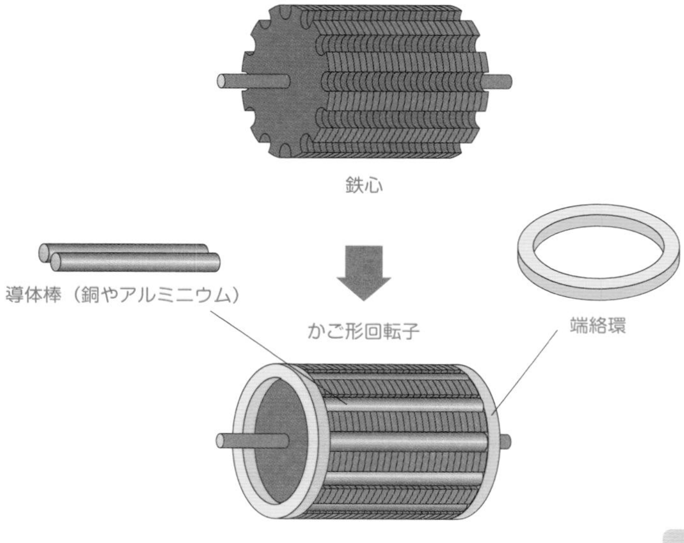

鉄心

導体棒（銅やアルミニウム）

端絡環

かご形回転子

磁束密度を高めて，トルクを増大させるため，「かご形導体」は鉄心に埋まっているような状態にします。写真などでかご形回転子をみると，導体が鉄心に埋もれて見えないことがあります。

ひとこと

特殊かご形についてはあとで説明します。

ひとこと

図の黄色い部分に電気が流れます。鉄心に電気は流れません。

2 巻線形回転子

巻線形回転子は，鉄心の外側に設けられたスロットに絶縁電線（二次巻線）を挿入し，結線して三相巻線にします。

三相巻線は，3個のスリップリングに接続して，ブラシを通して外部の端子に接続できます。

板書 巻線形回転子

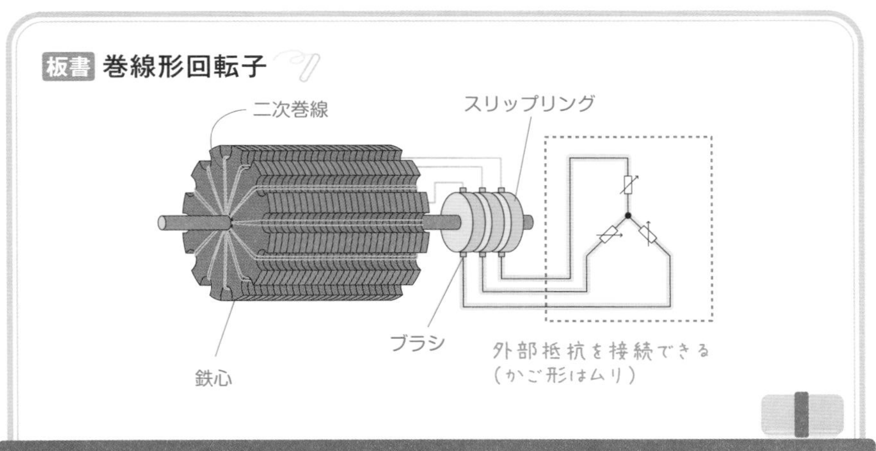

ひとこと

端子に可変抵抗器を接続することによって，始動特性を改善したり，速度制御したりすることができます。

ひとこと

絶縁電線には，以下が利用されます。

小出力用	ホルマール線，ポリエステル線などの丸線
大出力用	ガラス糸を緊密に巻き付けた平角銅線

ひとこと

どちらの回転子でも，積層鉄心を用いることで渦電流損を減らすことができます。

問題集 問題42

2 滑り

重要度★★★

I 滑りとは

滑り(すべ)が生じているとは，誘導電動機において，回転子の回転速度が同期速度（回転磁界の回転速度）よりも遅い状態のことをいいます。

同期速度をN_s[min^{-1}]，回転子の回転速度をN[min^{-1}]とすると，滑り$s = \dfrac{\text{同期速度}N_s - \text{回転速度}N}{\text{同期速度}N_s}$として表されます。

ひとこと

回転磁界の速度を，同期速度N_sといいます。また，誘導電動機の問題で，単純に回転速度といった場合，回転子の回転速度Nをさします。機械を使う人にとっては，同期速度よりも，回転子の回転速度が重要だからです。

これを変形すると，$N = N_s(1 - s)$と表すことができます。さらに，回転磁界の回転数は$N_s = \dfrac{120f}{p}$だったので，これを代入すると，$N = \dfrac{120f}{p}(1 - s)$となります。

公式 滑り s の定義

$$s=\frac{N_s-N}{N_s}$$

滑り：s
同期速度：N_s[min^{-1}]
回転速度：N[min^{-1}]

公式 回転速度 N

$$N=N_s(1-s)=\frac{120f}{p}(1-s)\ [\mathrm{min}^{-1}]$$

回転速度：N[min^{-1}]
同期速度：N_s[min^{-1}]
滑り：s
周波数：f[Hz]
極数：p

基本例題 三相誘導電動機の滑りと回転速度

6極の三相誘導電動機が周波数60 Hzの電源に接続されている。回転速度が1080 min^{-1}のときの滑りおよび滑りが0.05のときの回転速度を求めよ。

解答

同期速度N_s[min^{-1}]は，

$$N_s=\frac{120f}{p}=\frac{120\times60}{6}=1200\ \mathrm{min}^{-1}$$

よって，回転速度が1080 min^{-1}のときの滑りsは，

$$s=\frac{N_s-N}{N_s}=\frac{1200-1080}{1200}=0.1$$

また，滑りが0.05のときの回転速度N[min^{-1}]は，

$$N=N_s(1-s)=1200\times(1-0.05)=1140\ \mathrm{min}^{-1}$$

問題を解く上で，原則として同期速度$N_s=\dfrac{120f}{p}$[min^{-1}]は一定という感覚を持ちましょう。なぜなら，通常は極数pも決まっており，交流の周波数f[Hz]も普通は一定だからです。

Ⅱ 滑りが生じる理由

同期速度をN_s[min^{-1}]，回転子の回転速度をN[min^{-1}]とします。

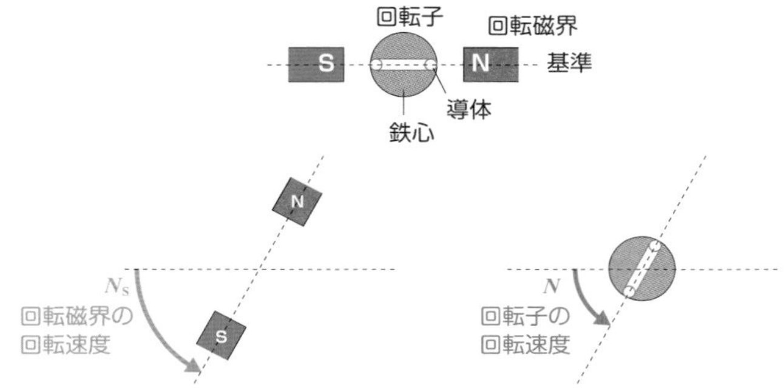

❶ $N=0$の場合（誘導電動機を起動した瞬間）

誘導電動機を起動した瞬間は，回転子が回転していません。$N=0$のとき回転磁界は，回転子の周りを相対的に速い速度で回転します。

誘導起電力によって電流が生じ，トルクが発生します。

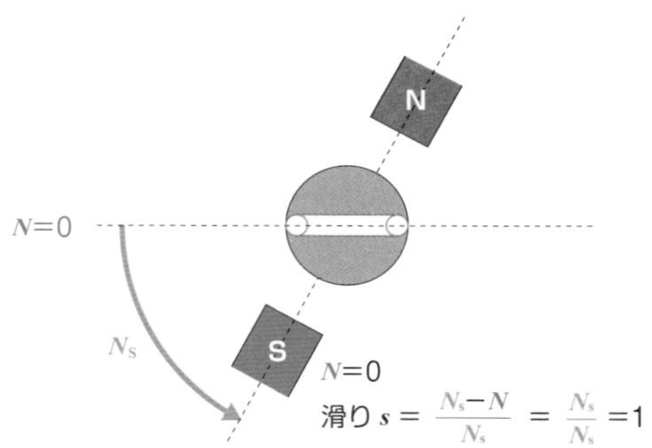

❷ $0<N<N_s$の場合（誘導電動機として回転している場合）

徐々に，回転子が速く回転するようになると，回転磁界との速度の差は小さくなるので，誘導起電力が小さくなります。しかし，電流は生じているので，トルクは発生し続けます。

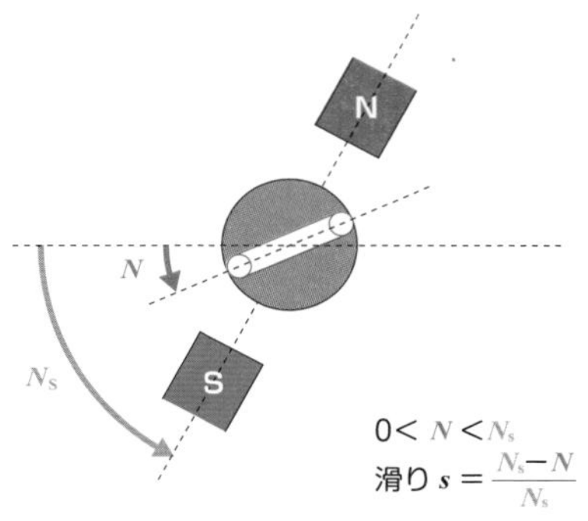

❸ $N = N_s$の場合

回転子が回転磁界とまったく同じ速度で回転してしまうと（相対速度が0になり），回転磁界が回転子の巻線を切らなくなるので，誘導起電力は生じません。よって，電流も流れず，トルクも生じません。

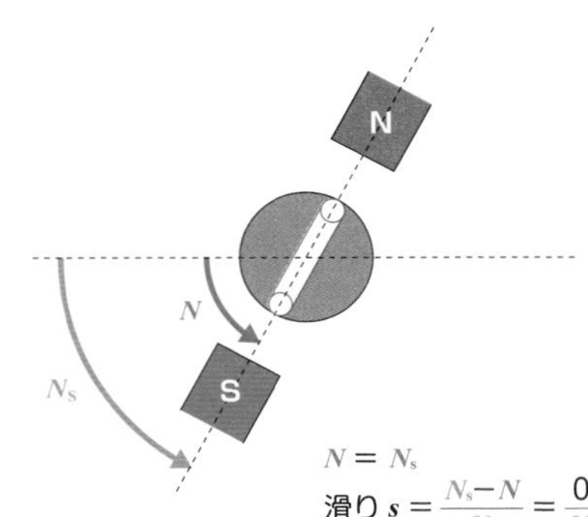

❸の状態では，トルクを得られないので，誘導電動機として使えません。誘導電動機として運転している場合，必ず滑りが生じます。

ひとこと

誘導電動機として運転している間は，$N < N_s$となります。

また，回転速度が同期速度よりも速い場合（$N > N_s$）は誘導発電機となります。

ふむ ふむ

問題集 問題43

SECTION 03

三相誘導電動機の等価回路

このSECTIONで学習すること

1 変圧器と誘導機の比較

変圧器と誘導電動機のしくみを比較して学びます。

2 三相誘導電動機の等価回路

三相誘導電動機の等価回路について，電動機の動きごとに学びます。

3 等価回路の変形

三相誘導電動機の等価回路の変形と，二次入力・二次銅損・機械的出力の関係について学びます。

1 変圧器と誘導機の比較

重要度★★☆

誘導電動機の等価回路は，しくみが変圧器と類似しているので，変圧器と同じように考えることができます。

誘導電動機の固定子巻線に励磁電流が流れると，回転磁界が生じます。❶これが，回転子巻線を切り，回転子巻線に誘導起電力が発生し，電流が流れます（二次側）。❷その電流によって生じる起磁力を打ち消すように，固定子巻線に一次電流が流れます（一次側）。

そのため，固定子と回転子間のエアギャップの磁束は一定に保たれます。

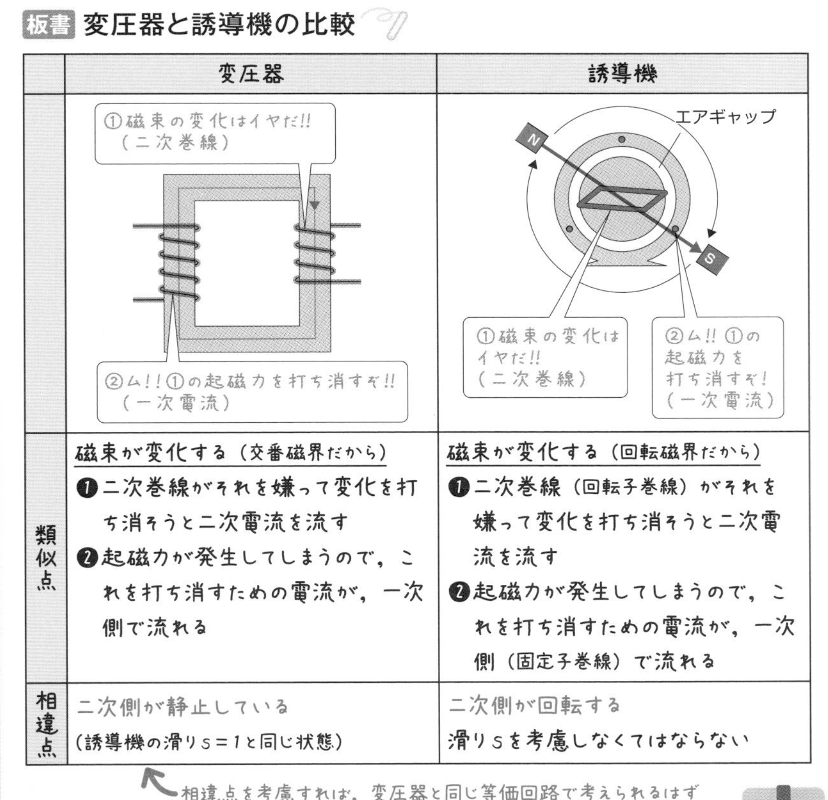

板書 変圧器と誘導機の比較

	変圧器	誘導機
	①磁束の変化はイヤだ!!（二次巻線） ②ム!!①の起磁力を打ち消すぞ!!（一次電流）	エアギャップ ①磁束の変化はイヤだ!!（二次巻線） ②ム!! ①の起磁力を打ち消すぞ!（一次電流）
類似点	磁束が変化する（交番磁界だから） ❶二次巻線がそれを嫌って変化を打ち消そうと二次電流を流す ❷起磁力が発生してしまうので，これを打ち消すための電流が，一次側で流れる	磁束が変化する（回転磁界だから） ❶二次巻線（回転子巻線）がそれを嫌って変化を打ち消そうと二次電流を流す ❷起磁力が発生してしまうので，これを打ち消すための電流が，一次側（固定子巻線）で流れる
相違点	二次側が静止している （誘導機の滑り $s=1$ と同じ状態）	二次側が回転する 滑り s を考慮しなくてはならない

相違点を考慮すれば，変圧器と同じ等価回路で考えられるはず

2 三相誘導電動機の等価回路

重要度 

三相誘導電動機の等価回路は，以下の板書のように考えることができます。通常，各相は平衡しているので，一相分を取り出して考えていきます。

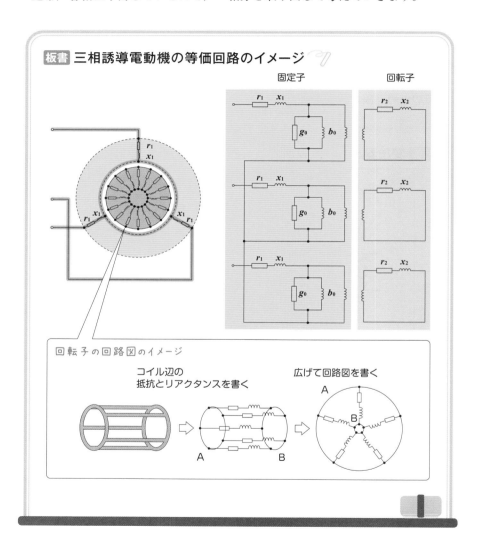

板書 三相誘導電動機の等価回路のイメージ

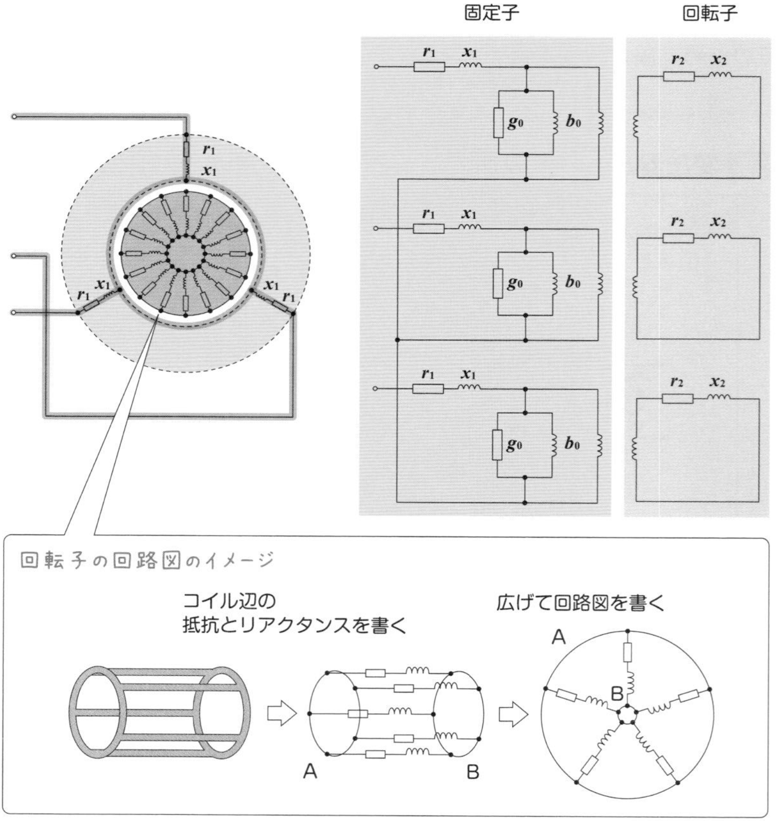

固定子

回転子

r_1 x_1 g_0 b_0

r_2 x_2

回転子の回路図のイメージ

コイル辺の
抵抗とリアクタンスを書く

広げて回路図を書く

A B

Ⅰ 回転子が停止しているとき

誘導電動機の回転子が停止しているときは，二次側を短絡した変圧器と同じ等価回路で表すことができます。

誘導電動機の回転子が停止しているとき，外部に対する仕事は行われません。これを，負荷抵抗が0Ωであるとして考えます。

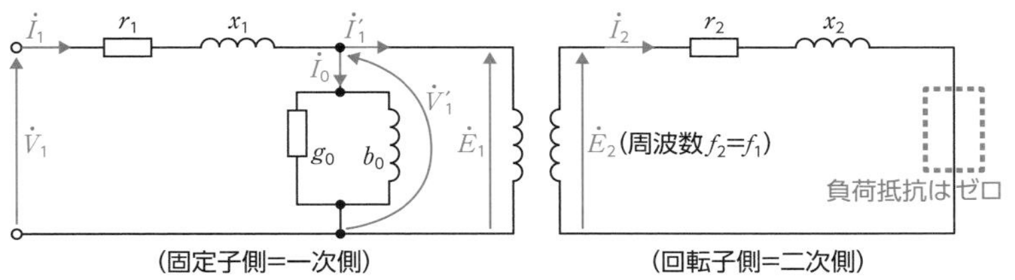

s=1（停止時）の誘導電動機の等価回路（1相分）

Ⅱ 回転子が滑りsで回転しているとき

回転子が滑りsで回転しているとき，回転磁界と回転子の相対速度は，$N_s - N = sN_s$となります（ただし$0 < s < 1$）。

したがって，回転子に流れる電流の周波数である二次周波数（**滑り周波数**）f_2は，一次周波数f_1のs倍となります。また，二次誘導起電力は，回転子が停止しているときの二次誘導起電力E_2のs倍になります。

周波数がs倍になるということは，回転子が静止しているときに比べて，漏れリアクタンスもs倍になります。

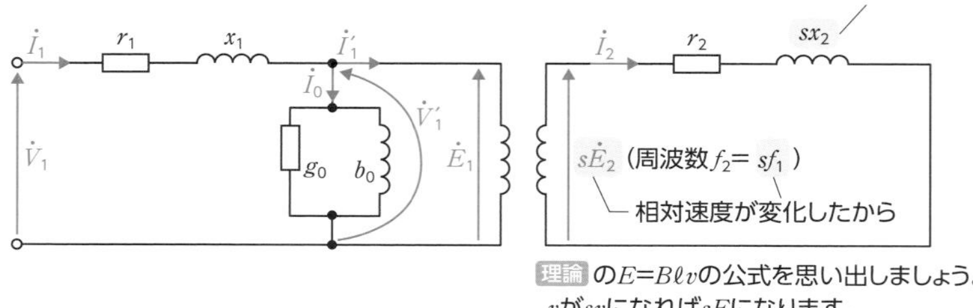

上の等価回路より，二次誘導起電力，二次周波数（滑り周波数），二次電流は以下のように表せます。

公式　誘導電動機の二次誘導起電力・二次周波数（滑り周波数）・二次電流

滑りsで運転しているとすると，

（運転時）二次誘導起電力 $E'_2 = sE_2$ [V]

（運転時）二次周波数 $f_2 = sf_1$ [Hz]　← 停止時は二次周波数と一次周波数は等しい

（運転時）二次電流 $I_2 = \dfrac{sE_2}{\sqrt{r_2^2 + (sx_2)^2}}$ [A]

滑り：s
二次誘導起電力（停止時）：E_2 [V]
一次周波数：f_1 [Hz]
二次抵抗：r_2 [Ω]
二次漏れリアクタンス（運転時，停止時）：sx_2，x_2 [Ω]

基本例題　誘導電動機の二次誘導起電力・二次周波数・二次電流

定格周波数60 Hz，6極の三相かご形誘導電動機があり，回転速度が1140 min^{-1}で運転しているとき，二次電流はI_2＝12 Aであった。このときの二次誘導起電力[V]および滑り周波数[Hz]を求めよ。ただし，二次巻線抵抗はr_2＝0.14 Ω，二次漏れリアクタンスは0.40 Ωであるとする。

III 一次側に換算した簡易等価回路（L形等価回路）

一次側に換算した簡易等価回路（L形等価回路）は以下のようになります。励磁回路を左側に寄せています。

板書 一次側に換算した簡易等価回路（L形等価回路）

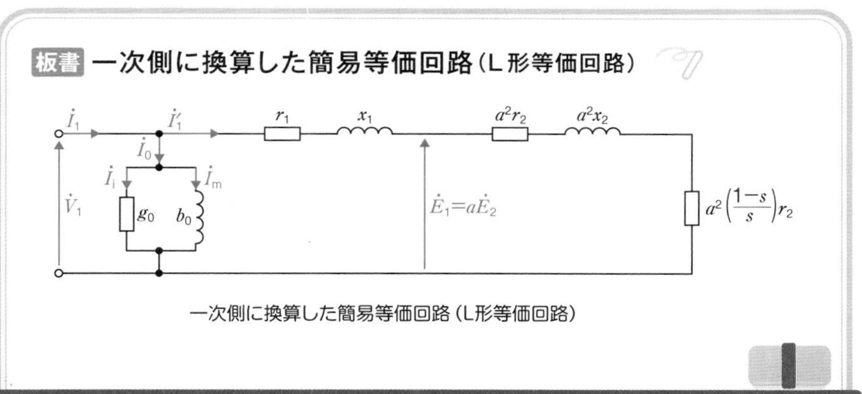

一次側に換算した簡易等価回路（L形等価回路）

基本例題 ― 一次側に換算した簡易等価回路

前ページの例題における一次側に換算した等価回路を，簡易等価回路（L形等価回路）にかき直せ。

解答

前ページの誘導電動機の一次側に換算した等価回路をかき直したL形等価回路は，下図のとおり。

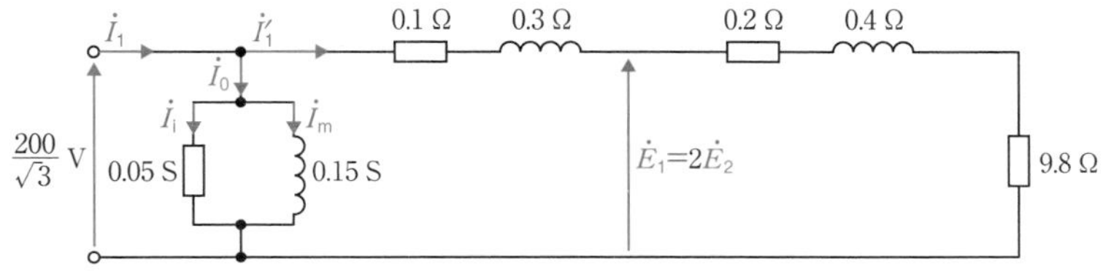

Ⅳ 二次入力･二次銅損･機械的出力の関係

三相誘導電動機において，供給された三相電力が，機械的出力（機械動力）に変換される過程は次のようになります。

二次入力（回転子入力）P_2，二次銅損 P_{c2}，機械的出力 P_m の関係は，$P_2 : P_{c2} : P_m = 1 : s : (1-s)$ となります。

公式 三相誘導電動機の二次入力，二次銅損，機械的出力の関係

二次入力 P_2：二次銅損 P_{c2}：機械的出力 $P_m = 1 : s : (1-s)$

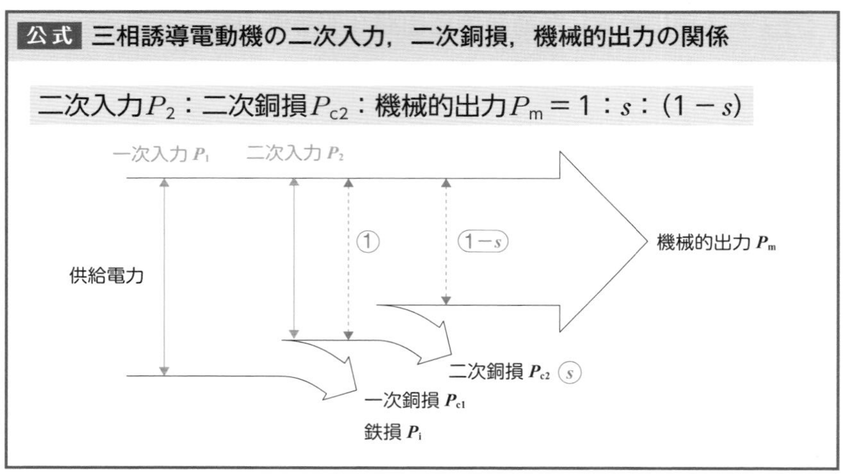

基本例題 二次入力･二次銅損･機械的出力の関係

定格周波数50 Hz，6極のかご形三相誘導電動機が，回転速度950 min^{-1}で運転している。このときの二次銅損は1.0 kWであった。二次入力[kW]および機械的出力[kW]の値はいくらか。

解答

この誘導電動機の同期速度 N_s[min^{-1}]は，

$$N_s = \frac{120f}{p} = \frac{120 \times 50}{6} = 1000 \text{ min}^{-1}$$

回転速度 $N = 950$ min^{-1}で運転しているときの滑り s は，

$$s = \frac{N_s - N}{N_s} = \frac{1000 - 950}{1000} = 0.05$$

したがって，二次入力P_2[kW]は，二次銅損$P_{c2}=1.0$ kWの値を用いて，

$$P_2 : P_{c2} = 1 : s$$

$$\therefore P_2 = \frac{1}{s} \times P_{c2} = \frac{1}{0.05} \times 1.0 = 20\ \text{kW}$$

また，機械的出力P_m[kW]は，

$$P_{c2} : P_m = s : (1-s)$$

$$\therefore P_m = \frac{1-s}{s} \times P_{c2} = \frac{1-0.05}{0.05} \times 1.0 = 19\ \text{kW}$$

$P_2 : P_{c2} : P_m$の導き方

> 三相誘導電動機において，二次入力（回転子入力）P_2，二次銅損P_{c2}，機械的出力P_mの関係は，$P_2 : P_{c2} : P_m = 1 : s : 1-s$となることを導きなさい。

三相誘導電動機は，各相で平衡しているのが普通なので，一相について考えて，3倍すればよい。

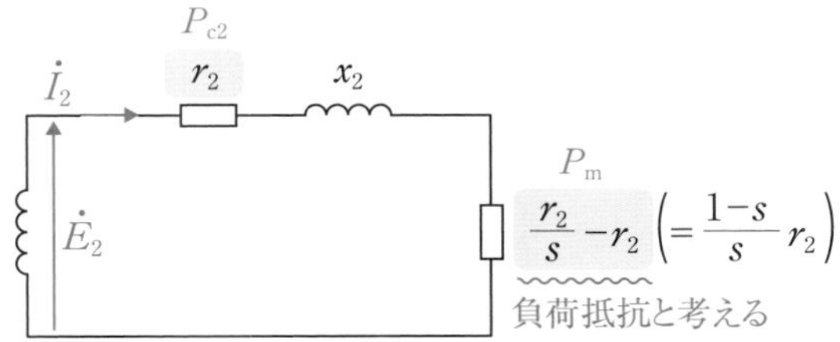

二次側の等価回路図より，

二次入力$P_2 = P_{c2} + P_m = 3\dfrac{r_2}{s}I_2^2$

二次銅損$P_{c2} = 3r_2I_2^2$

機械的出力$P_m = 3\left(\dfrac{1-s}{s}r_2\right)I_2^2$

よって，$P_2 : P_{c2} : P_m = 3\dfrac{r_2}{s}I_2^2 : 3r_2I_2^2 : 3\left(\dfrac{1-s}{s}r_2\right)I_2^2 = 1 : s : 1-s$

となる。

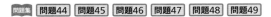

問題集 問題44 問題45 問題46 問題47 問題48 問題49

SECTION 04

三相誘導電動機の特性

このSECTIONで学習すること

1 機械的出力とトルク

誘導電動機の出力とトルクの計算方法について学びます。

機械的出力$P_{\mathrm{m}}=\omega T=2\pi\left(\dfrac{N}{60}\right)T$

トルク $T=\dfrac{P_{\mathrm{m}}}{\omega}=\dfrac{P_2}{\omega_{\mathrm{s}}}$

2 滑りとトルクの関係（滑り−トルク特性）

誘導電動機における滑りとトルクの関係性を表したトルク速度曲線について学びます。

3 比例推移

誘導電動機におけるトルクの運転条件の計算方法と，その性質について学びます。

1 機械的出力とトルク

重要度★★★

誘導電動機はトルクが重要です。機械的出力とトルクは以下のとおりです。

公式 機械的出力とトルク

$$\text{機械的出力}\ P_m = \omega T = 2\pi\left(\frac{N}{60}\right)T$$

$$\text{二次入力}\ P_2 = \omega_s T = 2\pi\left(\frac{N_s}{60}\right)T$$

$$\text{トルク}\ T = \frac{P_m}{\omega} = \frac{P_2}{\omega_s}$$

機械的出力：P_m[W]
角速度：ω [rad/s]
電動機のトルク：T[N·m]
回転速度：N[min^{-1}]
二次入力：P_2[W]
同期角速度：ω_s[rad/s]
同期速度：N_s[min^{-1}]
滑り：s

回転子のトルクTが変わらず，回転子の回転速度Nが同期速度N_sになったとき（滑り$s=0$）の機械的出力P'_m[W]は二次入力P_2[W]と等しくなります。これを同期（どうき）ワットと呼ぶことがあります。

基本例題 誘導電動機のトルク

定格線間電圧200 V，定格周波数50 Hz，4極の三相誘導電動機があり，定格電圧・定格周波数で機械的出力20 kW，滑り0.03で運転している。二次入力[kW]および発生トルク[N·m]の値を求めよ。

解答

この誘導電動機の同期速度N_s[min^{-1}]は，

$$N_s = \frac{120f}{p} = \frac{120\times 50}{4} = 1500\ \text{min}^{-1}$$

したがって，同期角速度ω_s[rad/s]は

$$\omega_s = 2\pi\frac{1500}{60} \fallingdotseq 157.1\ \text{rad/s}$$

また，二次入力P_2[kW]は，機械的出力および滑りの関係式より，

$$P_2 = \frac{1}{1-s}\times P_m = \frac{1}{1-0.03}\times 20 \fallingdotseq 20.62\ \text{kW}$$

以上より，発生トルクT[N·m]は，

$$T = \frac{P_2}{\omega_s} = \frac{20.62\times 10^3}{157.1} \fallingdotseq 131\ \text{N·m}$$

基本例題　二次入力とトルクの関係(1)

$T=\dfrac{P_m}{\omega}=\dfrac{P_2}{\omega_s}$ を導きなさい。ただし，同期角速度 $\omega_s=2\pi\left(\dfrac{N_s}{60}\right)$[rad/s]とする。

(ヒント) ❶ $T=\dfrac{P_m}{\omega}$[N·m]，❷角速度 $\omega=2\pi\left(\dfrac{N}{60}\right)$[rad/s]，❸機械的出力 $P_m=P_2(1-s)$[W]，❹回転速度 $N=N_s(1-s)$[min^{-1}]の関係を利用してよい。

解答

$$T=\frac{P_m}{\omega}=\frac{P_2(1-s)}{2\pi\left(\dfrac{N}{60}\right)}=\frac{P_2(1-s)}{2\pi\left\{\dfrac{N_s(1-s)}{60}\right\}}=\frac{P_2(1-s)}{\omega_s(1-s)}=\frac{P_2}{\omega_s}[\mathrm{N\cdot m}]$$

基本例題　二次入力とトルクの関係(2)

誘導電動機のトルク T を，二次入力 P_2，周波数 f，磁極数 p を使って表しなさい。

(ヒント) ❶ $T=\dfrac{P_m}{\omega}=\dfrac{P_2}{\omega_s}$[N·m]，❷同期角速度 $\omega_s=\dfrac{2\pi N_s}{60}$，❸同期速度 $N_s=\dfrac{120f}{p}$[min^{-1}]の関係を利用してよい。

解答

$$T=\frac{P_m}{\omega}=\frac{P_2}{\omega_s}=\frac{P_2}{2\pi\left(\dfrac{N_s}{60}\right)}=\frac{P_2}{\dfrac{2\pi}{60}\left(\dfrac{120f}{p}\right)}=\frac{P_2}{\dfrac{4\pi f}{p}}[\mathrm{N\cdot m}]$$

基本例題　全負荷時と無負荷時の回転速度

定格周波数60 Hz，4極の三相誘導電動機の全負荷時の滑りは0.04であった。無負荷時および全負荷時の回転速度を求めよ。

解答

この誘導電動機の同期速度 N_s[min^{-1}]は，

$$N_s=\frac{120f}{p}=\frac{120\times 60}{4}=1800\ \mathrm{min^{-1}}$$

無負荷時の回転速度 N_0[min^{-1}]は，滑り $s\fallingdotseq 0$ のときの回転速度であるから，

$$N_0=(1-s)N_s\fallingdotseq(1-0)N_s=N_s=1800\ \mathrm{min^{-1}}$$

全負荷時の回転速度 N_L[min^{-1}]は，滑り $s=0.04$ のときの回転速度であるから，

$$N_L\fallingdotseq(1-0.04)N_s=(1-0.04)\times 1800=1728\ \mathrm{min^{-1}}$$

ひとこと

速度特性について

三相誘導電動機は，直流分巻電動機と同じく，定速度電動機と呼ばれます。無負荷時と全負荷時（定格負荷時）の回転速度の差が小さいからです。

2 滑りとトルクの関係（滑り―トルク特性） 重要度★★★

I 滑り―トルク特性のグラフ

図のように，横軸に滑り s，縦軸にトルク T をとってグラフを描くと，次のような曲線になります。

誘導電動機では，最大トルク以上の負荷をかけると，回転子が停止してしまうので，最大トルクのことを**停動**（ていどう）**トルク**といいます。

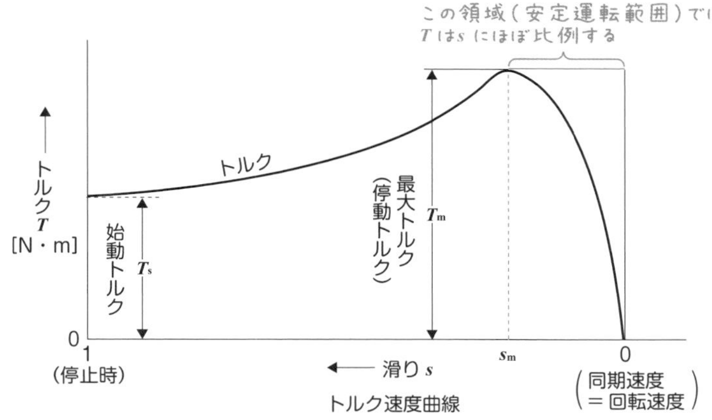

トルク速度曲線

最大トルクより左側：トルク T は滑り s にほぼ反比例する
最大トルクより右側：トルク T は滑り s にほぼ比例する　と考えられます。

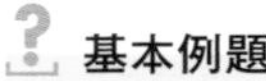

基本例題 トルク・速度曲線に関する問題

次のような簡易等価回路（一相分）で示される三相誘導電動機を運転したとき，この電動機のトルクT[N·m]と電圧V_1[V]および滑りsとの関係を表す式を示せ。

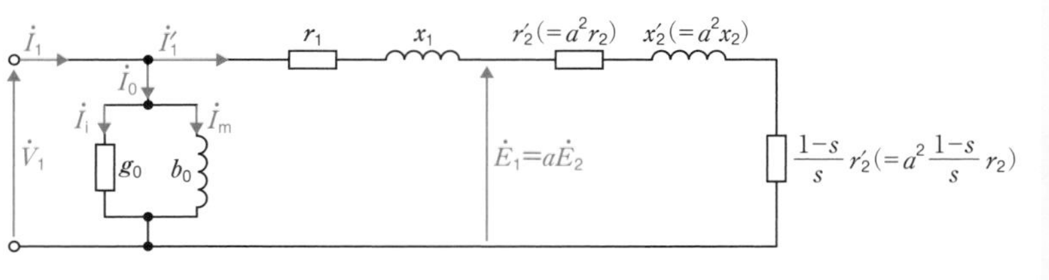

解答

励磁回路である　部分と　部分は並列であるから，それぞれ電圧$\dot{V}_1$が加わっている。

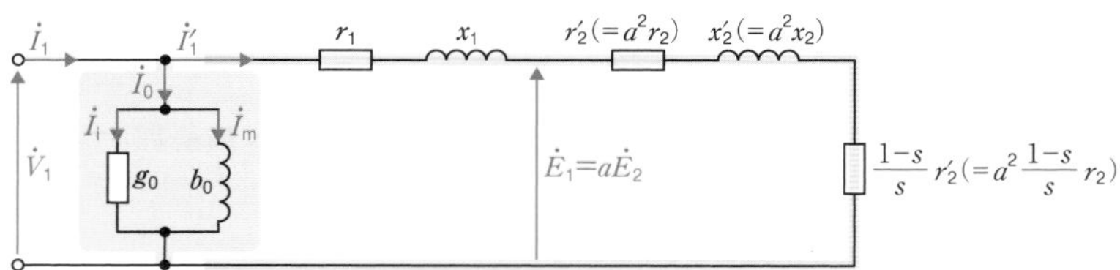

問題の簡易等価回路の励磁部分を省略し，二次側部分を整理すると次のようになる。

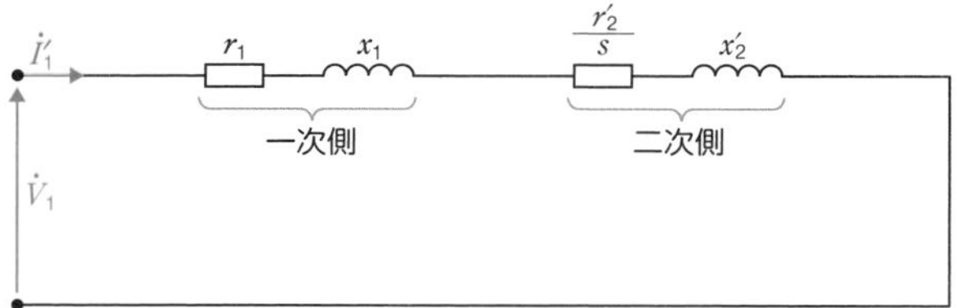

この等価回路より，一次負荷電流の大きさI'_1[A]は，

$$I'_1=\frac{V_1}{\sqrt{\left(r_1+\frac{r'_2}{s}\right)^2+(x_1+x'_2)^2}}\text{[A]}$$

このときの二次入力P_2[W]は，

$$P_2=3\frac{r_2'}{s}I_1'^2=3\frac{r_2'}{s}\times\left(\frac{V_1}{\sqrt{\left(r_1+\frac{r_2'}{s}\right)^2+(x_1+x_2')^2}}\right)^2=\frac{3\frac{r_2'}{s}V_1^2}{\left(r_1+\frac{r_2'}{s}\right)^2+(x_1+x_2')^2}\text{[W]}$$

また，同期速度をN_s[min^{-1}]とすると，トルクT[N·m]は，

$$T=\frac{P}{\omega}=\frac{P_2}{\omega_s}=\frac{\frac{3\frac{r_2'}{s}V_1^2}{\left(r_1+\frac{r_2'}{s}\right)^2+(x_1+x_2')^2}}{2\pi\frac{N_s}{60}}$$

$$=\frac{3\frac{r_2'}{s}V_1^2}{2\pi\frac{N_s}{60}\left\{\left(r_1+\frac{r_2'}{s}\right)^2+(x_1+x_2')^2\right\}}$$

$$=3\times\frac{60}{2\pi N_s}\cdot\frac{\frac{r_2'}{s}V_1^2}{\left(r_1+\frac{r_2'}{s}\right)^2+(x_1+x_2')^2}\text{[N·m]}$$

ここで，$3\times\frac{60}{2\pi N_s}=K$とおいて，$s$が非常に小さく0に近い値のときを考えると，

$\frac{r_2'}{s}\gg r_1$，$\frac{r_2'}{s}\gg x_1$，$\frac{r_2'}{s}\gg x_2$となるため，トルクT[N·m]は，

$$T=K\frac{\frac{r_2'}{s}V_1^2}{\left(\frac{r_2'}{s}\right)^2}=K\frac{V_1^2}{\frac{r_2'}{s}}=K\frac{V_1^2}{r_2'}s$$

上式より，滑りsが0に近い値のとき，トルクT[N·m]は滑りsに比例する式で表される。

また，トルクは一次電圧V_1の大きさの二乗に比例する。

公式 三相誘導電動機のトルク

$$T = 3 \times \frac{60}{2\pi N_s} \cdot \frac{\dfrac{r_2'}{s} V_1^2}{\left(r_1 + \dfrac{r_2'}{s}\right)^2 + (x_1 + x_2')^2}$$

電動機のトルク：T [N・m]
端子電圧（相電圧）：V_1 [V]
同期速度：N_s [min^{-1}]
一次抵抗：r_1 [Ω]
二次抵抗（一次側換算）：r_2' [Ω]
一次リアクタンス：x_1 [Ω]
二次リアクタンス（一次側換算）：x_2' [Ω]

II 運転の安定と不安定

グラフのうち，滑り s_m から滑り 0 の間でのみ安定した運転ができます。たとえば，必要なトルクが T_c だったとします。このとき，滑り s_a でも滑り s_b でも，必要なトルクと釣り合います。

しかし，何かのはずみで，回転子の回転速度が上昇したとします。すると，滑りはともに小さくなり，s'_a，s'_b になります。このときに左側の領域だと問題が起こります。トルクが増加し，負荷に必要なトルクを超えてさらに回転速度が上がり，これを繰り返します。

s_m より右側の領域だと，トルクが減少し，負荷に必要なトルクが足りなくなり回転速度が落ちます。すると滑りも s'_b から s_b に戻り，やがて必要なトルクと釣り合います。逆に，回転速度が落ちても同じで安定します。

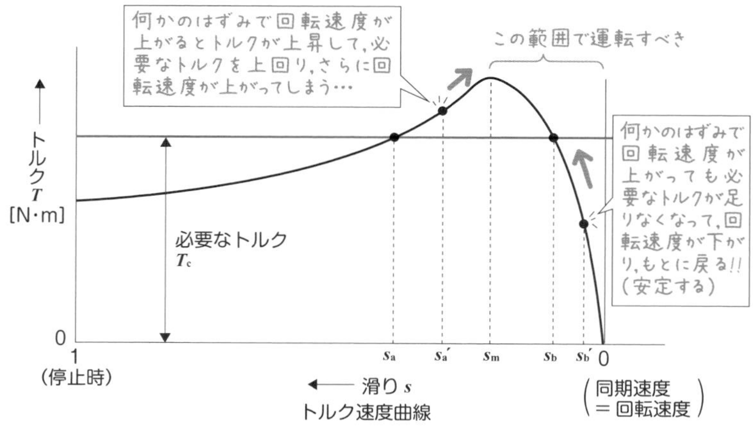

トルク速度曲線

ひとこと

よって，s_mより右側の領域が安定運転の範囲となり，試験問題では，この領域を理解することが重要になってきます。つまり，トルクは滑りにほぼ比例するという性質です。

ひとこと

安全運転領域から，最大トルク以上の負荷をかけると，どれだけがんばっても必要なトルクに足りず回転速度は小さくなり続けます。やがて，不安定領域に入り，最終的には滑り1になり，止まってしまいます。そのため，最大トルクには停動トルクという名前がついています。

ひとこと

グラフをよく見ると，停止時つまり始動時は，必要なトルクに足りていません。誘導電動機は始動トルクが小さいので，工夫が必要になってきます。そこで次に比例推移を学習します。

問題集 問題53

3 比例推移

重要度★★☆

誘導電動機が，トルクT，滑りsで運転しているとします。巻線形誘導電動機では，スリップリングを通して，二次側に外部抵抗を接続することができます（かご形はできません）。

この場合において，二次合成抵抗が，二次巻線抵抗r_2のm倍になったとき，滑りsもm倍すれば，同じトルクTを得ることができます。

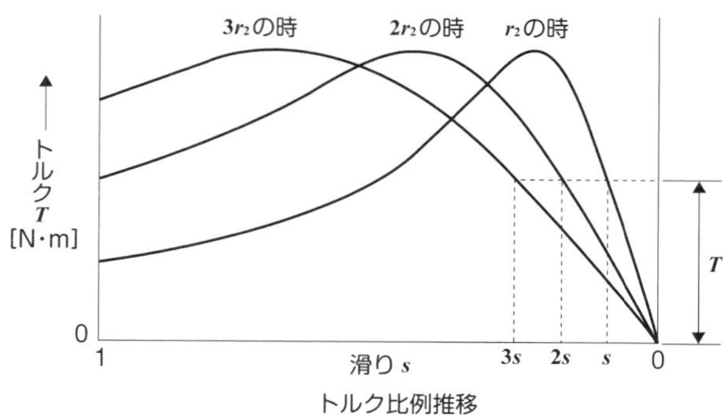

トルク比例推移

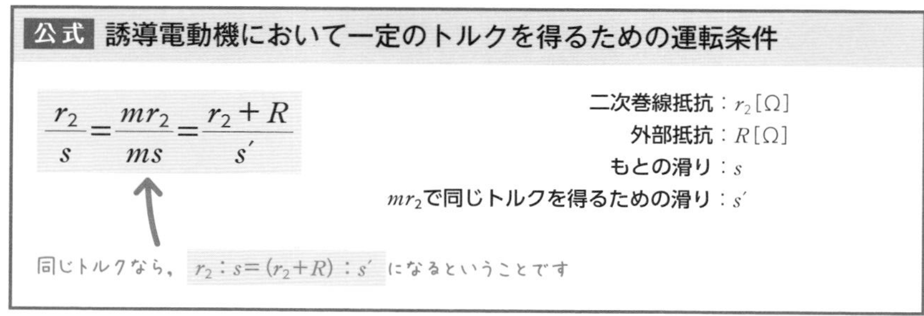

公式 誘導電動機において一定のトルクを得るための運転条件

$$\frac{r_2}{s}=\frac{mr_2}{ms}=\frac{r_2+R}{s'}$$

二次巻線抵抗：r_2[Ω]
外部抵抗：R[Ω]
もとの滑り：s
mr_2で同じトルクを得るための滑り：s'

同じトルクなら，$r_2:s=(r_2+R):s'$ になるということです

したがって，抵抗をm倍すれば，トルク曲線は横にm倍に引き伸ばされ，滑り$s=1$のところでスパッと切ったような形になります。二次抵抗に比例して，トルク曲線が移動するので，この性質を**比例推移**（ひれいすいい）といいます。

比例推移の性質を利用し適切な抵抗を挿入することで，始動時に最大トルクを得ることができ，始動特性を改善することができます。

問題集 問題54 問題55

SECTION 05

三相誘導電動機の始動法

このSECTIONで学習すること

1 始動特性(始動時の性質)

三相誘導電動機が始動する時の性質について学びます。

2 かご形誘導電動機の始動法

かご形誘導電動機の４つの始動法についてそれぞれ学びます。

3 巻線形誘導電動機の始動法

巻線形誘導電動機の始動法について学びます。

1 始動特性（始動時の性質）

重要度★★★

三相誘導電動機は，❶始動電流が過大で，❷始動トルクが過小という性質を持っています。

ひとこと

始動電流が過大となる理由は，始動時は，二次側を短絡した変圧器と同じ等価回路とみなせることから理解できます。

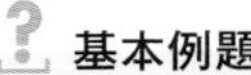

基本例題　　始動時と全負荷時の電流比

定格電圧200 Vの三相かご形誘導電動機があり，定格電圧，全負荷時の滑りは0.03である。この電動機の定格電圧における始動時の電流と全負荷時の電流の比を求めよ。ただし，二次巻線抵抗はr_2＝0.14 Ω，二次漏れリアクタンスは0.40 Ωであり，その他の定数は無視する。

解答

下図の一相分の電圧V[V]，二次抵抗$\frac{r_2}{s}$[Ω]，二次漏れリアクタンスx_2[Ω]で表される誘導電動機の一相分の等価回路において，電流の大きさI_2[A]は，

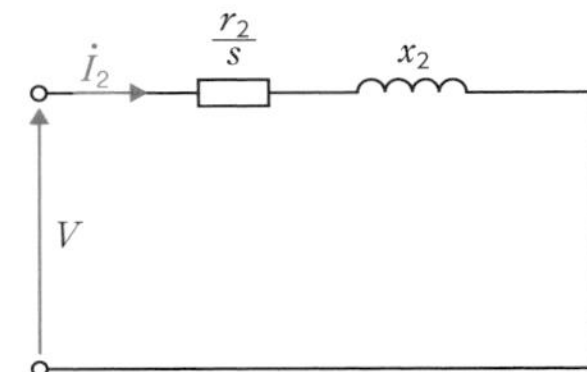

$$I_2=\frac{V}{\sqrt{\left(\frac{r_2}{s}\right)^2+x_2^2}}\text{[A]}$$

まず，始動時は滑りs＝1になるため，この時の始動電流の大きさI_S[A]は，

$$I_S=\frac{\frac{200}{\sqrt{3}}}{\sqrt{0.14^2+0.40^2}}\fallingdotseq 272\text{ A}$$

一方，全負荷時は題意よりs＝0.03であるため，電流の大きさI_L[A]は，

$$I_L=\frac{\frac{200}{\sqrt{3}}}{\sqrt{\left(\frac{0.14}{0.03}\right)^2+0.40^2}}\fallingdotseq 24.7\text{ A}$$

以上より，これらの電流の比は，

$$\frac{I_S}{I_L}=\frac{272}{24.7}\fallingdotseq 11.0$$

2 かご形誘導電動機の始動法

重要度★★★

かご形誘導電動機の始動法は以下の4つがあります。

板書 かご形誘導電動機の始動法

❶全電圧始動法（直入始動法）	停止している誘導電動機に，定格電圧をいきなり加える方法
❷Y－Δ始動法	始動時に一次巻線をY結線とし，十分に加速したときΔ結線とする方法
❸始動補償器法	誘導電動機の一次側に，三相単巻変圧器（始動補償器）を接続して，始動電圧を下げる方法
❹始動リアクトルを用いる方法	一次側にリアクトルを接続して，始動電流を制限する方法

I 全電圧始動法

全電圧始動法（直入始動法）は，停止している誘導電動機に，定格電圧をいきなり加える方法です。おもに，小容量の誘導電動機に採用されています。

ひとこと

簡単に言えば，何の工夫もせず，電源を入れるだけということです。始動電流が過大となる上に，始動トルクはよくありません。

となるので，問題文条件に従い，二次巻線抵抗r_2，二次漏れリアクタンスx_2以外を無視し，$3\times\dfrac{60}{2\pi N_s}=K$とすると，次のようになる。

$$T_S=K\frac{r_2}{r_2^2+x_2^2}V^2[\mathrm{N\cdot m}]$$

全電圧始動時の始動トルクT_{S1}[N·m]は，電動機巻線一相当たりの電圧はVであるから，

$$T_{S1}=K\frac{r_2}{r_2^2+x_2^2}V^2[\mathrm{N\cdot m}]$$

Y－Δ始動時の始動トルクT_{S2}[N·m]は，電動機巻線一相当たりの電圧は$\dfrac{V}{\sqrt{3}}$であるから，

$$T_{S2}=K\frac{r_2}{r_2^2+x_2^2}\left(\frac{V}{\sqrt{3}}\right)^2=\frac{K}{3}\cdot\frac{r_2}{r_2^2+x_2^2}V^2[\mathrm{N\cdot m}]$$

これらの始動トルクの比をとると，

$$\frac{T_{S2}}{T_{S1}}=\frac{\dfrac{K}{3}\cdot\dfrac{r_2}{r_2^2+x_2^2}V^2}{K\dfrac{r_2}{r_2^2+x_2^2}V^2}=\frac{1}{3}$$

以上より，Y－Δ始動法を用いると，全電圧始動法と比較して始動トルクも$\dfrac{1}{3}$倍になる。

Ⅲ 始動補償器法

始動補償器法（しどうほしょうきほう）は，誘導電動機の一次側に，三相単巻変圧器（始動補償器）を接続して，始動電圧を下げる方法です。回転速度が十分に増したとき，スイッチを切り替えて定格電圧にします。

Ⅳ 始動リアクトルを用いる方法

この方法は，一次側にリアクトルを接続して，始動電流を制限する方法です。十分に加速した後，これらを短絡します。

3 巻線形誘導電動機の始動法

重要度★★★

巻線形誘導電動機では，スリップリングを通して外部に抵抗を接続できます。始動時に適当な大きさの抵抗を接続することで，始動電流を小さくし，始動トルクを大きくすることができます。

速度の上昇に応じて，外部抵抗を減少させていきます。

比例推移の性質を利用しています。

SECTION 06

誘導電動機の逆転と速度制御

このSECTIONで学習すること

1 誘導電動機の正転と逆転

三相誘導電動機の正転と逆転のしくみについて学びます。

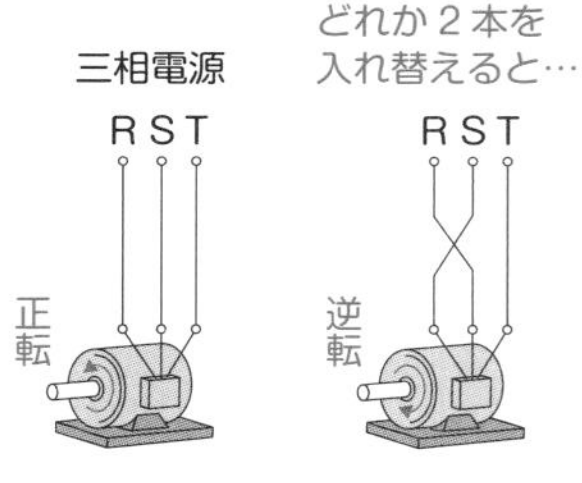

2 誘導電動機の速度制御法

誘導電動機の回転速度を制御する速度制御法について，5つの方法を学びます。

$$N = N_s(1 - s) = \frac{120f}{p}(1 - s)$$

1 誘導電動機の正転と逆転

重要度 

三相誘導電動機は，電源の3線のうち2線を入れ替えると，逆回転になります。これは回転磁界が逆回転になるためです。

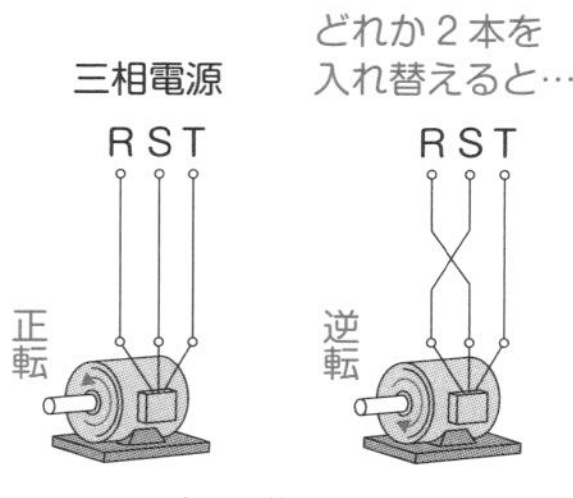

三相誘導電動機

2 誘導電動機の速度制御法

重要度★★★

誘導電動機の回転速度は，以下の公式より，周波数f，極数p，滑りsのいずれかを変化させることで制御できます。

板書 速度制御法

$$N = N_s(1-s) = \frac{120f}{p}(1-s)$$

f，p，sのいずれかを変化させると回転速度Nも変化する

回転速度：N [min^{-1}]
同期速度：N_s [min^{-1}]
周波数：f [Hz]
滑り：s
極数：p

電動機の種類	変化させる値	方法
かご形 ＋ 巻線形	f	❶一次周波数制御…誘導電動機に加わる周波数を変える VVVF電源装置やサイクロコンバータを使用 $\frac{V}{f}$が一定になるように制御する
	p	❷極数切換…固定子巻線の接続を変更することによって極数pを切り換える
	s	❸一次電圧制御…誘導電動機のトルクは電圧の2乗に比例するので，定トルク下で変化させて，滑りsを変化させる
巻線形のみ	s	❹二次抵抗制御…外部抵抗を変化させ，比例推移を利用して，滑りsを変化させる
	s	❺二次励磁制御…クレーマ方式とセルビウス方式がある

制御とは，目的とする状態に近づけることをいいます。

基本例題 三相誘導電動機の速度制御

三相誘導電動機があり周波数50 Hzの電源に接続されている。この電動機を周波数60 Hzの電源に接続した場合，回転速度が何倍になるか求めよ。ただし，滑りは変化しないものとする。

解答

電源周波数を変化させる前の回転速度N[min^{-1}]は，変化前の周波数をf[Hz]，滑りをs，極数をpとすると，

$$N=\frac{120f}{p}(1-s)\,[\mathrm{min}^{-1}]$$

電源周波数を変化させた後の回転速度N' [min^{-1}]は，変化後の周波数をf' [Hz]とすると，

$$N'=\frac{120f'}{p}(1-s)\,[\mathrm{min}^{-1}]$$

よって，$\dfrac{N'}{N}=\dfrac{f'}{f}=\dfrac{60}{50}=1.2$倍

I 一次周波数制御法

一次周波数制御法（いちじしゅうはすうせいぎょほう）とは，誘導電動機の電源周波数を変えて，同期速度を変化させて速度制御をする方法です。

$$N=N_s(1-s)=\frac{120f}{p}(1-s)$$

変化させる

一次周波数制御には，おもにサイリスタを用いた**VVVF（可変電圧可変周波数）インバータ**（かへんでんあつかへんしゅうはすう）が使われています。

一次周波数制御法にはおもにV/f制御，ベクトル制御，滑り周波数制御があります。

❶ V/f 制御

速度を制御する際，磁束密度を一定に保つために，周波数だけでなく，電圧も周波数に比例させて変化させます。電圧 V と周波数 f の比を一定に保って運転する制御方法を **V/f 制御**といいます。

V/f 制御を行うことによって，速度の変化によるトルクの変動や，効率の低下を防ぐことができます。

また，電圧を周波数に応じて変化させる方法としては，**PWM 制御（パルス幅変調）**が用いられています。

$E \propto f\phi$ の関係から V/f 制御を説明することができます。

ひとこと

インバータや PWM 制御については 機械 CH05 パワーエレクトロニクスで詳しく説明しています。

❷ ベクトル制御

ベクトル制御とは，電流をトルクによる電流と磁束による電流に分解してそれぞれを制御し，トルクを直接制御する方法です。V/f 制御よりも高速応答性に優れています。

❸ 滑り周波数制御

滑り周波数制御（すべりしゅうはすうせいぎょ）とは，回転周波数に滑り周波数を加算した周波数で誘導電動機を駆動することで，トルクを調整する制御方法です。

Ⅱ 極数切換法

極数切換法とは，固定子巻線（一次側）の接続を変更し，極数を切り換えることによって速度を制御する方法です。

$$N = N_s(1 - s) = \frac{120f}{p}(1 - s)$$

変化させる（N_s，p）

Ⅲ 一次電圧制御法

一次電圧制御法では，滑りsの変化する範囲を広くするために，二次抵抗を大きくし，一次電圧を変化させて滑りsを変化させる方法です。

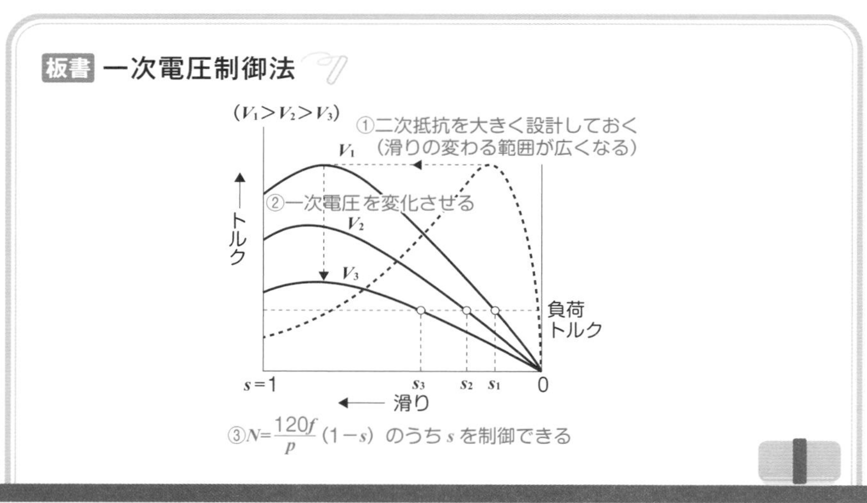

Ⅳ 二次抵抗制御法

二次抵抗制御法（にじていこうせいぎょほう）とは，スリップリングを通して接続した抵抗を増減し，トルクの比例推移を利用して滑りを変化させて，速度を制御する方法です。巻線形誘導電動機にしか適用できません。

$$N = N_s(1 - s) = \frac{120f}{p}(1 - s)$$

変化させる

ひとこと

二次抵抗制御法は，メリットとデメリットがあります。

メリットは，始動時に抵抗器を利用でき，始動特性を改善できることです。

デメリットは，抵抗器による電力の損失が大きく，効率が悪くなってしまうことです。これは二次励磁制御法ならば改善することができます。

Ⅴ 二次励磁制御法

二次励磁制御法（にじれいじせいぎょほう）とは，巻線形誘導電動機の二次抵抗損に相当する電力を外部から与え，滑りを制御する方法で，**クレーマ方式**と，**セルビウス方式**があります。

ひとこと

クレーマ方式は，発生させた動力を主軸に返す方法で，出力が一定な速度制御法です。

セルビウス方式は，電気エネルギーを電源に返す方法で，トルクが一定な速度制御法です。

問題集 問題56 問題57

SECTION 07

特殊かご形誘導電動機

このSECTIONで学習すること

1 特殊かご形誘導電動機とは

かご形誘導電動機の欠点を改善した特殊かご形誘導電動機について学びます。

2 二重かご形誘導電動機

二重かご形誘導電動機の概要と特性について学びます。

3 深溝かご形誘導電動機

深溝かご形誘導電動機の概要と特性について学びます。

1 特殊かご形誘導電動機とは

普通のかご形誘導機には，始動電流が過大で，始動トルクが過小という欠点があります。

そこで，この欠点を改善した誘導電動機が**特殊かご形誘導電動機**（とくしゅがたゆうどうでんどうき）です。特殊かご形誘導電動機には，❶**二重かご形誘導電動機**（にじゅうがたゆうどうでんどうき）と❷**深溝かご形誘導電動機**（ふかみぞがたゆうどうでんどうき）があります。

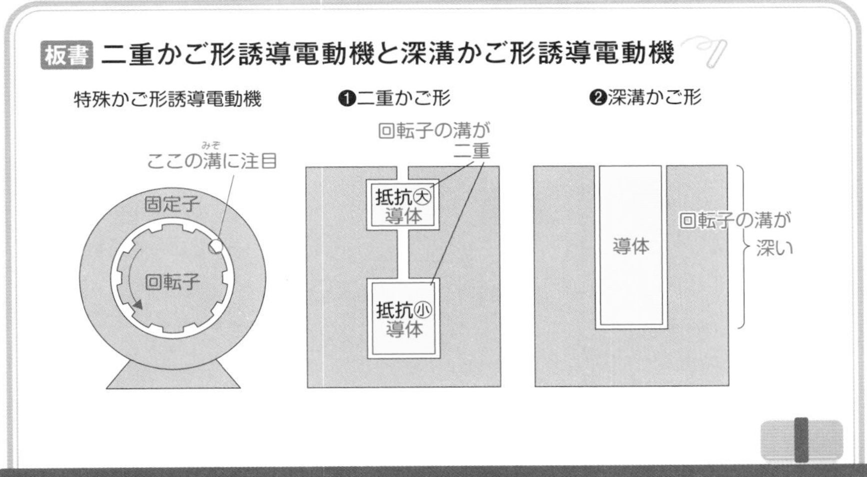

ひとこと

始動法では，始動の方法を工夫して誘導電動機の始動特性（過大な始動電流と過小な始動トルク）を改善しましたが，特殊かご形では，かご（回転子）自体の構造を工夫することで始動特性を改善します。

2 二重かご形誘導電動機

重要度★★★

二重かご形誘導電動機（にじゅうがたゆうどうでんどうき）では，図のように回転子に二重のスロット（溝）をつくり，導体Aと導体Bを入れて，両端を端絡環で接続します。

外側の導体Aには，抵抗率が大きく，断面積の小さいものを利用します。内側の導体Bには，抵抗率が小さく，断面積が大きいものを利用します。

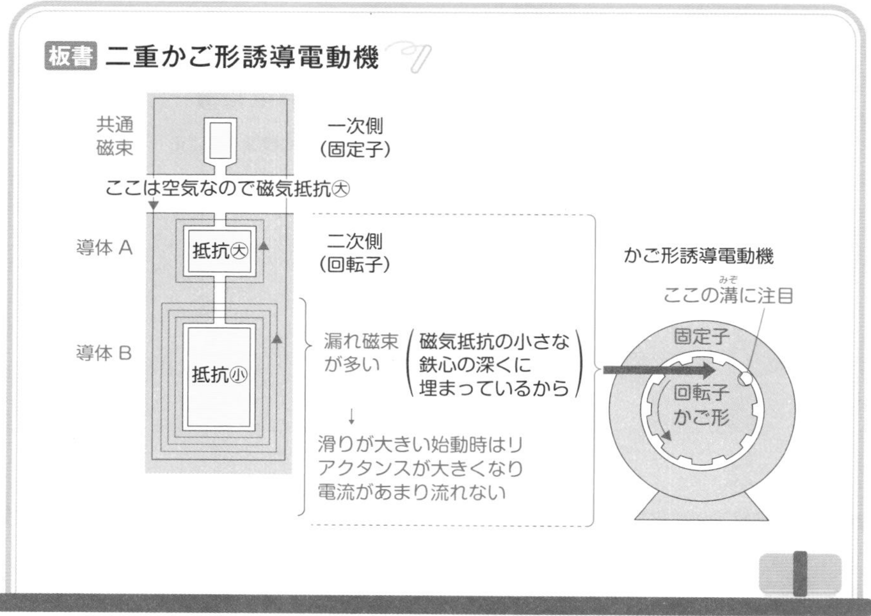

外側にある導体Aは，磁気抵抗の大きなエアギャップの近くにあるので漏れ磁束が小さくなります。漏れ磁束とは，一次巻線もしくは二次巻線の一方にしか鎖交しない磁束をいい，今回の話は二次巻線のみに鎖交する磁束をさします。これによるリアクタンスを，漏れリアクタンスといいます。

内側の導体Bは，磁気抵抗の小さな鉄心の深くに埋まっているので，導体Bに流れる電流による漏れ磁束は大きくなります。したがって，漏れリアクタンスは，導体Bのほうが大きいことになります。

Ⅰ 始動時（滑りsが大きい時）

始動時は滑りsが大きいので，二次周波数sfも大きくなります。周波数が大きいと，導体Bのほうが，導体Aよりもはるかに漏れリアクタンスが大きくなります。したがって，始動時は，外側の導体Aにほとんどの電流が流れます。

ひとこと

理論で，$X_L = \omega L = 2\pi fL$という公式を習いました。

導体Aのインピーダンス$\dot{Z}_A$（始動時：大）
　$= R_A$（大）$+ jX_{LA}$（小）
導体Bのインピーダンス$\dot{Z}_B$（始動時：超大）
　$= R_B$（小）$+ jX_{LB}$（超大）

Ⅱ 運転時（滑りsが小さくなった時）

回転子の速度が増して，滑りsが小さくなると，リアクタンスが減少します。すると，今度は，抵抗の小さな内側の導体Bに電流が流れるようになります。

ひとこと

導体Aのインピーダンス$\dot{Z}_A$（運転時：大）
　$= R_A$（大）$+ jX_{LA}$（始め小→さらに小）
導体Bのインピーダンス$\dot{Z}_B$（運転時：小）
　$= R_B$（小）$+ jX_{LB}$（始め超大→徐々に小）

3 深溝かご形誘導電動機

重要度★★☆

深溝かご形誘導電動機では，図のように回転子のスロット（溝）を深くし，平たい導体を入れます。

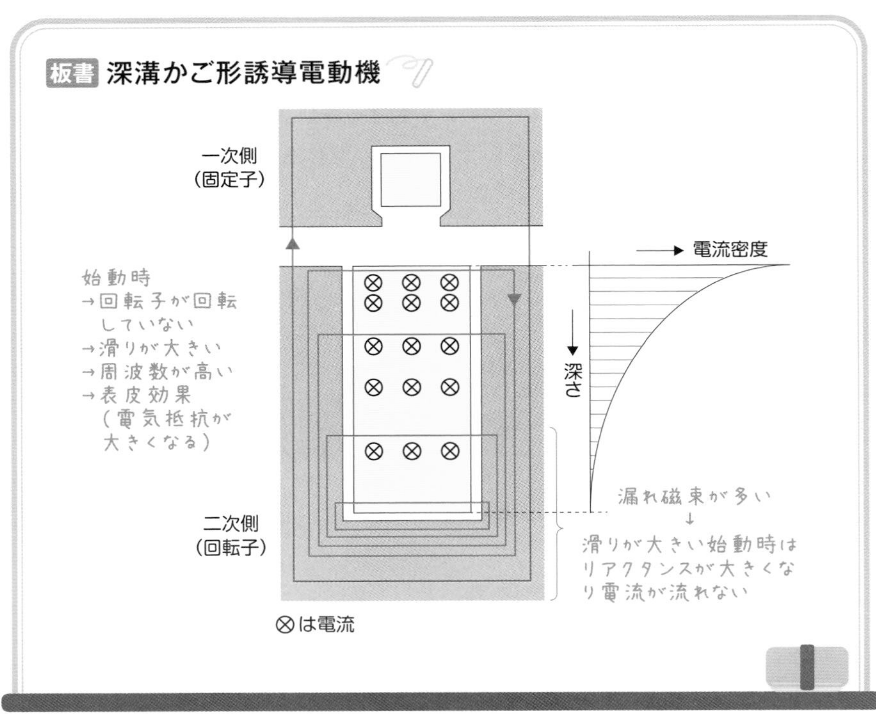

板書 深溝かご形誘導電動機
一次側
（固定子）
始動時
→回転子が回転
していない
→滑りが大きい
→周波数が高い
→表皮効果
（電気抵抗が
大きくなる）
二次側
（回転子）
⊗は電流
電流密度
深さ
漏れ磁束が多い
↓
滑りが大きい始動時は
リアクタンスが大きくなり電流が流れない

I 始動時（滑りsが大きい）

スロットを深くして導体を入れると，漏れ磁束は内側では大きくなり，外側では小さくなります。したがって，始動時には，内側のリアクタンスが大きいので，電流は外側に集中します。

その結果，抵抗が大きくなり，トルクも大きくなります。

ひとこと

表皮効果(ひょうひこうか)とは，周波数が高くなるほど，流れる電流は導体の表面付近に流れて，導体の内部ではあまり電流が流れなくなる現象をいいます。結果として，電流が流れる面積が小さくなるので，抵抗を増加させます（理論 $R=\frac{\rho \ell}{A}$）。

表皮効果の原理は以下のように理解できます。

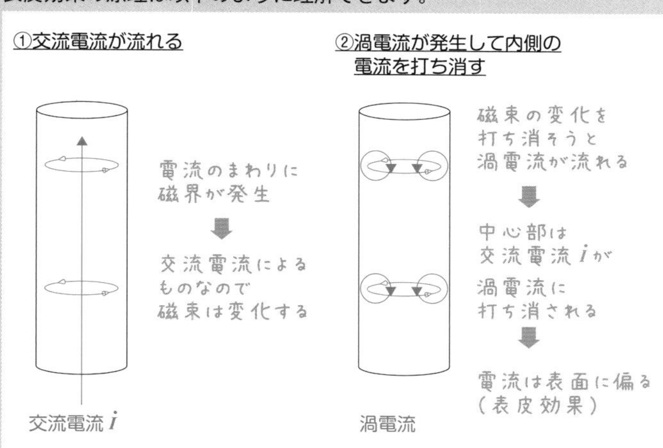
①交流電流が流れる
電流のまわりに
磁界が発生
交流電流による
ものなので
磁束は変化する
交流電流 i
②渦電流が発生して内側の
電流を打ち消す
磁束の変化を
打ち消そうと
渦電流が流れる
中心部は
交流電流 i が
渦電流に
打ち消される
電流は表面に偏る
（表皮効果）
渦電流

そういえば…

ひとこと

表皮効果の考え方を深溝かご形の導体で適用すると以下のようになります。渦電流が内側に多く発生し，交流電流が打ち消されます。結果として，漏れ磁束の少ない外側に電流が集中するようになります。

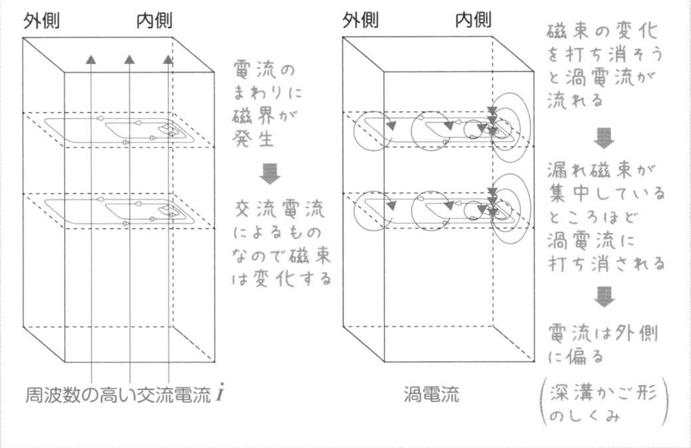

外側
内側
電流のまわりに磁界が発生
交流電流によるものなので磁束は変化する
周波数の高い交流電流 i
外側
内側
磁束の変化を打ち消そうと渦電流が流れる
漏れ磁束が集中しているところほど渦電流に打ち消される
電流は外側に偏る
渦電流
（深溝かご形のしくみ）

ふむ ふむ

II 運転時（滑りsが小さい）

誘導電動機の回転速度が増すと，滑りが小さくなり，二次周波数sf[Hz]も小さくなります。すると，リアクタンスも減少するので，電流は一様に流れるようになり，電流が通過する面積が広がり抵抗は小さくなります。

問題集 問題58 問題59

SECTION 08

単相誘導電動機

このSECTIONで学習すること

1 交番磁界

単相交流における交番磁界と，交番磁界によるトルクについて学びます。

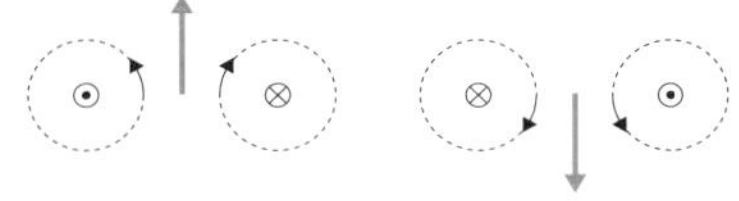

2 単相誘導電動機の特徴

単相誘導電動機の特徴について学びます。

3 二相交流による回転磁界

二相交流による回転磁界のしくみについて学びます。

4 始動法と特性

単相誘導電動機の３つの始動法についてそれぞれ学びます。

1 交番磁界

I 交番磁界とは

図はコイルを横から切った断面図です。単相交流では，回転磁界をつくることはできず，磁界の向き（極性）が交互に変わる**交番磁界**（こうばんじかい）をつくります。

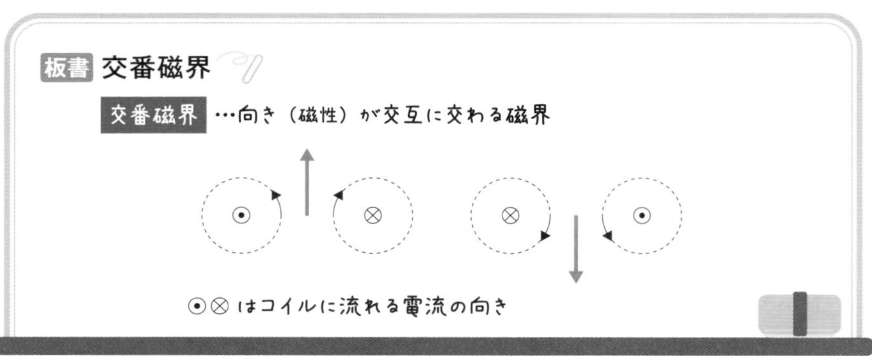

板書 交番磁界
交番磁界 …向き（磁性）が交互に変わる磁界
⊙⊗はコイルに流れる電流の向き

II 交番磁界の分解

交番磁界は，回転方向が逆の，同期速度で回転する2つの回転磁界に分解できます。このように考えるのは，交番磁界による単相誘導電動機のトルクを考えるのに便利だからです。

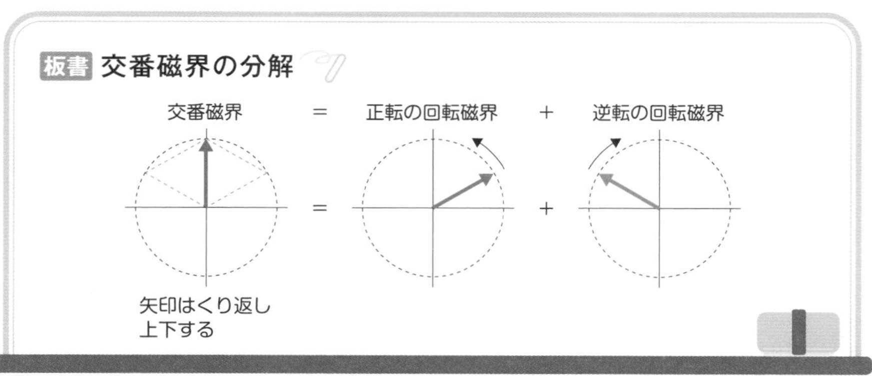

正転の回転磁界と逆転の回転磁界を合成すると，交番磁界になっていることを確認しましょう。

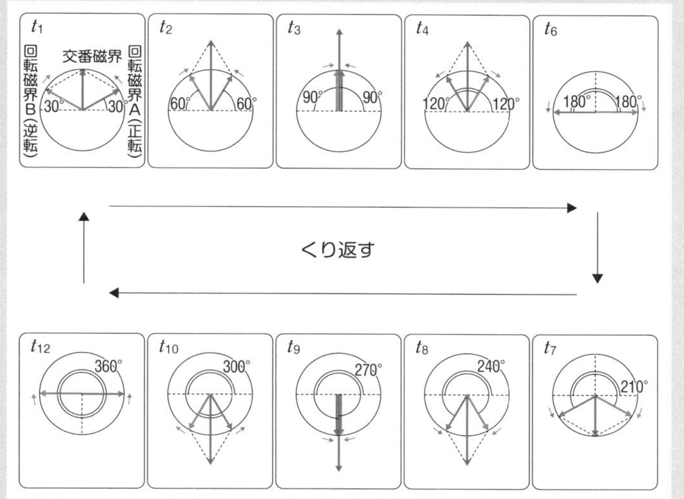

III 交番磁界によるトルク

1 考え方

交番磁界によって，どのようなトルクが回転子に生じるかを考えます。交番磁界は，2つの回転磁界に分けることができる性質を利用します。

正転と逆転の回転磁界が，回転子を切ったときに発生するトルク T_a，T_b を考え，これらを合成すれば交番磁界によるトルク $T = T_a + T_b$ が求められます。

2 交番磁界によるトルク

❶「正転の回転磁界Aと回転子の滑りs_a」と「トルクT_a」のグラフを考えます（回転磁界では，どのようなグラフになるか学習しました）。

❷「逆転の回転磁界Bと回転子の滑りs_b」と「トルクT_b」のグラフを考えます（逆さまのグラフになります）。

❶と❷を合成すれば，交番磁界の中を，回転子が回転したときの滑りとトルクのグラフを描くことができます。

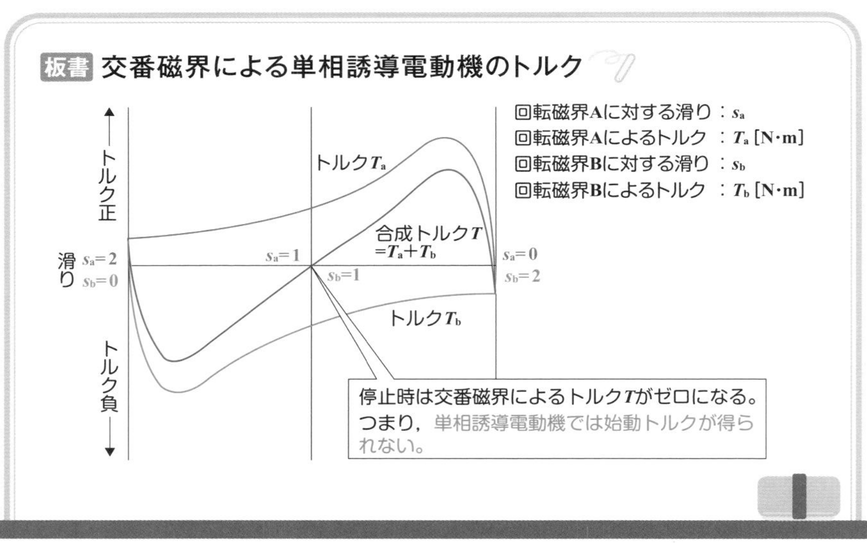

滑りが2とは？

トルクT_a[N·m]からみた回転子の滑りs_a＝0の場合，回転子が同期速度N_s[min^{-1}]で回転しています。

トルクT_b[N·m]からみた回転子の滑りs_bを求めると，$s_b=\frac{N_s-N}{N_s}=\frac{N_s-(-N_s)}{N_s}$＝2となります。回転磁界と回転子が，逆向きに回転すれば，相対速度は倍になるということです。

2 単相誘導電動機の特徴

重要度★★☆

単相誘導電動機において，単相交流による交番磁界でトルクを得ようとすると，先ほどのグラフによると，始動トルクはゼロになってしまいます。

ひとこと

始動時は，回転子が静止しているので，「❶正転の回転磁界と回転子（静止）の相対速度」と「❷逆転の回転磁界と回転子（静止）の相対速度」は，逆になっているだけで等しく，つくられるトルクは相殺します。

しかし，回転子が回転しだすとグラフの右か左にずれることになり，トルクが発生します（合成トルク $T = T_a + T_b \neq 0$）。そのため，実際には始動装置が必要になります。

ひとこと

回転時，「❶正転の回転磁界と回転子との相対速度」と「❷逆転の回転磁界と回転子との相対速度」が異なり，そして発生するトルクも非対称になり，完全に打ち消しあわず，トルクが発生するようになります。

板書 単相誘導電動機の特徴

- 始動トルクはゼロ
- 始動のための工夫（始動装置）が必要

ひとこと

試験対策を考えると，単相誘導電動機の始動トルクはゼロで，そのためにいくつかの工夫があるという程度の理解にとどめるとよいでしょう。

問題集 問題60

3 二相交流による回転磁界

Ⅰ 二相交流による回転磁界の話をする理由

回転磁界を発生させることができれば，始動トルクを得ることができます。回転磁界は，三相交流だけでなく二相交流によってもつくることができます。

単相交流を始動時に，なんとか工夫して二相交流にできれば，単相誘導電動機でトルクを得ることができます。

Ⅱ 二相交流による回転磁界のしくみ

図のように，二つの巻線（コイル）A，Bを$\frac{\pi}{2}$ radずらして配置します。これに，互いに位相が$\frac{\pi}{2}$ radずれた電流$i_a = I_m\sin\omega t$，電流$i_b = I_m\sin\left(\omega t - \frac{\pi}{2}\right)$を流します。

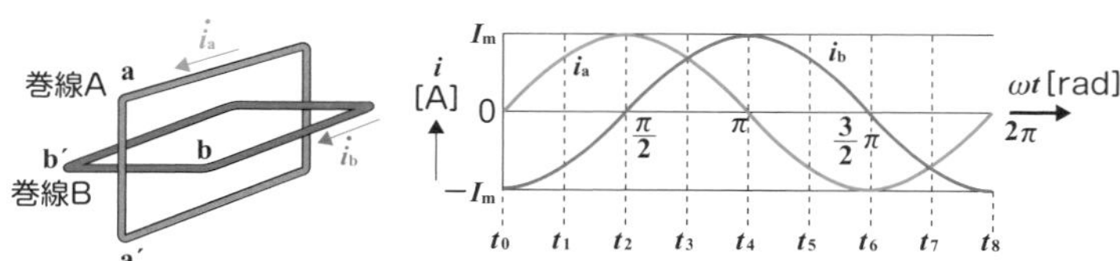

すると，各巻線（コイル）A，Bの周りには，右ねじの法則により磁界h_a，h_bが発生します。磁界の大きさは，巻線に流れる交流電流に比例します。

$$\begin{cases} h_a = kI_m\sin\omega t = H_m\sin\omega t \\ h_b = kI_m\sin\left(\omega t - \frac{\pi}{2}\right) = H_m\sin\left(\omega t - \frac{\pi}{2}\right) \end{cases}$$
（ただし，kは比例定数）

この2つの磁界h_a，h_bをベクトル合成すると，大きさがつねに等しい，周波数f[Hz]の磁界が発生していることがわかります。

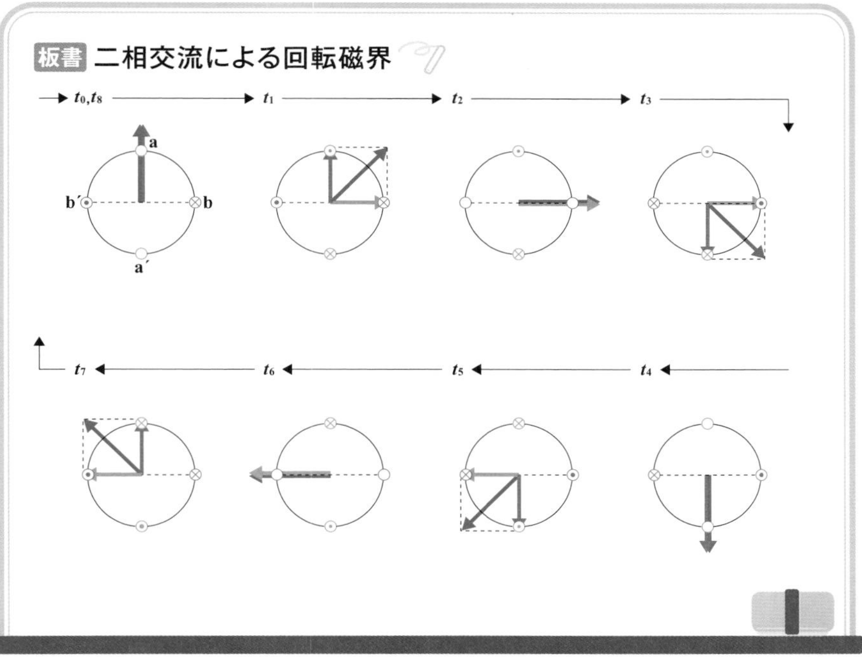

4 始動法と特性

単相誘導電動機の始動法には，以下のようなものがあります。

板書 単相誘導電動機の始動法

①分相始動形(ぶんそうしどうがた)

②コンデンサ始動形（①を改善したもの）

③くま取りコイル形

I 分相始動形

図のように，電気的に$\frac{\pi}{2}$ radずれた位置に，巻線抵抗のある主巻線Mと補助巻線A（抵抗が大きく，インダクタンスが小さい）を設けます。

すると，主巻線Mに流れる電流$\dot{I}_M$[A]と補助巻線Aに流れる電流$\dot{I}_A$[A]に位相差θ [rad]が生じて，発生する磁束$\dot{\Phi}_M$，$\dot{\Phi}_A$にも位相差が生じます。

その結果，二相交流による不完全な回転磁界（楕円のような回転磁界）が生じ，トルクを発生させることができます。これが分相始動形です。

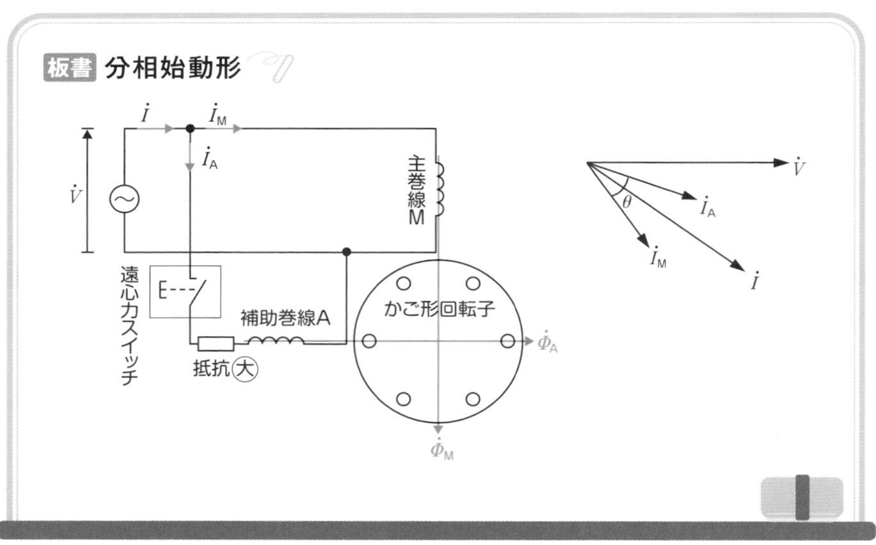

回転速度が同期速度の70～80 %に近づくと，遠心力スイッチ（遠心力開閉器）によって，巻線Aは切り離されます。

回転磁界を円形に近づけるためには，次に説明するようにコンデンサを入れます。

Ⅱ コンデンサ始動形（しどうがた）

コンデンサ始動形は分相始動形の一種です。図のように，始動用のコンデンサを使います。すると，補助巻線A（始動巻線A）に流れる電流$\dot{I}_A$は進み電流になり，位相差が$\frac{\pi}{2}$ radに近づきます。これにより，Ⅰの分相始動形よりも理想的な回転磁界が生じます。

運転時は，遠心力スイッチによって始動用コンデンサが外れます。

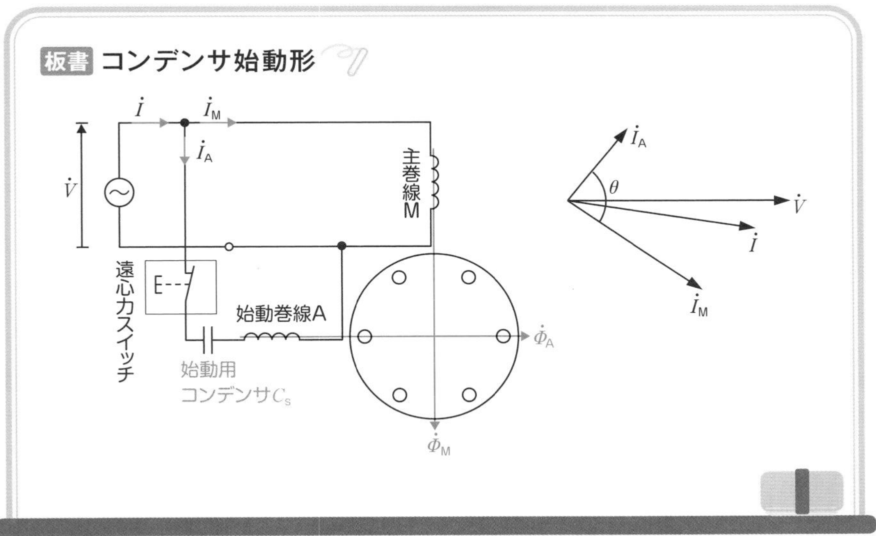

ひとこと

始動時だけでなく，運転時もコンデンサが入ったままの方式もあります。これを，永久コンデンサ形といいます。

Ⅲ くま取りコイル形

くま取りコイルとは，図のように磁極の端っこに巻いた短絡コイルのことをいいます。独立して巻かれた巻線で，一次巻線（主巻線）とつながっていません。

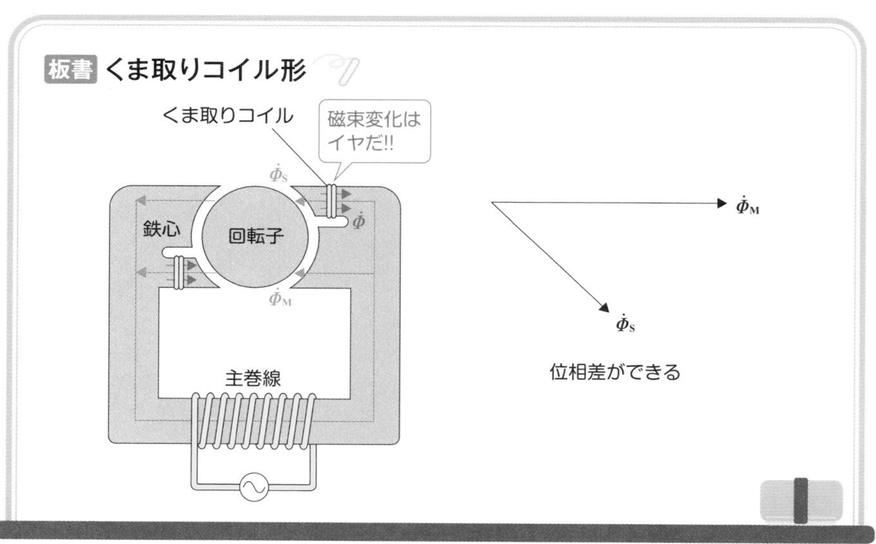

くま取りコイルを主磁束$\dot{\Phi}_M$が貫くと，誘導起電力$\dot{E}_2$が発生し，くま取りコイルに電流が流れ，磁束$\dot{\Phi}_M$を妨げるような磁束$\dot{\Phi}$が発生します。

その結果，くま取りコイルの部分から出てくる合成磁束は$\dot{\Phi}_S$は，他の部分よりも位相が遅れます。

したがって，主磁束と合成磁束には位相差が生まれ，くま取りコイルのあるほうに，始動トルクが発生することになります。

ひとこと

「くま取りコイル」の「くま（隈・隅）」は端っこ，隅っこという意味です。

CHAPTER 04

同期機

CHAPTER 04

同期機

同期機の原理や構造を学び，等価回路やベクトル図，特性について考えます。聞き慣れない用語が多いため，問題を解いて慣れるようにし，教科書を振り返って理解を深めることを意識しましょう。

このCHAPTERで学習すること

SECTION 01 三相同期発電機

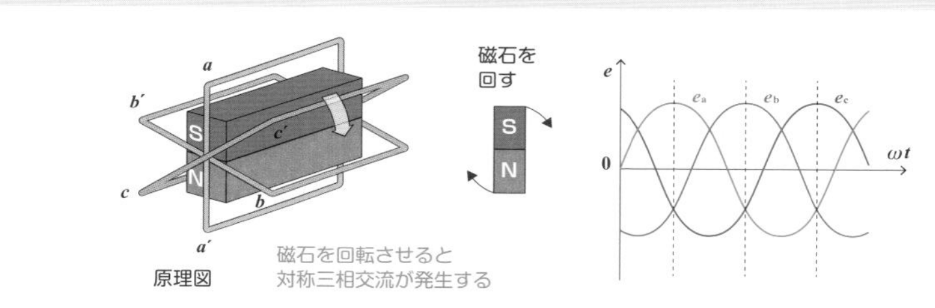

三相同期発電機の原理や特性，計算方法について学びます。

SECTION 02 三相同期電動機

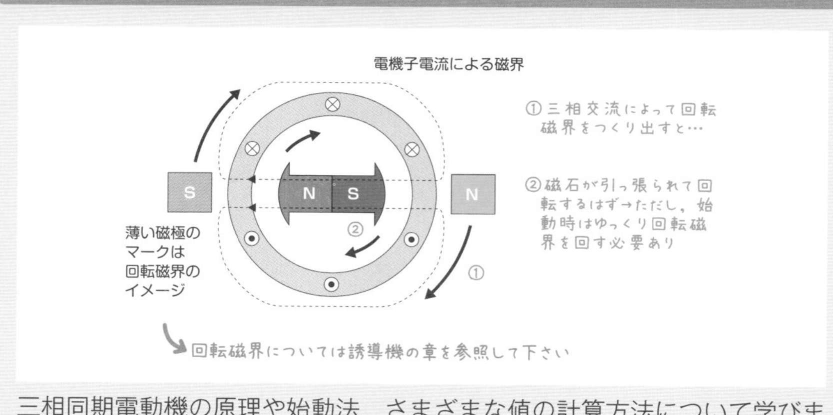

三相同期電動機の原理や始動法，さまざまな値の計算方法について学びます。

傾向と対策

出題数

2～3問／22問中

・計算問題中心

	H27	H28	H29	H30	R1	R2	R3	R4上	R4下	R5上
同期機	2	3	2	2	3	2	2	2	3	2

ポイント

計算問題を中心に，発電機や電動機の特性曲線，出力のベクトル計算など，図やグラフと関連した問題が出題されます。グラフやベクトル図の意味を理解し，多くの問題を解いて計算に慣れましょう。誘導機と同様に，用語の意味を問われる出題も増えているため，動作の原理を正しく理解しましょう。毎年決まった問題数の出題がある分野のため，確実に得点できるようにしましょう。

SECTION 01 三相同期発電機

このSECTIONで学習すること

1 同期機とは

同期機の概念について学びます。

2 三相同期発電機の原理

三相同期発電機の原理と同期速度，極ピッチ，誘導起電力の計算方法について学びます。

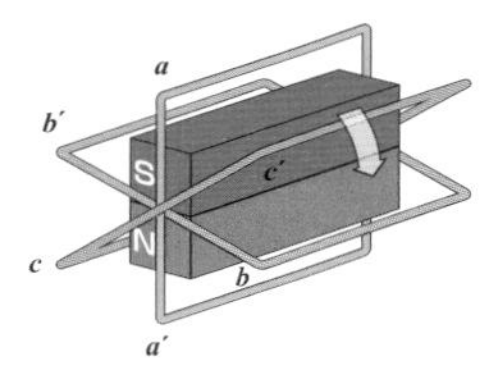

3 同期発電機の構造

同期発電機の構造について学びます。

4 三相同期発電機の等価回路

同期発電機におけるいくつかの作用と，三相同期発電機の等価回路とベクトル図について学びます。

5 三相同期発電機の特性

三相同期発電機の特性や，百分率同期インピーダンスと短絡比の計算方法について学びます。

$$K_s = \frac{I_{fs}}{I_{fn}} = \frac{I_s}{I_n} = \frac{100}{\%Z_s}$$

6 三相同期発電機の出力と並行運転

三相同期発電機の消費電力の計算方法と，並行運転について学びます。

1 同期機とは

同期機(どうきき)とは，回転磁界と同期して回転する交流機のことです。同期電動機と同期発電機に分けられ，どちらも構造は同じです。水力発電所や火力発電所，原子力発電所などの交流発電機はほとんど同期発電機です。

2 三相同期発電機の原理

I 原理

以下の原理図において，磁石を回転させると，コイル（導体）が磁束を切るので，3つのコイルにそれぞれ位相が$\frac{2}{3}\pi$ radずれた誘導起電力が発生します。これが三相同期発電機の原理です。

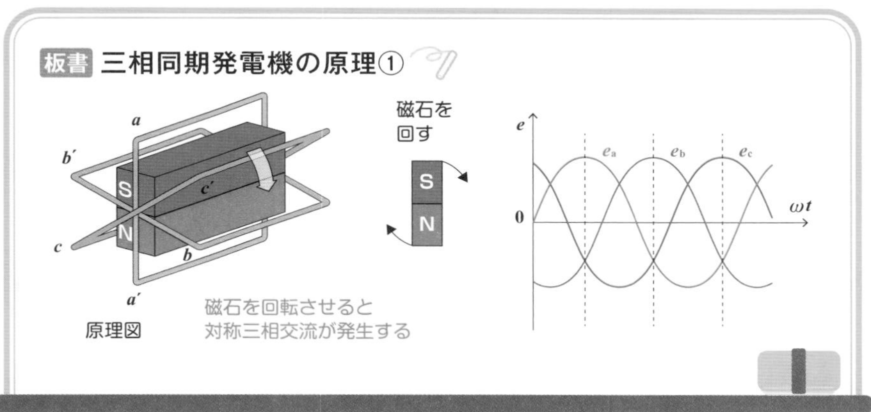

これを横から見ると，次のような図で表すことができます。磁石の断面がキノコのような形になっているのは，なるべくエアギャップを発生させないようにするためです。コイルの周りは磁束が漏れないように鉄心で覆っています。

磁石は永久磁石である必要はなく，電磁石でもかまいません。

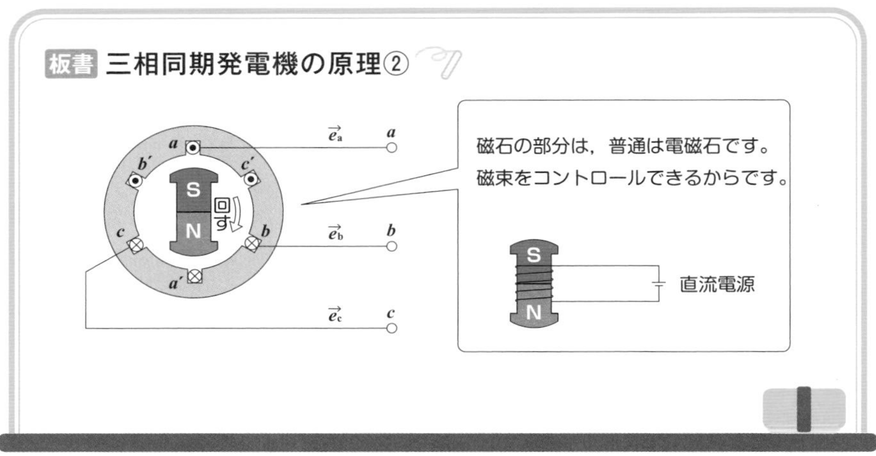

Ⅱ 同期速度

「ある周波数f[Hz]の交流を発生させたいとき，磁極数pなら，磁石をどのくらいの回転速度で回せばいいのか」という三相同期発電機における**同期速度**(どうきそくど)は，次の公式で求めることができます。

公式 同期速度

$$N_S = \frac{120f}{p}$$

同期速度：N_S[min^{-1}]
周波数：f[Hz]
極数：p

三相同期発電機の同期速度は，三相誘導電動機の回転磁界の回転速度と同じ式で表すことができます。

Ⅲ 極ピッチ

極(きょく)ピッチとは，回転磁極のN極（の中心）から次のS極（の中心）までの距離τ(タウ)[m]のことをいいます。

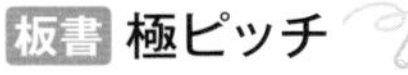

極ピッチ …回転磁極のN極からS極までの距離

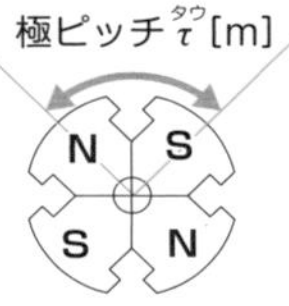

ひとこと

あるコイルから磁石をみて，目の前にくる磁極の変化に注目したとき，コイルに発生する交流起電力は，N極→S極→N極となって1サイクル変化します。N極→S極の距離がτ[m]なので，2τ[m]に相当する角度だけ回転すると，1サイクル変化するということです。

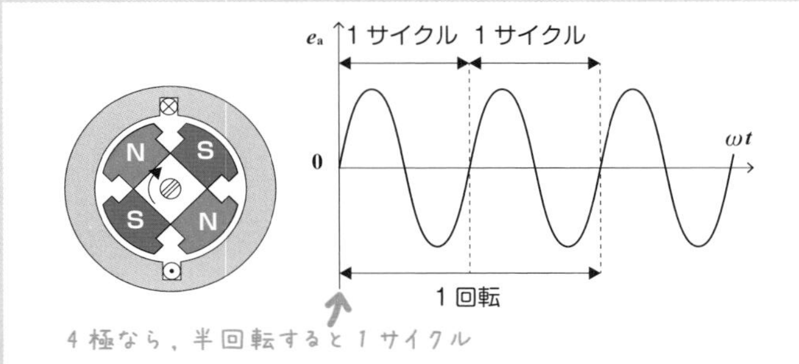

問題集 問題62 問題63

Ⅳ 誘導起電力の大きさ

三相同期発電機の一相分の誘導起電力E[V]は，以下のように表すことができます。

公式 三相同期発電機の（1相分の）誘導起電力の大きさ

$$E = 4.44fN\phi \text{ [V]}$$

誘導起電力：E[V]
周波数：f[Hz]
巻数：N
1極あたりの磁束：ϕ [Wb]

本当の公式は，巻線係数K_Nがついて，次のようになります。

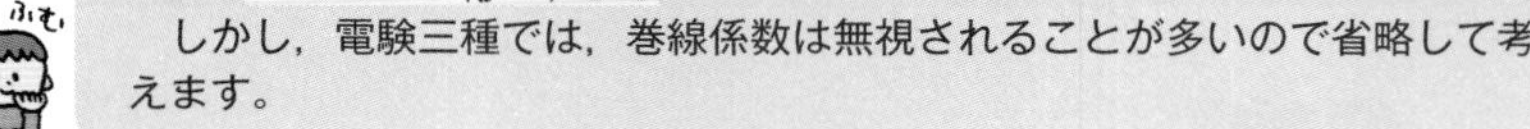

$$E = 4.44K_N fN\phi \text{ [V]}$$

しかし，電験三種では，巻線係数は無視されることが多いので省略して考えます。

これを導くためには，直流発電機と同様に，$e = B\ell v$[V]という理論の公式が基本となります。まず，磁束密度B[T]は，コイルと磁極の相対的な位置によって変化し，$B = B_m \sin\omega t$で表すことができます。

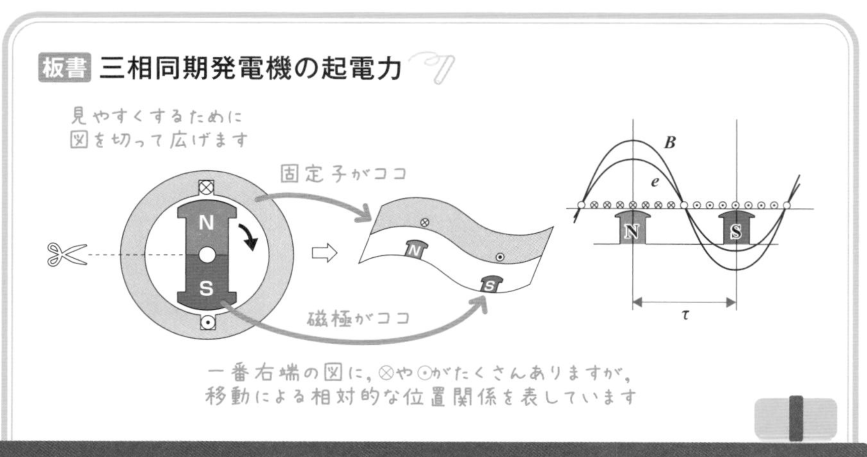
板書 三相同期発電機の起電力
見やすくするために
図を切って広げます
固定子がココ
磁極がココ
N
S
B
e
τ
一番右端の図に，⊗や⊙がたくさんありますが，
移動による相対的な位置関係を表しています

次にℓ[m]は，導体棒の長さです。速度v[m/s]は，つくり出したい周波数f[Hz]や極ピッチτ[m]によって決定します。

(参考) 三相同期発電機の誘導起電力（一相分）の公式の導き方

以下の問に沿って，三相同期発電機の誘導起電力（一相分）の公式$E = 4.44fN\phi$を導きなさい。ただし，周波数はf[Hz]，極ピッチはτ[m]，巻数はNとし磁束密度$B = B_m \sin\omega t$[T]で変化するとする。

(1) $e = B\ell v$[V]を利用して，巻線1本分の誘導起電力e[V]を求めなさい。

(2) 1極あたりの磁束ϕ[Wb]を，巻線が横切る最大磁束密度B_mを使って表しなさい。ただし，磁束密度の平均値$B_a = \dfrac{2}{\pi}B_m$とする。

(3) ϕ[Wb]を使って，巻線1本分の誘導起電力E_1[V]を表しなさい。

(4) 一相あたりに直列接続された巻線の巻数をNとした場合，一相あたりの誘導起電力E[V]を求めなさい。

(1) $e = B\ell v$のうちBとvに注目する。

① 磁束密度B[T]について

問題文より，$B = B_m \sin\omega t$ …①

② 速度v[m/s]について

極ピッチの2倍，2τ[m]だけ回転するごとに，起電力は1サイクル（N極→S極→N極）する。1秒間にfサイクルさせたい場合，1秒間に$2\tau f$[m]回転させればよい。

よって，$v = 2\tau f$[m/s] …②

③ $e = B\ell v$に，①②を当てはめると，

$$e = B_m \sin\omega t \times \ell \times 2\tau f = \underbrace{2\tau f \ell B_m}_{\text{最大値 } E_{1m}} \sin\omega t \cdots ③$$

(2) 1極あたりの磁束ϕ[Wb]について

正弦波で変化する磁束密度の平均値は，$B_a = \dfrac{2}{\pi}B_m$[T]

導体棒の長さをℓ[m]，極ピッチτ[m]とすると，

$$\phi = B_a \tau \ell = \frac{2}{\pi}B_m \tau \ell \text{[Wb]} \cdots ④$$

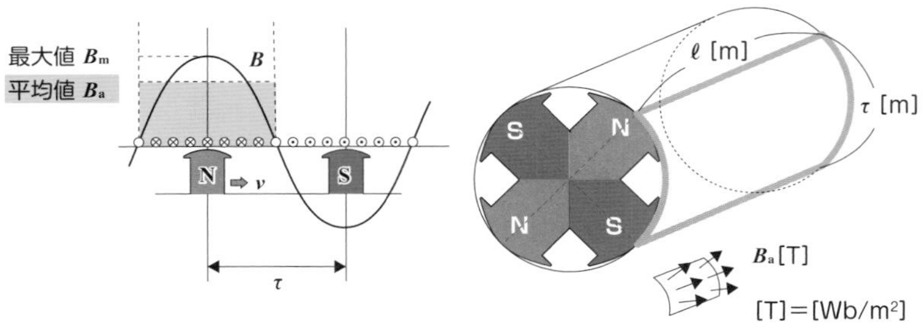

(3)　③の実効値E_1[V]は，最大値E_{1m}[V]の$\frac{1}{\sqrt{2}}$倍であることより，

$$E_1=\frac{E_{1m}}{\sqrt{2}}=\frac{2}{\sqrt{2}}\tau f\ell B_m$$

また，④より，

$$\begin{aligned}E_1&=\frac{2}{\sqrt{2}}\tau f\ell B_m\times\frac{\phi}{\phi}\\&=\frac{2}{\sqrt{2}}\tau f\ell B_m\times\frac{\phi}{\frac{2}{\pi}B_m\tau\ell}\\&=\frac{\pi}{\sqrt{2}}f\phi\\&\fallingdotseq 2.22f\phi\ [\mathrm{V}]\cdots⑤\end{aligned}$$

(4)　巻数を1増やすごとに，導体棒は2本増えると考えられる。

直列接続されている巻線（コイル）の巻数がNの場合，直列接続される導体棒は$2N$[本]である。

よって，一相分の誘導起電力E[V]を求めるには，⑤の式を$2N$倍すればよい。

$$\begin{aligned}E&=2.22f\phi\times 2N\\&=4.44fN\phi\end{aligned}$$

基本例題 三相同期発電機の誘導起電力

極数4，巻数200，1極あたりの磁束0.2 Wb，同期速度1500 min^{-1}の三相同期発電機がある。この発電機の一相分の誘導起電力の値[V]を求めよ。

解答

同期速度N_s[min^{-1}]を求める公式を変形して，この発電機の周波数f[Hz]を求めると，

$$N_s = \frac{120f}{p}$$

$$\therefore f = \frac{pN_s}{120} = \frac{4 \times 1500}{120} = 50\ \text{Hz}$$

したがって，この三相同期発電機の（一相分の）誘導起電力E[V]は，

$$E = 4.44fN\phi = 4.44 \times 50 \times 200 \times 0.2 = 8880\ \text{V}$$

3 同期発電機の構造

重要度★★☆

同期発電機は，回転する部分である**回転子**(かいてんし)と，静止している部分である**固定子**(こていし)からなります。ここからは，界磁を回転させる**回転界磁形同期発電機**(かいてんかいじがたどうきはつでんき)について考えます。

ひとこと

直流機のように，界磁を固定子，電機子を回転子とする同期発電機もあります。これを回転電機子形といいますが，試験では重要ではありません。

Ⅰ 固定子（電機子側）

固定子は，回転しない部分のことで，電機子巻線や電機子鉄心などから構成されます。

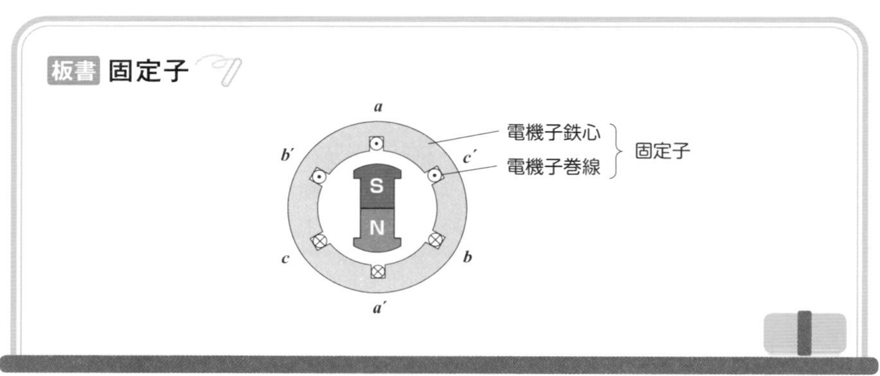

ひとこと

少し詳しく描くと，右図のようになります。試験では必要ない知識なので，深く理解しなくてもかまいません。

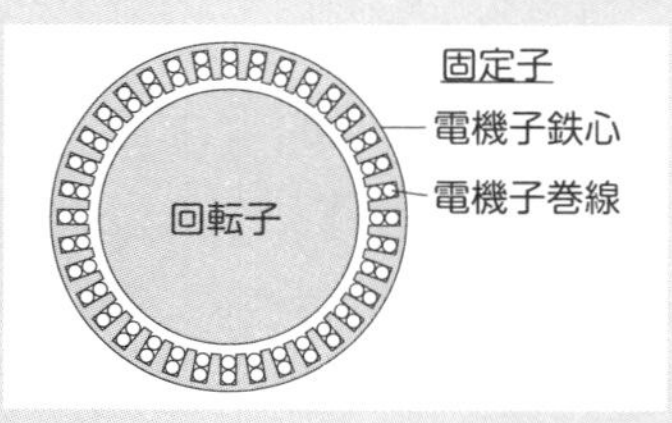

Ⅱ 回転子（磁極側）

回転子は，回転する部分のことで，磁極，界磁巻線，軸受け部分などから構成されます。磁極は普通，界磁巻線に電流を流し電磁石とします。

回転子の種類には，次の図のように**突極形**（とっきょくがた）と**円筒形**（えんとうがた）**（非突極形）**（ひとっきょくがた）があります。円筒形は，界磁巻線が回転によって飛び出さないように，くさびをはめ込みます。

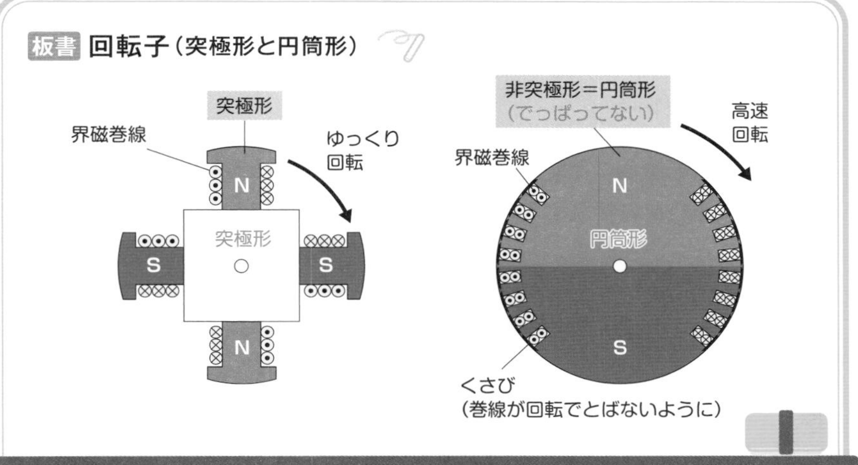

ひとこと

水車発電機とタービン発電機について（電力）

水車発電機は，水車で回します（水力発電）。水車の回転速度は遅いので，たくさんの磁極を用意しないといけません。そのかわり，ゆっくり回るので，回転子を大きくしても，遠心力は小さく壊れません。よって，突極形が用いられています。

タービン発電機は，蒸気タービンで回します（原子力・火力発電）。タービンの回転速度は速いので，少ない磁極で済みます。そのかわり，速く回るので，回転子を大きくすると，遠心力が大きくなり壊れてしまいます。そこで，細長い円筒形にします。

4 三相同期発電機の等価回路

I 電機子反作用

回転子が回転することで，固定子の電機子巻線に誘導起電力が発生します。同期発電機を負荷に接続すると，回路が形成され電流が流れます。

ひとこと

電機子巻線に流れる電流は，誘導起電力と同相とは限りません。なぜなら，接続する負荷（抵抗，リアクトル，コンデンサ）によって，電流は誘導起電力より進んだり遅れたりするからです（理論）。どんな負荷を接続するかで，電機子反作用の内容が変わります。

電機子巻線に電流が流れると，三相交流による回転磁界が発生します。この電機子電流による磁束が，主磁束（回転子による磁界）を乱して，誘導起電力を変化させます。

これを（同期発電機における）**電機子反作用**（でんきしはんさよう）といいます。

ひとこと

3つのコイルを$\frac{2}{3}\pi$ radずつずらして配置して，三相交流電流を流すと回転磁界が発生します。

Ⅱ 交さ磁化作用（横軸反作用）（抵抗負荷を接続したとき）

交さ磁化作用（こうじかさよう）とは，図のように，磁極の右側で界磁磁束を減少させて，左側で界磁磁束を増加させる作用をいいます。これは，力率が1のとき，たとえば同期発電機に，抵抗負荷のみを接続したときなどに起こります。

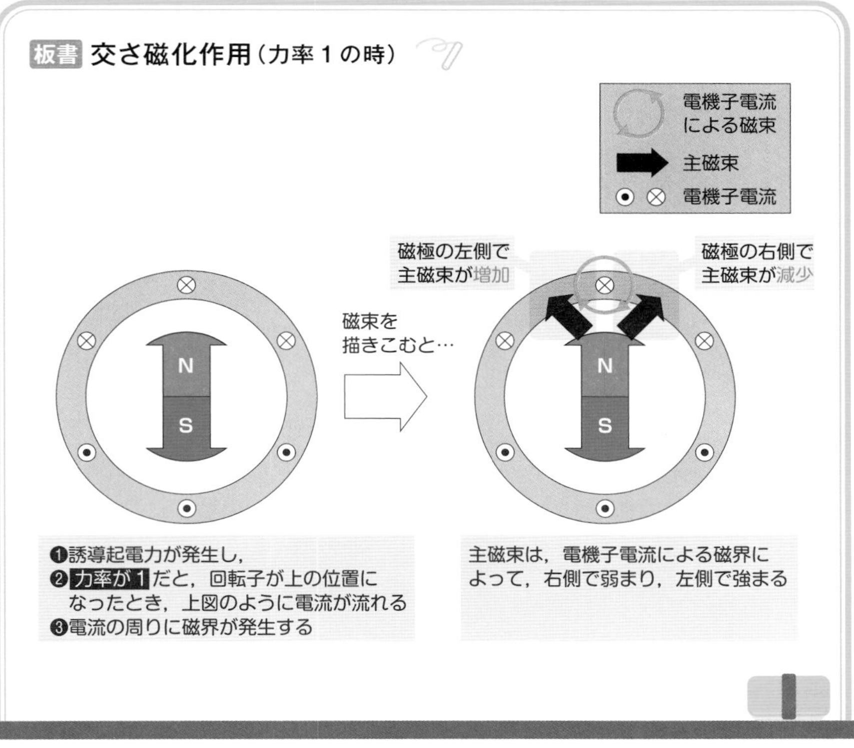

板書 交さ磁化作用（力率１の時）
電機子電流による磁束
主磁束
電機子電流
磁極の左側で主磁束が増加
磁極の右側で主磁束が減少
磁束を描きこむと…
N
S
❶誘導起電力が発生し，
❷力率が１だと，回転子が上の位置になったとき，上図のように電流が流れる
❸電流の周りに磁界が発生する
主磁束は，電機子電流による磁界によって，右側で弱まり，左側で強まる

Ⅲ 減磁作用（リアクトルの負荷を接続したとき）

減磁作用（げんじさよう）とは，主磁束が，電機子電流による回転磁界によって弱められる現象をいいます。これは，たとえば，**遅れ力率0**（力率角 $\theta = -\frac{\pi}{2}$）のとき，つまり同期発電機にリアクトルの負荷を接続したときに起こります。

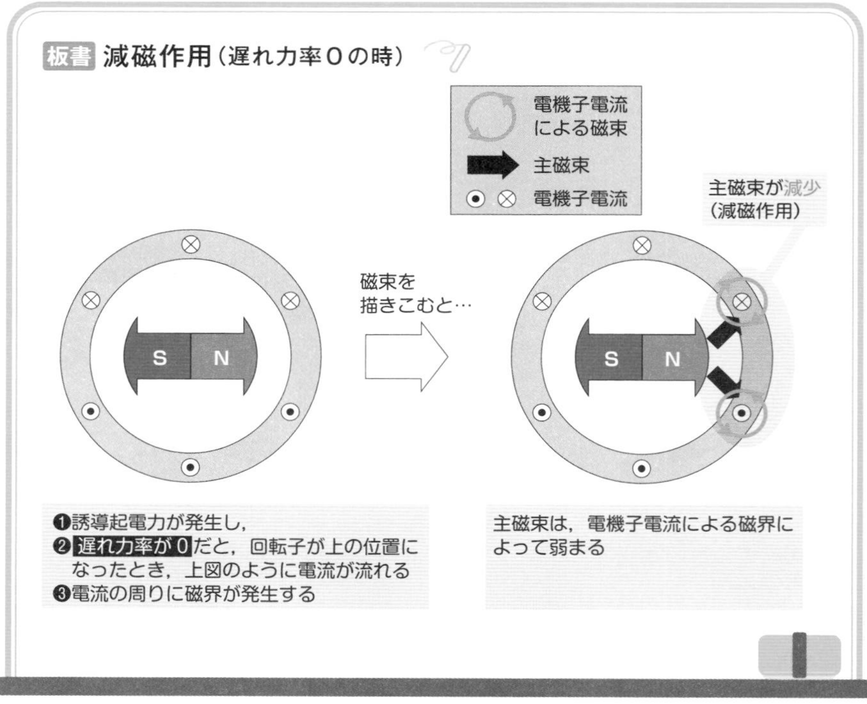

板書 減磁作用（遅れ力率0の時）
電機子電流
による磁束
主磁束
電機子電流
主磁束が減少
（減磁作用）
S
N
磁束を
描きこむと…
S
N
❶誘導起電力が発生し，
❷遅れ力率が0だと，回転子が上の位置に
なったとき，上図のように電流が流れる
❸電流の周りに磁界が発生する
主磁束は，電機子電流による磁界に
よって弱まる

Ⅳ 増磁作用（磁化作用）（コンデンサの負荷を接続したとき）

増磁作用（**磁化作用**）とは，主磁束が，電機子電流による回転磁界によって強められる現象をいいます。これは，たとえば，**進み力率0**（力率角 $\theta = \frac{\pi}{2}$）のとき，つまり同期発電機にコンデンサの負荷を接続したときに起こります。

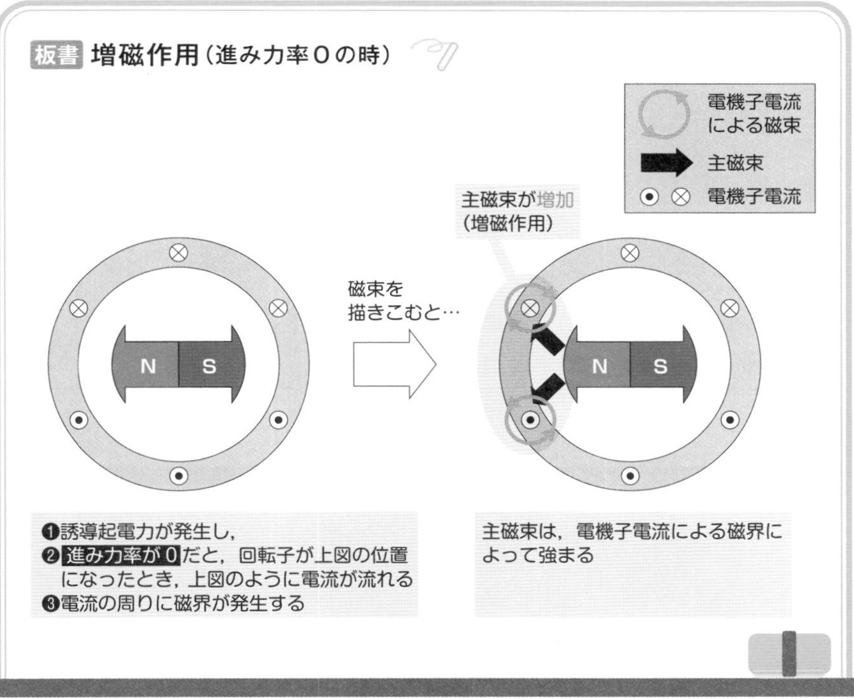
板書 増磁作用（進み力率0の時）
電機子電流による磁束
主磁束
電機子電流
主磁束が増加（増磁作用）
磁束を描きこむと…
N
S
N
S
❶誘導起電力が発生し，
❷進み力率が0だと，回転子が上図の位置になったとき，上図のように電流が流れる
❸電流の周りに磁界が発生する
主磁束は，電機子電流による磁界によって強まる

Ⅱ～Ⅳをまとめると次のようになります。

電機子電流$\dot{I}$[A]の位相が，誘導起電力$\dot{E}$[V]を基準として，θ[rad]であるとき，電機子反作用は次のように働きます。

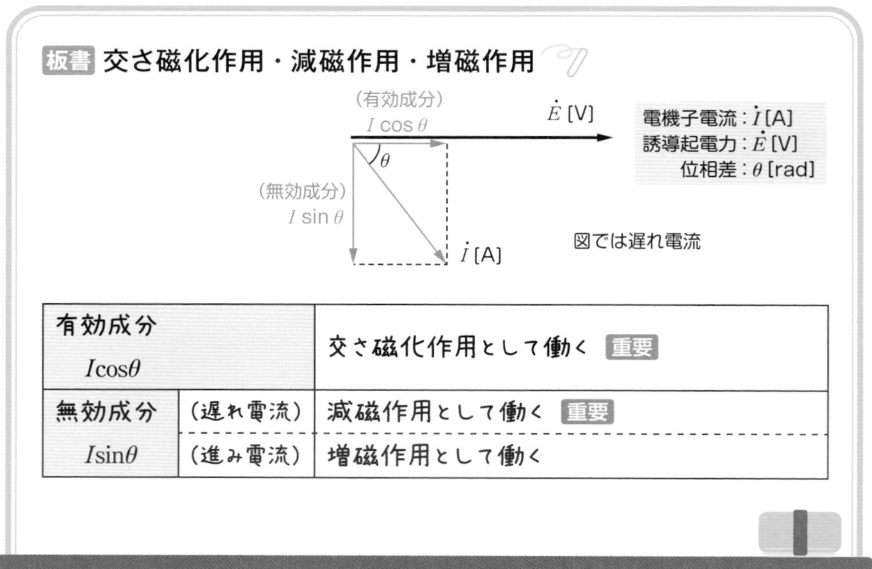

有効成分 $I\cos\theta$		交さ磁化作用として働く 重要
無効成分 $I\sin\theta$	(遅れ電流)	減磁作用として働く 重要
	(進み電流)	増磁作用として働く

V 等価回路（一相分）とベクトル図

三相同期発電機の等価回路とベクトル図は，次の板書のようになります。なお，$\dot{Z}_s = r_a + jx_s$ [Ω]のことを同期インピーダンスといいます。

なぜ，このような等価回路になるのか，説明していきます。

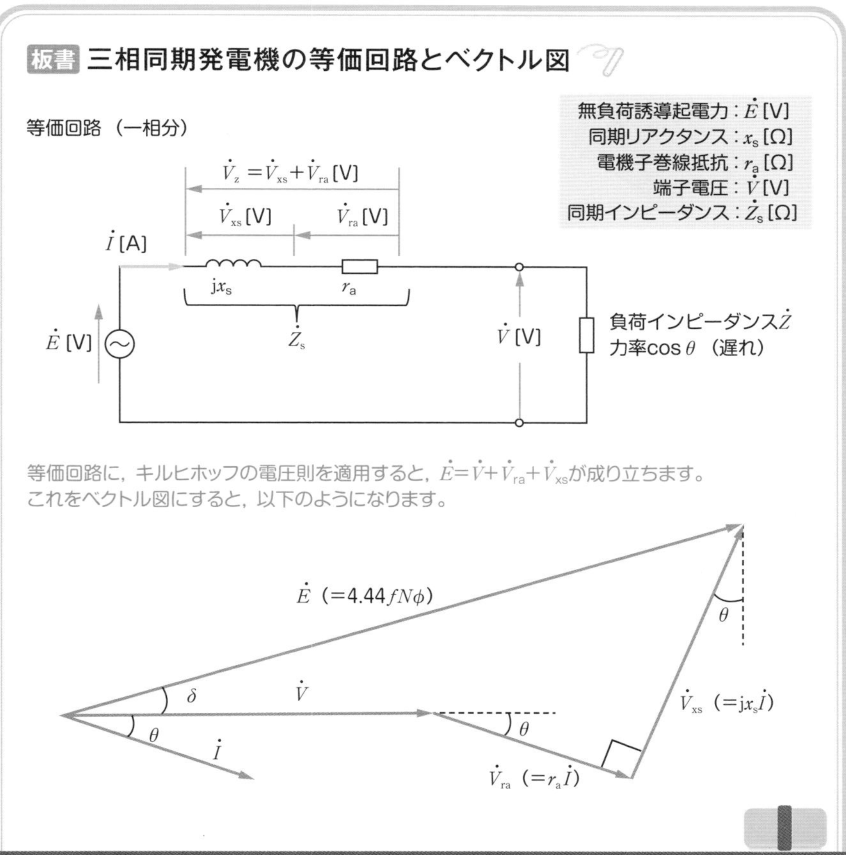

Ⅵ 等価回路を書くときに考慮すべき要素

三相同期発電機の等価回路（一相分）を書くには，❶電機子反作用によるリアクタンス，❷漏れリアクタンス，❸電機子巻線抵抗の影響を考慮する必要があります。

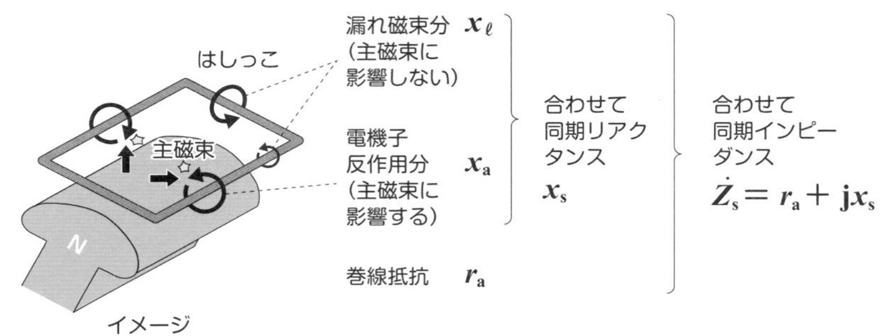

試験対策としては，等価回路導出のプロセスは参考程度にとどめ，等価回路やベクトル図を使いこなすことのほうが重要です。

Ⅶ 主磁束による誘導起電力

主磁束による誘導起電力を$\dot{E}$[V]とします。これを**無負荷誘導起電力**（むふかゆうどうきでんりょく）といいます。

Ⅷ 電機子反作用によるリアクタンス

電機子反作用の結果，増磁作用や減磁作用によって起電力は増減します。これをリアクタンスx_a[Ω]によって生じる電圧降下と解釈します。

無負荷誘導起電力から電機子反作用リアクタンスによる電圧降下を引いたものを**内部誘導起電力**（ないぶゆうどうきでんりょく）といいます。

Ⅸ 漏れリアクタンス

電機子巻線と鎖交するだけの漏れ磁束ϕ_ℓが変化すると電圧降下が生じます。これを生じさせるものを漏れリアクタンスx_ℓ[Ω]とします。

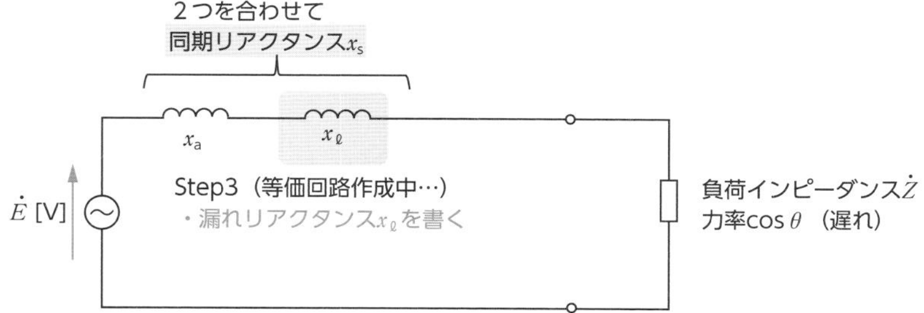

ひとこと

コイル端やコイル辺で電機子巻線と鎖交するだけの漏れ磁束ϕ_ℓは，界磁磁束に影響を与えないので，電機子反作用によるリアクタンスとはいえません。しかし，漏れ磁束ϕ_ℓが変化すると，巻線（コイル）が変化を嫌い，誘導起電力が生じてしまいます（理論）。

X 電機子巻線抵抗

電機子巻線には抵抗があるので，これを電機子巻線抵抗r_a[Ω]とします。

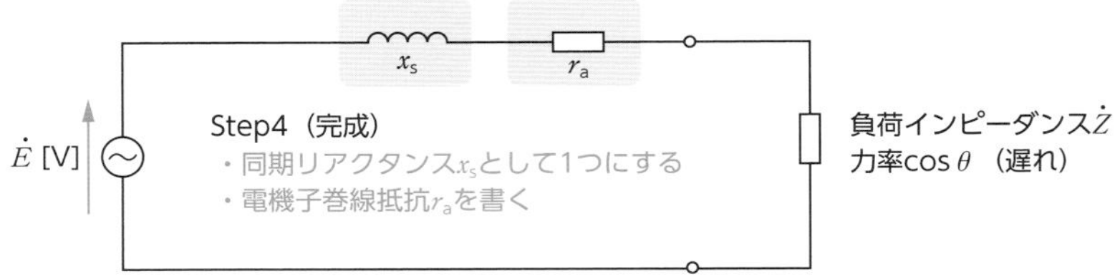

ひとこと

電験三種の計算では，内部誘導起電力と無負荷誘導起電力を同じものとして扱います。

5 三相同期発電機の特性

重要度★★☆

I 無負荷飽和曲線

無負荷飽和曲線（むふかほうわきょくせん）とは，三相同期発電機を❶無負荷のまま，❷定格速度で運転している場合における，無負荷の端子電圧$V=\sqrt{3}E$[V]と界磁電流I_f[A]の関係を示す曲線です。

板書 無負荷飽和曲線

1. 界磁電流I_f[A]を強くすると，電磁石が強力になる

2. 無負荷時の端子電圧V[V]（狙いは無負荷誘導起電力）も強力になるのか調べていく

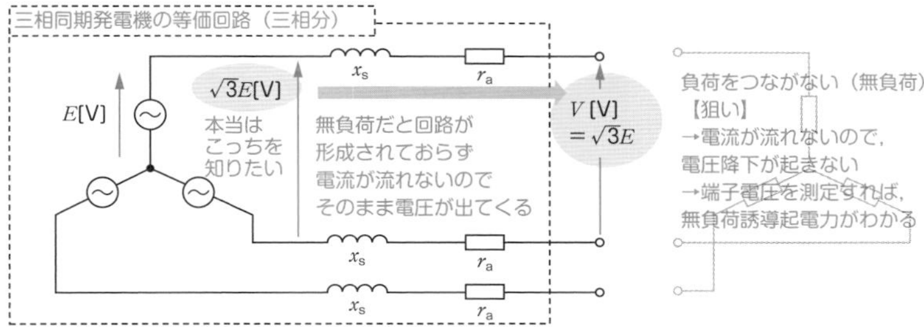

3. グラフにすると以下の関係になる（無負荷飽和曲線）

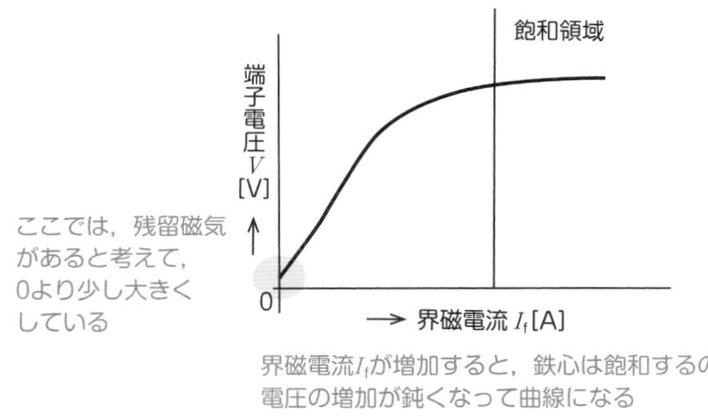

Ⅱ 三相短絡曲線

三相同期発電機の❶3つの端子を短絡させ，❷定格速度で回転させます。**三相短絡曲線**（さんそうたんらくきょくせん）とは，この条件のもとで，界磁電流I_f[A]を徐々に増加させて，短絡電流I_s[A]はどうなるかという関係をグラフにしたものです。

板書 三相短絡曲線

1. 界磁電流I_f[A]を強くすると，電磁石が強力になる

2. 短絡電流I_s[A]も強力になるのか調べていく

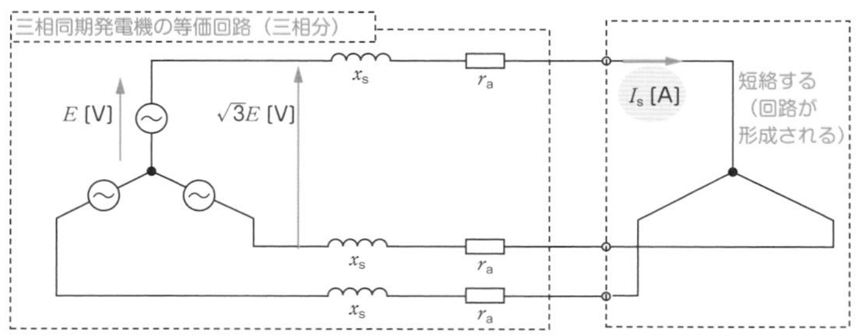

3. グラフにすると以下の関係になる（三相短絡曲線）

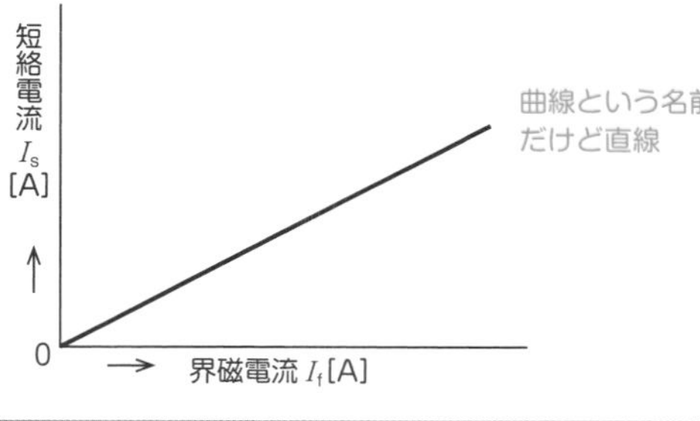

一般に，同期リアクタンスは電機子巻線抵抗より十分大きく，短絡電流は遅れ電流となり，電機子反作用（減磁作用）によって，鉄心の磁気飽和が生じないので，ほぼ比例関係になる

細かい話をすると，短絡した瞬間は電機子反作用がないので，電機子反作用によるリアクタンスがありません。したがって，非常に大きな電流が流れます。これを突発短絡電流といいます。しばらくすると，電機子反作用が起こり，やがて短絡電流は一定の値になります。これを持続短絡電流（永久短絡電流）といいます。三相短絡曲線ではこちらの話をしています。

III 同期インピーダンスの計算

以下の等価回路（一相分）のように，定格相電圧E_n＝端子電圧$\dfrac{V_n}{\sqrt{3}}$[V]が印加された状態で，短絡したときに流れた電流をI_s[A]とします。これらより，**同期**（どうき）**インピーダンス**$Z_s=\dfrac{E_n}{I_s}=\dfrac{V_n}{\sqrt{3}I_s}$[Ω]が求まります。

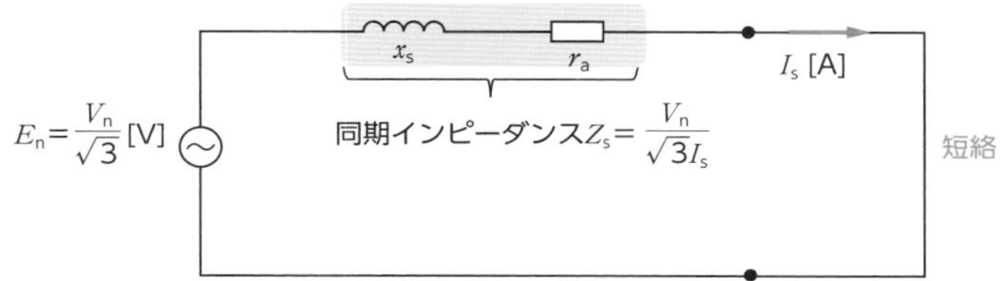

ひとこと

線間電圧（端子電圧）をV[V]とすると，相電圧$E=\dfrac{V}{\sqrt{3}}$[V]でした（理論）。

同期インピーダンスは，Ω単位で表さず，基準インピーダンス$Z_n=\dfrac{E_n}{I_n}$に対する％単位などで表すことがあります。これを**百分率同期**（ひゃくぶんりつどうき）**インピーダンス**といい，以下のように表します。

公式 百分率同期インピーダンス

$$\%Z_s=\frac{Z_s}{Z_n}\times 100=\frac{Z_s}{\dfrac{E_n}{I_n}}\times 100$$

$$=\frac{Z_sI_n}{E_n}\times 100=\frac{Z_sI_n}{\dfrac{V_n}{\sqrt{3}}}\times 100$$

百分率同期インピーダンス：$\%Z_s$[%]
同期インピーダンス：Z_s[Ω]
基準インピーダンス：Z_n[Ω]
定格電流：I_n[A]
定格相電圧：E_n[V]
定格線間電圧：V_n[V]

IV 短絡比

1 短絡比の定義

短絡比とは，❶無負荷で定格電圧 V_n を発生させる界磁電流 I_{fs} と，❷定格電流 I_n と等しい三相短絡電流を発生させる界磁電流 I_{fn} の比 $\left(K_s = \dfrac{I_{fs}}{I_{fn}}\right)$ をいいます。

2 短絡比の意味

以下のグラフより，$K_s = \dfrac{I_{fs}}{I_{fn}} = \dfrac{I_s}{I_n}$ でもあるので，短絡比は，三相同期発電機を三相短絡したとき，定格電流 I_n[A]の何倍の電機子電流（短絡電流）I_s[A]が流れるかを表すものともいえます。

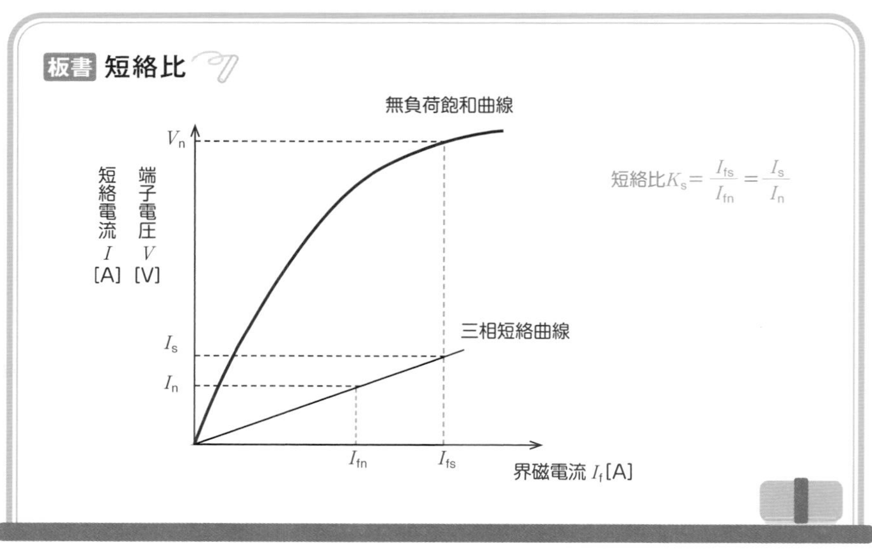

短絡比は，複数の三相同期発電機の性質を比較するのに使えます。

3 短絡比と百分率同期インピーダンスの関係

短絡比と百分率同期インピーダンスは，$K_s = \dfrac{I_s}{I_n} = \dfrac{100}{\%Z_s}$の関係にあります。

$K_s = \dfrac{I_s}{I_n} = \dfrac{100}{\%Z_s}$の導き方

> 短絡比$K_s = \dfrac{I_s}{I_n}$を$\%Z_s$を使って表しなさい。百分率同期インピーダンス$\%Z_s = \dfrac{Z_s I_n}{E_n} \times 100$で表すことができるものとする。なお，$I_s$[A]を短絡電流，$I_n$[A]を定格電流，$Z_s$[Ω]を同期インピーダンス，$E_n$[V]を定格相電圧とする。

$$\%Z_s = \frac{Z_s I_n}{E_n} \times 100$$

$$= \frac{I_n}{\left(\dfrac{E_n}{Z_s}\right)} \times 100$$ ←分母と分子を，それぞれZ_sで割った

$$= \frac{I_n}{I_s} \times 100$$

よって，$K_s = \dfrac{I_s}{I_n} = \dfrac{100}{\%Z_s}$ となる。

公式 短絡比

$$K_s = \frac{I_{fs}}{I_{fn}} = \frac{I_s}{I_n} = \frac{100}{\%Z_s}$$

定格端子電圧：V_n[V]
短絡比：K_s
短絡電流：I_s[A]
定格電流：I_n[A]
百分率同期インピーダンス：$\%Z_s$[%]

無負荷飽和曲線 / 三相短絡曲線 / 端子電圧 V[V] / 短絡電流 I_s[A] / 界磁電流 I_f[A] / V_n / I_s / I_n / 0 / I_{fn} / I_{fs}

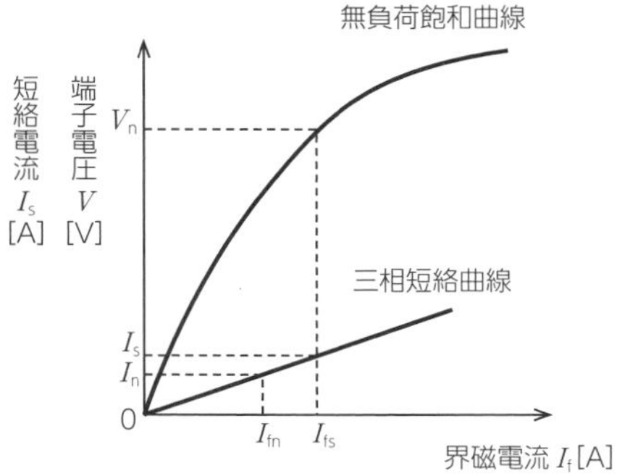

無負荷で定格端子電圧を発生させる界磁電流：I_{fs}[A]
定格電流に等しい三相短絡電流を流すための界磁電流：I_{fn}[A]

 同期インピーダンスと短絡比

定格出力5 MV·A，定格電圧6600 Vの三相同期発電機がある。無負荷時に定格電圧となる励磁電流に対する三相短絡電流が500 Aであったとき，この発電機の短絡比の値と同期インピーダンスの値[Ω]を求めよ。

解答

この発電機の定格電流I_n[A]は，定格出力$P_n = 5$ MV·A$= 5 \times 10^6$ V·A，定格電圧$V_n = 6600$ Vを用いて，$P_n = \sqrt{3} V_n I_n$の関係式より，

$$I_n = \frac{P_n}{\sqrt{3} V_n} = \frac{5 \times 10^6}{\sqrt{3} \times 6600} \fallingdotseq 437.4 \text{ A}$$

したがって，短絡比K_sは，上で求めたI_nの値および三相短絡電流$I_s = 500$ Aを用いて，

$$K_s = \frac{I_s}{I_n} = \frac{500}{437.4} \fallingdotseq 1.143$$

百分率同期インピーダンス$\%Z_s$[%]は，上で求めた短絡比K_sの値を用いて，

$$K_s = \frac{100}{\%Z_s}$$

$$\therefore \%Z_s = \frac{100}{K_s} = \frac{100}{1.143} \fallingdotseq 87.49 \%$$

以上より，発電機の定格相電圧をE_n[V]とすると，同期インピーダンスZ_s[Ω]は，

$$\%Z_s = \frac{Z_s I_n}{E_n} \times 100 = \frac{Z_s I_n}{\frac{V_n}{\sqrt{3}}} \times 100$$

$$\therefore Z_s = \frac{\%Z_s V_n}{100\sqrt{3} I_n} = \frac{87.49 \times 6600}{100 \times \sqrt{3} \times 437.4} \fallingdotseq 7.62 \ \Omega$$

ひとこと

短絡比の大小によって，次のような特徴があります。

短絡比	❶同期インピーダンス	❷短絡電流	❸電圧変動率	❹鉄機械 or 銅機械
大きい	小さい （電機子反作用が小さい）	大きい	小さい	鉄機械と呼ばれる （鉄を多く使用するから）
小さい	大きい （電機子反作用が大きい）	小さい	大きい	銅機械と呼ばれる

❶$K_s=\dfrac{100}{\%Z_s}$より$\%Z_s=\dfrac{100}{K_s}$

これに$\%Z_s=\dfrac{Z_sI_n}{E_n}\times 100$を代入して，$Z_s=\dfrac{E_n}{I_n}\times\dfrac{1}{K_s}$だから，短絡比と同期インピーダンスは反比例の関係になる。定格の値は，定数であることに注意。

❷$K_s=\dfrac{I_s}{I_n}$より，$I_s=I_nK_s$だから，表の関係になる。

❸同期インピーダンスが小さいと，電圧降下が小さく，無負荷誘導起電力と定格端子電圧の差は小さくなる。つまり，表の関係になる。

ひとこと

電圧変動率（でんあつへんどうりつ）とは？

端子電圧には，無負荷誘導起電力がそのまま出てくるわけではありません。なぜなら，同期インピーダンスによって，電圧降下を生じるからです。そこで，「定格端子電圧を基準にして，無負荷から定格負荷に変えたときに，端子電圧はどれくらい電圧が落ちるのか？」を表したものが，電圧変動率です。

式としては，$\dfrac{\text{無負荷誘導起電力}-\text{定格端子電圧}}{\text{定格端子電圧}}$で考えます。

無負荷誘導起電力（線間電圧）は，同期発電機を無負荷にして，電流を流さないようにして同期インピーダンスによる電圧降下を防ぎ，端子電圧を測定することで，調べることができます。

この範囲は，問題を解いて慣れる学習を中心にしたほうが学習効率がよいでしょう。

問題集 問題69 問題70 問題71 問題72 問題73 問題74 問題75 問題76

V 外部特性曲線(負荷特性曲線)

外部特性曲線(がいぶとくせいきょくせん)とは，回転速度と界磁電流と負荷力率$\cos\theta$を一定に保つという前提で負荷電流I[A]を変化させたとき，端子電圧V[V]はどうなるかを示す曲線をいいます。

❶遅れ力率，❷力率1，❸進み力率でグラフの形は変化し，以下のようなグラフになります。

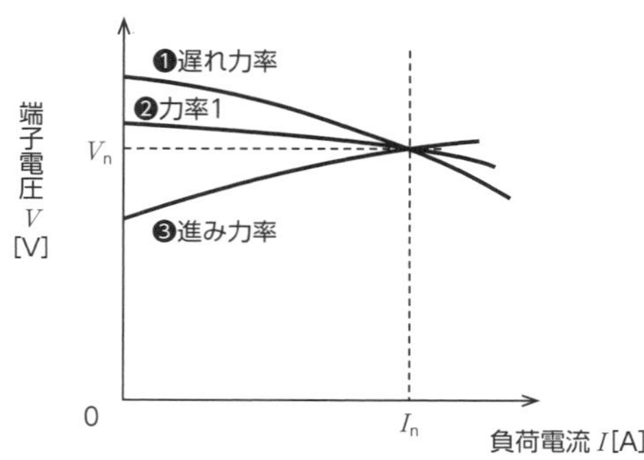

❷力率1の場合，負荷電流が大きくなってもわずかに端子電圧が低下するだけです。これは，電機子巻線抵抗による電圧降下などの影響です。

それに加えて，❶と❸では，減磁作用と増磁作用があることが大きく違います。

❶遅れ力率の場合，負荷電流が大きくなるほど，端子電圧は著しく低下します。これは，減磁作用の影響が大きくなるからです。

❸進み力率の場合，負荷電流を大きくするほど，端子電圧が上昇します。これは，増磁作用の影響が大きくなるからです。

ひとこと

外部特性曲線は，試験において重要度が低いです。

問題77

Ⅵ 自己励磁現象

同期発電機が容量性の負荷（無負荷の長距離高圧送電線路 電力）に接続されているとします。はじめ残留磁気によって小さな電圧が発生し，電機子に進み電流が流れます。進み電流によって増磁作用が起こり，さらに端子電圧が上昇します。端子電圧が上昇すると，さらに大きな進み電流が流れます。

これを繰り返すことで，グラフの交点Mまで端子電圧が上昇します。

これを**自己励磁現象**（じこれいじげんしょう）といいます。

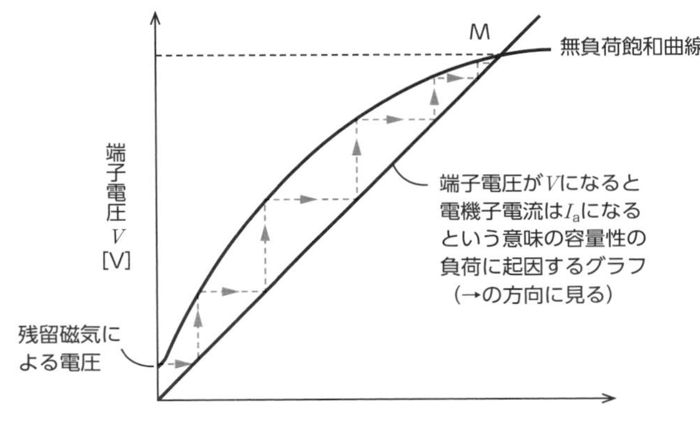

Mが定格電圧よりも大きい場合，巻線の絶縁をおびやかす危険があります。

自己励磁現象は，残留磁気を起点として，進み電流を得て増磁作用を繰り返し，まるで自分で励磁して界磁磁束を強めているかのような現象です。しかし，試験において重要度が低いです。

問題集 問題78

6 三相同期発電機の出力と並行運転 重要度★★☆

I 三相同期発電機の出力

一般に$r_a \ll x_s$なので，$r_a[\Omega]$を無視して，以下のような簡易の等価回路（一相分）を書くことができます。

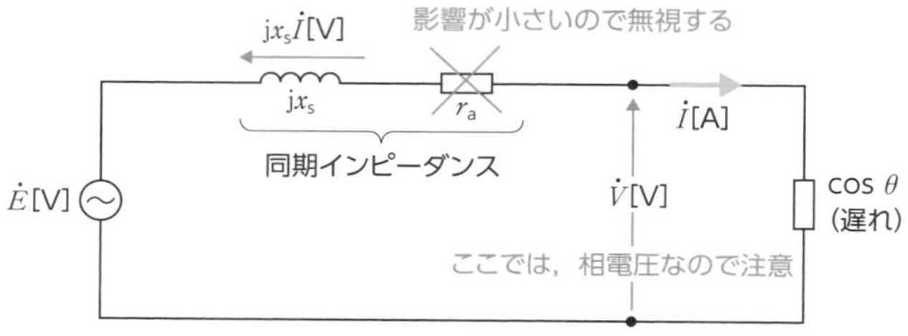

キルヒホッフの電圧則より，$\dot{E} = jx_s\dot{I} + \dot{V}$[V]なのでベクトル図は以下のようになります。内部誘導起電力$\dot{E}$[V]と端子電圧$\dot{V}$[V]の位相差を**負荷角**（ふかかく）といいδ（デルタ）で表します。なお，どちらの電圧も相電圧です。

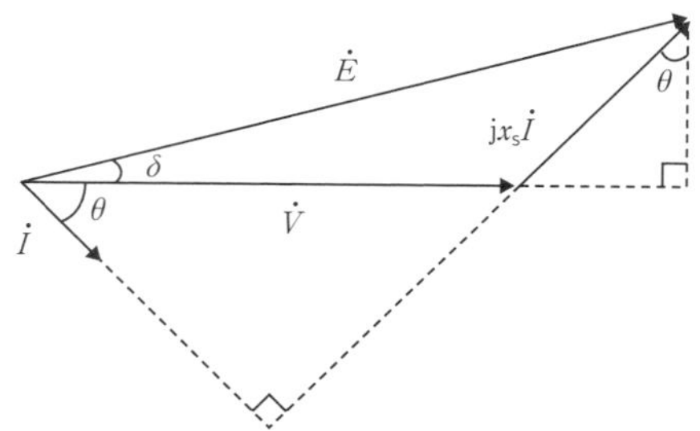

一相分の消費電力P_1[W]は，次の公式で求めることができます。三相分の消費電力P_3[W]は，これを3倍すればよいだけです。

公式 三相同期発電機の出力

$$一相分の消費電力P_1 = VI\cos\theta \fallingdotseq \frac{VE}{x_s}\sin\delta$$

$$三相分の消費電力P_3 = 3P_1 \fallingdotseq \frac{3VE}{x_s}\sin\delta$$

一相分を3倍するだけ

端子電圧（一相分）：V[V]
負荷電流：I[A]
負荷力率：$\cos\theta$
内部誘導起電力（一相分）：E[V]
同期リアクタンス：x_s[Ω]
負荷角：δ [rad]

三相分の消費電力 $P_3 \fallingdotseq \dfrac{3VE}{x_s}\sin\delta$ の導き方

同期発電機の三相分の消費電力P_3[W]は，ほぼ$\dfrac{3VE}{x_s}\sin\delta$となることを導きなさい。なお導く際には，電機子巻線抵抗r_a[Ω]を無視したベクトル図を用いること。

一相分の消費電力$P_1 = VI\cos\theta$なので，これを負荷角δを使って表現できないか考える。すると辺ABが，$\sin\delta$または$\cos\theta$を使った2通りの表現ができることに気がつく。

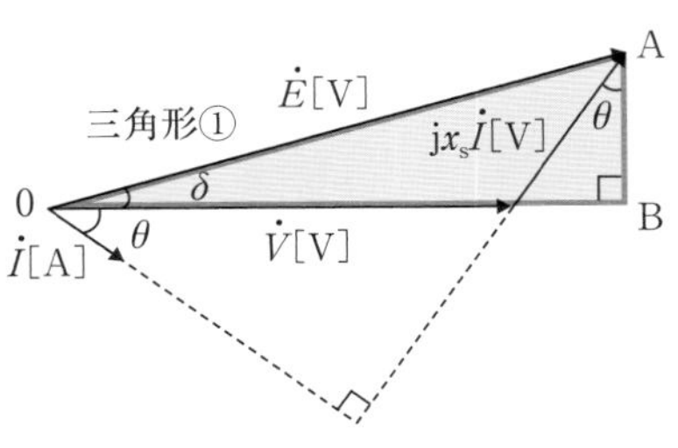

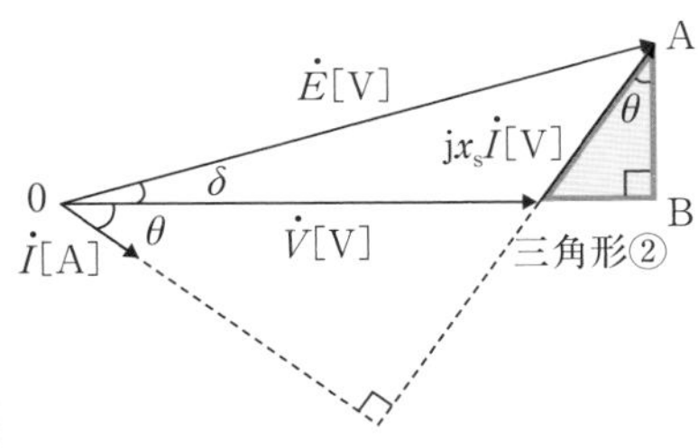

まず，三角形①に注目すると，辺AB = $E\sin\delta$ …①

次に，三角形②に注目すると，辺AB = $x_sI\cos\theta$ …②

①と②より，$x_s I\cos\theta = E\sin\delta$ となり，左辺を $VI\cos\theta$ にするように整理すると，

$$x_s I\cos\theta = E\sin\delta$$

$$x_s I\cos\theta \times \frac{V}{x_s} = E\sin\delta \times \frac{V}{x_s}$$

$$\therefore VI\cos\theta = \frac{VE}{x_s}\sin\delta$$

ゆえに，一相分の消費電力 $P_1 = VI\cos\theta = \dfrac{VE}{x_s}\sin\delta$

これを3倍して，三相分の消費電力 $P_3 = 3VI\cos\theta = \dfrac{3VE}{x_s}\sin\delta$ となる。

抵抗 r_a を無視したベクトル図から考えたので，ほぼ $\dfrac{3VE}{x_s}\sin\delta$ となります

基本例題 三相同期発電機の出力

一相分の端子電圧3810 V，一相分の内部誘導起電力5280 V，同期リアクタンス12.5 Ω，負荷角 $\dfrac{\pi}{6}$ radの三相同期発電機がある。この発電機の三相分の出力[MW]を求めよ。

解答

この同期発電機の三相分の出力 P_3[W]は，負荷角 $\delta = \dfrac{\pi}{6}$ radであることより，

$$P_3 = \frac{3VE}{x_s}\sin\frac{\pi}{6} = \frac{3\times3810\times5280}{12.5}\times\frac{1}{2} = 2.41\times10^6\ \mathrm{W} \fallingdotseq 2.41\ \mathrm{MW}$$

Ⅱ 三相同期発電機の並行運転

並行運転（へいこううんてん）（**並列運転**（へいれつうんてん））とは，複数の発電機を並列接続して，共通の負荷に電力を供給することをいいます。

並行運転するには以下の条件を満たさなければいけません。

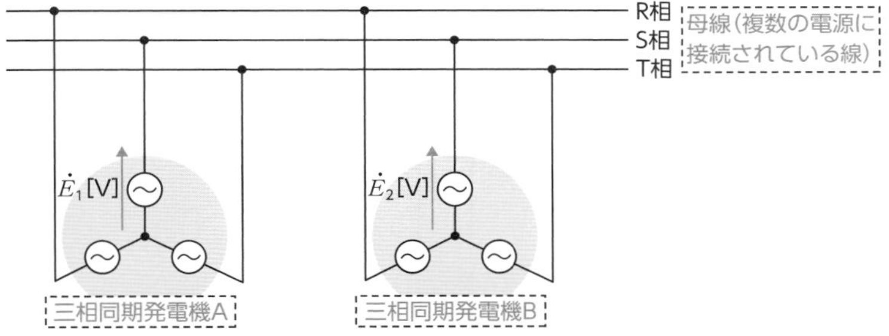

板書 同期発電機の並行運転の条件

起電力の
- ❶大きさが等しいこと …界磁の磁束密度の大きさを調整すればよい
- ❷位相が一致していること …原動機の回転速度を調整すればよい
- ❸周波数が等しいこと …同上
- ❹波形が等しいこと
- （三相交流機では，❺相順が等しいこと）

→要するに起電力の瞬時値のグラフが同じということ

ひとこと

学習効率を考えると，あまり深く理解しなくてもかまいません。

問題集 問題79

SECTION 02

三相同期電動機

このSECTIONで学習すること

1 三相同期電動機の原理

三相同期電動機の原理について学びます。

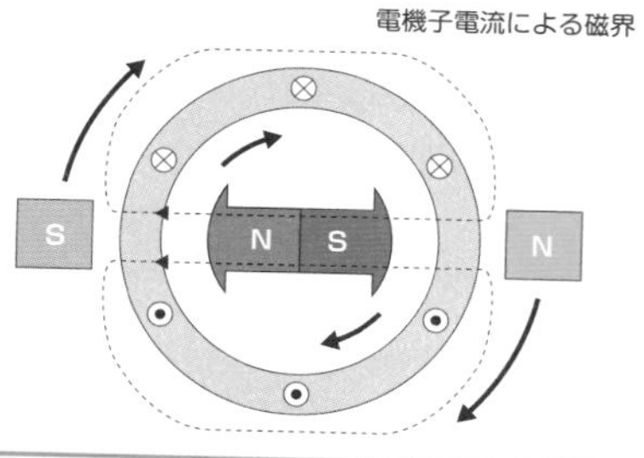

2 三相同期電動機の始動法

三相同期電動機の始動法について学びます。

3 三相同期電動機のトルク

三相同期電動機のトルクの発生の原理について学びます。

4 同期電動機の等価回路(一相分)

三相同期電動機の等価回路と，消費電力の計算方法，電機子反作用について学びます。

5 三相同期電動機の特性

三相同期電動機の負荷角とトルクの関係と，位相特性曲線(V曲線)について学びます。

1 三相同期電動機の原理

重要度★★★

板書の図において，固定子に三相電流を流すと回転磁界をつくることができます。回転子（磁石）の周りに回転磁界をつくれば，磁石は回転磁界に引っ張られて回転します。これが三相同期電動機の原理です。

三相同期電動機の構造と三相同期発電機の構造は同じです。

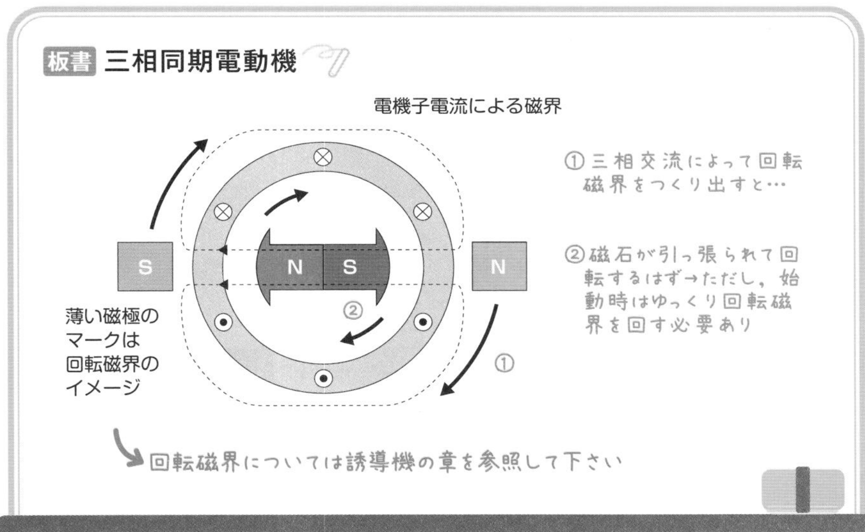

板書 三相同期電動機
電機子電流による磁界
S
N
N
S
②
①
薄い磁極のマークは回転磁界のイメージ
①三相交流によって回転磁界をつくり出すと…
②磁石が引っ張られて回転するはず→ただし，始動時はゆっくり回転磁界を回す必要あり
回転磁界については誘導機の章を参照して下さい

ひとこと

原理的に，回転子が回転磁界を追従するので，誘導機と違って滑りは生じません。滑りが生じてしまったら非同期機です。単純に位相がずれることはありますが，回転磁界の回転速度と回転子の回転速度は等しくなります（同期します）。

2 三相同期電動機の始動法

重要度★★☆

三相同期電動機の始動時は工夫する必要があります。理由は，始動時に回転磁界の回転速度が速すぎると，磁石（回転子）が回転磁界を追従できないからです。回転子が右往左往するだけの状態になります。

これを指して，「始動時には，時計回りのトルクと反時計回りのトルクが交互に生じて，両者の平均である始動トルクはゼロとなる」と説明されます。

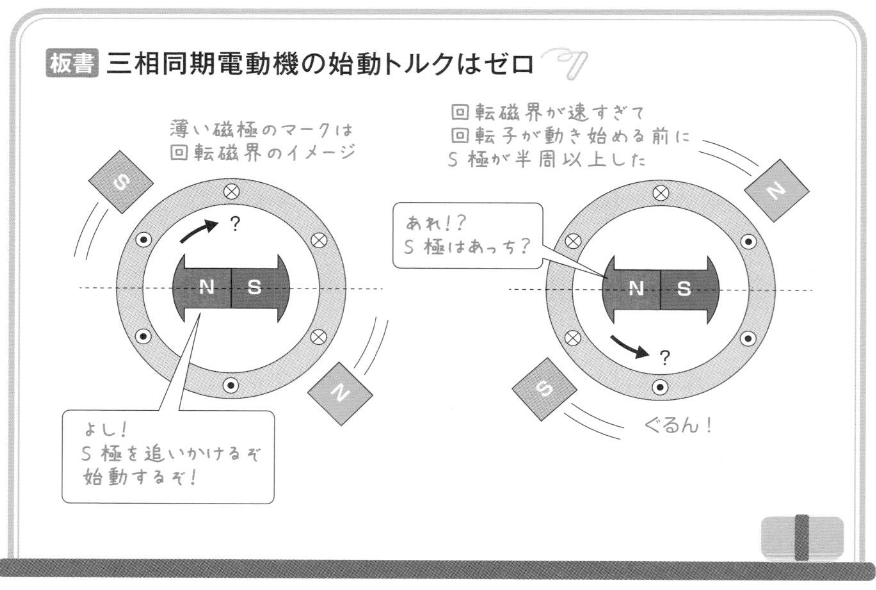
板書 三相同期電動機の始動トルクはゼロ
薄い磁極のマークは
回転磁界のイメージ
S
N
N S
?
よし！
S極を追いかけるぞ
始動するぞ！
回転磁界が速すぎて
回転子が動き始める前に
S極が半周以上した
あれ！？
S極はあっち？
N
N S
?
S
ぐるん！

そこで，始動時には，❶回転子に制動巻線を設けてかご形誘導電動機として始動してしまう，❷外部の電動機で回転子を回転させてしまう，❸回転磁界の回転速度を遅くするなど工夫をしないといけません。

板書 三相同期電動機の始動法

❶自己始動法	かご形誘導電動機として始動トルクを得る
❷始動電動機法	外部の電動機により始動トルクを得る
❸低周波始動法	低周波で始動時に回転磁界の回転速度を遅くする

ひとこと
回転子がほぼ定格速度まで加速すると，回転子は回転磁界に追従できるようになります。

3 三相同期電動機のトルク

I 磁界中の棒磁石のトルクの考察

始動後の同期電動機の説明の前に，磁界中に棒磁石をおくと棒磁石にどのようなトルクが働くかを考えます。

❶磁界と平行に棒磁石をおくと，磁力は働きますが，トルク（回転力）に寄与しません。

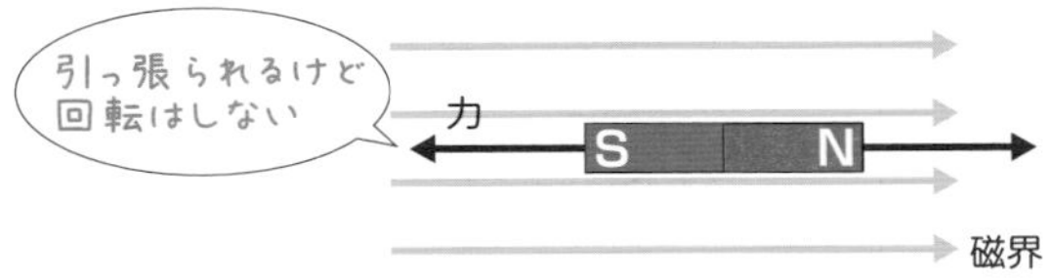

❷磁界と斜めに棒磁石をおくと，磁力の一部がトルクに寄与し，トルク（小）が発生します。

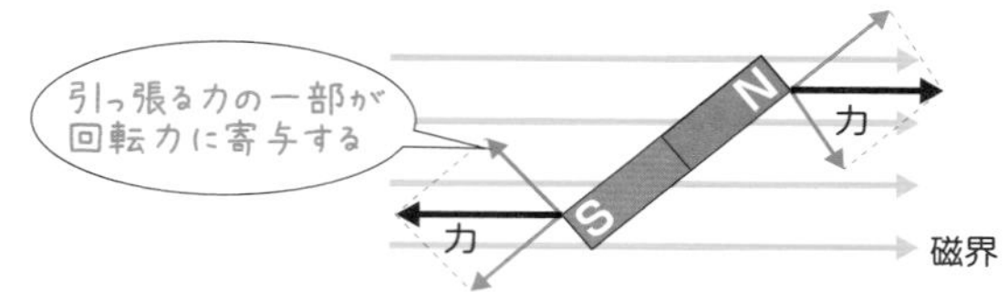

❸磁界と垂直に棒磁石をおくと，すべての磁力がトルクに寄与するので，トルク（大）が発生します。

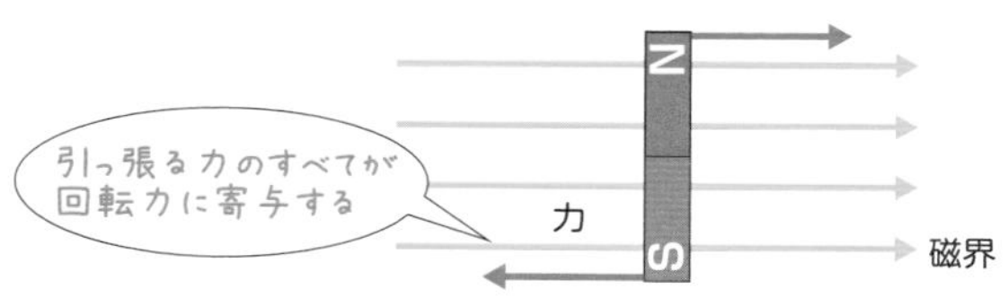

ひとこと

これらの考察から，回転子（棒磁石と考えたもの）がトルクを得たければ，回転子と磁界に角度をつけて配置する必要があることがわかります。また，回転子と磁界との角度が90°のとき，最大のトルクを発揮することがわかります。さらに言えば，180°を超えてしまうと，逆向きのトルクが発生してしまいます。

Ⅱ 同期電動機のトルク

1 無負荷の場合

同期電動機が，無負荷（回転子の回転を邪魔しようとする物がない状態）で，回転子が回転磁界と同じ角速度で慣性によって回転しているとき，回転磁界によるトルク（回転力）は発生しません。その理由は次のとおりです。

回転磁界と回転子の角速度が同じならば，回転磁界のN極と回転子（磁石）のS極，回転磁界のS極と回転子（磁石）のN極が，正面に向き合い続ける状態になります。

板書 同期電動機のトルク①
電機子電流による磁界
固定子
回転磁界
S
N
S
N
回転子
常に正面から
向き合っている
無負荷の場合
回転磁界と回転子が，同じ
角速度で，S極とN極が正
面から向き合い続ける
この図では，回転子が慣性で
回転していることに注意

棒磁石のトルクの説明❶より，S極とN極は直線的に引き合いますが，回転力が発生しない状態が続くことになります。

ふむ ふむ

ひとこと

異なる磁極を正面においても，直線的に吸引力が働くだけで，回転力は働きません。

2 負荷をかけた場合

同期電動機に負荷をかけると，回転子磁極と回転磁界磁極が，**負荷角**（ふかかく）（**トルク角**（かく））δ[rad]の角度を保って，回転子は同期速度で回転します。その理由は次のとおりです。

始めに慣性で回転子（磁石）が同期速度で回転していたとします。ここで負荷トルクがかかると回転子の回転が弱まり，回転磁界と回転子に角度差が生じます。負荷が大きいほど，この負荷角δ[rad]は大きくなります。

すると，磁極どうしが正面から向き合わなくなり，吸引力の一部がトルクに寄与します（棒磁石のトルクの説明❷や❸の状態）。これが負荷トルクと釣り合い同期速度で回転し続けます。

板書 同期電動機のトルク②

負荷をかけた場合
負荷の大きさによって，負荷角δ [rad] の大きさが決まる

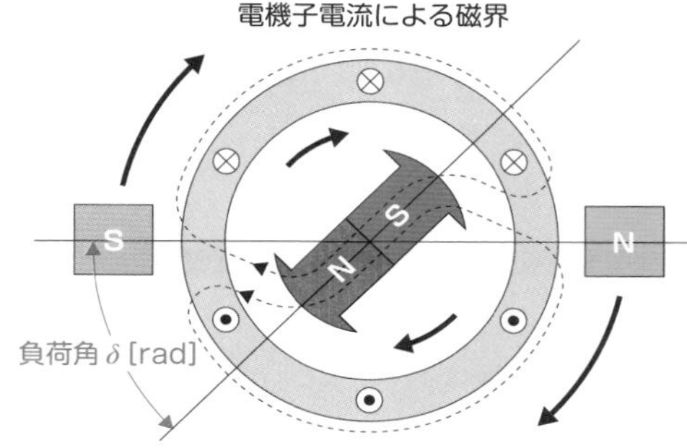

なぜ負荷角が発生する？

始めに，同期速度で回転子が回転している。これに負荷をかけると，回転を邪魔するような力（負荷トルク）が伝わる。

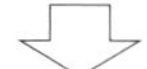

負荷トルクによって回転子の速度が一時的に遅くなる。

回転磁界と回転子に角度差ができる。

回転子が，回転磁界にナナメから引っ張られて，トルクを得る。角速度も回復し，負荷角δ [rad] を保ったまま，同期速度で回転する。

ひとこと

負荷角 δ [rad]が生じると，回転子がナナメに引っ張られて回転子にトルクが生じ，やがて負荷トルクと釣り合います。

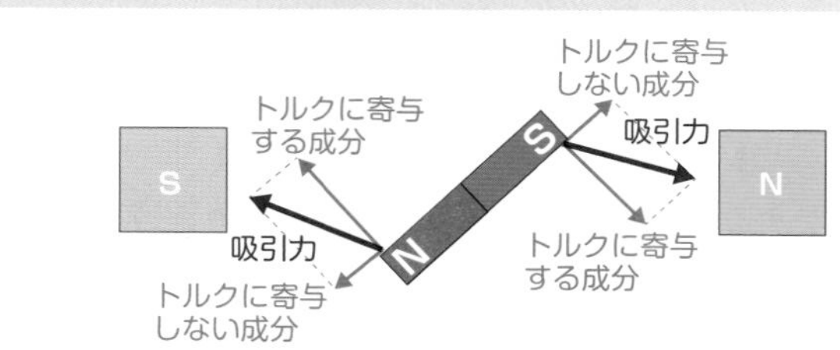

乱調(らんちょう)とは？

同期電動機の負荷が変化したとき，負荷角が別の角度に移行しようとします。移行の途中で，慣性モーメントによって，回転子が行き過ぎることがあります。行き過ぎたとしても，また負荷角に移行しようとしますが，これも行き過ぎることがあります。変化後の負荷が一定であれば，やがてこの振動は小さくなっておさまります。

しかし，負荷トルクも変動し続ける場合，振動がおさまらず持続することがあり，これを乱調といいます。

乱調を防止するために，①回転子に制動巻線(せいどうまきせん)（かご形誘導電動機のコイルのような巻線）を設けて滑りが発生すると制動をかけるようにしたり，②回転させにくさや回転の止めにくさを増加させるために鉄の輪（はずみ車）を設けたりします。

ふむ ふむ

4 同期電動機の等価回路（一相分）

Ⅰ 三相同期電動機の出力

同期電動機の等価回路（一相分）は，以下のようになります。電流の向きが，発電機の場合と逆になっている点がポイントです。

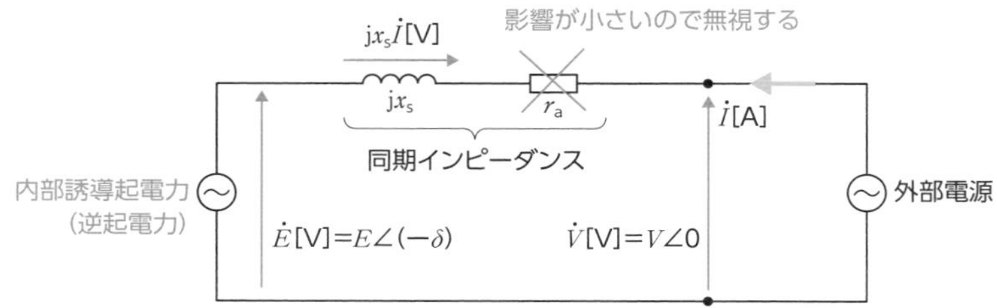

ひとこと

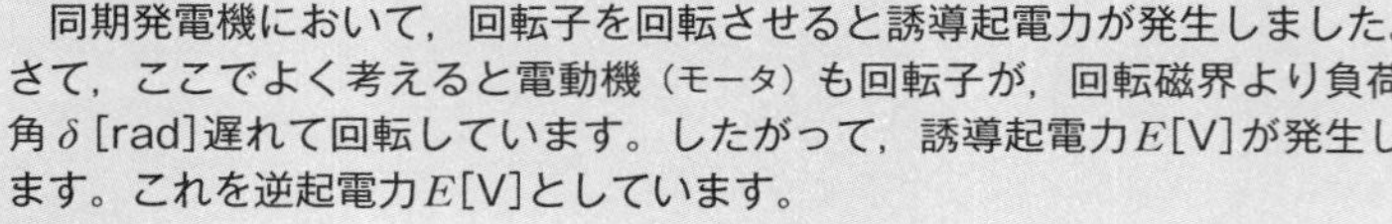

逆起電力E[V]って何？

同期発電機において，回転子を回転させると誘導起電力が発生しました。さて，ここでよく考えると電動機（モータ）も回転子が，回転磁界より負荷角δ [rad]遅れて回転しています。したがって，誘導起電力E[V]が発生します。これを逆起電力E[V]としています。

キルヒホッフの電圧則より，$\dot{V}=\dot{E}+\mathrm{j}x_s\dot{I}$[V]なので，$\dot{V}$を基準にベクトル図を描くと以下のようになります（❶～❹は描く順番です）。内部誘導起電力$\dot{E}$[V]と端子電圧$\dot{V}$[V]の位相差を**負荷角**（ふかかく）といい，δ（デルタ）で表します。なお，どちらの電圧も相電圧です。

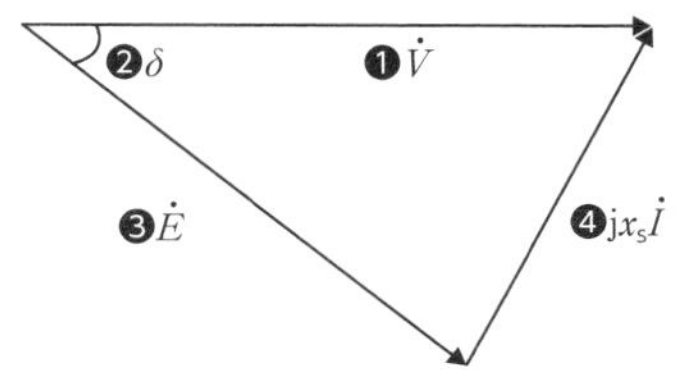

これに$\dot{I}$を描き込みます。$\mathrm{j}x_s\dot{I}$は，虚数単位jが掛け算されているから，$\dot{I}$

と垂直に交わるはずなので，以下のようなベクトル図になります。

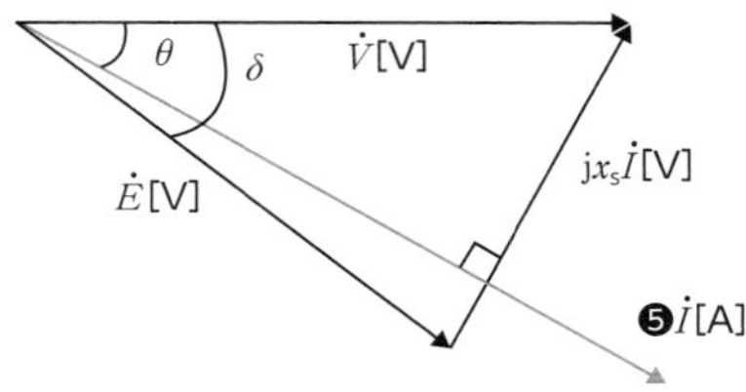

一相分の出力 P_1[W]は，以下の公式で求めることができます。三相分の出力 P_3[W]は，これを3倍すればよいだけです。

公式 三相同期電動機の出力

$$\text{一相分の消費電力}P_1 = EI\cos(\delta - \theta) \fallingdotseq \frac{VE}{x_s}\sin\delta$$

$$\text{三相分の消費電力}P_3 = 3P_1 \fallingdotseq \frac{3VE}{x_s}\sin\delta$$

一相分を3倍するだけ

内部誘導起電力（一相分）：E[V]
負荷電流：I[A]
EとIの位相差：$(\delta - \theta)$[rad]
端子電圧（一相分）：V[V]
同期リアクタンス：x_s[Ω]
負荷角：δ [rad]
力率角：θ [rad]

基本例題 三相同期電動機の出力

一相分の端子電圧220 V，一相分の内部誘導起電力200 V，同期リアクタンス5 Ω，負荷角$\frac{\pi}{6}$ radの状態で運転している三相同期電動機がある。この電動機の三相分の出力[kW]を求めよ。

解答

この同期電動機の三相分の出力 P_3[W]は，負荷角 $\delta = \frac{\pi}{6}$ radであることより，

$$P_3 = \frac{3VE}{x_s}\sin\frac{\pi}{6} = \frac{3 \times 220 \times 200}{5} \times \frac{1}{2} = 13200\ \mathrm{W} = 13.2\ \mathrm{kW}$$

三相分の消費電力$P_3 \fallingdotseq \dfrac{3VE}{x_s}\sin\delta$の導き方

同期電動機の三相分の消費電力P_3[W]は，ほぼ$\dfrac{3VE}{x_s}\sin\delta$となることを導きなさい。なお導く際には，電機子巻線抵抗r_a[Ω]を無視したベクトル図を用いること。

一相分の消費電力$P_1 = EI\cos(\delta - \theta)$である。ここで，点Aから，辺OBに垂線AHを引く。

三角形①

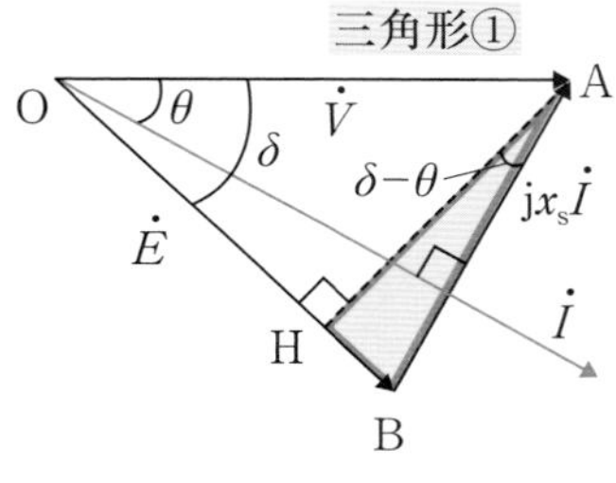

三角形②

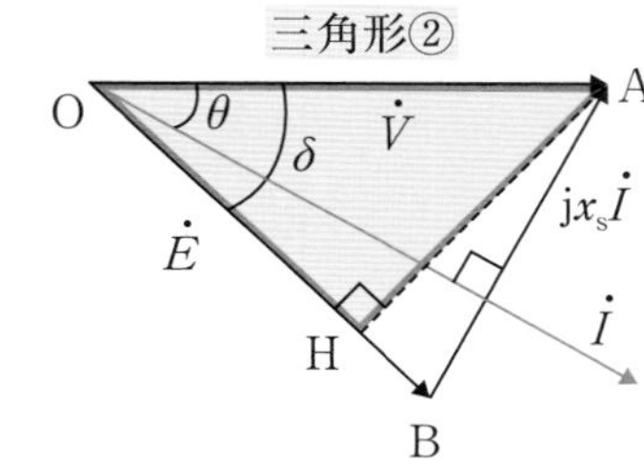

まず，三角形①に注目すると，辺AH = $x_sI\cos(\delta - \theta)$…①

次に，三角形②に注目すると，辺AH = $V\sin\delta$…②

①と②より，$x_sI\cos(\delta - \theta) = V\sin\delta$となり，左辺を$EI\cos(\delta - \theta)$にするように整理すると，

$$x_sI\cos(\delta - \theta) = V\sin\delta$$

$$x_sI\cos(\delta - \theta) \times \frac{E}{x_s} = V\sin\delta \times \frac{E}{x_s}$$

$$\therefore EI\cos(\delta - \theta) = \frac{VE}{x_s}\sin\delta$$

ゆえに，一相分の出力$P_1 = EI\cos(\delta - \theta) = \dfrac{VE}{x_s}\sin\delta$

これを3倍して，三相分の消費電力$P_3 = 3EI\cos(\delta - \theta) = \dfrac{3VE}{x_s}\sin\delta$となる。

抵抗r_aを無視したベクトル図から考えたので，ほぼ$\dfrac{3VE}{x_s}\sin\delta$となります。

問題集 問題81 問題82 問題83

II 同期電動機の電機子反作用

同期電動機の場合は，同期発電機の場合と逆になります。つまり，進み電流による電機子反作用は，減磁作用を生じさせ，遅れ電流による電機子反作用は増磁作用を生じさせます。

これは，電動機（外部から電流が流入する）と発電機（外部に電流を流出させる）では電流の向きが逆になるからです。

ひとこと

同期機は発電機のほうが重要なので，まずは発電機をベースに覚えましょう。

5 三相同期電動機の特性

重要度★★★

I 負荷角とトルクの関係

負荷角δとトルクTの関係をグラフにすると次のようになります。

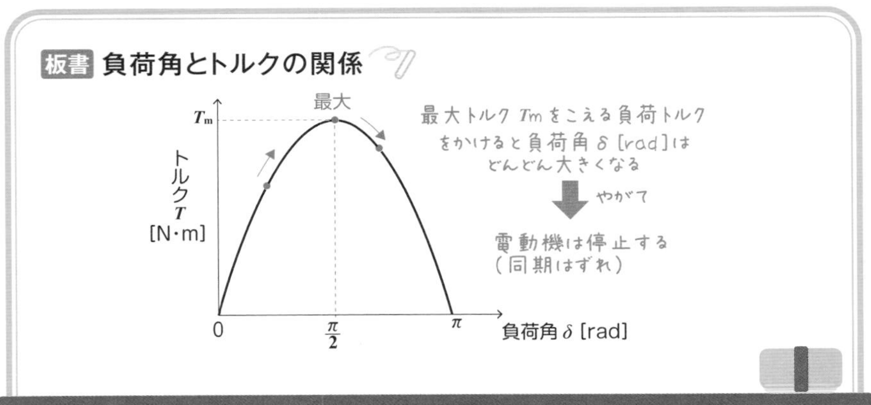

負荷が大きいほど，負荷角δ[rad]が大きくなっていきます。負荷角$\delta = \frac{\pi}{2}$ radになったときに電動機トルクTが最大になり，それ以降は電動機トルクTが減少していきます。

ひとこと
ふむ ふむ

これは棒磁石のトルクで考察したことと同じです。

つまり，電動機トルクTが最大値となるT_m以上の負荷トルクをかけると，負荷角δ[rad]は広がり続けて電動機はやがて停止します。これを**同期はずれ（脱調）**といいます。

II 位相特性曲線（V曲線）

三相同期電動機では，界磁電流I_f[A]を増減させることで，電機子電流$\dot{I}$[A]の大きさだけでなく，供給電圧$\dot{V}$[V]に対する電機子電流$\dot{I}$[A]の位相を変化させることができます（つまり力率を調整することができます）。

ひとこと

ふむ ふむ

この範囲は，理屈よりもグラフ（V曲線）を暗記することが重要です。

前提として，回転子を電磁石として考えます。また，電動機なので固定子に流れる三相電流によって回転磁界がつくられているものとします。

界磁電流I_f[A]を変化させると，界磁磁束（電磁石の磁束）も変化します。

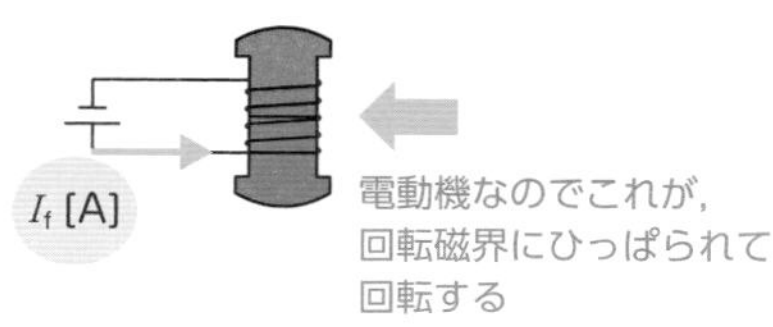
I_f [A]
電動機なのでこれが，
回転磁界にひっぱられて
回転する

1 電機子電流の位相

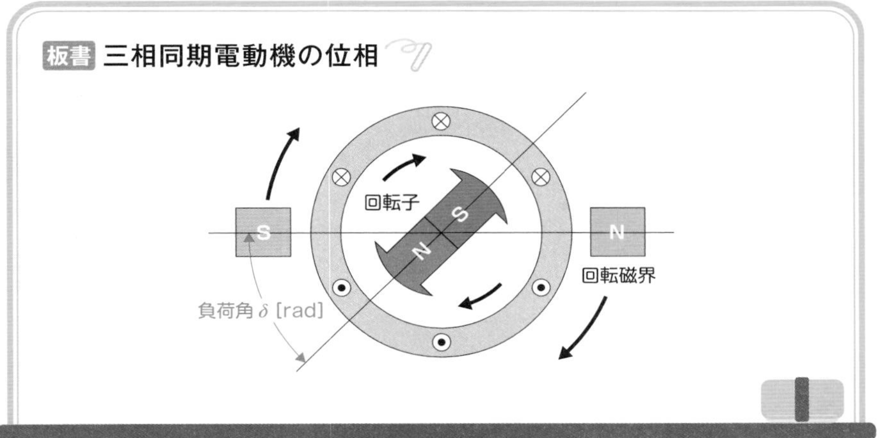

界磁電流を増減させて，回転子の磁束を増減させると，吸引力（磁力）が増減します。吸引力が増減すると負荷角 δ[rad]も変化します。なぜなら，負荷が重くなると負荷角 δ[rad]が広がるのと同様に，磁力が弱くなっても負荷角 δ[rad]が広がるからです。

したがって，誘導起電力 $\dot{E}$[V]（逆起電力）の供給電圧 $\dot{V}$[V]に対する位相が変化し，電流 $\dot{I}$[A]の供給電圧 $\dot{V}$[V]に対する位相も変化します。

ひとこと

負荷が重くなると自動的に負荷角が大きくなり，負荷が軽くなると自動的に負荷角が小さくなります。また，同期速度は維持されます。

負荷角 δ は，人間が決めるのではなく，負荷に対応し自然に調整されます。

2 位相特性曲線（V曲線）

位相特性曲線（いそうとくせいきょくせん）（**V曲線**（ブイきょくせん））とは，三相同期電動機の界磁電流 I_f[A]と電機子電流の大きさ I[A]の関係をグラフにしたものです。なお，供給電圧 $\dot{V}$[V]，同期リアクタンス x_s[Ω]，電動機による出力（負荷）を一定とします。

電機子電流が最小のときは力率が1であり，電機子電流 $\dot{I}$[A]と供給電圧

$\dot{V}$[V]は同相になります。

グラフの谷よりも左側では，電機子電流$\dot{I}$[A]は供給電圧$\dot{V}$[V]に比べて遅れ電流となり，右側では進み電流となります。

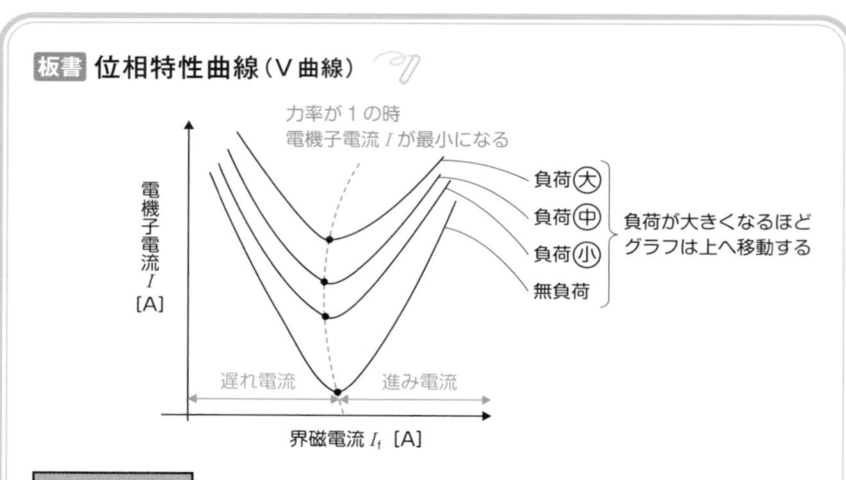

重要なポイント

❶電機子電流が最小の点が力率1であること

❷界磁電流を大きくすると，電機子電流を進ませることができること

❸界磁電流を小さくすると，電機子電流を遅らせることができること

同期電動機は，同期調相機としても利用されます。

ひとこと

V曲線の重要なポイントに関する詳しい説明は以下のとおりです。深く理解する必要はありません。

① 三相同期電動機の出力は$P_1=\dfrac{VE}{x_s}\sin\delta$なので，出力$P_1$，供給電圧$V$[V]，同期リアクタンス$x_s$[Ω]を一定とすると$E\sin\delta$も一定となります。$E\sin\delta$が一定ということは，$E$のベクトルは下図のようにしか変化しないということです。なお，δは負荷角なので$0<\delta<\dfrac{\pi}{2}$とします。

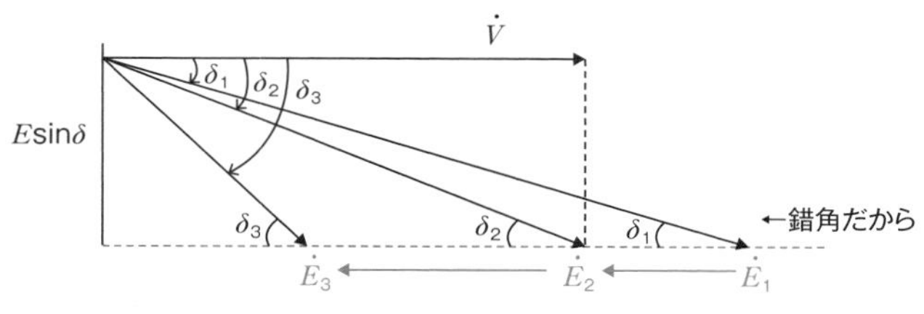

② 同期電動機の等価回路にキルヒホッフの電圧則を適用すると，$\dot{V}=\dot{E}+jx_s\dot{I}$がなりたちます。これをベクトル図にすると以下のようになります。

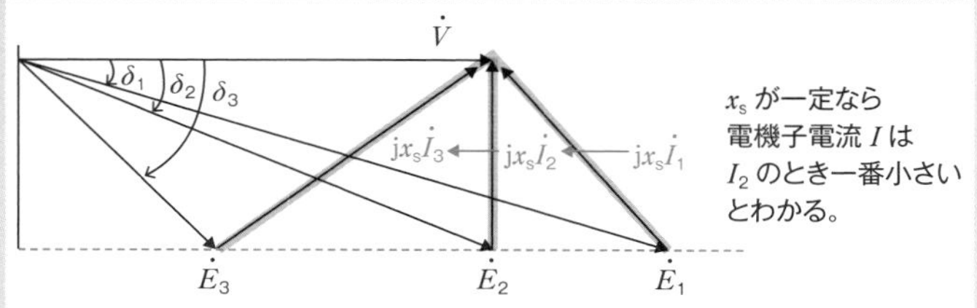

③ 電機子電流$\dot{I}$[A]のベクトルの向きと大きさは，$jx_s\dot{I}$をjx_sで割り算する（90°遅らせる）と次のページの図のようになります。

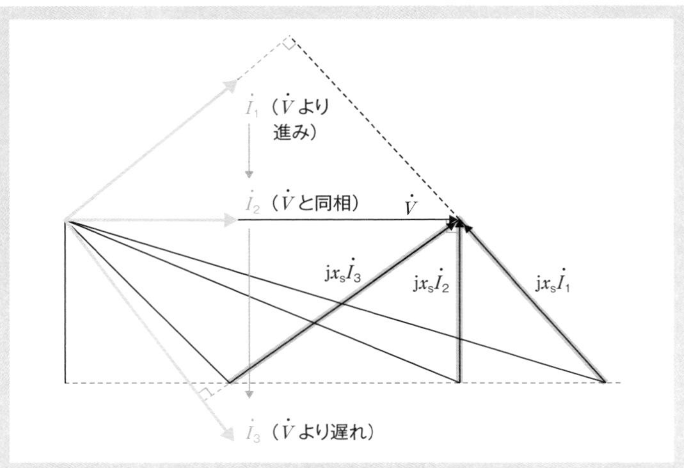

④　以上から，$\dot{V}$と$\dot{I}$が同相（力率1）のとき，電機子電流$\dot{I}$[A]が最小になります。力率1のときの界磁電流I_fよりも大きくすると，電機子電流$\dot{I}$[A]は大きくなり，供給電圧$\dot{V}$[V]よりも進みとなります。逆に，力率1のときの界磁電流I_fよりも小さくすると，電機子電流$\dot{I}$[A]は大きくなり，供給電圧$\dot{V}$[V]よりも遅れとなります。

問題集 問題84

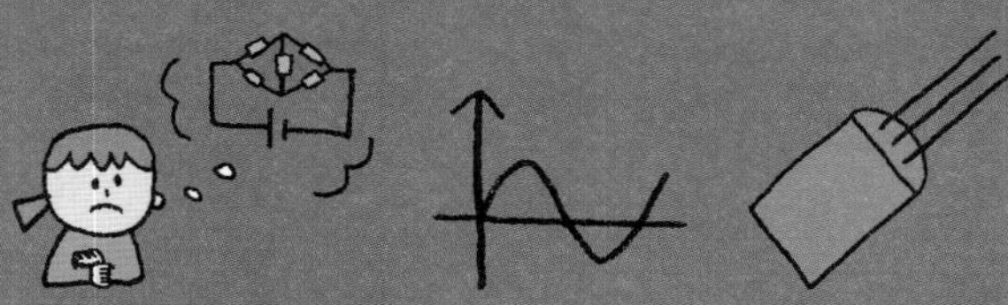

CHAPTER 05

パワー
エレクトロニクス

CHAPTER 05

パワーエレクトロニクス

半導体デバイスを用い，電力を変換，制御する回路や方法について考えます。各半導体の特性を学び，回路の値とグラフの変化の様子をしっかりと理解できるようにしましょう。

このCHAPTERで学習すること

SECTION 01 パワー半導体デバイス

電力変換	名称	変換装置の例
❶交流→直流	順変換	整流装置（コンバータ）
❷直流→交流	逆変換	インバータ
❸直流→直流 （電圧が異なる）	直流ー直流変換	直流チョッパ
❹交流→交流 （周波数が異なる）	周波数変換	サイクロコンバータ

電力の変換とそれを行うデバイスについて学びます。

SECTION 02 整流回路と電力調整回路

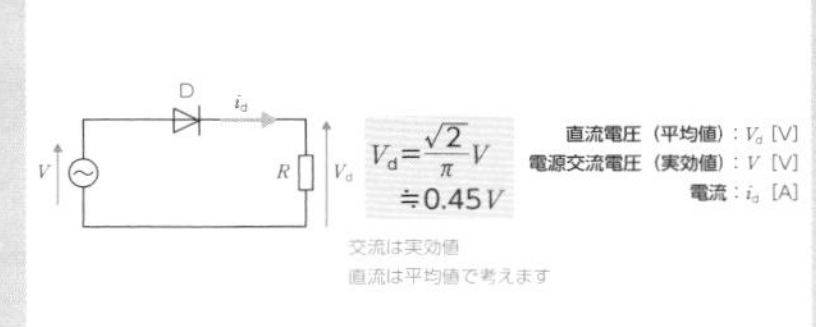

交流電力を直流電力に変換する整流回路について学びます。

SECTION 03 直流チョッパ

$$V_d=\frac{T_{ON}}{T_{OFF}}E=\frac{a}{1-a}E$$

平均出力電圧：V_d[V]
電源電圧：E[V]
オンの期間：T_{ON}[s]
オフの期間：T_{OFF}[s]
通流率：a

直流を電圧の異なる直流に変化させる直流チョッパについて学びます。

SECTION 04 インバータとその他の変換装置

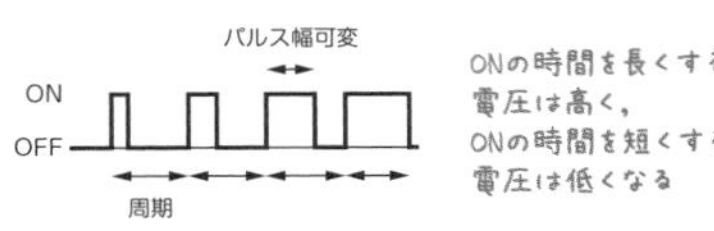
パルス幅可変
ON
OFF
周期
ONの時間を長くすると
電圧は高く,
ONの時間を短くすると
電圧は低くなる

直流を交流に変換するインバータについて学びます。

傾向と対策

出題数

3～4問／22問中

・計算問題中心

	H27	H28	H29	H30	R1	R2	R3	R4上	R4下	R5上
パワエレ	3	4	4	1	3	3	3	3	3	3

ポイント

計算問題を中心に，各半導体デバイスの特徴，使用した回路の電流，電圧の波形を問う問題が出題されます。各半導体デバイスの動作方法や，グラフを確認し，多くの問題に触れて慣れていきましょう。試験のB問題で，あまり見ないような複雑な回路やグラフが出題されることもありますが，基本的な動作をしっかりと理解できていれば十分に対応することができます。この分野も出題数が多いため，確実に得点できるようにしましょう。

SECTION 01

パワー半導体デバイス

このSECTIONで学習すること

1 パワーエレクトロニクスとは

パワーエレクトロニクスについてと，電力変換の種類について学びます。

2 電力用半導体デバイス

パワーエレクトロニクスで利用される電力用半導体デバイスについて学びます。

1 パワーエレクトロニクスとは

重要度★★☆

パワーエレクトロニクスとは，電力用半導体デバイスを利用して，電力の変換や制御を行う技術のことです。

電力の変換は具体的に，❶交流電力から直流電力への変換，❷直流電力から交流電力への変換，❸直流電力から電圧が異なる直流電力への変換，❹交流電力から周波数が異なる交流電力への変換があります。

板書 電力変換

電力変換	名称	変換装置の例
❶交流→直流	順変換	整流装置（コンバータ）
❷直流→交流	逆変換	インバータ
❸直流→直流（電圧が異なる）	直流－直流変換	直流チョッパ
❹交流→交流（周波数が異なる）	周波数変換	サイクロコンバータ

ひとこと

電験三種の計算問題でおもに出題されるのは，❶交流→直流（整流回路）と❸直流→直流（チョッパ回路）です。

2 電力用半導体デバイス

重要度★★★

パワーエレクトロニクスでは，高電圧・大電流の電力変換ができる電力用半導体デバイスが利用され，具体的には次のようなものがあります。

板書 半導体バルブデバイス

素子の名前	自己消弧能力
❶整流ダイオード	なし
❷サイリスタ（逆阻止3端子サイリスタ）	なし
❸GTO	あり
❹パワートランジスタ	あり
❺パワーMOSFET	あり
❻IGBT	あり

自己消弧能力…素子自体でオン状態からオフ状態にできる機能

これらは，スイッチを閉じたり，スイッチを開いたりするような役割として利用するので，半導体バルブデバイスと呼ばれます。

ひとこと

バルブとは弁のことであり，管の中を通る水や空気などの出入りを開閉によって調節するしくみのことです。バルブデバイスが調整するのは電流です。

ひとこと

ここからの内容は 理論 CH07電子理論を復習してから学ぶと理解が深まります。

I ダイオード（電力用ダイオード）

ダイオードは，p形半導体とn形半導体を組み合わせた（pn接合した）もので，順方向に電圧を加えると電流が流れます。この状態を導通（どうつう）といいます。

逆方向に電圧を加えるとほとんど電流が流れません。この状態を非導通（ひどうつう）といいます。逆方向に電圧を加えても不導通であることを強調する場合，逆阻止状態（ぎゃくそしじょうたい）といいます。

ひとこと

ふむ ふむ

逆電圧を加えたときは，電流を流さないというイメージで問題ありません。

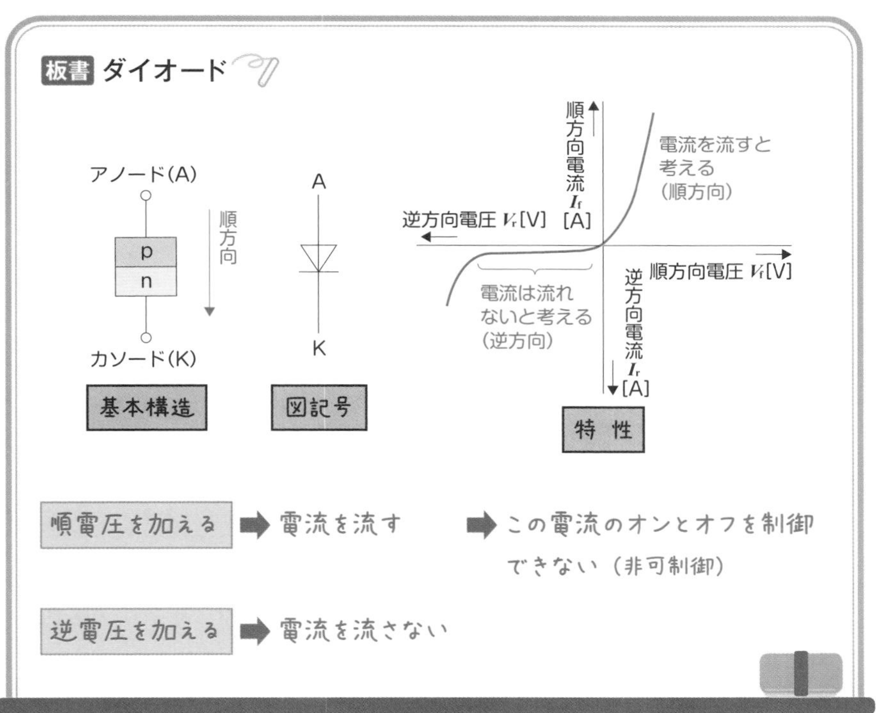

ダイオードは電流を水にたとえると，以下の弁のような働きをします。

順方向は電流を流す（導通）

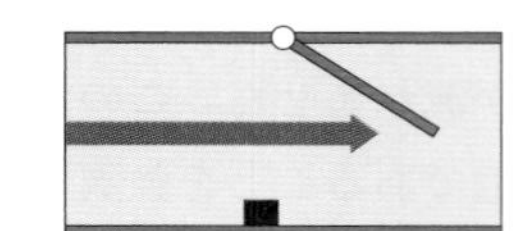

逆方向は電流を流さない（逆阻止）

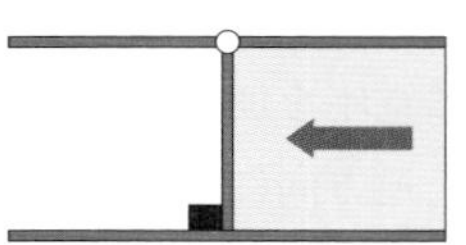

Ⅱ サイリスタ（逆阻止3端子サイリスタ）

逆阻止3端子サイリスタは，4層からなる構造を持つ半導体バルブデバイスであり，オンとオフの2つの安定状態を持ちます。**サイリスタ**は通常，逆阻止3端子サイリスタのことをいいます。

ひとこと

実際にはサイリスタには以下の種類があります。問題に出てきたら覚える程度の認識でよいでしょう。

サイリスタの種類	説明
逆阻止３端子サイリスタ	４層構造でゲートに電流を流すとターンオンするサイリスタ（通常はこれを単にサイリスタと呼ぶ）
GTO（ゲートターンオフサイリスタ）	ゲートに正の電流を流すとターンオンし，負の電流を流すとターンオフできるサイリスタ 駆動ゲート電力がIGBTに比べて大きく，最近ではGTOは主流ではなくなってきている
トライアック（双方向３端子サイリスタ）	５層構造で双方向に電流を流せるサイリスタ 交流電力制御に適している
光トリガサイリスタ	光信号でターンオンできるサイリスタ

ダイオードは順方向に電圧を加えると電流が流れますが，サイリスタではこれに加えてゲート信号（一瞬だけゲートにパッと流す電流）を流して初めて電流が流れます。

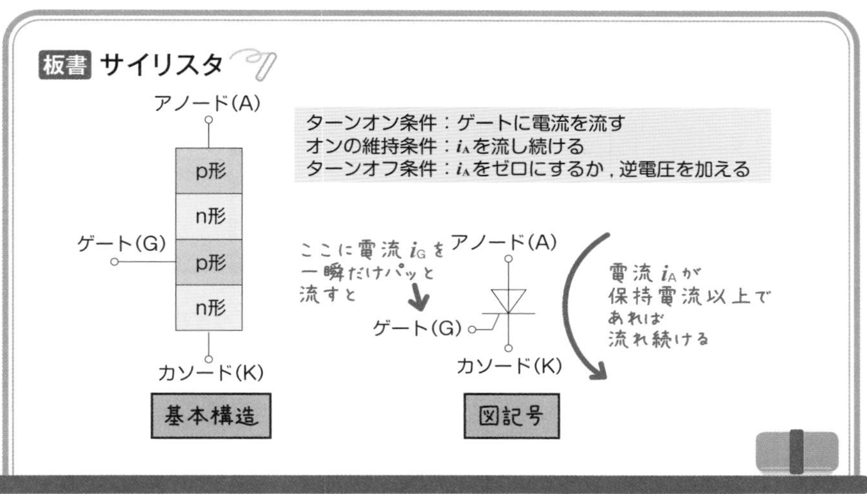
板書 サイリスタ
アノード(A)
p形
n形
ゲート(G)
p形
n形
カソード(K)
基本構造
ターンオン条件：ゲートに電流を流す
オンの維持条件：i_Aを流し続ける
ターンオフ条件：i_Aをゼロにするか，逆電圧を加える
ここに電流 i_G を一瞬だけパッと流すと
アノード(A)
ゲート(G)
カソード(K)
電流 i_A が保持電流以上であれば流れ続ける
図記号

ひとこと

サイリスタは電流を水にたとえると，次のような弁の働きをします。

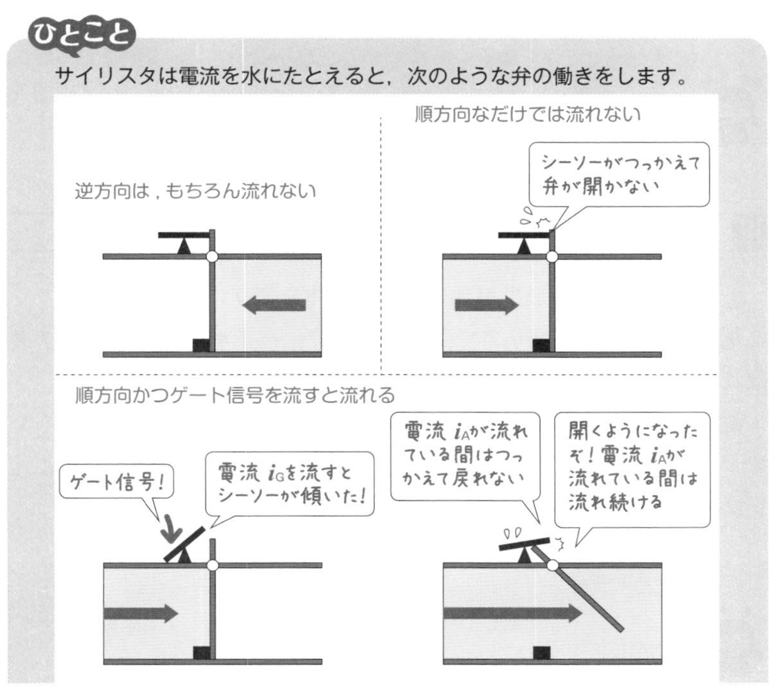
逆方向は，もちろん流れない
順方向なだけでは流れない
シーソーがつっかえて弁が開かない
順方向かつゲート信号を流すと流れる
ゲート信号！
電流 i_Gを流すとシーソーが傾いた！
電流 i_Aが流れている間はつっかえて戻れない
開くようになったぞ！電流 i_Aが流れている間は流れ続ける

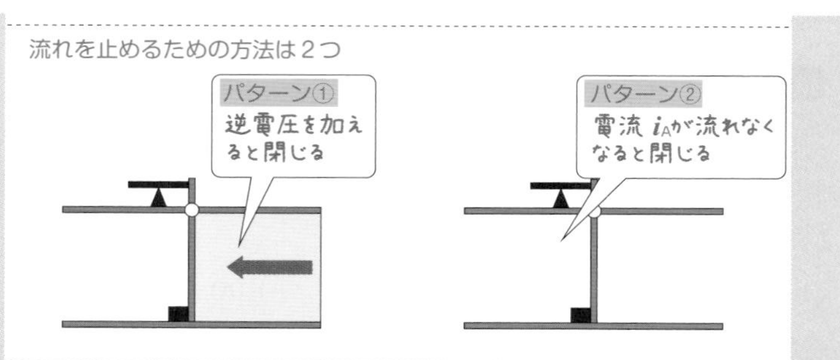
流れを止めるための方法は２つ
パターン①
逆電圧を加えると閉じる
パターン②
電流 i_Aが流れなくなると閉じる

なるほど！

上記のパターン①②は外部からの操作で止めるため，サイリスタに自己消弧能力があるとは言えません。

ひとこと

ふむ ふむ

正確には，ゲート電流を流さなくても，大きな電圧を順方向に無理やり加えると電流が流れます。この電圧を，ブレークオーバー電圧（降伏電圧）といいます。しかし，混乱するので通常はそのようなことを考えなくてかまいません。

大きなゲート電流i_Gを流すほど，ブレークオーバー電圧が低くなるので，「ゲート電流を流す＝順方向に電圧を加えれば電流が流れる（ブレークオーバーが起きる）」と理解します。

Ⅲ トランジスタ（バイポーラトランジスタ）

トランジスタはp形半導体とn形半導体を交互に3層重ねたもので，電子と正孔の2種類のキャリアで動作するので，バイポーラトランジスタとも呼ばれます。トランジスタは，電流の増幅作用を持ちます。

電験三種の**機械**で重要となるのは，増幅作用ではなくスイッチング作用です。スイッチング作用とは，小さなベース電流i_Bを増減させることで，コレクタ電流i_Cをオンにしたりオフにしたりする作用のことです。

ひとこと

ふむ ふむ

電力スイッチとして利用する場合，飽和領域（オン）と遮断領域（オフ）を利用します。

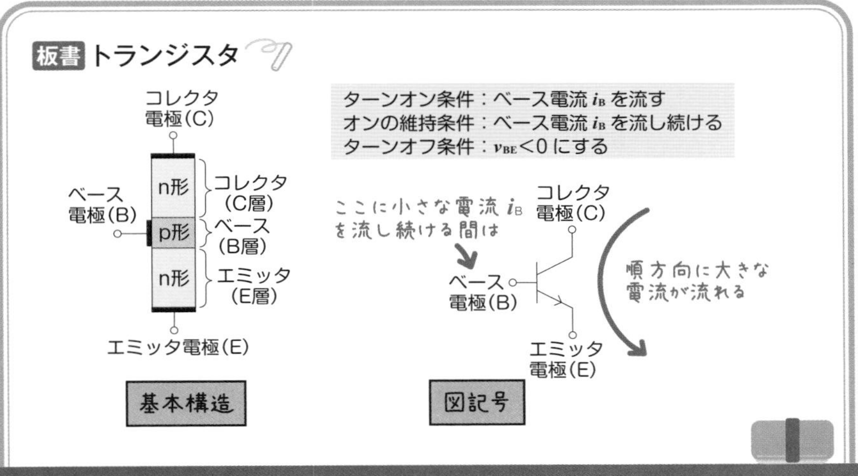

ひとこと

トランジスタは電流を水にたとえると，次のような弁の働きをします。電流を流し続けないといけない点が，サイリスタと違います。

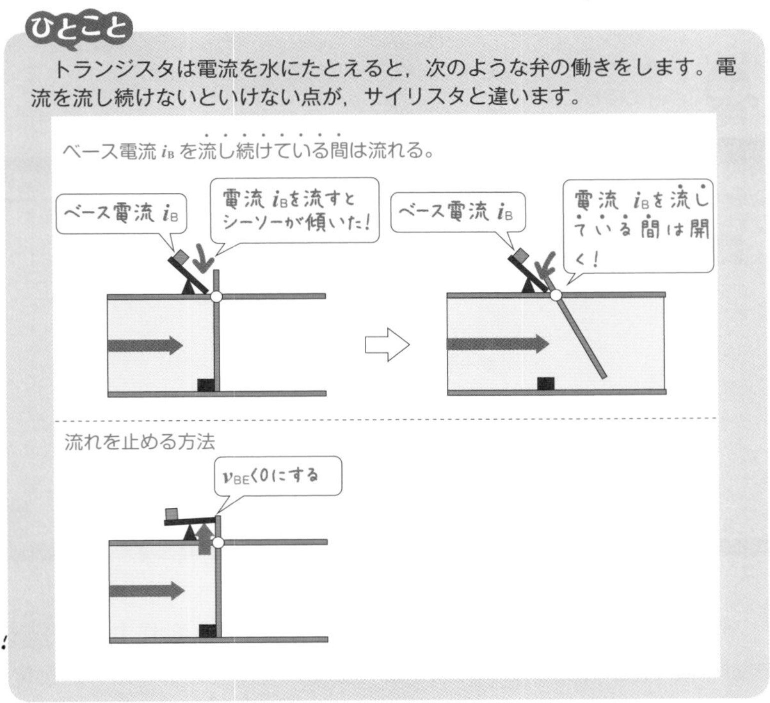

問題集 問題85

Ⅳ パワーMOSFET

パワーMOSFETは，電界効果トランジスタ（FET）の一種です。FETは，1種類のキャリアで動作するので，ユニポーラトランジスタと呼ばれることもあります。

ひとこと

トランジスタにはⅢで紹介したバイポーラトランジスタと，電界効果トランジスタがあります。電界効果トランジスタはゲート電極に電圧を加えて制御するトランジスタで，電子と正孔のどちらか1つのキャリヤを用いる点がバイポーラトランジスタと異なります。

ひとこと

ユニポーラトランジスタのユニは1つという意味です。バイポーラトランジスタのバイは2つという意味です。

パワーMOSFETのMOS（Metal Oxide Semiconductor）は酸化物半導体を用いているという意味で，パワーは比較的大きな電力用に設計されているときに使われます。

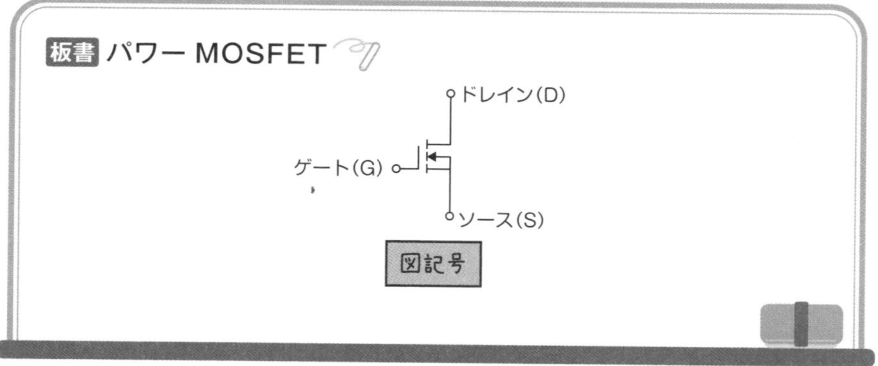

パワーMOSFETは，ゲートに正の電圧を加えると動作する電圧駆動形のデバイスで，スイッチング作用が最も速く，電圧駆動形のため駆動電力が小さいという特徴を持ちます。

ひとこと

電圧駆動形の駆動電力が小さい理由は，電流駆動形バイポーラトランジスタのようにベースに電流を流さなくてよいので，消費電力が小さくて済むからです。

V 絶縁ゲートバイポーラトランジスタ（IGBT）

絶縁ゲートバイポーラトランジスタ（**IGBT**（アイジービーティー））は，電圧駆動形のデバイスで，MOSFETとバイポーラトランジスタを組み合わせた構造をしています。

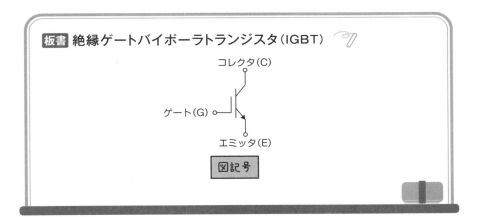

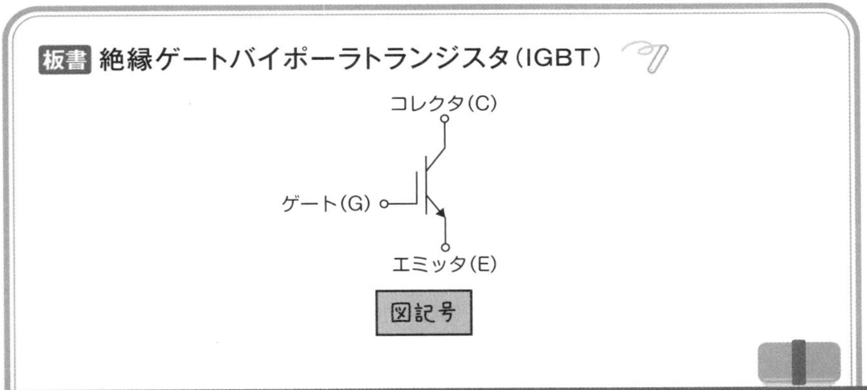

ひとこと

よく出題されるので，MOSFETとバイポーラトランジスタの組み合わせであることは覚えておきましょう。

MOSFETとバイポーラトランジスタの両方の長所を持ち合わせていて，高速スイッチング・耐高電圧・低いオン電圧という特徴を持ちます。ただし，スイッチング速度は，MOSFETとバイポーラトランジスタの中間です。

問題集 問題86 問題87

SECTION 02

整流回路と電力調整回路

このSECTIONで学習すること

1 整流回路とは

交流電力を直流電力に変換する回路である整流回路について学びます。

2 基本的な4つの整流回路

4つの整流回路のしくみと整流後の直流平均電圧の求め方について学びます。

3 還流ダイオード(フリーホイーリングダイオード)

誘導性負荷が接続された整流回路に接続する還流ダイオードについて学びます。

4 平滑回路

平らで滑らかな直流をつくる方法について学びます。

5 交流電力調整回路(交流→交流)

交流電力を調整することができる交流電力調整回路について学びます。

1 整流回路とは

重要度★★★

整流回路(せいりゅうかいろ)とは，交流電力を直流電力に変換する回路をいいます。基本的な整流回路として，❶単相交流を整流する回路，❷三相交流を整流する回路があります。

❶と❷のそれぞれに，半波だけ整流する回路と，全波を整流する回路があるので，あわせて4つの組み合わせがあります。

板書 整流回路

直流平均電圧：V_d[V]
交流電源電圧：V[V]
制御角：α [rad]
相電圧：E[V]
線間電圧：V_ℓ[V]

回路の種類	サイリスタ整流回路での公式	出題傾向（カッコ内は覚え方）
❶単相半波整流回路	$V_d \fallingdotseq 0.45V\dfrac{1+\cos\alpha}{2}$	計算問題として出題されやすい
❷単相全波整流回路	$V_d \fallingdotseq 0.9V\dfrac{1+\cos\alpha}{2}$	計算問題として出題されやすい（❶の2倍）
❸三相半波整流回路	$V_d \fallingdotseq 1.17E\cos\alpha$	複雑すぎて出題されない
❹三相全波整流回路	$V_d \fallingdotseq 1.35V_\ell\cos\alpha$	複雑すぎて出題されない（❸の2倍，相電圧E＝線間電圧$V_\ell \times \dfrac{1}{\sqrt{3}}$を考慮）

→ 公式の詳細はあとで述べます。三相全波整流回路の計算は，ほぼ出題されません。

2 基本的な４つの整流回路

重要度★★★

Ⅰ 単相半波整流

1 ダイオード整流

ダイオードを1個使うと，交流を直流に変えることができます。ダイオードは逆方向に電圧を加えても電流を流さないからです。

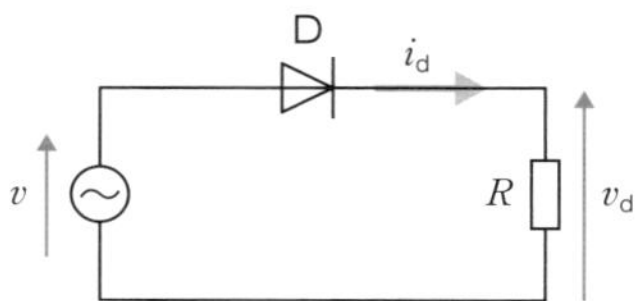

整流されたv_dやi_dをグラフにしてみると直線的でなく脈流（リプル）がありますが，向きが逆にならないので直流です。

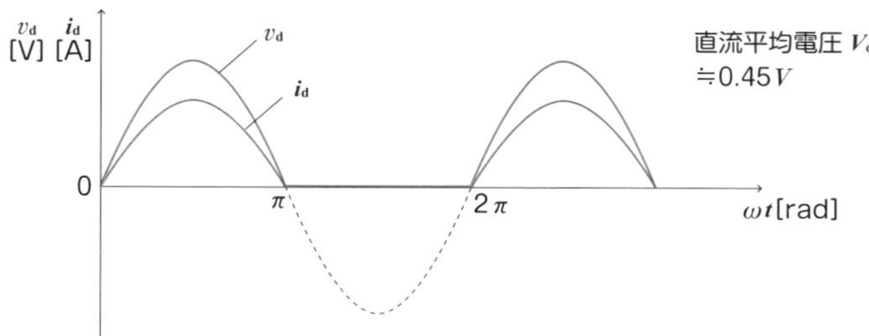

添え字のdは直流（direct current）を意味しています。ダイオードのdではありません。

この直流に変換され負荷Rに加える直流平均電圧V_d[V]は，交流電圧の実効値V[V]を使って以下のように表すことができます。

公式 ダイオードによる単相半波整流回路

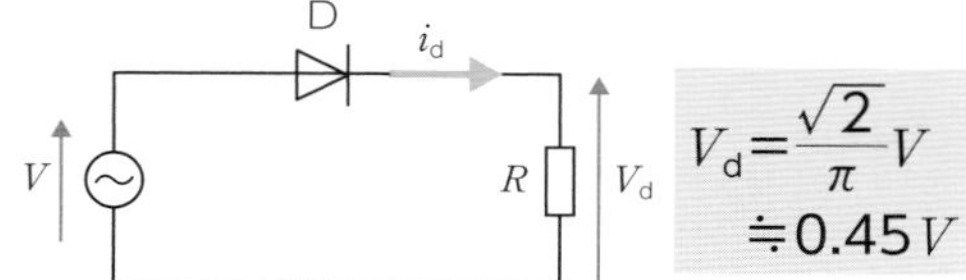

$$V_d = \frac{\sqrt{2}}{\pi} V \fallingdotseq 0.45V$$

直流電圧（平均値）：V_d [V]
電源交流電圧（実効値）：V [V]
電流：i_d [A]

交流は実効値
直流は平均値で考えます

直流平均電圧の公式は，次のように導くことができます。この方法を覚えていれば，公式を暗記する必要はありません。

電源電圧が$v = \sqrt{2}\,V\sin\omega t$のとき，最大値（振幅）は$\sqrt{2}\,V$です。一山の面積は最大値の2倍で求めることができ，ここでは$2\sqrt{2}\,V$となります。

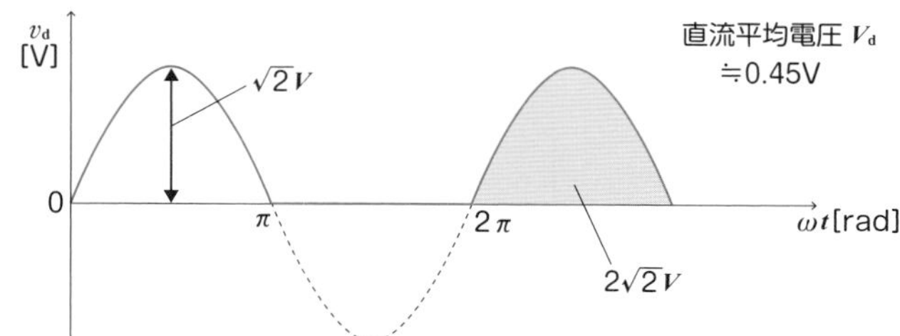

平均値は，1サイクルの面積＝$2\sqrt{2}\,V$を1サイクルの横幅＝2πで割ることによって求めます。

計算すると，$V_d = \dfrac{2\sqrt{2}\,V}{2\pi} = \dfrac{\sqrt{2}}{\pi}V \fallingdotseq 0.45V$と公式を導くことができます。

この公式を導くには，電験三種では普通使わない積分計算が必要になります。

2 サイリスタ整流

サイリスタは，逆方向電圧の場合は，ダイオードと同じく電流を通しません。順方向電圧の場合，ターンオンのタイミングによって，電流を流すタイミングを決めること（制御）ができます。

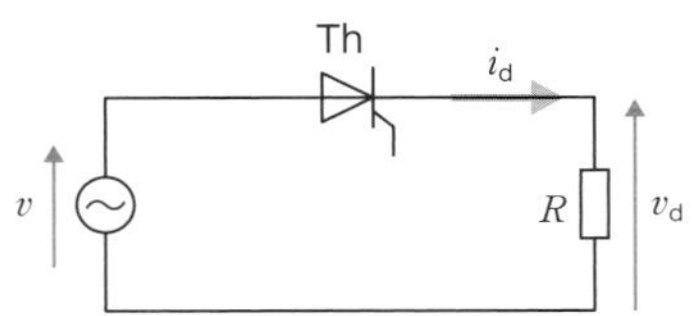

ひとこと

サイリスタの図記号の髭(ひげ)のような部分にパッと小さい電流を流してターンオンする（導通状態にする）のですが，髭(ひげ)部分に電流を供給する回路は描きません。

サイリスタの図記号を回路でみたら，「ターンオンのタイミングを決められる回路なんだな」程度に思えばよいでしょう。

したがって，位相角 α [rad]のところで，サイリスタのゲート（髭(ひげ)みたいな部分）に一瞬だけパッと小さい電流（パルス電流）を流すと，その瞬間から電流 i_d[A]を通し，抵抗に電圧 v_d[V]が加わり始めます。この位相角 α [rad]のことを**制御角**(せいぎょかく)といい，i_d，v_d の波形は以下のようになります。

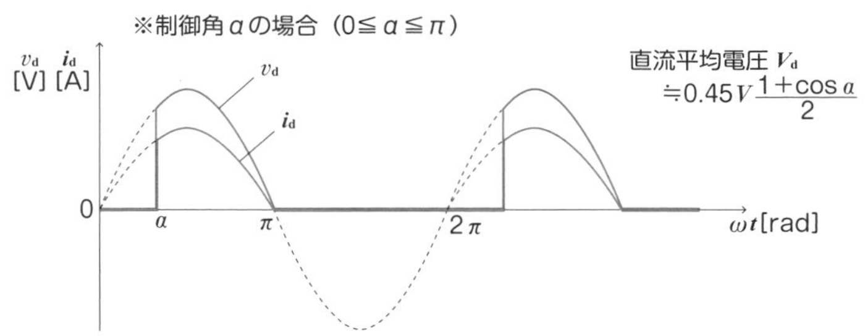

負荷 R に加わる直流平均電圧 V_d[V]は，交流電圧の実効値 V[V]を使って以下のように表すことができます。

公式 サイリスタによる単相半波整流回路

$$V_d = \frac{\sqrt{2}}{\pi} V \frac{1 + \cos\alpha}{2} \fallingdotseq 0.45V \frac{1 + \cos\alpha}{2}$$

直流電圧（平均値）：V_d[V]
電源交流電圧（実効値）：V[V]
電流：i_d[A]
制御角：α[rad]

サイリスタの直流平均電圧の公式は，次のように導くことができます。

電源電圧が$v = \sqrt{2}\,V\sin\omega t$のとき，最大値（振幅）は$\sqrt{2}\,V$で，一山の面積は山の右半分と左半分とに分けて考えます。

山が欠けていないときの一山の面積は$2\sqrt{2}\,V$なので，右半分はその半分の面積で$\sqrt{2}\,V$となります。左半分は最大値×$\cos\alpha$で求めることができ，ここでは$\sqrt{2}\,V\cos\alpha$となります。

右半分と左半分の面積を合計すると，$\sqrt{2}\,V(1 + \cos\alpha)$となります。

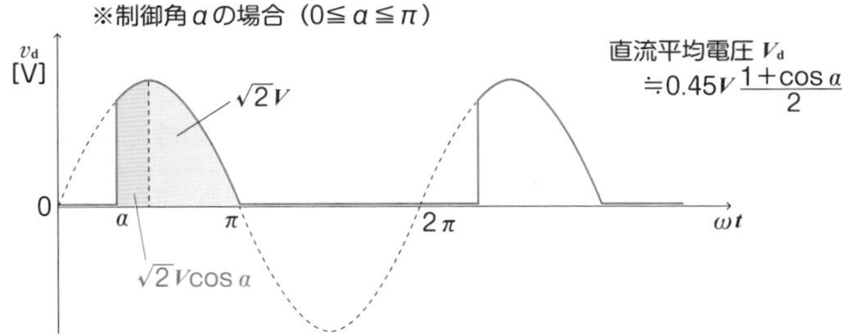

平均値は，1サイクルの面積＝$\sqrt{2}\,V(1 + \cos\alpha)$を1サイクルの横幅＝$2\pi$で割ることによって求めます。

計算すると，$V_d = \dfrac{\sqrt{2}\,V(1 + \cos\alpha)}{2\pi} = \dfrac{\sqrt{2}}{\pi}V\dfrac{1 + \cos\alpha}{2} \fallingdotseq 0.45V\dfrac{1 + \cos\alpha}{2}$

と公式を導くことができます。

ひとこと

サイリスタのパターンの公式を覚えていれば，ダイオードの公式を覚える必要がありません。なぜなら，制御角α＝0として代入すればよいからです。

Ⅱ 単相全波整流(単相ブリッジ整流)

1 ダイオード整流

以下のようにダイオード4つを配置すると，交流の向きが変わっても，抵抗Rに流れる電流の向きはつねに一定になります。

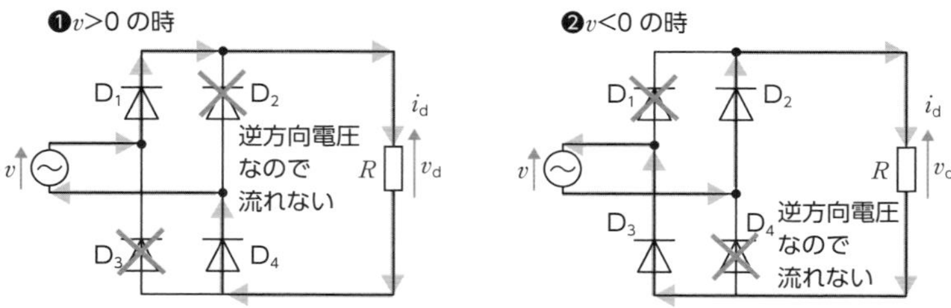

ひとこと

以下は理論で学習したブリッジ整流回路です（理論）。

形が違う回路ですが，描き方が異なるだけで等価回路です。電源電圧v_{in}の向きが交互に変わっても，負荷には同じ方向に電流が流れます。これが全波整流回路の基本です。

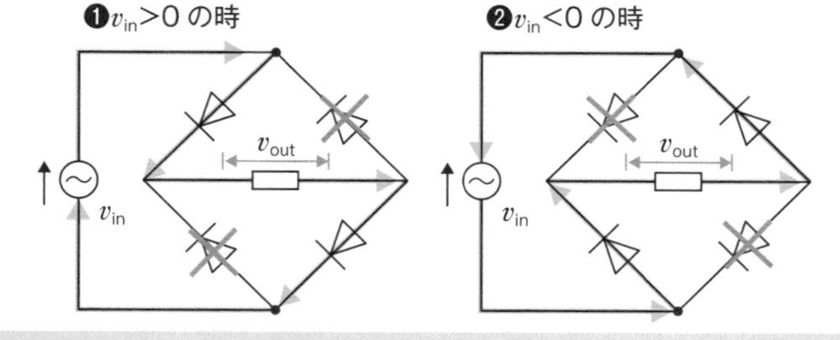

整流されたv_dをグラフにすると次のようになります。

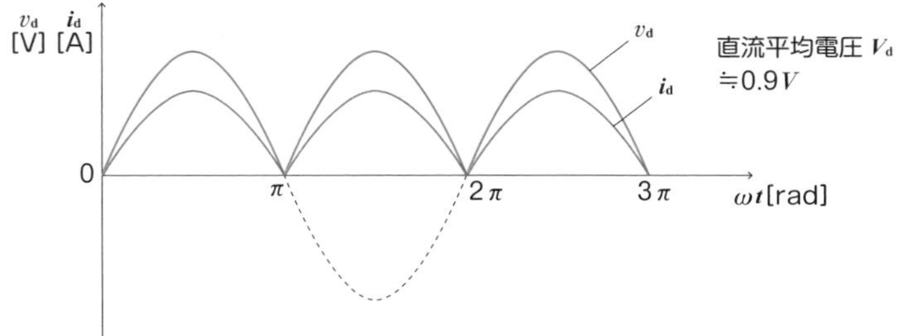

公式 ダイオードによる単相全波整流回路

$$V_d = \frac{2\sqrt{2}}{\pi} V \fallingdotseq 0.9V$$

直流電圧（平均値）：V_d[V]
電源交流電圧（実効値）：V[V]

2 サイリスタ整流

次に，以下のようにサイリスタ4つを配置します。そして，❶Th_1とTh_4，❷Th_2とTh_3をセットで制御角α[rad]にてターンオンするものとします。

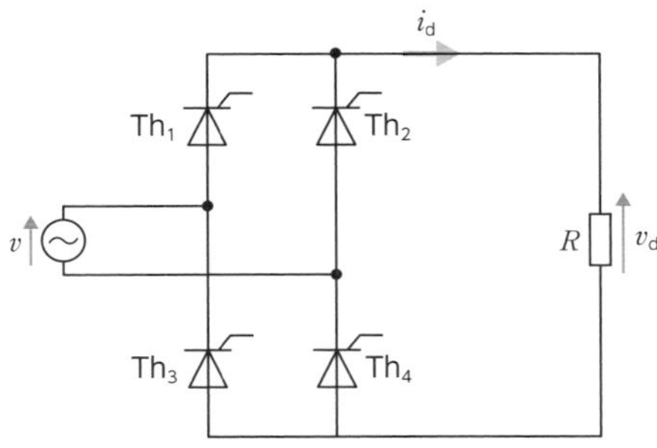

すると，i_d，v_dは次のようなグラフになります。

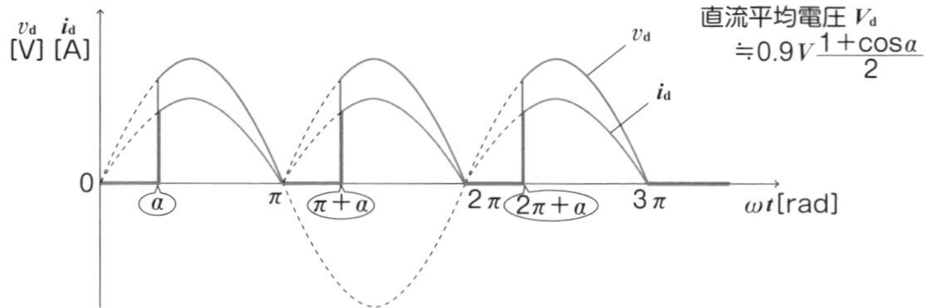

公式 サイリスタによる単相全波整流回路

$$V_d = \frac{2\sqrt{2}}{\pi} V \frac{1+\cos\alpha}{2} \fallingdotseq 0.9V\frac{1+\cos\alpha}{2}$$

直流電圧（平均値）：V_d[V]
電源交流電圧（実効値）：V[V]
制御角：α[rad]

ひとこと

公式の導き方は，サイリスタによる半波整流と同じです。1サイクルの面積が，山が2つになることによって2倍になるため，直流平均電圧も2倍になります。

問題集 問題88 問題89

Ⅲ 三相半波整流

三相交流の整流回路は重要性が低いため，回路・波形・平均電圧の公式のみを示します。注意点は，相電圧E[V]を利用することです。

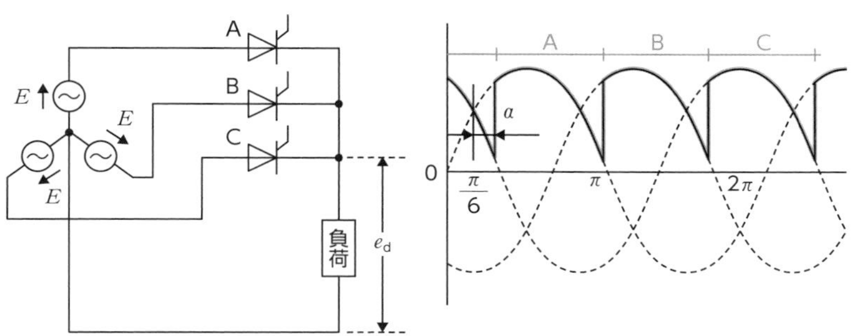

公式 サイリスタによる三相半波整流回路

$$E_d \fallingdotseq 1.17E\cos\alpha$$

直流電圧（平均値）：E_d[V]
相電圧（実効値）：E[V]
制御角：α [rad]

Ⅳ 三相全波整流（三相ブリッジ整流）

三相全波整流の回路・波形・公式は，以下のようになります。注意点は，線間電圧V_ℓ[V]を利用することです。

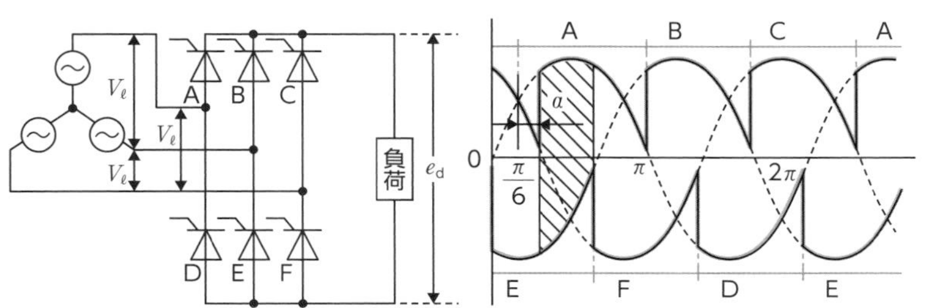

公式 サイリスタによる三相全波整流回路

$$V_d \fallingdotseq 1.35 V_\ell \cos\alpha$$

直流電圧（平均値）：V_d[V]
線間電圧（実効値）：V_ℓ[V]
制御角：α[rad]

3 還流ダイオード（フリーホイーリングダイオード） 重要度★☆☆

I サイリスタと誘導性負荷

以下の回路のように負荷が誘導性の場合，電圧に対して電流は遅れます。

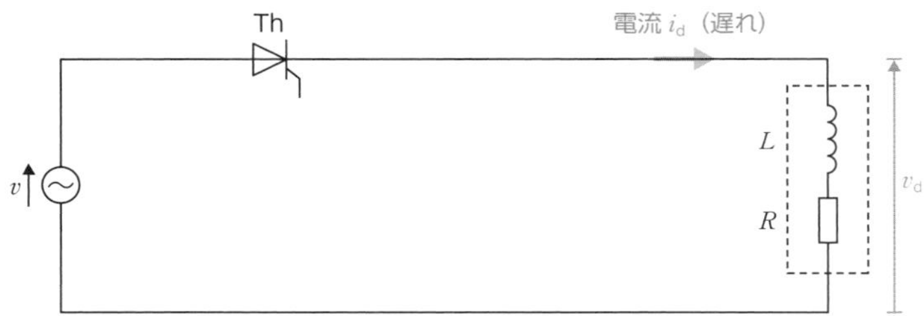

その結果，電源電圧v[V]が負の周期に入っても，電流i_d[A]が$\pi+\beta$[rad]まで流れ続けます。このβを消弧角（しょうこかく）といいます。消弧（しょうこ）とはターンオフのことです。v_dのグラフは次のようになります。

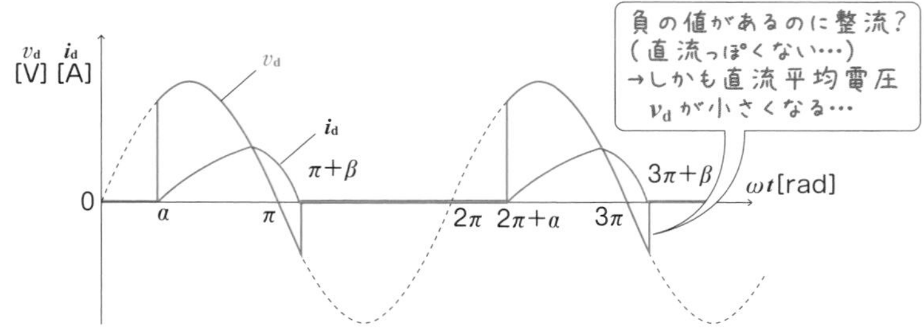

電源電圧が負のサイクルに入る瞬間に注目すると，コイルが電流変化（減少）を嫌がり，誘導起電力v_L[V]を発生させて電流の減少を止めようとします。これに，向きが逆になったばかりの電源の電圧v[V]は負けてしまいます。

その結果，しばらく電流が流れ続けます。

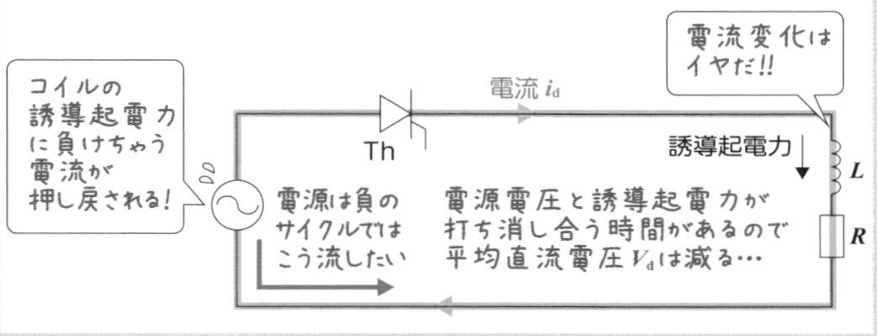

このように，誘導性負荷の整流回路では，負の電圧が現れてv_dは直流電圧とはいいにくくなります。また，直流平均電圧V_dも小さくなってしまいます。

負の電圧が現れて直流ではなくなっても，一般的に直流平均電圧V_dとして問題ありません。

その問題を防止するために，**還流**（かんりゅう）**ダイオード**（**フリーホイーリングダイオード**）を次のように接続します。

STEP 1 還流ダイオードを入れた回路図

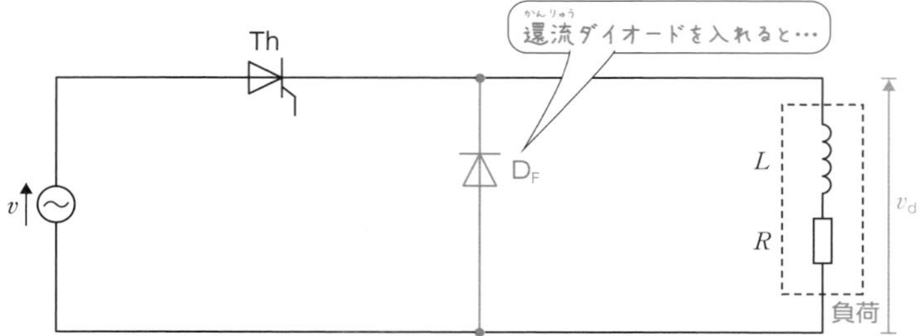

すると，電源電圧が正のサイクルの場合は，ダイオードは逆方向電圧が加わるので電流が流れず，以下のように電流が流れます。

STEP 2 電源電圧が正のサイクルの場合

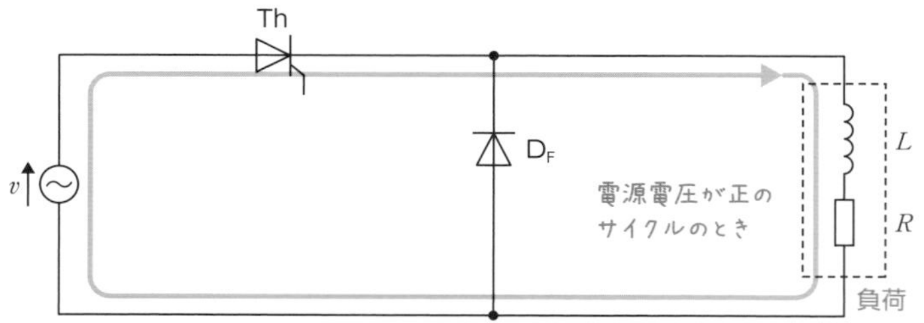

電源電圧が負のサイクルになった場合は，還流ダイオードが導通状態になります。すると，電流（コイルにたまった電磁エネルギー）は還流ダイオードを通り，負荷に還っていきます。

STEP 3 電源電圧が負のサイクルの場合

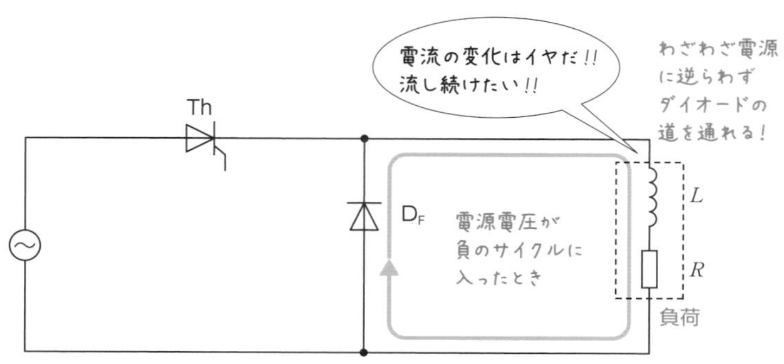

その結果，負荷につねに正の方向に電圧が加わり，電圧 v_d は負にならず，かつ脈流(みゃくりゅう)も少なくなります。

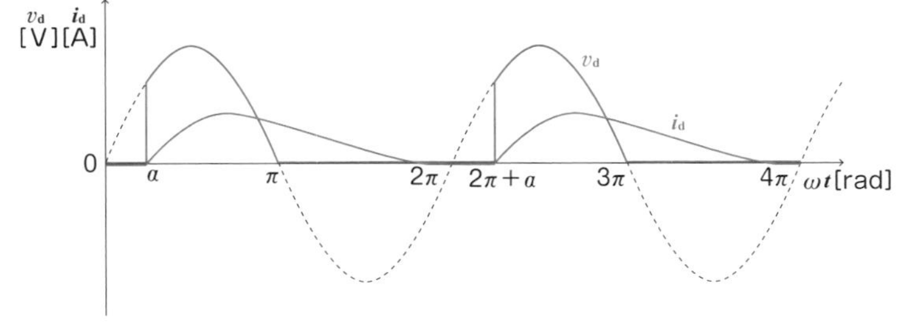

4 平滑回路(へいかつかいろ)

重要度★☆☆

単純なダイオード整流回路を考えます。この整流回路でつくった直流は，脈流となってしまいます。

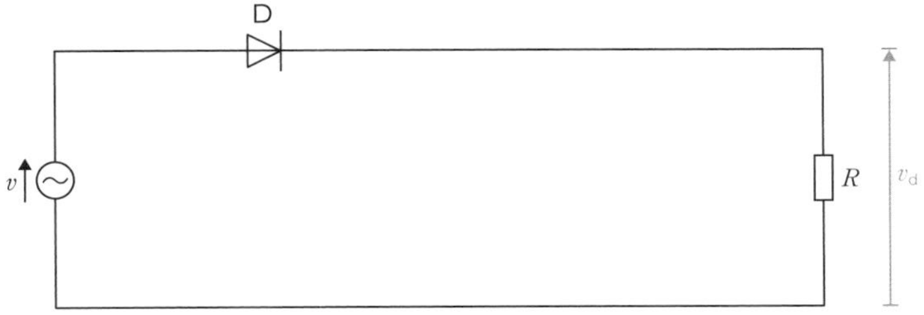

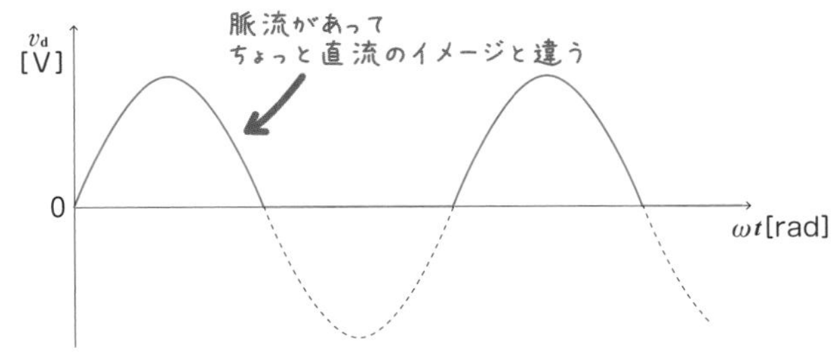

そこで，より平らで滑らかな直流にしたい場合（**平滑化**したい場合）は，次の回路のように，コンデンサやリアクトルを挿入します。

静電容量C（電圧を滑らかにする）やインダクタンスL（電流を滑らかにする）が大きいほど，平らで滑らかな直流になります。

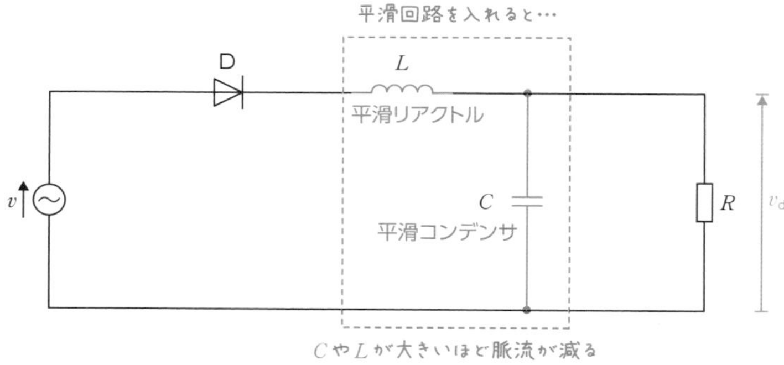

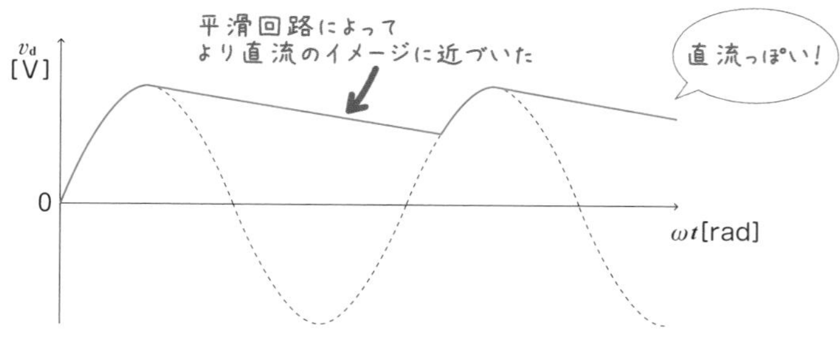

ひとこと

リアクトルは電流変化を嫌い，電流が変化すると，もとの電流を維持しようとします（電流維持作用）。

コンデンサは電圧変化を嫌い，電圧が変化すると，もとの電圧を維持しようとします（電圧維持作用）。

ひとこと

平滑リアクトルは負荷側からみると電流源として動作し，平滑コンデンサは負荷側からみると電圧源として動作します。

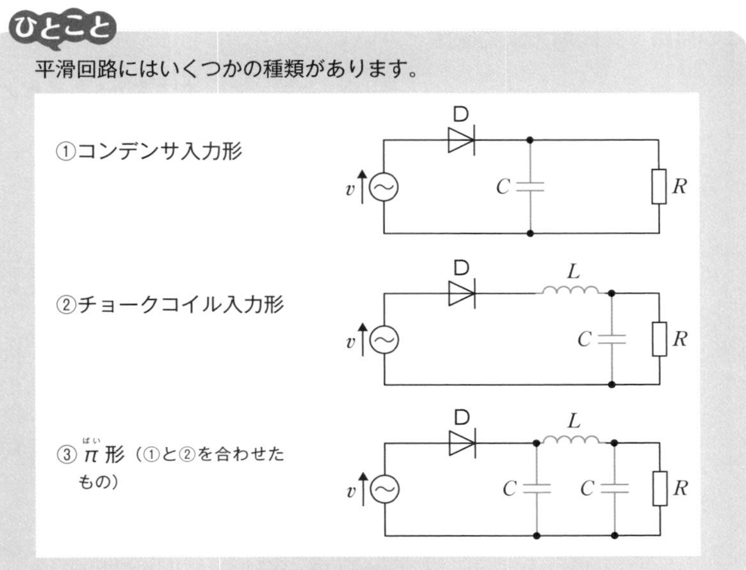

ひとこと
平滑回路にはいくつかの種類があります。
①コンデンサ入力形
②チョークコイル入力形
③π形（①と②を合わせたもの）
D
C
R
v
L
ふむ ふむ

5 交流電力調整回路（交流→交流）

以下のように，サイリスタを逆並列に接続すると，負荷にどちらの向きにも電流を流すことができます。

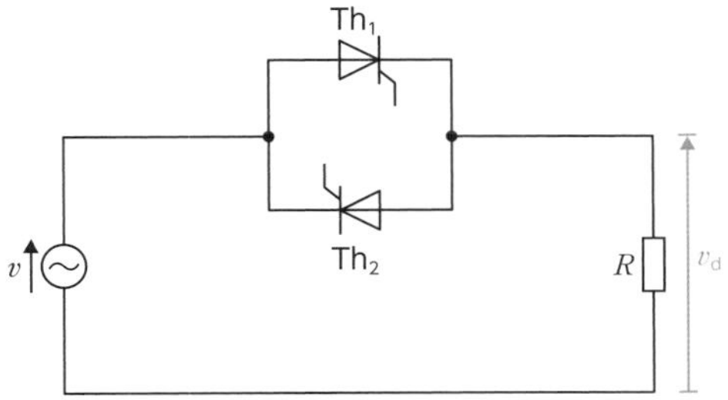

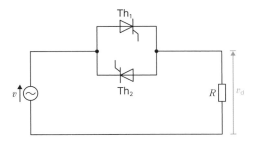

しかも，正のサイクルでも負のサイクルでも，制御角 α [rad]でゲート信号を加えることで，交流電圧（交流電力）を0Vから最大出力まで調整することができます。したがって，電力＝電圧×電流を調整することができるので，

この回路を**交流電力調整回路**(こうりゅうでんりょくちょうせいかいろ)といいます。

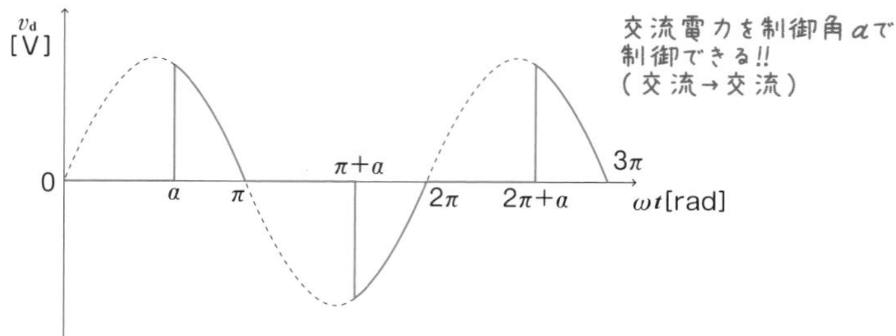

ひとこと

トライアック(双方向3端子サイリスタ)を使うこともあります。機能は,逆並列に接続したサイリスタと同じです。

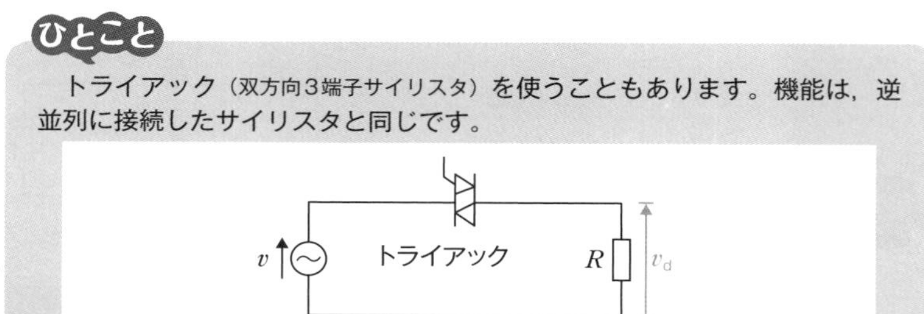

ひとこと

交流電力調整回路は明るさを調節する装置に使われます。

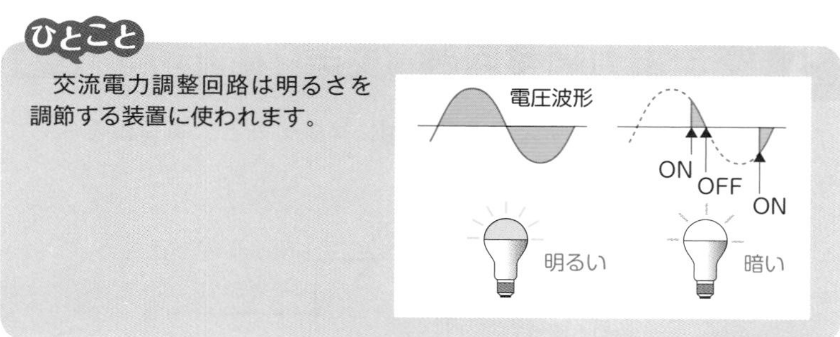

問題集 問題97 問題98

SECTION 03 直流チョッパ

このSECTIONで学習すること

1 直流チョッパとは（直流→直流）

直流チョッパ回路とその種類について学びます。

2 降圧チョッパ

降圧チョッパ回路とその平均出力電圧の計算方法について学びます。

3 昇圧チョッパ

昇圧チョッパ回路とその平均出力電圧の計算方法について学びます。

4 昇降圧チョッパ

昇降圧チョッパ回路とその平均出力電圧の計算方法について学びます。

1 直流チョッパとは（直流→直流）

重要度★★★

直流チョッパとは，直流電源のオンオフを高速で行い，電圧の異なる直流に変化させることができる回路をいいます。直流チョッパには以下の種類があります。

板書 直流チョッパの種類

名称	公式
❶直流降圧チョッパ →電圧を低くできる	$V_d=\frac{T_{ON}}{T}E=\frac{T_{ON}}{T_{ON}+T_{OFF}}E$
❷直流昇圧チョッパ →電圧を高くできる	$V_d=\frac{T}{T_{OFF}}E=\frac{T_{ON}+T_{OFF}}{T_{OFF}}E$
❸直流昇降圧チョッパ →電圧を高くも低くもできる	$V_d=\frac{T_{ON}}{T_{OFF}}E$

平均出力電圧：V_d [V]，直流電源電圧：E [V]，オン期間：T_{ON} [s]，オフ期間：T_{OFF} [s]，スイッチング周期：T [s]

チョップとは切り刻むという意味です。電流をプツン，プツンと切ります。なお，自己消弧形でない半導体デバイスは，電流を止める機能がないので，電流をチョップすることはできません。

2 降圧チョッパ

重要度★★★

降圧（こうあつ）チョッパは，半導体スイッチのオン・オフによって，平均出力電圧 V_d[V]を電源電圧 E[V]より下げることができる回路です。

オン期間（スイッチを閉じた状態の時間）を T_{ON}[s]，オフ期間（スイッチを開いた状態の時間）を T_{OFF}[s]とすると，平均出力電圧は以下の公式で求まります。

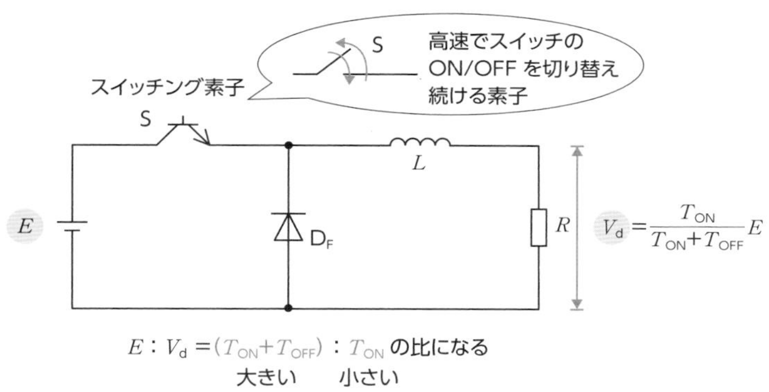

公式 降圧チョッパの平均出力電圧

$$V_d=\frac{T_{ON}}{T_{ON}+T_{OFF}}E=\frac{T_{ON}}{T}E=\alpha E$$

平均出力電圧：V_d[V]
電源電圧：E[V]
オンの期間：T_{ON}[s]
オフの期間：T_{OFF}[s]
スイッチング周期：T[s]
通流率：α

ひとこと

過渡現象を復習しましょう（理論）。スイッチをONにした瞬間に電流が徐々に大きくなりますが，大きくなりきる前にスイッチをOFFにします。そして電流が徐々に小さくなりますが，小さくなりきる前にスイッチをONにします。

その結果，電源より低い電圧を出すことができます。

問題集 問題99

3 昇圧チョッパ

重要度★★★

昇圧(しょうあつ)チョッパは，直流電圧を上げることができる回路です。回路図は以下のようになります。

なお，出題されたときに混乱しないように平滑コンデンサを接続していますが，これはなくても昇圧できます。

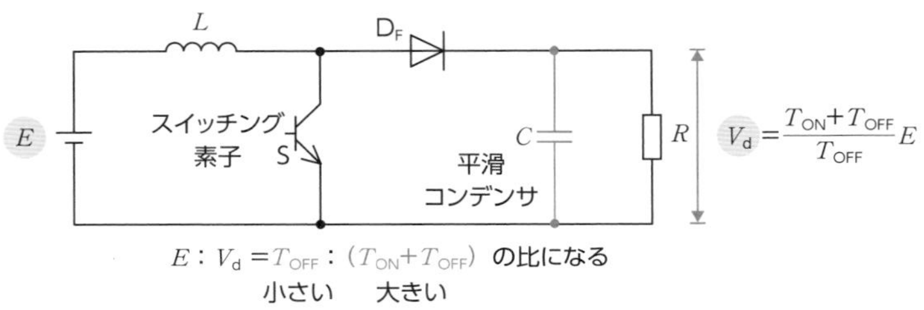

公式 昇圧チョッパ

$$V_d=\frac{T_{ON}+T_{OFF}}{T_{OFF}}E=\frac{T}{T_{OFF}}E=\frac{1}{1-\alpha}E$$

平均出力電圧：V_d[V]
電源電圧：E[V]
オンの期間：T_{ON}[s]
オフの期間：T_{OFF}[s]
スイッチング周期：T[s]
通流率：α

ひとこと

昇圧チョッパのしくみについて，感覚的な説明をします。

まず，ファラデーの電磁誘導の法則$e=L\dfrac{\Delta I}{\Delta t}$を復習しましょう（理論）。

説明の都合上，ONにしてから十分に時間が経っているとします。直流においてコイルはただの導線ですから，以下の回路図で流れる電流Iは非常に大きくなります。なぜなら，オームの法則より，電流$=\dfrac{\text{電圧}}{\text{抵抗}}$であり，抵抗がほぼゼロだとすると，電流は無限大に近くなるからです。

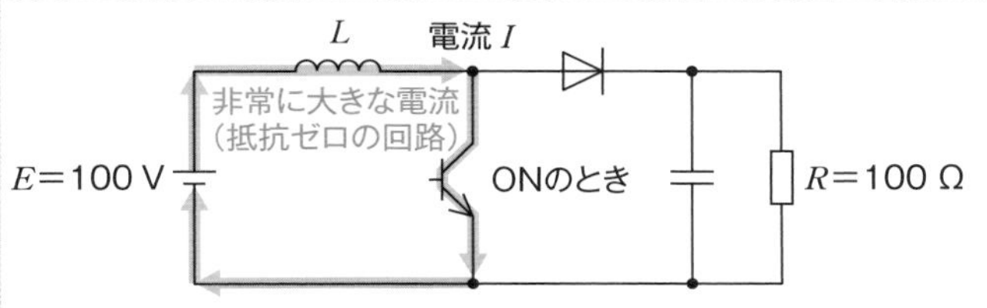

そこから，スイッチをOFFにすると，オームの法則より，電流$=\dfrac{\text{電圧}}{\text{抵抗}}$で求められ，電流は，100 V÷100 Ω＝1 Aまで減少しようとします（電流変化ΔIが非常に大きいということです）。それをコイルが嫌い，非常に高い誘導起電力$e=L\dfrac{\Delta I}{\Delta t}$が発生します（コイルの電流維持作用によって電流を無限大に近いままにしようとします）。

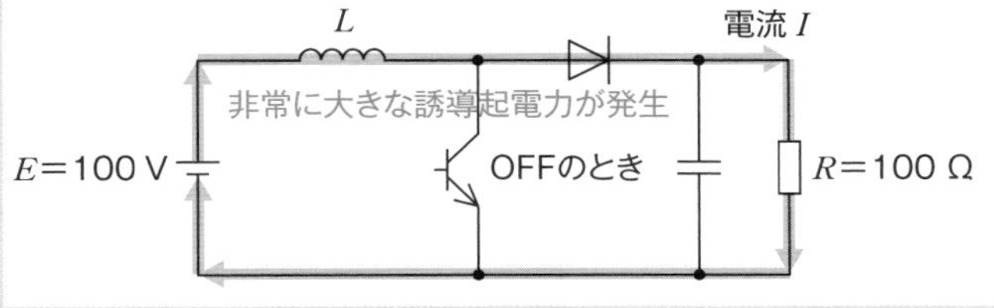

誘導起電力eの大きさは，徐々に小さくなりますが，小さくなりきる前にONとOFFを連発し，非常に高い誘導起電力eを連続的に発生させて，平均出力電圧V_dを高くします。

4 昇降圧チョッパ

重要度★★★

昇降圧チョッパ(しょうこうあつ)は，直流電圧を上げることも下げることもできる回路です。回路図は以下のようになります。

なお，平滑コンデンサを接続していますが，これはなくても昇降圧できます。

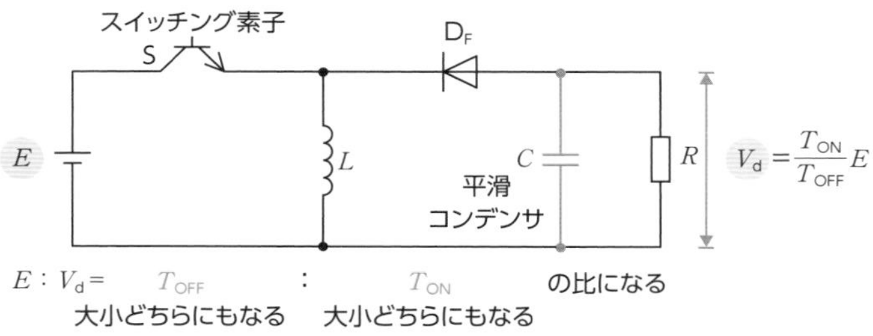

公式 昇降圧チョッパ

$$V_d = \frac{T_{ON}}{T_{OFF}}E = \frac{\alpha}{1-\alpha}E$$

平均出力電圧：V_d[V]
電源電圧：E[V]
オンの期間：T_{ON}[s]
オフの期間：T_{OFF}[s]
通流率：α

問題集 問題101

SECTION 04

インバータとその他の変換装置

このSECTIONで学習すること

1 インバータの原理

直流電力を交流電力に変換する逆変換装置であるインバータの原理について学びます。

2 PWM制御（パルス幅変調）

出力電圧を制御する方法であるPWM制御について学びます。

3 無停電電源装置（UPS）

停電時に電力を供給する装置である無停電電源装置について学びます。

4 パワーコンディショナ

太陽光発電装置などに利用されているパワーコンディショナについて学びます。

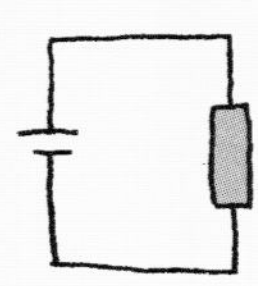

1 インバータの原理 重要度★★☆

インバータとは，直流電力を交流電力に変換できる逆変換装置のことをいいます。以下の回路で，交互にスイッチを切り替えます。

S_1	S_2	S_3	S_4
ON	OFF	OFF	ON

のとき（状態①）

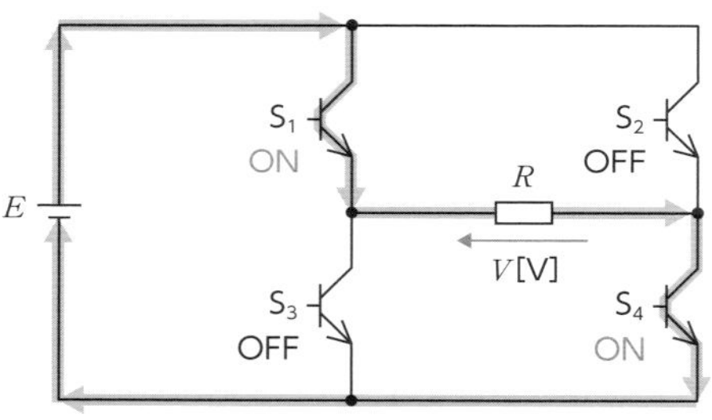

S_1	S_2	S_3	S_4
OFF	ON	ON	OFF

のとき（状態②）

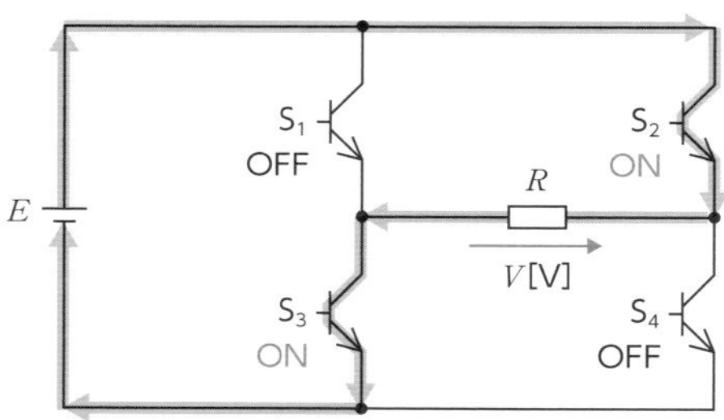

すると，負荷に加わる電圧が正と負が交互に表れて，交流波形になります。

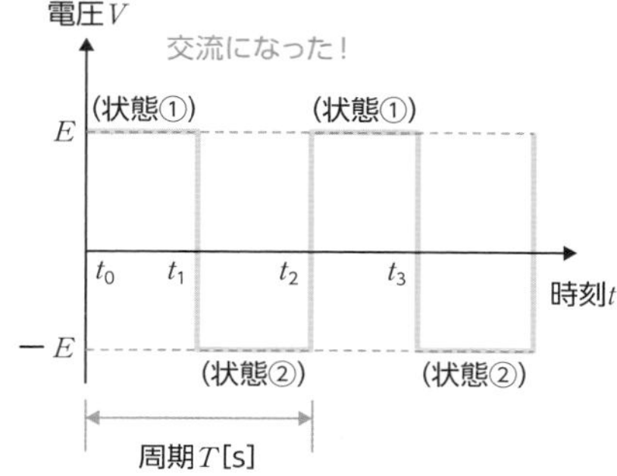

ひとこと

ここまで交流といってきたのは，厳密には正弦波交流のことでした（理論）。正弦波交流でなくとも正負が交互に入れ替わる波形ならば，どんな波形でも交流です。

問題集 問題102

2 PWM制御（パルス幅変調）

重要度★★☆

出力電圧を調整したい場合，パルス幅を広くしたり狭くしたりすることで調整できます。

PWM制御（パルス幅変調）とは，オンとオフを一定周期で繰り返しスイッチングを行い，出力電圧を制御する方法です。一定電圧の入力から，パルスの幅を制御することで，オンの時間幅（出力電圧）を制御します。

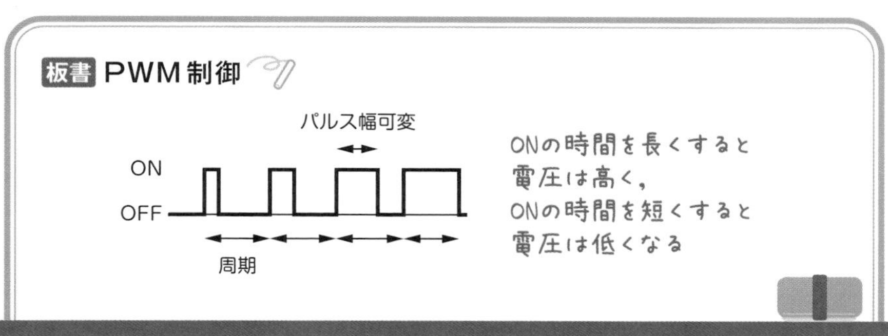

板書 PWM制御
パルス幅可変
ON
OFF
周期
ONの時間を長くすると
電圧は高く，
ONの時間を短くすると
電圧は低くなる

3 無停電電源装置（UPS）

重要度★★☆

無停電電源装置（むていでんでんげんそうち）（UPS）とは，停電が起こった時でも放送・通信用機器やコンピュータ，医療機器などの重要な機器に電力を供給する装置です。

平常時は，交流電源から整流回路を通して得た直流電力を，一部は二次電池の充電に使い，残りはインバータによって交流に変換して負荷に供給しますが，停電時には二次電池から半導体スイッチとインバータを介して交流に変換し，負荷に供給します。

ひとこと

無停電電源装置（UPS）と似たもので，一次側の電圧や周波数にかかわらず二次側の定電圧・定周波数を保つ定電圧定周波数装置（CVCF）というものがあります。

問題集 問題103

4 パワーコンディショナ

重要度★★☆

パワーコンディショナとは，インバータと系統連系用保護装置とが一体になった装置です。

太陽光発電装置などで得られた直流電力を交流に変換するとともに，事故時の単独運転を検出して系統から切り離して機器を保護したり，発電量を最大化したりする機能を持っています。

ひとこと

パワーコンディショナには，電圧位相や周波数の急変を常時監視し，単独運転を検出する機能が備えられています。

CHAPTER 06
自動制御

CHAPTER 06

自動制御

エアコンの温度を一定に保つような，目標の状態にするための操作を自動で行う方法を自動制御といいます。この分野では，自動制御の種類，信号の伝達関数について学びます。

このCHAPTERで学習すること

SECTION 01 自動制御

制御の種類
❶シーケンス制御
❷フィードバック制御
❸フィードフォワード制御

制御を機械的に行う自動制御について学びます。

傾向と対策

出題数

1～2問程度／22問中

・計算問題中心

	H27	H28	H29	H30	R1	R2	R3	R4上	R4下	R5上
自動制御	2	1	0	5	1	2	1	2	2	1

ポイント

試験では，各制御方法の特徴，構成を問う問題や，伝達関数を求める問題が出題されます。伝達関数は複雑なブロック線図が出題されることもありますが，一つ一つ順番に考えることで，確実に解答することができます。試験での出題数は少なめですが，伝達関数に関する計算問題はよく出題されるので，しっかりと理解して確実に得点できるようにしましょう。

SECTION 01 自動制御

このSECTIONで学習すること

1 自動制御の概要

制御を自動的に行う自動制御と，その3つの種類について学びます。

2 フィードバック制御

自動制御の一つであるフィードバック制御のしくみについて学びます。

3 フィードバック制御とブロック線図

ブロック線図を利用して信号の流れを簡潔に表す方法について学びます。

4 伝達関数とブロック線図

ブロック線図を構成する各要素と，等価変換をする方法について学びます。

5 ステップ応答と安定性

フィードバック制御システムにおける安定した制御系と不安定な制御系の特性について学びます。

6 ボード線図

ゲイン特性曲線と位相特性曲線からなるボード線図について学びます。

7 ボード線図の描き方

試験に出題されやすい一次遅れのボード線図の描き方について学びます。

8 ナイキスト線図

制御系の安定性判別に利用されるナイキスト線図について学びます。

1 自動制御の概要

重要度★★★

制御(せいぎょ)とは，目標の状態にするために操作を加えることをいいます。たとえば，車を運転していてスピードが速すぎたら，適正なスピードにするために，ブレーキを踏むという行為をします。これが制御です。

自動制御(じどうせいぎょ)とは，このような制御を機械装置によって自動的に行うようにすることをいいます。自動制御には，❶シーケンス制御，❷フィードバック制御，❸フィードフォワード制御があります。

板書 自動制御の種類

制御の種類	定義
❶シーケンス制御	あらかじめ定められた順序に従い制御の各段階を逐次進めていく制御 →自動販売機や交通信号機がこれにあたります（自販機でいえば，お金が入ったらランプを点灯させ，ボタンが押されたらジュースを出す）
❷フィードバック制御	フィードバックによって制御量を目標値と比較し，それらを一致させるように操作量を決定する制御 →比較してから修正に入るので反応が遅いという欠点があります →フィードバックとは，出力した結果を次回の調整のために入力側に戻すことです
❸フィードフォワード制御	目標値，外乱（障害となる信号）などの情報に基づいて，操作量を決定する制御 →フィードフォワード制御では，制御を乱すような外乱が発生したとしても，制御量に影響する前に，すみやかに修正を行うことができます

問題集 問題104

2 フィードバック制御

重要度★★★

フィードバック制御の具体例として，水温を一定に保つしくみがあげられます。**フィードバック制御**とは，フィードバックによって制御量（現在の水温）を目標値（快適な25℃）と比較し，制御量を目標値に一致させるように操作量を決定する制御のことです。

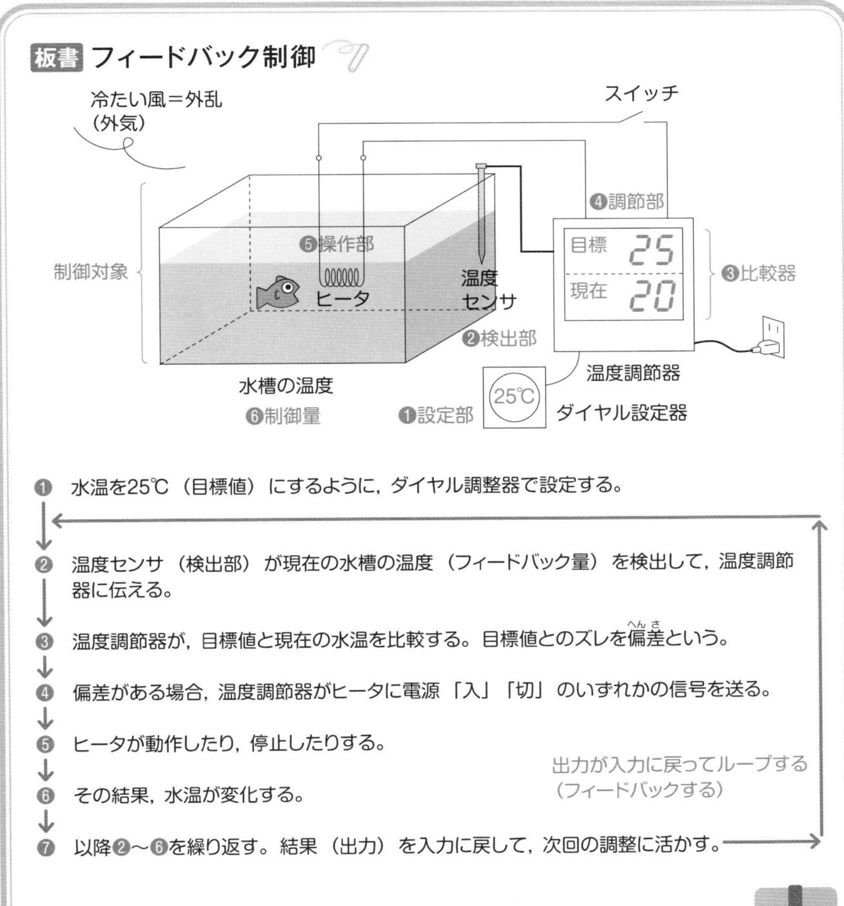

板書 フィードバック制御
冷たい風＝外乱
（外気）
スイッチ
❹調節部
❺操作部
制御対象
温度
センサ
ヒータ
目標 25
現在 20
❸比較器
❷検出部
温度調節器
水槽の温度
❻制御量
❶設定部
25℃
ダイヤル設定器
❶ 水温を25℃（目標値）にするように，ダイヤル調整器で設定する。
❷ 温度センサ（検出部）が現在の水槽の温度（フィードバック量）を検出して，温度調節器に伝える。
❸ 温度調節器が，目標値と現在の水温を比較する。目標値とのズレを偏差（へんさ）という。
❹ 偏差がある場合，温度調節器がヒータに電源「入」「切」のいずれかの信号を送る。
❺ ヒータが動作したり，停止したりする。
❻ その結果，水温が変化する。
❼ 以降❷～❻を繰り返す。結果（出力）を入力に戻して，次回の調整に活かす。
出力が入力に戻ってループする
（フィードバックする）

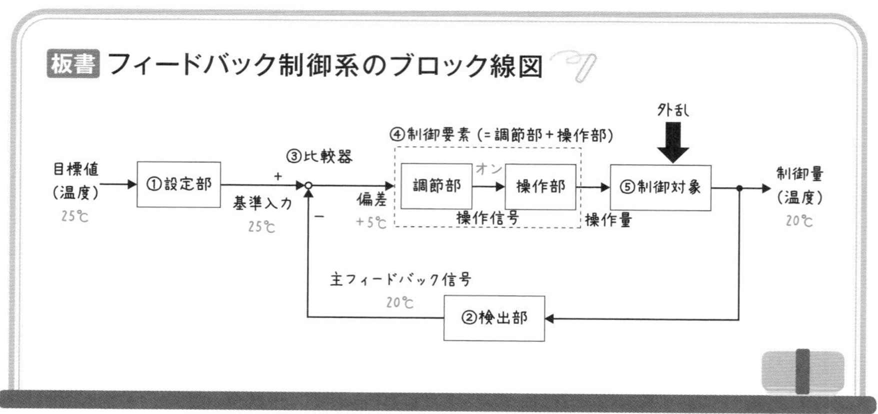

ひとこと

この図は何度か描いて，選択問題で各用語を選択できるようにしましょう。

問題集 問題105 問題106

3 フィードバック制御とブロック線図 重要度★★★

フィードバック制御では，システムからの出力yが目標値rとずれていれば，修正を行います。この様子は，ブロック線図を使うと簡潔に表現することができます。ブロック線図とは，信号の流れを表す図です。

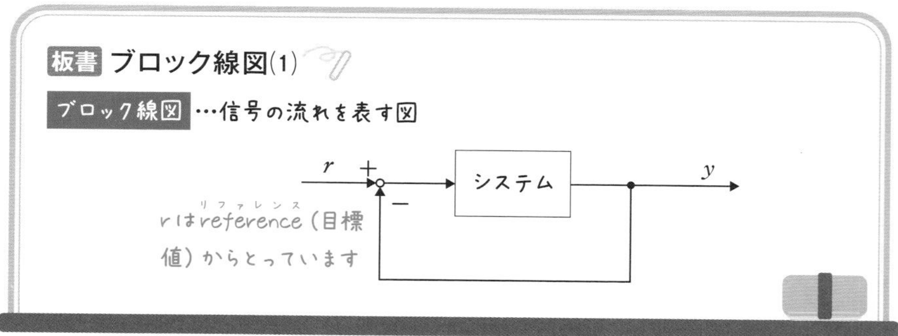

板書 ブロック線図(1)
ブロック線図 …信号の流れを表す図
r
＋
－
システム
y
rはreference（リファレンス）（目標値）からとっています

ブロック線図では，ある入力XがブロックGを通過したら，G倍されてGXになると考えます。入力値にブロック（箱）のなかに書かれている式が，掛け算されて出てきます。

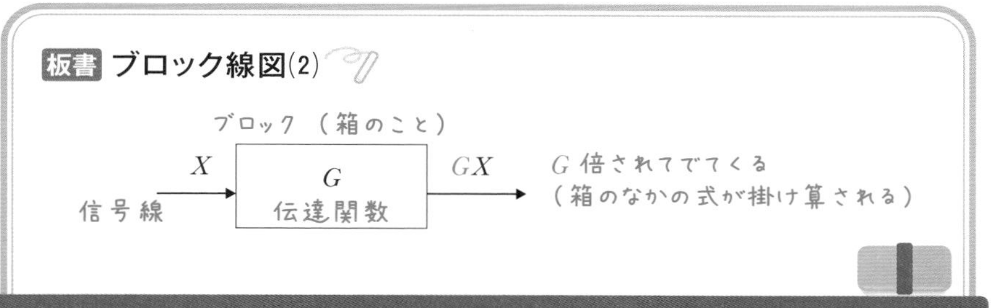

このブロックのなかの式を**伝達関数**（でんたつかんすう）といいます。入力や出力の流れを表す矢印を**信号線**（しんごうせん）といいます。

ひとこと

伝達関数は$G(s)$と書かれることもあります。

ここで，基本的なフィードバック制御をブロック線図で表すと，次のように描くことができます。

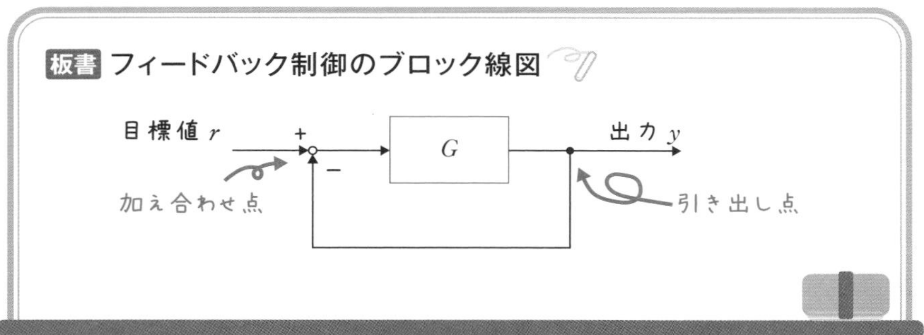

ブロックを通って出力された値は，**引き出し点**を通過してフィードバックされます。**加え合わせ点**では，目標値とのズレである $(r-y)$ の偏差を計算する様子を表しています。偏差 $(r-y)$ を再びシステムに入力し，偏差をなくすような操作を繰り返します。

4 伝達関数とブロック線図

重要度★★☆

ブロック線図を理解するには，①ブロック，②信号線，③加え合わせ点，④引き出し点といった基本的な記号を把握しておく必要があります。

I 伝達関数とブロック

ブロックは，伝達関数を囲んでいる箱の部分を指し，入力信号を受け取って，出力信号に変換している様子を表します。

伝達関数（でんたつかんすう）は，入力を受け取り，出力に変換する関数のことです。伝達関数は，入力信号と出力信号の比で定義されます。

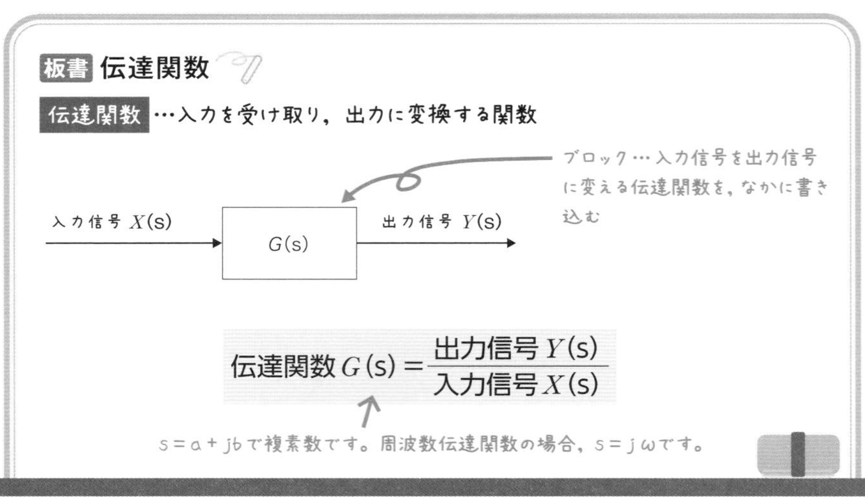

板書 伝達関数
伝達関数…入力を受け取り，出力に変換する関数
ブロック…入力信号を出力信号に変える伝達関数を，なかに書き込む
入力信号 X(s)
G(s)
出力信号 Y(s)
伝達関数 G(s) = 出力信号 Y(s) / 入力信号 X(s)
s = a + jb で複素数です。周波数伝達関数の場合，s = jω です。

ブロック線図（並列結合）の等価変換の導き方

次の並列結合の合成伝達関数 W を求めなさい。

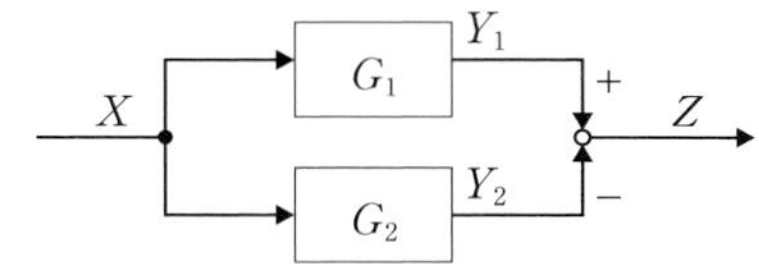

入力 X は，G_1 を通過すると G_1 倍されるから，$Y_1 = G_1X$

入力 X は，G_2 を通過すると G_2 倍されるから，$Y_2 = G_2X$

加え合わせ点を通過すると，$Z = G_1X - G_2X = (G_1 - G_2)X$

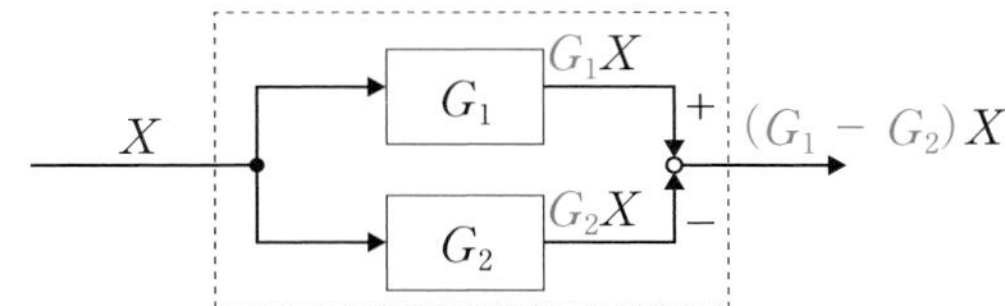

これは，$(G_1 - G_2)$ 倍されるようなブロック1個に置き換えられることを意味する。

したがって，合成伝達関数 $W = G_1 - G_2$ となる。

ブロック線図（フィードバック結合）の等価変換の導き方

次のフィードバック結合の合成伝達関数を求めなさい。

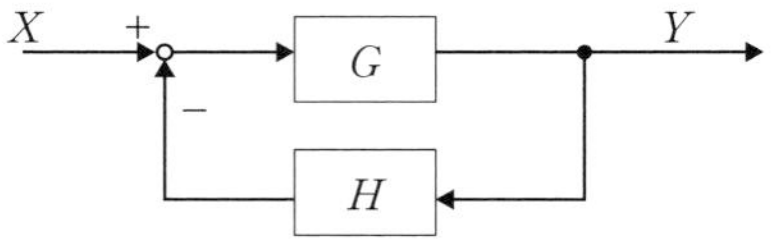

逆から考えると解くことができる。出力 Y は引き出し点を通過して，ブロック H に入ることに注目する。

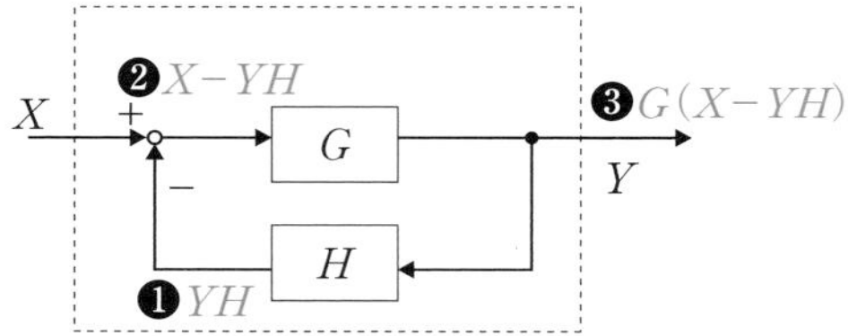

❶ Y が，H を通過すると H 倍されるから，YH

❷ 加え合わせ点を通過すると，$X - YH$

❸ $X - YH$ が G を通過すると，$G(X - YH)$

出力 Y は，❸と一致するはずだから，以下の方程式を Y について解くと，

$$Y = G(X - YH)$$

$$Y = GX - GYH$$

$$Y + GYH = GX$$

$$(1 + GH)Y = GX$$

$$\therefore Y = \frac{G}{1 + GH}X$$

これは，$\left(\frac{G}{1 + GH}\right)$ 倍されるようなブロック1個に置き換えられることを意味する。

したがって，合成伝達関数は $\frac{G}{1 + GH}$ となる。

ひとこと

フィードバック結合のなかに，さらにフィードバック結合がある場合は，内側のフィードバック結合から考えていきます。内側のフィードバック結合をマイナーループ，外側のフィードバック結合をメジャーループといいます。

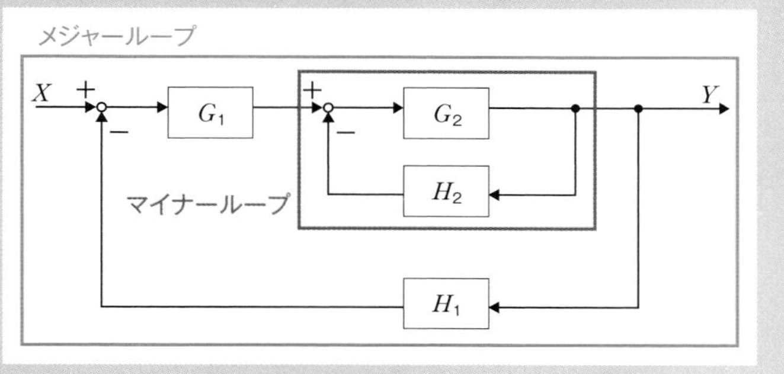

フィードバック結合の一種である**直結フィードバック結合**の場合，合成伝達関数Wは以下のようになります。

公式　ブロック線図（直結フィードバック結合）

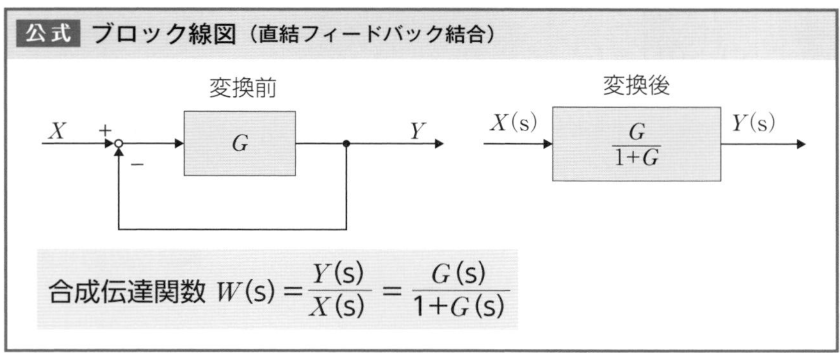

合成伝達関数 $W(s)=\dfrac{Y(s)}{X(s)}=\dfrac{G(s)}{1+G(s)}$

ブロック線図（直結フィードバック結合）の等価変換の導き方

直結フィードバック結合の合成伝達関数を求めなさい。

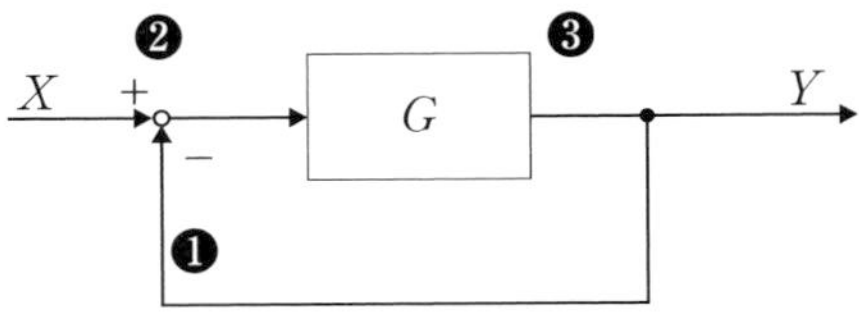

出力 Y は，❸と一致するはずだから，

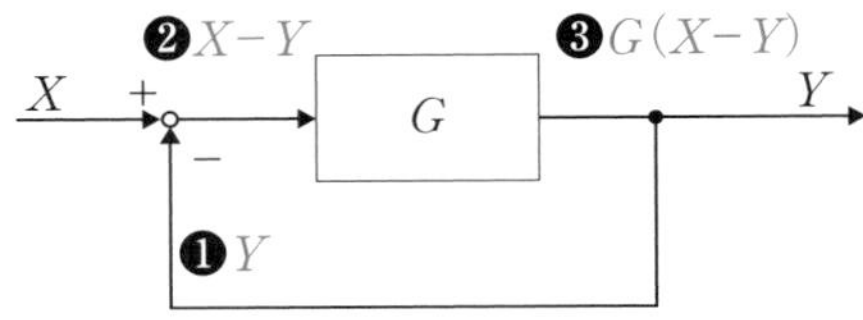

$$Y = G(X - Y)$$

$$Y = GX - GY$$

$$Y + GY = GX$$

$$(1 + G)Y = GX$$

$$\therefore Y = \frac{G}{1 + G}X$$

したがって，合成伝達関数は，$\dfrac{G}{1 + G}$ となる。

問題集 問題107 問題108

VI 周波数伝達関数

1 周波数伝達関数とは

ある電気システムに角周波数ω[rad/s]の正弦波交流信号を入力した場合のブロック線図を考えます。

周波数伝達関数（しゅうはすうでんたつかんすう）$G(\mathrm{j}\omega)$とは，伝達要素に角周波数ωの正弦波交流信号を加えた場合の，出力信号と入力信号の比をいいます。

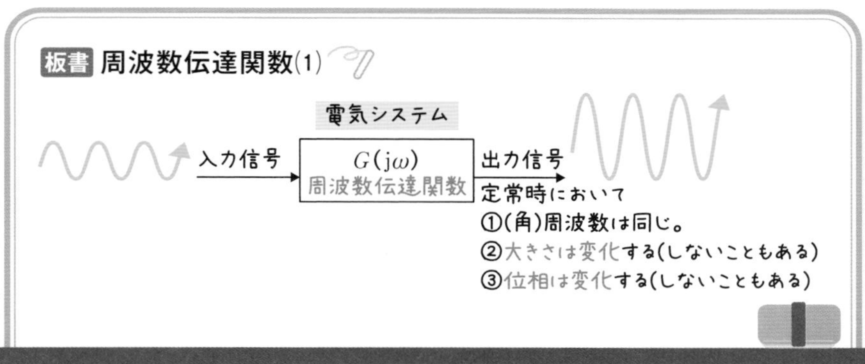

板書 周波数伝達関数(1)
電気システム
入力信号
G(jω)
周波数伝達関数
出力信号
定常時において
①(角)周波数は同じ。
②大きさは変化する(しないこともある)
③位相は変化する(しないこともある)

2 周波数伝達関数$G(\mathrm{j}\omega)$の意味

この$G(\mathrm{j}\omega)$は，入ってくる角周波数ωによって，❶「大きさを変化させる度合い」や，❷「位相を変化させる度合い」が変化するシステムについて考えられるようにしています。

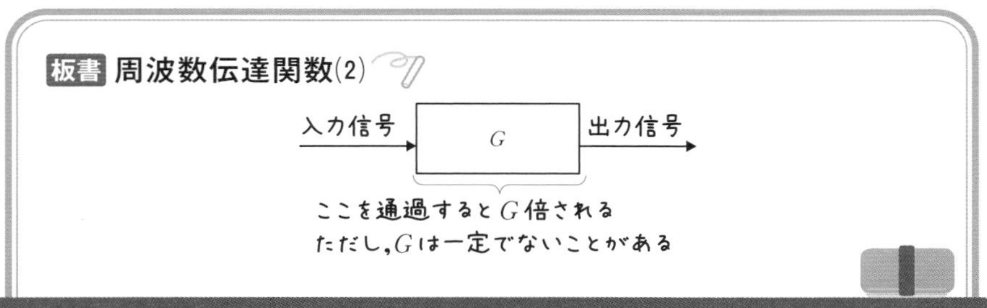

板書 周波数伝達関数(2)
入力信号
G
出力信号
ここを通過するとG倍される
ただし，Gは一定でないことがある

たとえば，インダクタンス$L=2\,\mathrm{H}$のコイルを考えます。リアクタンスは$\mathrm{j}\omega L=2\times\mathrm{j}\omega\,[\Omega]$となります。入力電圧$\dot{V}$を加えると，どんな出力電流$\dot{I}$が流れるかを考えます。

$\dot{V}$[V]

$\mathrm{j}\omega L[\Omega]$

ちゃんと回路を構成していて，
電流は流れるとします。

オームの法則より，$\dot{I}=\dfrac{\dot{V}}{\mathrm{j}\omega L}=\dfrac{\dot{V}}{2\times\mathrm{j}\omega}$なのでブロック線図は次のようになります。

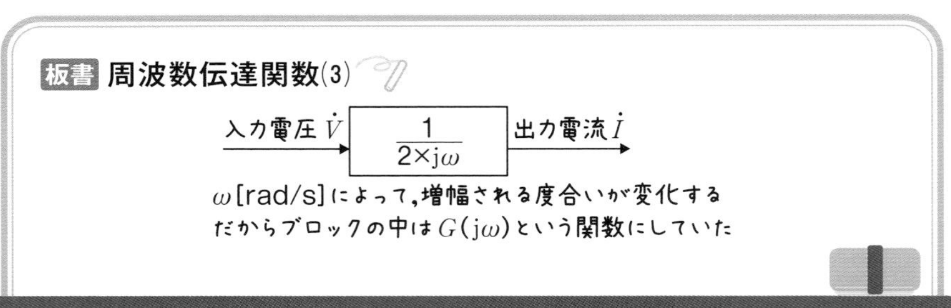

板書 周波数伝達関数(3)
入力電圧 $\dot{V}$
$\dfrac{1}{2\times \mathrm{j}\omega}$
出力電流 $\dot{I}$
ω[rad/s]によって，増幅される度合いが変化する
だからブロックの中は$G(\mathrm{j}\omega)$という関数にしていた

3 ゲインと位相

ある伝達要素に，ある周波数の振幅(しんぷく) A の正弦波を加えたときに，出力として同じ周波数の振幅 B の正弦波が得られたとします。

このとき，入力信号と出力信号の振幅比(しんぷくひ)を**ゲイン**といいます。また，入力と出力の時間軸上のずれを**位相**といいます。

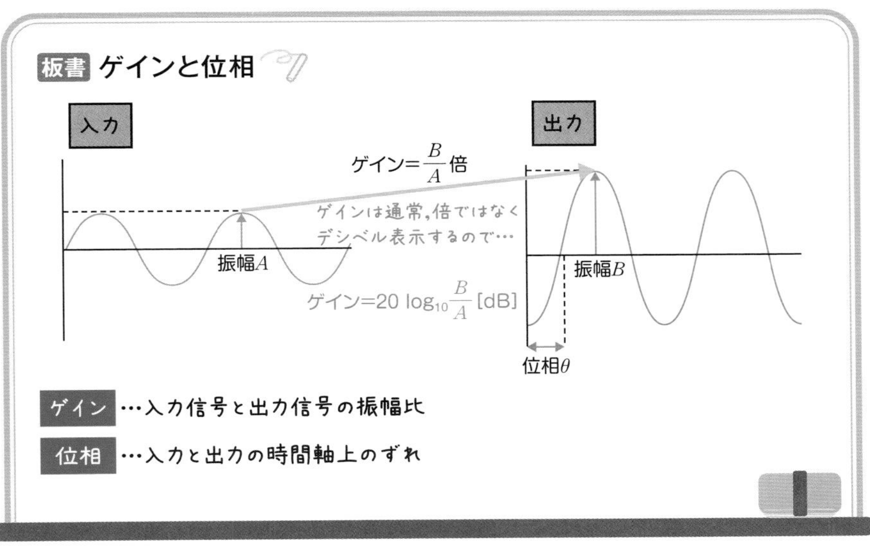

板書 ゲインと位相
入力
出力
ゲイン$=\frac{B}{A}$倍
ゲインは通常，倍ではなくデシベル表示するので…
振幅A
振幅B
ゲイン$=20\log_{10}\frac{B}{A}$ [dB]
位相θ
ゲイン …入力信号と出力信号の振幅比
位相 …入力と出力の時間軸上のずれ

ひとこと

入力信号を何らかのシステム（電気回路）に入れたとき，出力信号の大きさ（振幅(しんぷく)）を変えたり（ゲイン），位相を変えたりするということです。

ゲインは $|G(j\omega)|$ で表すことができ，位相 θ は $\angle G(j\omega)$ と表すことができます。なお，ゲインは通常，デシベル[dB]という単位で表示します。ゲインを[倍]ではなく[dB]単位で表示する場合，ゲインの常用対数に20を掛けます。

比率[倍]による表示　$|G(j\omega)|$[倍]

デシベル単位による表示

❶ゲイン $|G(j\omega)|$ の　$|G(j\omega)|$[倍]

⇩

❷常用対数をとり　$\log_{10}|G(j\omega)|$

⇩

❸20を掛けます　$20\log_{10}|G(j\omega)|$[dB]

つまり，デシベル単位で表したゲインを g とすると，

$$g = 20\log_{10}|G(j\omega)|$$

と表すことができます。

公式　周波数伝達関数のゲイン g[dB]と位相 θ[°]

$$g = 20\log_{10}|G(j\omega)|$$
$$\theta = \angle G(j\omega)$$

周波数伝達関数：$G(j\omega)$
ゲイン：g[dB]
位相：θ[°]

ひとこと

交流の表示方法に，$\dot{V} = V\angle\theta$ という方法があったことを思い出してください。V は大きさ，θ は位相でした。同様に，$G(j\omega) = |G(j\omega)|\angle G(j\omega)$ と表せるということです。

ただし，大きさの $|G(j\omega)|$ が $j\omega$ の関数になっているので，ω しだいで大きくなったり小さくなったりします。位相の $\angle G(j\omega)$ も ω しだいで変化します。

基本例題　周波数伝達関数のゲインと位相①比例要素

以下の電気回路の①周波数伝達関数$G(\mathrm{j}\omega)$，②ゲインg[dB]，③位相θ[°]を求めなさい。ただし，入力は電流$\dot{I}$[A]，出力は電圧$\dot{V}$[V]とする。

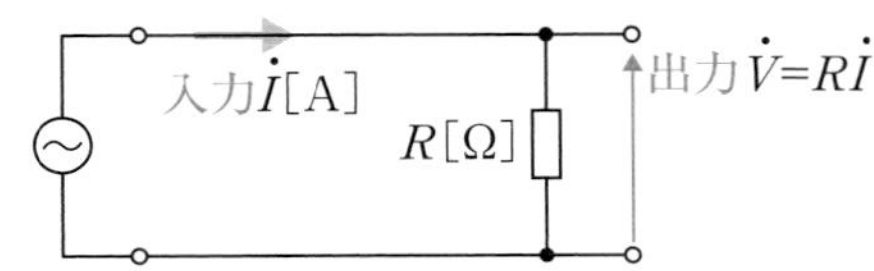

解答

周波数伝達関数は入力と出力の比だから，

$$周波数伝達関数\ G(\mathrm{j}\omega)=\frac{出力\ \dot{V}}{入力\ \dot{I}}=\frac{R\dot{I}}{\dot{I}}=R\cdots①$$

ゲインg[dB]は，$20\log_{10}|G(\mathrm{j}\omega)|$で求められる。これに①式を代入して，

$$\begin{aligned} g &= 20\log_{10}|G(\mathrm{j}\omega)| \\ &= 20\log_{10}|R| \end{aligned}$$

ここで，複素数$a+\mathrm{j}b$の絶対値は，$\sqrt{a^2+b^2}$だから，Rの絶対値は，$\sqrt{R^2+0^2}=R$

したがって，

$$\begin{aligned} g &= 20\log_{10}|G(\mathrm{j}\omega)| \\ &= 20\log_{10}|R| \\ &= 20\log_{10}R\text{[dB]}\cdots② \end{aligned}$$

また，Rの位相は，ベクトル図より

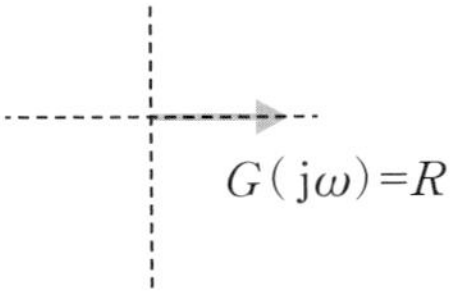

$$G(\mathrm{j}\omega)=R$$

$$\begin{aligned} \theta &= \angle R \\ &= 0°\cdots③ \end{aligned}$$

基本例題　周波数伝達関数のゲインと位相②積分要素

以下の電気回路の①周波数伝達関数$G(j\omega)$，②ゲインg[dB]，③位相θ[°]を求めなさい。ただし，入力は電流$\dot{I}$[A]，出力は電圧$\dot{V}$[V]とする。

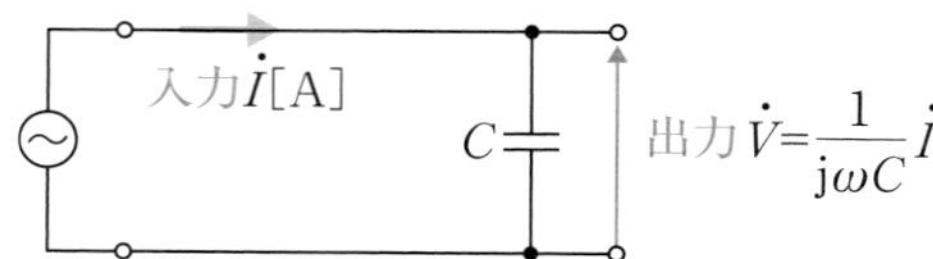

解答

周波数伝達関数は入力と出力の比だから，

$$周波数伝達関数G(j\omega)=\frac{出力\dot{V}}{入力\dot{I}}=\frac{\frac{1}{j\omega C}\dot{I}}{\dot{I}}=\frac{1}{j\omega C}\cdots①$$

ゲインg[dB]は，$20\log_{10}|G(j\omega)|$で求められる。これに①式を代入して，

$$g=20\log_{10}|G(j\omega)|$$
$$=20\log_{10}\left|\frac{1}{j\omega C}\right|$$

ここで，複素数$a+jb$の絶対値は，$\sqrt{a^2+b^2}$だから，$\dfrac{1}{j\omega C}$の絶対値は，$\sqrt{0^2+\left(\dfrac{1}{\omega C}\right)^2}$ $=\dfrac{1}{\omega C}$

したがって，

$$g=20\log_{10}|G(j\omega)|$$
$$=20\log_{10}\left|\frac{1}{j\omega C}\right|$$
$$=20\log_{10}\frac{1}{\omega C}$$
$$=20\log_{10}\frac{1}{\omega C}[\text{dB}]\cdots②$$

また，$\dfrac{1}{j\omega C}$の位相は，ベクトル図より

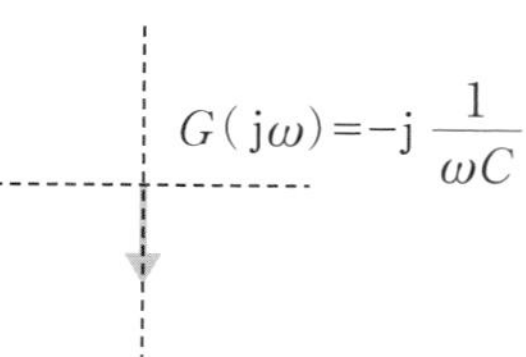

$$\theta=\angle\left(\frac{1}{j\omega C}\right)=\angle\left(-j\frac{1}{\omega C}\right)$$
$$=-90°\cdots③$$

基本例題 周波数伝達関数のゲインと位相③微分要素

以下の電気回路の①周波数伝達関数$G(j\omega)$，②ゲインg[dB]，③位相θ[°]を求めなさい。ただし，入力は電流$\dot{I}$[A]，出力は電圧$\dot{V}$[V]とする。

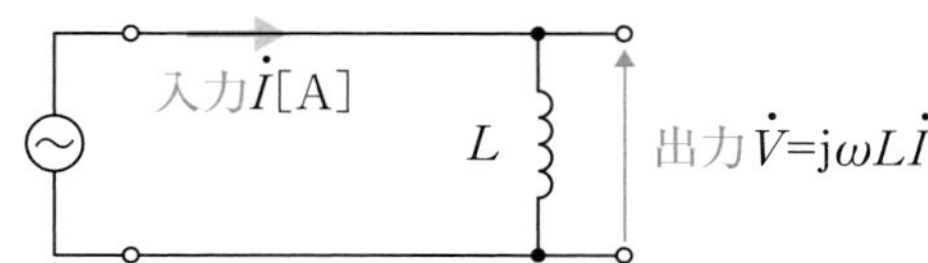

解答

周波数伝達関数は入力と出力の比だから，

$$周波数伝達関数G(j\omega)=\frac{出力\dot{V}}{入力\dot{I}}=\frac{j\omega L\dot{I}}{\dot{I}}=j\omega L\cdots①$$

ゲインg[dB]は，$20\log_{10}|G(j\omega)|$で求められる。これに①式を代入して，

$$g=20\log_{10}|G(j\omega)|$$
$$=20\log_{10}|j\omega L|$$

ここで，複素数$a+jb$の絶対値は，$\sqrt{a^2+b^2}$だから，$j\omega L$の絶対値は，$\sqrt{0^2+(\omega L)^2}=\omega L$

したがって，

$$g=20\log_{10}|G(j\omega)|$$
$$=20\log_{10}|j\omega L|$$
$$=20\log_{10}\omega L\text{[dB]}\cdots②$$

また，$j\omega L$の位相は，ベクトル図より

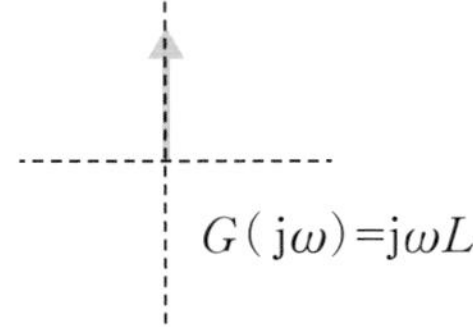

$$\theta=\angle j\omega L$$
$$=90°\cdots③$$

以下同様に考えて，基本回路の周波数伝達関数は以下のとおりです。

板書 基本回路の周波数伝達関数

	電気回路（赤字が周波数伝達関数）	
比例要素(ひれいようそ)（P動作）	入力$\dot{I}$, R, $\dot{V}=R\dot{I}$	出力が，入力に対して遅れなく比例して変化する
積分要素(せきぶんようそ)（I動作）	入力$\dot{I}$, C, $\dot{V}=\dfrac{1}{\mathrm{j}\omega C}\dot{I}$	出力が，入力を時間で積分した値に比例して変化する
微分要素(びぶんようそ)（D動作）	入力$\dot{I}$, L, $\dot{V}=\mathrm{j}\omega L\dot{I}$	出力が，入力を時間で微分した値に比例して変化する
一次遅れ要素	入力$\dot{V}_\mathrm{i}$, R, C, $\dot{V}=\dfrac{1}{1+\mathrm{j}\omega CR}\dot{V}_\mathrm{i}$	一般式は $G(\mathrm{j}\omega)=\dfrac{K}{1+\mathrm{j}\omega T}$ ゲイン定数：K，時定数：T
二次遅れ要素	入力$\dot{V}_\mathrm{i}$, $R[\Omega]$, L, C, $\dot{V}=\dfrac{1}{(\mathrm{j}\omega)^2CL+\mathrm{j}\omega CR+1}\dot{V}_\mathrm{i}$	一般式は $G(\mathrm{j}\omega)=\dfrac{\omega_\mathrm{n}^2}{(\mathrm{j}\omega)^2CL+\mathrm{j}2\omega\zeta\omega_\mathrm{n}+\omega_\mathrm{n}^2}$ 固有角周波数：ω_n 減衰係数：ζ

ひとこと

ζは，ギリシャ文字でツェータやゼータやジータと読み，アルファベットのZにあたるものです。

5 ステップ応答と安定性

重要度★★☆

I 安定な制御システム

フィードバック制御システムに，目標値としてステップ信号を入力したとします。今回，ステップ信号を，ある時刻t_1までは0で，時刻t_1から急に1の大きさになるような階段状の信号（関数）とします。

ひとこと

ステップ信号とはある時刻までは0で，そこからの値が一定になる信号のことです。

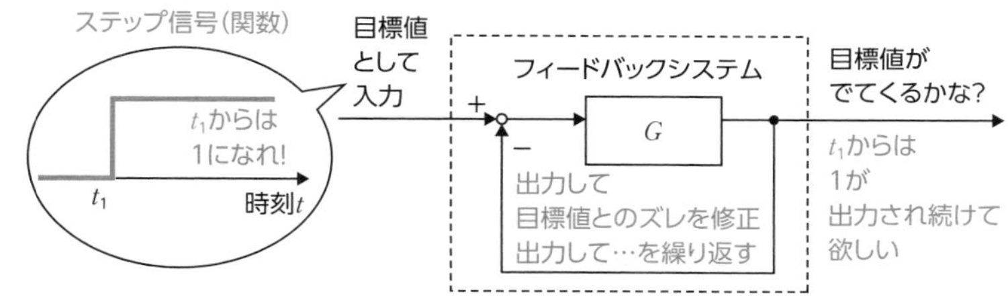

理想的には，あるシステムに目標値としてステップ信号を入力したなら，出力として目標値に一致するステップ信号が出力されるべきです。しかし実際には，次のような信号が出力されることがあります。

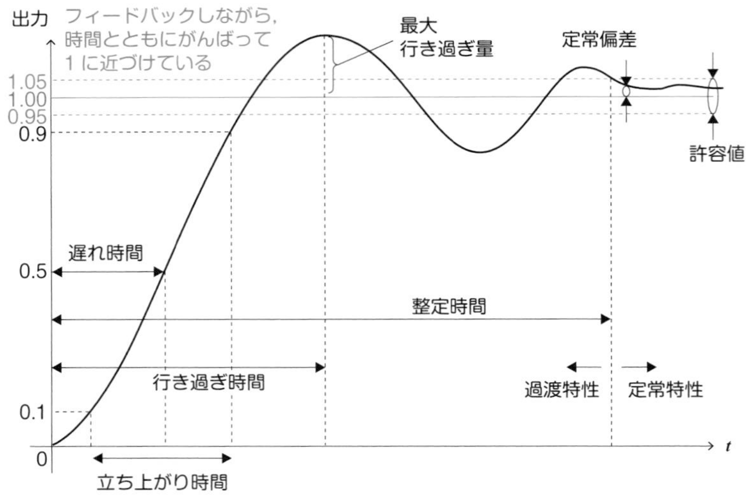

上の例では，時間の経過とともに目標値に向かって出力が上がりますが，何度か行き過ぎます。これを**オーバーシュート**といいます。行き過ぎた最大の量を，**最大行き過ぎ量**といいます。

行き過ぎた場合は，修正されて戻っていきます。これを繰り返し，やがて許容できる値（**許容値**）にズレが落ち着いていきます。このような性質のシステムを**安定した制御系**といいます。目標値に落ち着くまでの時間はなるべく短いほうが良いシステムといえます。

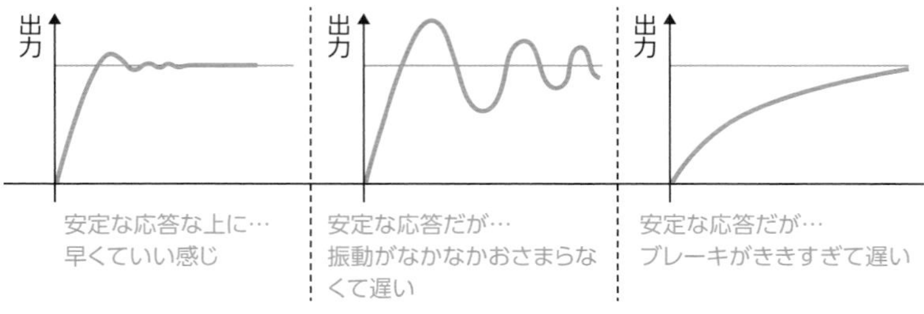

Ⅱ 不安定な制御システム

フィードバックシステムにおいて，余計な修正を連続して加えているなどが原因で，いつまでも目標値に到達できないことがあります。このような特性のシステムを**不安定な制御系**といいます。

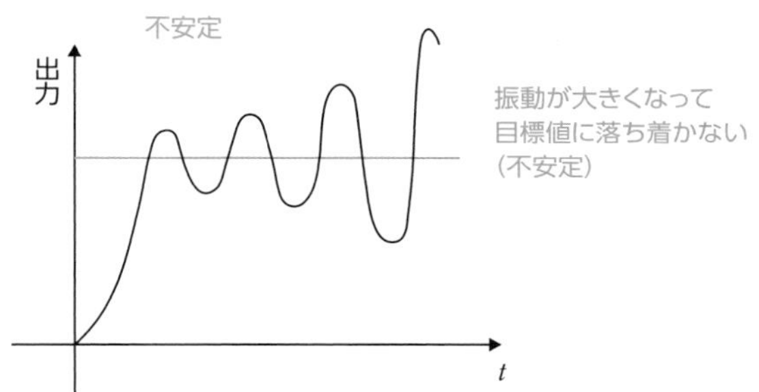

また，以下のように，ずっと目標値の前後を出力値が振動し続ける現象を**ハンチング**といいます。

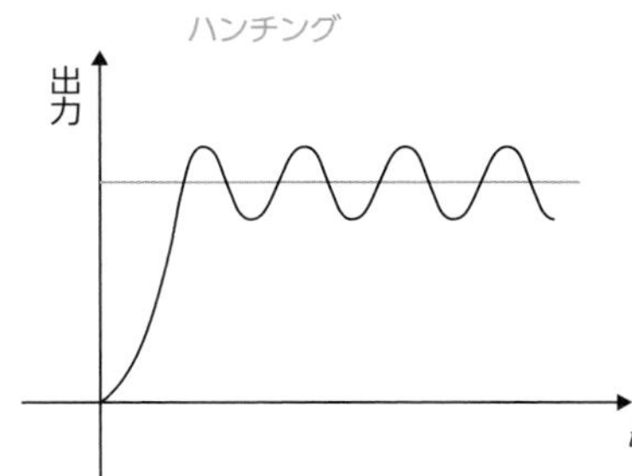

Ⅲ 比例動作と微分動作と積分動作

目標値と出力値のズレを**偏差**(へんさ)（誤差信号）といいます。偏差をなくすことが制御の目的です。

1 比例動作（P動作）

比例動作(ひれいどうさ)とは，目標値と制御量の差である偏差に比例して操作量を変化させる制御動作をいいます。

偏差に対して比例した修正を加える動作をすると，偏差は小さくなっていきます。しかし，何度も行ううちに，操作量も小さくなっていくので，定常偏差が残り，目標値と完全に一致させることはできません。

2 積分動作（I動作）

積分動作(せきぶんどうさ)は，偏差の積分値に比例して操作量を変化させる制御動作をいいます。偏差がゼロになるまで制御動作を行うので，定常偏差をなくすことができます。

3 微分動作（D動作）

微分動作(びぶんどうさ)とは，偏差の微分値に比例して操作量を変化させる制御動作をいいます。微分動作は，より早く偏差を減衰させる効果があります。しかし，オーバーシュートを発生させたり，タイミングによっては偏差を増幅して不安定にさせたりしてしまうことがあります。

問題集 問題109 問題110

6 ボード線図

重要度★★☆

ボード線図とは，横軸に角周波数ω，縦軸にゲインと位相をとって描いた二本で一組の線図をいい，❶角周波数とゲインの関係を表す**ゲイン特性曲線**，❷角周波数と位相の関係を表す**位相特性曲線**の2本の特性曲線からなります。

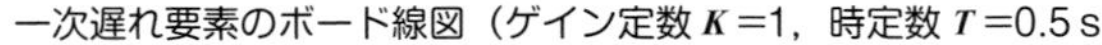

一次遅れ要素のボード線図（ゲイン定数 K =1，時定数 T =0.5 s）

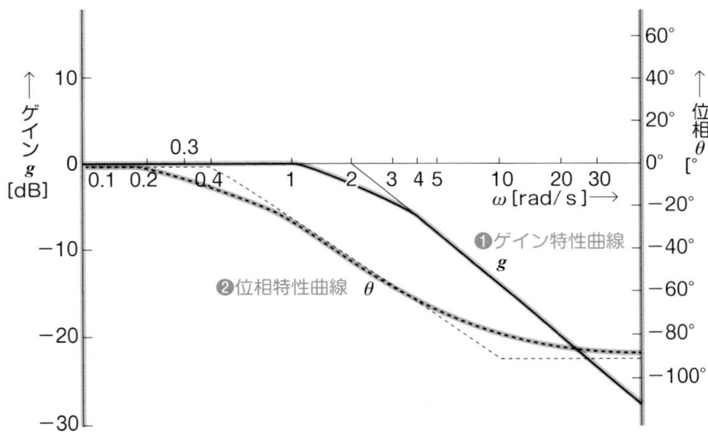

ひとこと

横軸は普通の均等な目盛ではなく，対数目盛をとります。
縦軸の❶ゲインは[dB]を単位とし，❷位相は等分目盛でとります。

ひとこと

通常の目盛は，2点間の距離が2点の数値の差に比例します。
しかし，対数目盛は2点間の距離が2点の数値の常用対数の差に比例します。

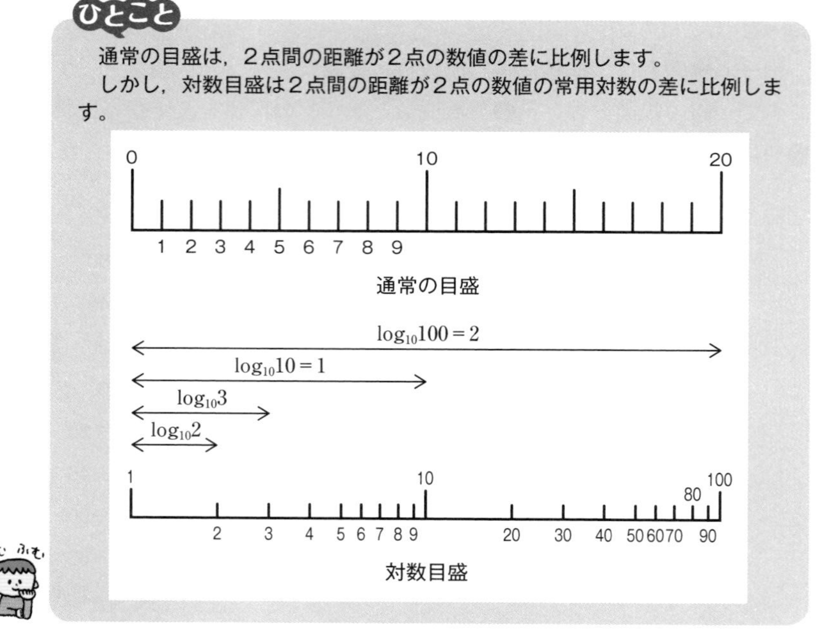

また，フィードバック制御システムが安定か調べる方法に，一巡伝達関数 $G(j\omega)H(j\omega)$ のボード線図を利用する方法があります。

ここで，**ゲイン余裕**とは，位相が－180°のとき，ゲインが0 dBから何dBの余裕があるかを示したものをいい，**位相余裕**とは，ゲインが0 dBのとき，位相が－180°から何度の余裕があるかを示したものをいいます。

板書 ボード線図における安定条件

❶位相θ=−180°において，ゲインg<0 dBであること

ゲイン余裕…位相が−180°のとき，ゲインが0 dBから何dBの余裕があるかを示したもの

❷ゲインg=0 dBにおいて，位相θ>−180°であること

位相余裕…ゲインが0 dBのとき，位相が−180°から何度の余裕があるかを示したもの

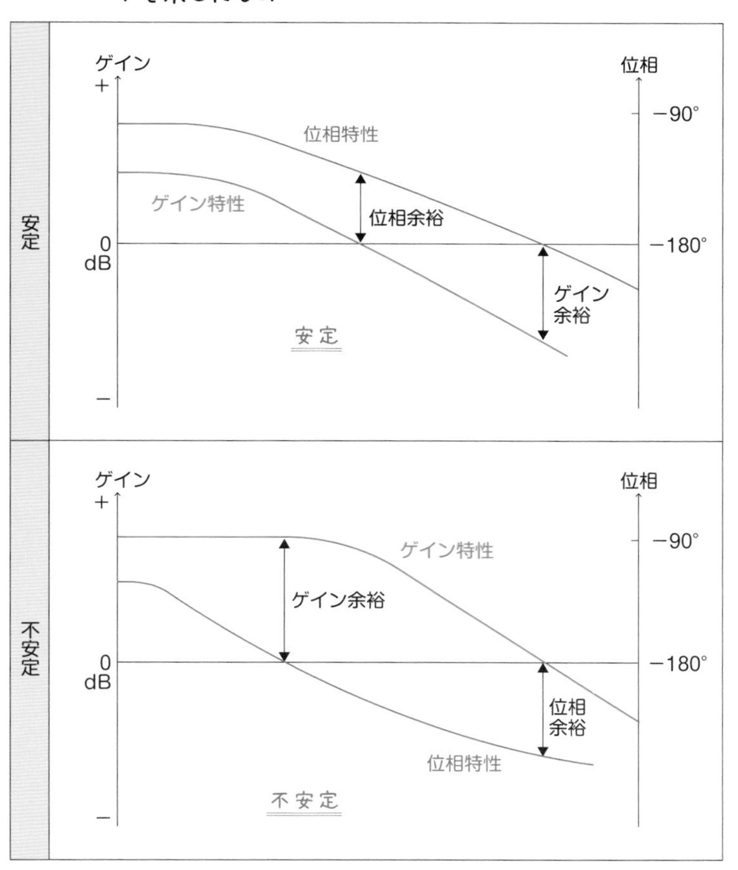

7 ボード線図の描き方

重要度★★☆

一次遅れ要素のボード線図が出題されやすいので，まず，一次遅れ要素の回路のゲインと位相について考えてみましょう。

基本例題 周波数伝達関数のゲインと位相④一次遅れ要素

以下の電気回路の①周波数伝達関数 $G(j\omega)$，②ゲイン g[dB]，③位相 θ [°]を求めなさい。ただし，入力は電圧 $\dot{V}_i$[V]，出力は電圧 $\dot{V}$[V]とする。なお，時定数 $T=CR=0.5$ s とする。

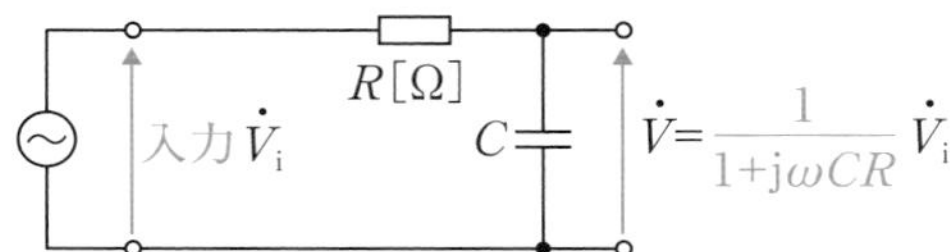

解答

STEP 1 ①周波数伝達関数 $G(j\omega)$

R と C で分圧するから，分圧の公式より，

$$\dot{V}=\frac{\left(\dfrac{1}{j\omega C}\right)}{R+\left(\dfrac{1}{j\omega C}\right)}\times\dot{V}_i$$

分母と分子に $j\omega C$ を掛けて，

$$\dot{V}=\frac{\left(\dfrac{1}{j\omega C}\right)\times j\omega C}{\left\{R+\left(\dfrac{1}{j\omega C}\right)\right\}\times j\omega C}\dot{V}_i$$

$$=\frac{1}{1+j\omega CR}\dot{V}_i$$

周波数伝達関数は入力と出力の比だから，

$$\text{周波数伝達関数 } G(j\omega)=\frac{\dot{V}}{\dot{V}_i}=\frac{1}{1+j\omega CR}$$

時定数 $T=CR$ だから，これを代入して，

$$\text{周波数伝達関数 } G(j\omega)=\frac{1}{1+j\omega CR}=\frac{1}{1+j\omega T}\cdots①$$

STEP2 ②ゲインg[dB]

ゲインg[dB]は，$20\log_{10}|G(\mathrm{j}\omega)|$で求められる。これに①式を代入して，

$$g=20\log_{10}|G(\mathrm{j}\omega)|$$
$$=20\log_{10}\left|\frac{1}{1+\mathrm{j}\omega T}\right|$$

ここで，複素数の分数の絶対値$=\frac{分子の絶対値}{分母の絶対値}$で計算できるから，

$$g=20\log_{10}\frac{\sqrt{1^2}}{\sqrt{1^2+(\omega T)^2}}=20\log_{10}\frac{1}{\sqrt{1^2+(\omega T)^2}}$$

また$\frac{1}{x}$は，xの-1乗であるから

$$g=20\log_{10}\{\sqrt{1^2+(\omega T)^2}\}^{-1}$$

$\log x^a$のaは，logの前に出せるから，

$$g=(-1)\times 20\log_{10}\sqrt{1^2+(\omega T)^2}$$
$$=-20\log_{10}\sqrt{1^2+(\omega T)^2}\cdots②$$

STEP3 ③位相θ[°]

また周波数伝達関数$G(\mathrm{j}\omega)=\frac{1}{1+\mathrm{j}\omega T}$の位相$\theta$[°]は，

$$\theta=\angle\left(\frac{1}{1+\mathrm{j}\omega T}\right)$$

複素数の割り算では，偏角について引き算になるから，

$$\theta=\angle 1-\angle(1+\mathrm{j}\omega T)$$

$\angle 1=0°$だから，

$$\theta=-\angle(1+\mathrm{j}\omega T)$$

この式が表す角度は，実軸方向に1進み，虚軸方向にωT進んだ角度α[°]にマイナスを掛けた角度であるとわかる（図1）。ゆえに，$\tan^{-1}\frac{y}{x}$の形で書くと，

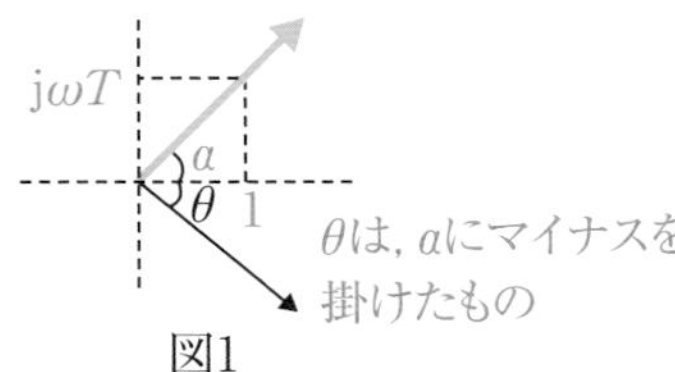

図1

$$-\angle(1+\mathrm{j}\omega T)=-\tan^{-1}\frac{\omega T}{1}$$
$$=-\tan^{-1}\omega T$$

ゆえに，周波数伝達関数$G(\mathrm{j}\omega)=\frac{1}{1+\mathrm{j}\omega T}$の位相$\theta$[°]は，

$$\theta=\angle\left(\frac{1}{1+\mathrm{j}\omega T}\right)=-\tan^{-1}\omega T[°]\cdots③$$

基本例題の解答からボード線図を描いてみましょう。

❶角周波数ωとゲインgの関係を表す式（$g = -20\log_{10}\sqrt{1^2+(\omega T)^2}$）がわかったので，ゲイン特性曲線（とくせいきょくせん）が描けます。

❷角周波数ωと位相θの関係を表す式（$\theta = -\tan^{-1}\omega T$）がわかったので，位相特性曲線（いそうとくせいきょくせん）が描けます。

角周波数ω[rad/s]が時定数の逆数である$\dfrac{1}{T}$と等しいとき，これを**折れ点角周波数**（おれてんかくしゅうはすう）といいます。ゲインgについて考えると，

❶$\omega \ll \dfrac{1}{T}$の範囲では，$\omega T \ll 1$となるので，

$$g = -20\log_{10}\sqrt{1^2+(\omega T)^2}$$

無視できる

$$\fallingdotseq -20\log_{10}\sqrt{1^2}$$

$$= -20\log_{10}1$$

$$= -20\times 0$$

$$= 0$$

つまり，$\omega \ll \dfrac{1}{T}$の範囲では，ゲイン特性曲線は，0 dB近くで横ばいになります。

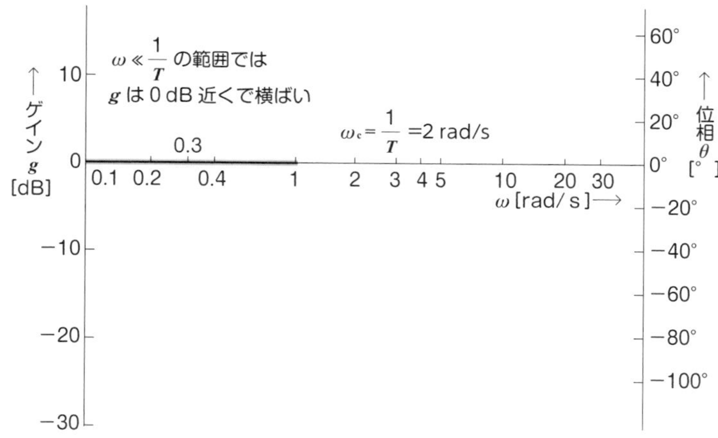

❷$\omega = \dfrac{1}{T}$では，

$$g = -20\log_{10}\sqrt{1^2 + (\omega T)^2}$$
$$= -20\log_{10}\sqrt{1^2 + 1^2}$$
$$= -20\log_{10}\sqrt{2}$$

$\sqrt{x}$は，$x^{\frac{1}{2}}$と表せるから，

$$g = -20\log_{10}2^{\frac{1}{2}}$$

$\log_{10}x^a$のaは$\log$の前に出せるから，

$$g = -10\log_{10}2$$
$$\fallingdotseq -3.01\ \mathrm{dB}$$

したがって，折れ点角周波数でのゲインgは約-3 dBとわかります。

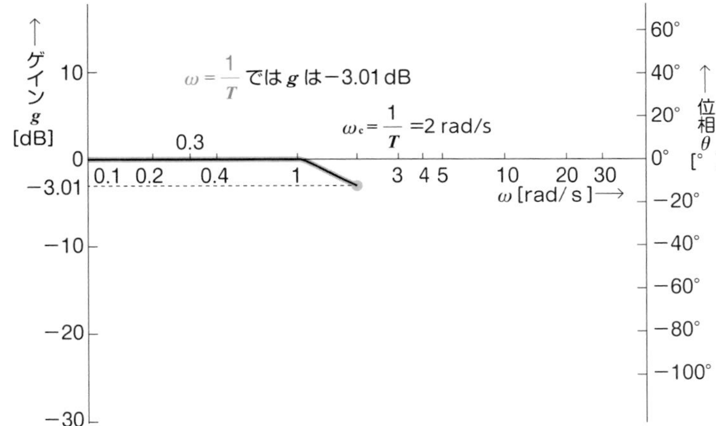

❸$\omega \gg \dfrac{1}{T}$の範囲では，$\omega T \gg 1$となるので，

$$g = -20\log_{10}\sqrt{1^2 + (\omega T)^2}$$

無視できる（1^2）

$$\fallingdotseq -20\log_{10}\sqrt{(\omega T)^2}$$
$$= -20\log_{10}\omega T\,[\mathrm{dB}]$$

ここで，横軸ωは対数目盛をとっているので，ゲイン特性曲線は$\omega \gg \dfrac{1}{T}$の範囲では直線的になります。

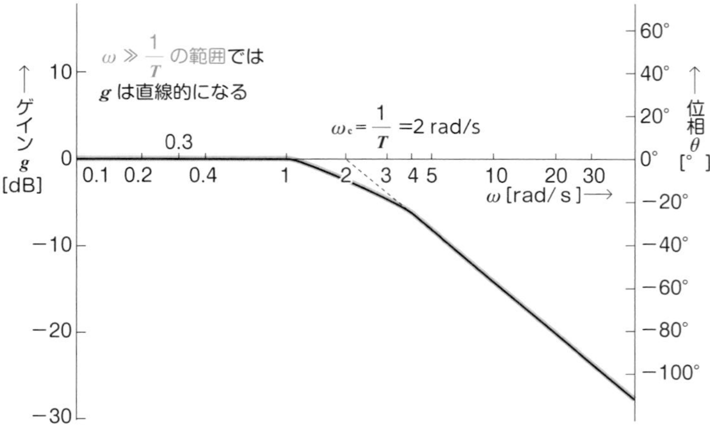

以上でゲイン特性曲線が書けます。これに位相特性曲線を書き加えると次のようになります。

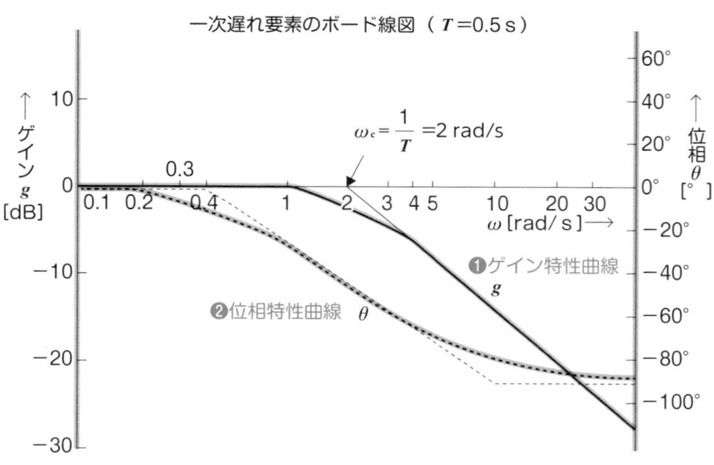

問題集 問題111 問題112 問題113

8 ナイキスト線図

周波数伝達関数$G(j\omega)$の角周波数ωを0から∞まで変化させたときの，$G(j\omega)$のベクトルの先端を結んだ曲線を**ベクトル軌跡**といいます。

特に，一巡伝達関数$G(j\omega)H(j\omega)$のベクトル軌跡を**ナイキスト線図**といいます。

一巡伝達関数$G(j\omega)H(j\omega)$のベクトル軌跡をωが増加する方向にたどっていったとき，（－1，j0）の点が軌跡の左側にあればシステムは安定します。

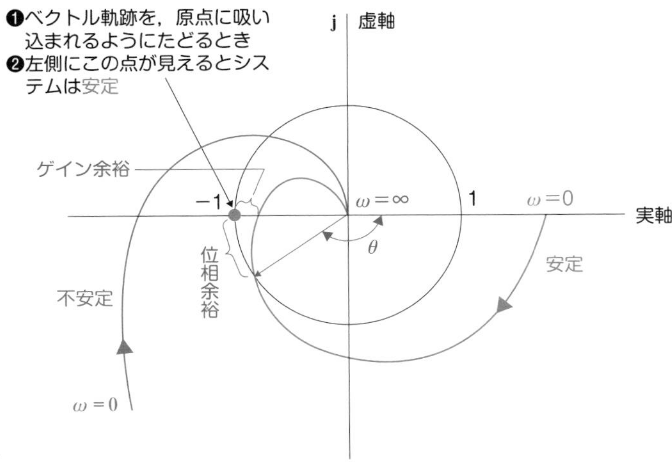

詳しく理解するには数学力が必要なので，暗記するしかありません。なお，近年の出題頻度は非常に低く，ボード線図のほうがメインです。

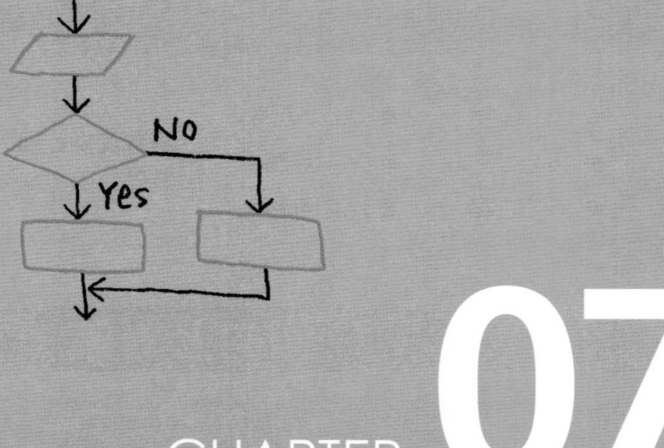

CHAPTER 07

情報

CHAPTER 07

情報

電気信号のオンとオフを考える際，「0」と「1」の２つを使って数値を表す２進数や，論理回路の図記号，論理式，真理値表について学びます。普通の計算と感覚が異なることに注意しましょう。

このCHAPTERで学習すること

SECTION 01 情報

- AND 回路
- OR 回路
- NOT 回路
- NAND 回路
- NOR 回路
- XOR 回路

基数変換と論理回路，フローチャートについて学びます。

傾向と対策

出題数

3問程度／22問中

・計算問題中心

	H27	H28	H29	H30	R1	R2	R3	R4上	R4下	R5上
情報	3	3	3	1	3	3	3	4	4	3

ポイント

試験では，論理回路と真理値表の関係を問う問題や，論理式を簡単にする計算問題がよく出題されます。複雑な回路や論理式について問われる問題も多いため，ベン図，カルノー図の作成手順や，ブール代数の計算法則を理解することが大切です。試験時間に余裕がある場合は，一つ一つ数値を代入して正しいかどうかを確認し，確実に得点しましょう。

SECTION 01

情報

このSECTIONで学習すること

1 基数変換

n進数の考え方と，10進数，2進数，16進数それぞれへの変換方法について学びます。

2 論理回路

基本的な論理回路の図記号，論理式，真理値表を学びます。また，論理式の計算方法，真理値表から論理式を求める方法，ド・モルガンの法則やカルノー図について学びます。

3 フローチャート

フローチャートの基礎と，実際のフローチャートの読み方について学びます。

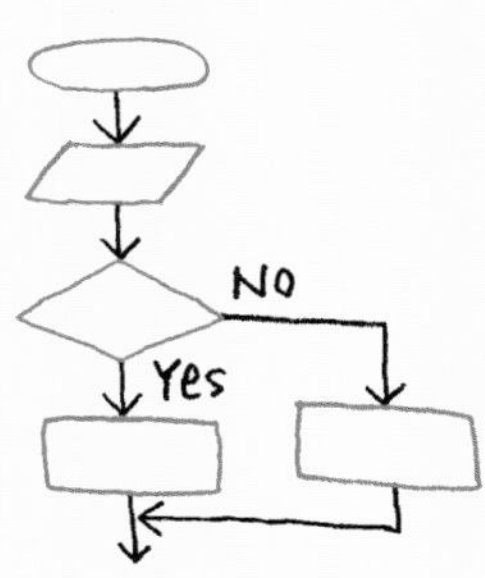

1 基数変換

重要度★★★

I n進数

n種類の記号を並べ，数を表す方法を**n進数**（しんすう）といいます。普段使っている数字は**10進数**と呼ばれ，「0」から「9」までの10種類の記号を使って数値を表しています。

電気信号を考える際，オンとオフの2種類を用います。そこで，これを「1」と「0」の2種類の記号を使って数値を表す**2進数**の方法を使って計算することができます。2進数の1桁（けた）のことを1ビットといいます。電気の世界では，これに加えて4ビット（2の4乗）で考える**16進数**が使われることもあります。

16進数では，16種類の記号を用意しないといけないので，「0」～「9」に加えて「A」～「F」の16種類の記号を使って数値を表現します。

板書 10進数，2進数，16進数の対応表

10進数 普段使っている数字	2進数	16進数
0	0	0
1	1	1
2	10	2
3	11	3
4	100	4
5	101	5
6	110	6
7	111	7
8	1000	8
9	1001	9
10	1010	A
11	1011	B
12	1100	C
13	1101	D
14	1110	E
15	1111	F

16種類の記号を使って数字を表現する

ここで，2進数の10（イチ・ゼロ）に注目してみましょう。「0（ゼロ）」と「1（イチ）」のすべての記号を使い切ったので，次の数字を表現するときは2桁（けた）にして，「1（イチ）」と「0（ゼロ）」の組み合わせで表現します。これは10（じゅう）と読むのではなく，10（イチ・ゼロ）と読みます。

Ⅱ 10進数から2進数への変換

10進数で表現された数を2進数で表現するには，以下のように筆算で商がゼロになるまで2で割り算を繰り返します。そして，余りを下から順に書き出します。

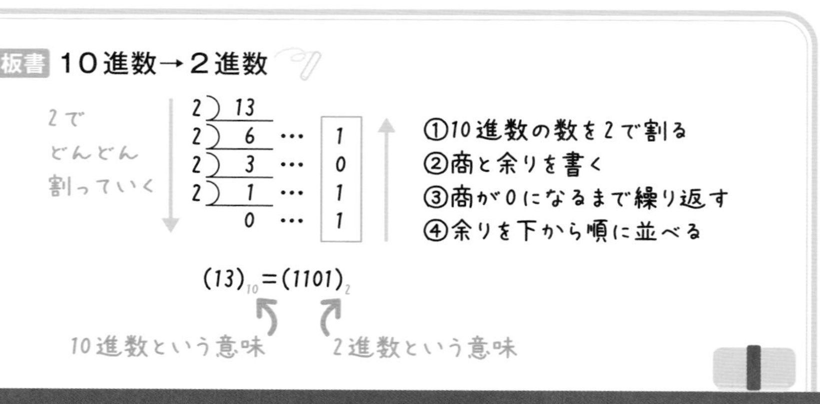
板書 10進数→2進数
2で
どんどん
割っていく
2) 13
2) 6 … 1
2) 3 … 0
2) 1 … 1
0 … 1
①10進数の数を2で割る
②商と余りを書く
③商が0になるまで繰り返す
④余りを下から順に並べる
(13)10=(1101)2
10進数という意味
2進数という意味

ふむ ふむ

ひとこと

16進数にしたい場合は，16でどんどん割っていきます。余りが10や11なら対応する記号AやBをあてて同様のことを行います。

Ⅲ 2進数から10進数への変換

2進数から10進数に変換する場合は，以下のように①各桁に2^0から順に2^nまで書き込み，②それぞれの桁で掛け算を行い，③合計します。

板書 2進数→10進数

2^3　2^2　2^1　2^0 ← ①$2^n$を順に書いていく

×　×　×　× ← ②それぞれの桁で掛け算する

(1　1　0　1)　③すべての結果を足し算する

$(1101)_2 = 1\times2^3 + 1\times2^2 + 0\times2^1 + 1\times2^0$

$= (13)_{10}$

ひとこと

16進数を10進数にしたい場合は，16^nを順に書いていき，同様の計算を行います。

Ⅳ 2進化10進数

2進化10進数（しんかしんすう）とは，10進数の1桁を，4桁の2進数で表す方法です。たとえば，「２８」（にじゅうはち）なら，「0010 1000」（ゼロゼロイチゼロ イチゼロゼロゼロ）となります。

「2」（に）は2進数で「10」（イチゼロ）ですが，4桁の2進数で表すので先頭の2桁を0で埋めて，「0010」（ゼロゼロイチゼロ）としています。「8」（ハチ）は2進数で「1000」（イチゼロゼロゼロ）です。

2進化10進数では，これらをつなぎ合わせて，「２８」（にじゅうはち）を表現します。

V 2進数と16進数の変換

2進数と16進数の対応表さえ覚えていれば，2進数を4桁ごとに16進数の1桁に対応させて，簡単に変換することができます。

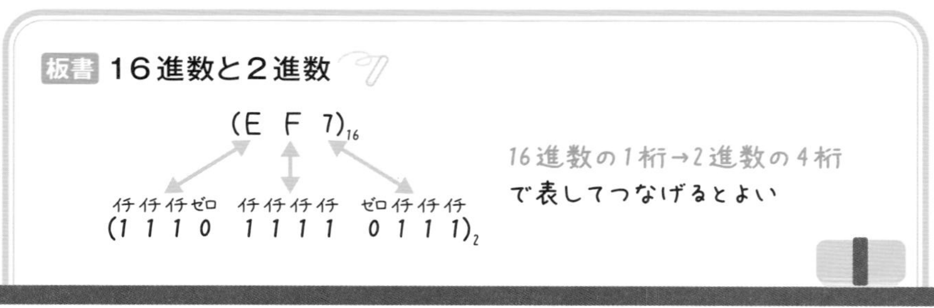

板書 16進数と2進数
(E F 7)16
イチイチイチゼロ イチイチイチイチ ゼロイチイチイチ
(1 1 1 0 1 1 1 1 0 1 1 1)2
16進数の1桁→2進数の4桁
で表してつなげるとよい

ひとこと

覚えていなければ，地道に対応表を書き出して変換してもかまいません。

問題集 問題114

2 論理回路

重要度★★★

I 基本的な論理回路

基本的な論理回路の図記号，論理式，真理値表は以下のとおりです。

1 AND回路

AND回路(アンド)は，すべての入力端子に1が入力されたときのみ1を出力する回路です。AND回路の入力は，3つ以上あってもかまいません。

板書 AND回路

●図記号（大事！）

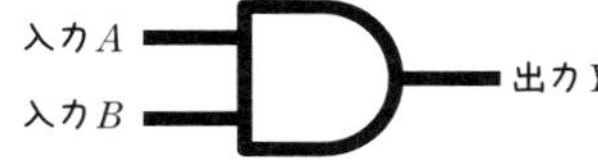

形がANDのDみたい！

●真理値表（大事！）

入力		出力
A	B	Y
0	0	0
0	1	0
1	0	0
1	1	1

●論理式（大事！）

$$Y = A \cdot B$$

論理積といいます。ゼロに何をかけてもゼロ

「アンド→ドット！」としりとりみたいに覚える

●タイムチャート（そこまで重要じゃない…）

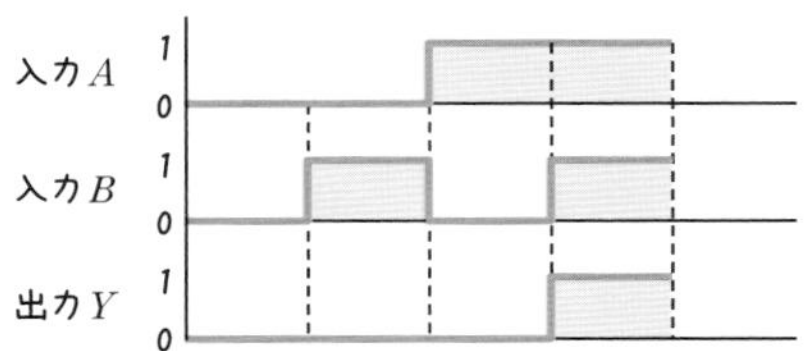

AND回路の概念図は以下のような，スイッチを直列にした電気回路で表すことができます。すべてのスイッチがON（＝入力が1）のときのみランプが光ります（＝出力が1）。

ここでは，スイッチがONの状態を入力＝1，スイッチがOFFの状態を入力＝0として，電球が光る状態を出力＝1，光らない状態を出力＝0とします。

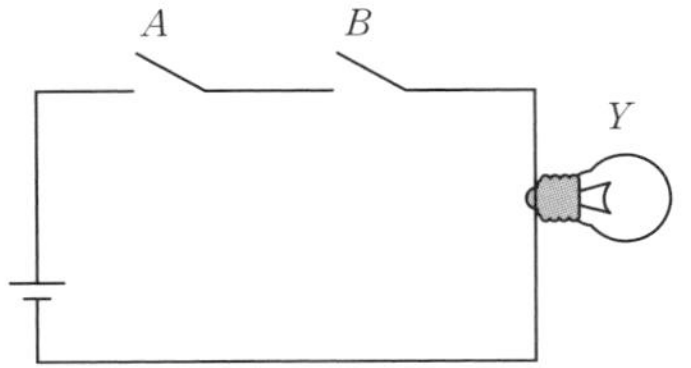

すべてのスイッチがON(=1)にならないと，
出力は1にならない。

どれか1つでもスイッチがOFFだと，
出力は0。

ひとこと

説明のための概念図なので重要ではありません。
まずは，図記号，論理式，真理値表を書けるようにしましょう。

2 OR回路

OR回路(オア)は，どれか1つでも入力端子に1が入力されたとき，1を出力する回路です。OR回路の入力は，3つ以上あってもかまいません。

●図記号（大事！）

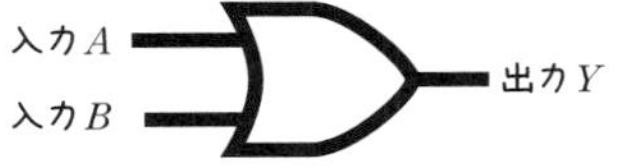

●真理値表（大事！）

入力		出力
A	B	Y
0	0	0
0	1	1
1	0	1
1	1	1

●論理式（大事！）

$$Y = A + B$$

論理和といいます。

●タイムチャート（そこまで重要じゃない…）

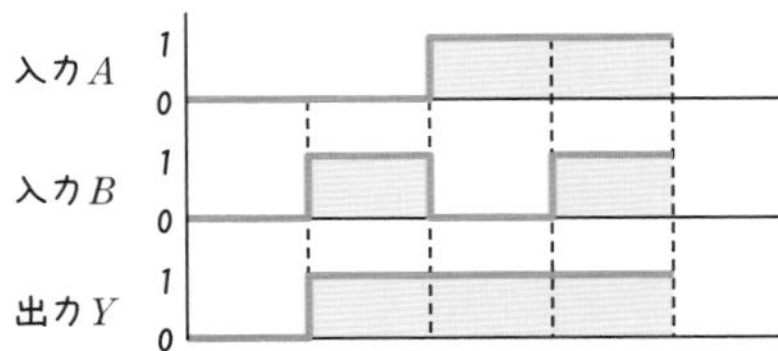

OR回路の概念図は以下のような，スイッチを並列にした電気回路で表すことができます。どちらかのスイッチがON（＝入力1）ならば，電球は光ります（＝出力1）。

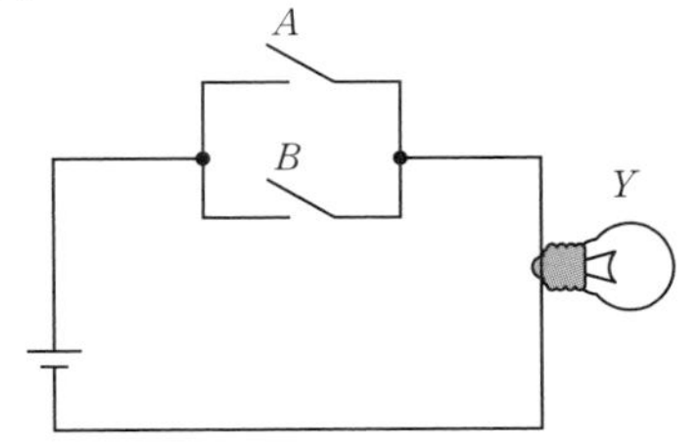

どちらか1つでもスイッチがON(=1)ならば出力は1。

3 NOT回路

NOT回路（ノット）では，入力0なら出力1，入力1なら出力0となります。

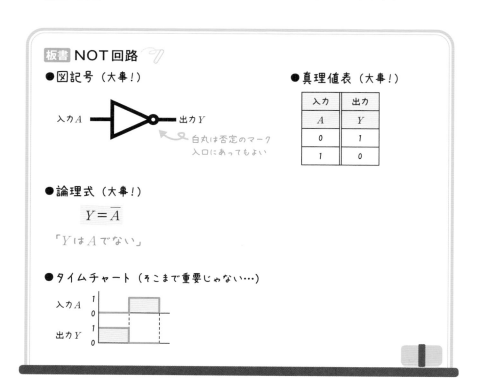

板書 NOT回路

●図記号（大事！）

入力A 出力Y

白丸は否定のマーク
入口にあってもよい

●真理値表（大事！）

入力	出力
A	Y
0	1
1	0

●論理式（大事！）

$$Y=\overline{A}$$

「YはAでない」

●タイムチャート（そこまで重要じゃない…）

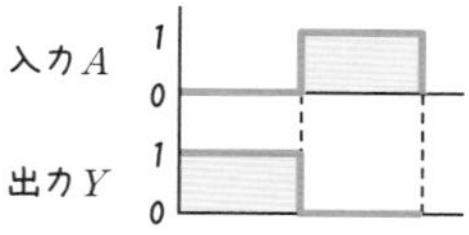

入力A 1 0

出力Y 1 0

NOT回路の概念図は以下のような，スイッチと電球を並列にした電気回路で表すことができます。スイッチをOFF（＝0）にすると，電球はON（＝1）になります。スイッチをON（＝1）にすると，電球がないスイッチ側の導線にのみ電流が流れるようになり，電球はOFF（＝0）になります。

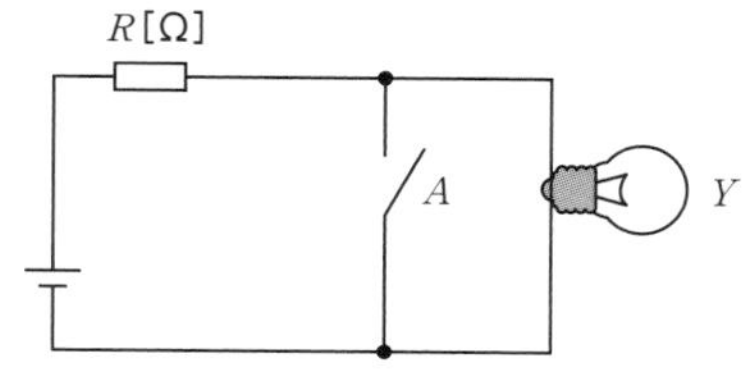

4 NAND回路(Not ANDのこと)

NAND回路(ナンド)では，AND回路の結果を否定した出力がされます。

●図記号（大事！）

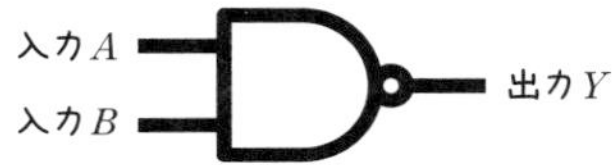

形がANDのDみたい！＋否定の○！

●真理値表（大事！）

入力		出力
A	B	Y
0	0	1
0	1	1
1	0	1
1	1	0

AND回路を覚えて，結果を否定すればいい

●論理式（大事！）

$$Y=\overline{A \cdot B}$$

否定論理積といいます。

●タイムチャート（そこまで重要じゃない…）

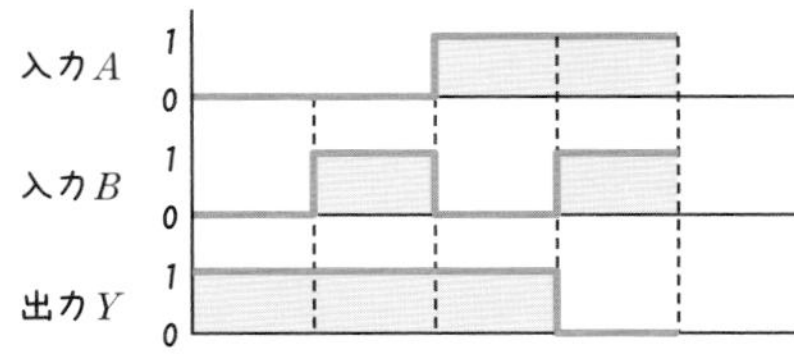

NAND回路の概念図は，NOT回路の概念図のスイッチ部分を直列のスイッチにした電気回路で表せます。スイッチを両方ON（＝1）にしたときのみ，電球はOFF（＝0）になります。

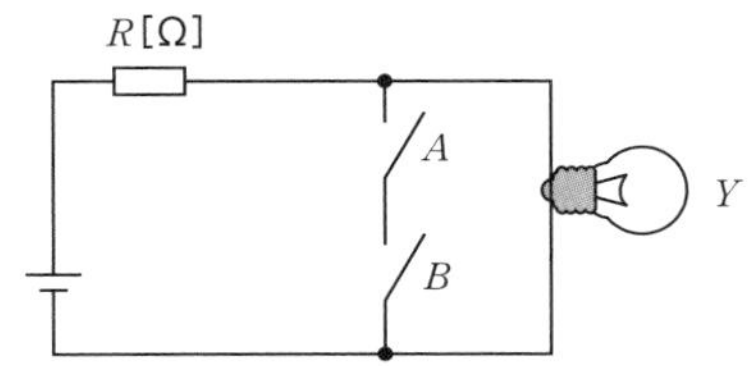

問題集 問題115

5 NOR回路（Not ORのこと）

NOR（ノア）回路では，OR回路の結果を否定した出力がされます。

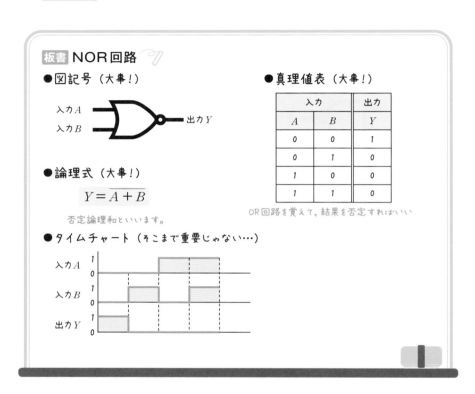

板書 NOR回路

●図記号（大事！）

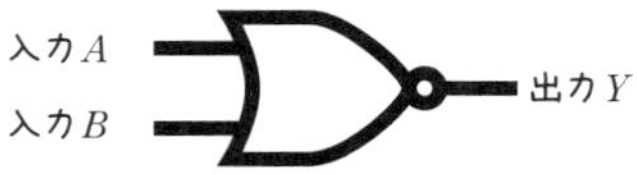

入力A

入力B

出力Y

●真理値表（大事！）

入力		出力
A	B	Y
0	0	1
0	1	0
1	0	0
1	1	0

OR回路を覚えて，結果を否定すればいい

●論理式（大事！）

$$Y=\overline{A+B}$$

否定論理和といいます。

●タイムチャート（そこまで重要じゃない…）

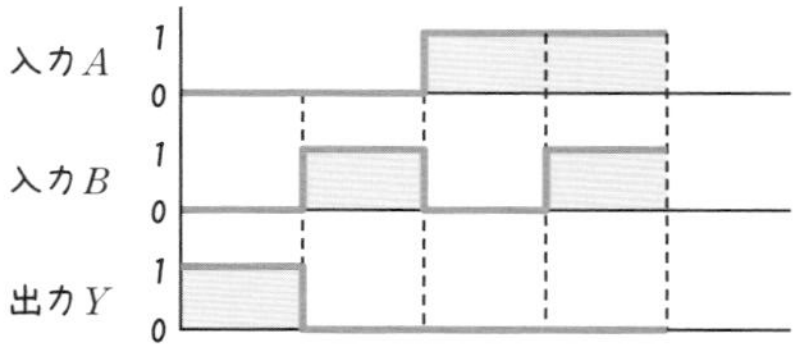

入力A 1 0

入力B 1 0

出力Y 1 0

NOR回路の概念図は，NOT回路の概念図のスイッチ部分を並列のスイッチにした電気回路で表せます。スイッチを全部OFF（＝0）にしたときのみ，電球はON（＝1）になります。

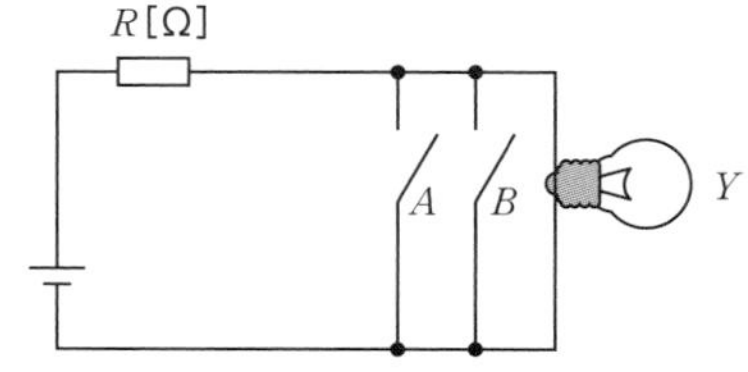

6 XOR回路

XOR回路（エックスオア）（EX－OR回路（イクスクルーシブ・オア））とは，入力信号が互いに異なるときに，出力が1になる回路をいいます。

●図記号（大事！）

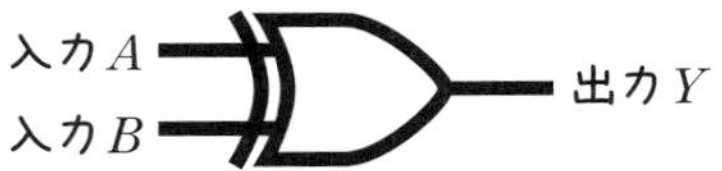

●論理式（大事！）

$$Y = A \cdot \overline{B} + \overline{A} \cdot B$$

$$(Y = A \oplus B)$$

排他的論理和といいます。

●真理値表（大事！）

入力		出力
A	B	Y
0	0	0
0	1	1
1	0	1
1	1	0

普通の足し算をした，一桁目と考えてもいい

0＋0＝0
0＋1＝1
1＋0＝1
1＋1＝10

●タイムチャート（そこまで重要じゃない…）

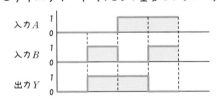

入力A 1 0
入力B 1 0
出力Y 1 0

問題集 問題116

II ブール代数の計算

論理式は，以下のように計算することができます。このような0か1しか値をとらない計算に利用できる数学を**ブール代数**といいます。これらの法則を使って，論理式を簡単にしたり，変形したりすることができます。

以下の式は暗記よりも，問題を解いて使えるようにしましょう。

公式 論理式の計算

赤字は普通の計算と感覚が異なるもの

法則	計算式
交換則	$A \cdot B = B \cdot A$ $A + B = B + A$
結合則	$(A \cdot B) \cdot C = A \cdot (B \cdot C)$ $(A + B) + C = A + (B + C)$
分配則	$A \cdot (B + C) = A \cdot B + A \cdot C$ $A + (B \cdot C) = (A + B) \cdot (A + C)$
恒等則	$A \cdot 1 = A$　$A + 0 = A$ $A \cdot 0 = 0$　$A + 1 = 1$
補元則	$A \cdot \overline{A} = 0$ $A + \overline{A} = 1$
べき等則	$A \cdot A = A$ $A + A = A$
吸収則	$A \cdot (A + B) = A$ $A + A \cdot B = A$
二重否定	$\overline{\overline{A}} = A$
ド・モルガンの法則	$\overline{A \cdot B} = \overline{A} + \overline{B}$ $\overline{A + B} = \overline{A} \cdot \overline{B}$

そのなかでも，ド・モルガンの法則は，覚えにくいわりに使うことが多いので，以下のように覚えましょう。

公式 ド・モルガンの法則

$\overline{A \cdot B} = \overline{A} + \overline{B}$

$\overline{A + B} = \overline{A} \cdot \overline{B}$

多変数でも成り立つ

$\overline{A \cdot B \cdot C \cdot \cdots} = \overline{A} + \overline{B} + \overline{C} + \cdots$

$\overline{A + B + C + \cdots} = \overline{A} \cdot \overline{B} \cdot \overline{C} \cdot \cdots$

●覚え方

ドットのバーは，プラスに変換できる

$\overline{\cdot}$ は $+$

プラスのバーは，ドットに変換できる

$\overline{+}$ は $\cdot$

ひとこと

このような記号はないのですが，$\overline{\cdot} = +$ つまり，・の上に否定があれば＋になると覚えます。すると，$\overline{A \cdot B} = \overline{A} + \overline{B}$ と，すらすらと書き出せます。

同じように $\overline{+} = \cdot$ つまり，＋の上に否定があれば・になると覚えます。すると，$\overline{A + B} = \overline{A} \cdot \overline{B}$ と書き出せます。

問題集 問題117 問題118

Ⅲ 主加法標準形と主乗法標準形

1 標準項

標準項(ひょうじゅんこう)とは，各変数を1つずつ含む論理式をいいます。たとえば，変数がA，B，C，Dの4つですべての場合，$A \cdot B \cdot C + A \cdot \overline{B} \cdot C + A \cdot B \cdot \overline{C} + D$のような論理式をいいます。

この場合，$A \cdot B + A \cdot \overline{B} \cdot C$のような論理式は$D$が含まれていないので標準項ではありません。

板書 標準項

標準項…すべての変数を使った論理式

(例) 変数がA, B, Cの3つだけの場合

$A + B \cdot C$，$A + B + \overline{C}$など

2 最小項・最大項

標準項のなかで，最も項が少ないものを**最小項**(さいしょうこう)といい，最も項が多いものを**最大項**(さいだいこう)といいます。項の数え方は，論理式を「+」で区切って数えます。たとえば，以下の論理式の項の数は4つになります。

$$\underbrace{A}_{\text{項}} + \underbrace{B \cdot C}_{\text{項}} + \underbrace{\overline{D}}_{\text{項}} + \underbrace{\overline{E} \cdot F \cdot G}_{\text{項}}$$

すべての変数を1つずつ使っていれば全体で標準項という

したがって，最小項はすべての変数を使った論理積だけの論理式といえます。また，最大項はすべての変数を使った論理和だけの論理式といえます。

板書 最小項・最大項

最小項 …すべての変数の論理積だけの論理式

（例）変数が A, B, C の3つだけの場合

$A \cdot B \cdot C,\ \ A \cdot B \cdot \overline{C}$ など

最大項 …すべての変数の論理和だけの論理式

（例）変数が A, B, C の3つだけの場合

$A + B + C,\ \ A + B + \overline{C}$ など

3 主加法標準形と主乗法標準形

主加法標準形（しゅかほうひょうじゅんけい）とは，最小項の論理和で表された論理式をいいます。**主乗法標準形**（しゅじょうほうひょうじゅんけい）とは，最大項の論理積で表された論理式をいいます。両者は，真理値表から論理式を導きたいときに利用されます。

板書 主加法標準形と主乗法標準形

主加法標準形 …最小項の論理和で表された論理式

（例）変数が A, B, C の3つだけの場合

$A \cdot B \cdot C + A \cdot \overline{B} \cdot C + A \cdot B \cdot \overline{C}$ など

主乗法標準形 …最大項の論理積で表された論理式

（例）変数が A, B, C の3つだけの場合

$(A + B + C) \cdot (A + \overline{B} + C) \cdot (A + B + \overline{C})$ など

ひとこと

用語の説明なので，聞いたことがある程度の理解で十分です。

Ⅳ 真理値表から論理式を求める方法

真理値表から論理式を導きたい場合，❶主加法標準形で表す方法と❷主乗法標準形で表す方法があります。以下では2つの方法で論理式を表します。

1 主加法標準形による論理式

真理値表の論理式を主加法標準形で表すには，三段階のプロセスを機械的に行います。次に，作成方法の例を示します。

板書 主加法標準形の作成法

STEP 1 出力が「1」の行をピックアップする。

入力			出力
A	B	C	Y
0	0	0	0
0	0	1	1
0	1	0	0
0	1	1	0
1	0	0	1
1	0	1	1
1	1	0	0
1	1	1	1

「1」の行をピックアップ

STEP 2 入力が「0」の場合は，対応する論理変数に否定をつける。
入力が「1」の場合はそのままの論理変数とする。
そして，最小項をピックアップした行ごとに作成していく。

入力			出力	
A	B	C	Y	
0	0	0	0	
0	0	1	1	→ $\overline{A}\cdot\overline{B}\cdot C$
0	1	0	0	
0	1	1	0	
1	0	0	1	→ $A\cdot\overline{B}\cdot\overline{C}$
1	0	1	1	→ $A\cdot\overline{B}\cdot C$
1	1	0	0	
1	1	1	1	→ $A\cdot B\cdot C$

STEP 3 作成した最小項の論理和でつなげる。

$\overline{A}\cdot\overline{B}\cdot C+A\cdot\overline{B}\cdot\overline{C}+A\cdot\overline{B}\cdot C+A\cdot B\cdot C$ 完成！

2 主乗法標準形による論理式

真理値表の論理式を主乗法標準形で表すには，三段階のプロセスを機械的に行います。次に，作成方法の例を示します。

板書 主乗法標準形の作成法

STEP 1 出力が「0」の行をピックアップする。

※ 主加法標準形とはピックアップする行が異なります。

入力			出力
A	B	C	Y
0	0	0	(0)
0	0	1	1
0	1	0	(0)
0	1	1	(0)
1	0	0	1
1	0	1	1
1	1	0	(0)
1	1	1	1

「0」の行をピックアップ

STEP2 入力が「0」の場合は，そのままの論理変数とする。

入力が「1」の場合は対応する論理変数に否定をつける。

そして，最大項をピックアップした行ごとに作成していく。

※ 主加法標準形とは否定をつけるルール，最大項にする点が異なります。

入力			出力	
A	B	C	Y	
0	0	0	0	→ $A+B+C$
0	0	1	1	
0	1	0	0	→ $A+\overline{B}+C$
0	1	1	0	→ $A+\overline{B}+\overline{C}$
1	0	0	1	
1	0	1	1	
1	1	0	0	→ $\overline{A}+\overline{B}+C$
1	1	1	1	

STEP3 作成した最大項の論理積でつなげる。

$(A+B+C)\cdot(A+\overline{B}+C)\cdot(A+\overline{B}+\overline{C})\cdot(\overline{A}+\overline{B}+C)$ 完成!

基本例題　主加法標準形・主乗法標準形

(1)　以下の真理値表を表現する論理式を，主加法標準形で表せ。
(2)　以下の真理値表を表現する論理式を，主乗法標準形で表せ。

入力		出力
A	B	Y
0	0	0
0	1	1
1	0	0
1	1	0

(3)　以下の真理値表を表現する論理式を，主加法標準形で表せ。
(4)　以下の真理値表を表現する論理式を，主乗法標準形で表せ。

入力		出力
A	B	Y
0	0	0
0	1	1
1	0	0
1	1	1

解答

(1)　出力Yが1になる行に注目する。次に入力が「0」の論理記号には否定をつける。最小項をつくり論理和でつなげる。　$\overline{A}\cdot B$　…答

(2)　出力Yが0になる行に注目する。次に入力が「1」の論理記号に否定をつける。最大項をつくり論理積でつなげる。　$(A+B)\cdot(\overline{A}+B)\cdot(\overline{A}+\overline{B})$　…答

(3)　出力Yが1になる行に注目する。次に入力が「0」の論理記号には否定をつける。最小項をつくり論理和でつなげる。　$\overline{A}\cdot B+A\cdot B$　…答

(4)　出力Yが0になる行に注目する。次に入力が「1」の論理記号に否定をつける。最大項をつくり論理積でつなげる。　$(A+B)\cdot(\overline{A}+B)$　…答

V カルノー図

主加法標準形で表現された式を簡単にするには，①力技で計算する方法，②カルノー図を利用して機械的に計算する方法などがあります。

基本例題 論理式の簡単化

以下の式を簡単化せよ。

(1) $Y=A\cdot B\cdot C+A\cdot\overline{B}\cdot C$

(2) $Y=\overline{A}\cdot\overline{B}\cdot\overline{C}\cdot\overline{D}+\overline{A}\cdot\overline{B}\cdot C\cdot\overline{D}+\overline{A}\cdot B\cdot\overline{C}\cdot D+\overline{A}\cdot B\cdot C\cdot D$
$+A\cdot B\cdot\overline{C}\cdot D+A\cdot B\cdot C\cdot D+A\cdot\overline{B}\cdot C\cdot D$

解答

(1) Bと$\overline{B}$以外は，同じ形の最小項の論理和であることがポイントである。

$$\begin{aligned}Y&=A\cdot B\cdot C+A\cdot\overline{B}\cdot C\\&=A\cdot C\cdot(B+\overline{B})\\&=A\cdot C\cdot 1\\&=A\cdot C\end{aligned}$$

このように，Bと$\overline{B}$のように1つだけ異なる式に注目すると，式を簡単化できる。

(2) $A\cdot B\cdot C\cdot D$を二度使うことがポイントである。公式$A+A=A$より，$A\cdot B\cdot C\cdot D=A\cdot B\cdot C\cdot D+A\cdot B\cdot C\cdot D$が成り立つ。

$$\begin{aligned}Y&=\overline{A}\cdot\overline{B}\cdot\overline{C}\cdot\overline{D}+\overline{A}\cdot\overline{B}\cdot C\cdot\overline{D}+\overline{A}\cdot B\cdot\overline{C}\cdot D+\overline{A}\cdot B\cdot C\cdot D\\&\quad+A\cdot B\cdot\overline{C}\cdot D+A\cdot B\cdot C\cdot D+A\cdot\overline{B}\cdot C\cdot D\\&=\overline{A}\cdot\overline{B}\cdot\overline{C}\cdot\overline{D}+\overline{A}\cdot\overline{B}\cdot C\cdot\overline{D}+\overline{A}\cdot B\cdot\overline{C}\cdot D+\overline{A}\cdot B\cdot C\cdot D\\&\quad+A\cdot B\cdot\overline{C}\cdot D+A\cdot B\cdot C\cdot D+A\cdot B\cdot C\cdot D+A\cdot\overline{B}\cdot C\cdot D\\&=\overline{A}\cdot\overline{B}\cdot\overline{D}\cdot(\overline{C}+C)+\overline{A}\cdot B\cdot D\cdot(\overline{C}+C)+A\cdot B\cdot D\cdot(\overline{C}+C)\\&\quad+A\cdot C\cdot D\cdot(B+\overline{B})\\&=\overline{A}\cdot\overline{B}\cdot\overline{D}+\overline{A}\cdot B\cdot D+A\cdot B\cdot D+A\cdot C\cdot D\\&=\overline{A}\cdot\overline{B}\cdot\overline{D}+B\cdot D\cdot(\overline{A}+A)+A\cdot C\cdot D\\&=\overline{A}\cdot\overline{B}\cdot\overline{D}+B\cdot D+A\cdot C\cdot D\end{aligned}$$

このように，分解して複数回使うパターンは複雑になり，思いつきにくくなる。

問題集 問題119

1 カルノー図

カルノー図は，論理式を簡単化できる図です。

例題(2)をカルノー図で簡単化してみます。カルノー図は，以下のような図です。この表に論理式を当てはめて，囲う作業をします。

AB \ CD	00	01	11	10
00				
01				
11				
10				

注意すべき点は，真理値表の場合は入力を00，01，10，11と順番に並べていましたが，カルノー図の場合は00，01，11，10と並べます。これは，隣と1つだけ変数を変えて並べるということです。

入力AとBを01,10の順番で並べるとAとBの値が同時に2つとも変わってしまうため，01,11,10と並べて，Aが変わるときはBはそのまま，Bが変わるときはAはそのまま，と変数が1つずつ変わるように並べます。

カルノー図が描けたら，論理式を図に当てはめていきます。

たとえば$\overline{A}\cdot\overline{B}\cdot C\cdot\overline{D}$は0010なので，00の行で10の列のセルに1を書き入れます。すべて書き入れると次のようになります。

AB \ CD	00	01	11	10
00	1			1
01		1	1	
11		1	1	
10			1	

次に1の部分を囲っていきます。囲い方には次のようなルールがあります。

板書 カルノー図の囲い方のルール

- すべての1を囲う
- 2^n乗の数のセルを長方形で囲う
- なるべく大きな長方形で囲う
- 囲う部分が重なってもよい
- 一番上の行と一番下の行はつながっていると考える
- 一番左の列と一番右の列はつながっていると考える

このルールに従って囲っていくと，次のようになります。

AB \ CD	00	01	11	10
00	1			1
01		1	1	
11		1	1	
10			1	

3つのかたまりごとに共通の変数を取り出して論理積をつくり，それらの論理積の和が，簡単化した論理式になります。

緑のかたまりの共通変数は$\overline{A}$，$\overline{B}$，$\overline{D}$なので，その論理積は$\overline{A}\cdot\overline{B}\cdot\overline{D}$となり，同じようにほかのかたまりの論理積をつくってすべてを足すと，$\overline{A}\cdot\overline{B}\cdot\overline{D}+B\cdot D+A\cdot C\cdot D$となり，簡単化した論理式になります。

ひとこと

変数が3つの場合は，次のようなカルノー図になります。

A \ BC	00	01	11	10
0				
1				

問題集 問題120 問題121

3 フローチャート

重要度★★★

I フローチャートの基礎

1 フローチャートとは

特定の問題を解決するための「処理手順」を**アルゴリズム**といい，アルゴリズムを下図のように図で表現したものが**フローチャート（流れ図）**です。

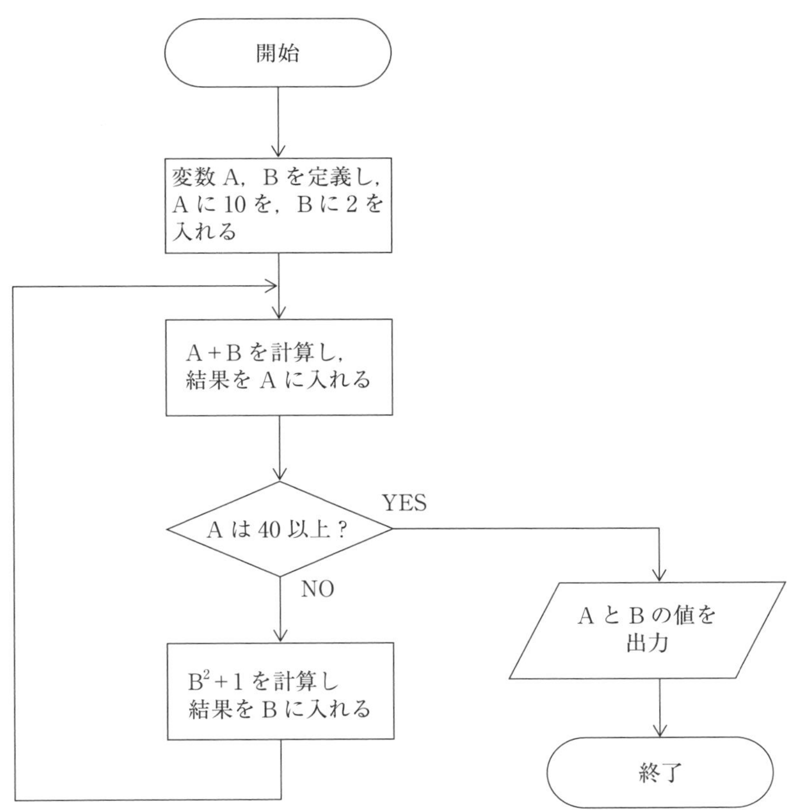

フローチャートでは，処理の内容を各記号の中に記述し，それらを矢印で結ぶことで処理の流れを明確にします。

板書 主なフローチャートの記号

記号	記号の名称	説明
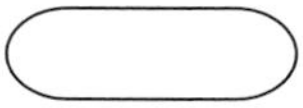	端子	外部環境への出口または外部環境からの入口を表す
	線	データまたは制御の流れを示す
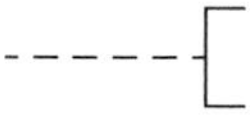	注釈	説明または注を付加するのに用いる
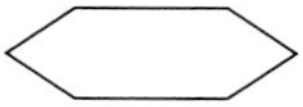	準備	その後の動作に影響を与えるための命令または命令群の修飾を表す
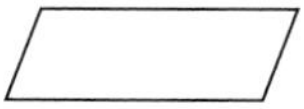	データ	データを表す
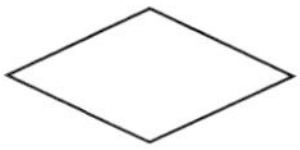	判断	一つの入口といくつかの出口をもち，記号中に定義された条件の評価にしたがって出口を選ぶ機能を表す
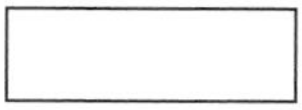	処理	任意の処理を表す
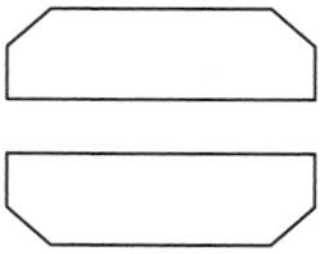	ループ処理	繰り返し実行が必要となる処理を示す 記号中に初期値，繰り返し条件，ループ終了後の処理を表記する

2 配列

フローチャート内で処理するデータをどのように記憶・管理するかを決めるものを**データ構造**といいます。このうち，最も基本的なデータ構造として，配列があります。

配列とは，データを格納することができる箱の集合体のことです。データを格納することができる箱のことを**要素**といい，この要素が組み合わさることで配列が構成されます。

下図のように，配列内の各要素は要素番号により区別されます。たとえば配列aの要素番号3の要素は「a[3]」と表します。

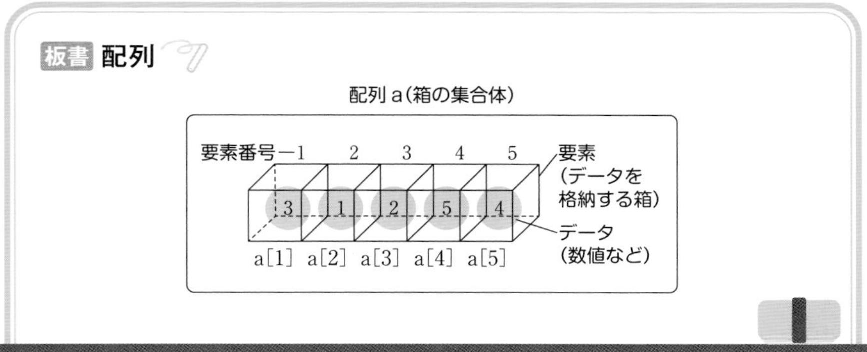

II フローチャートの読み方

ここでは具体例を用いて，フローチャートの読み方を解説します。次の図は，n個の配列の数値を大きい順（降順）に並べ替えるアルゴリズムのフローチャートです。

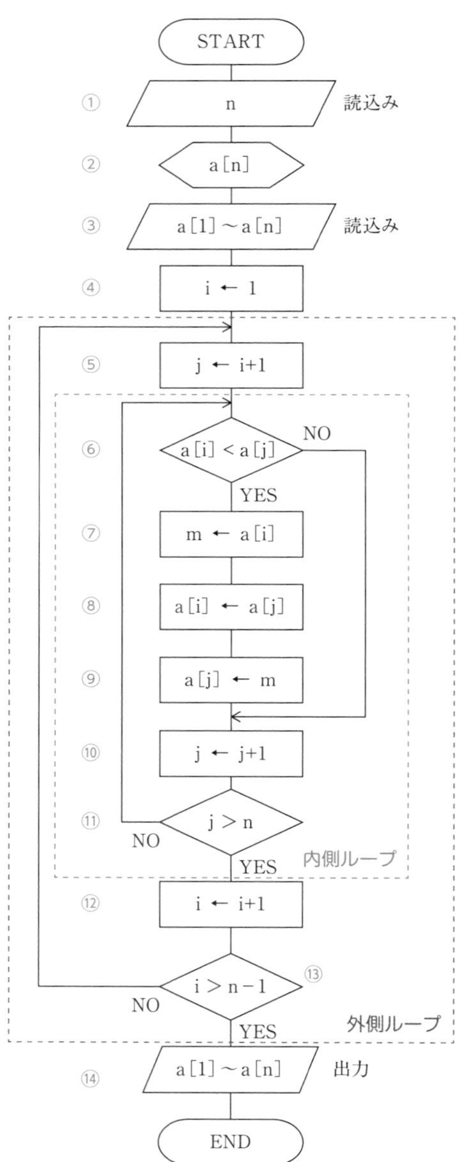

START
① n 読込み
② a[n]
③ a[1]～a[n] 読込み
④ i ← 1
⑤ j ← i+1
⑥ a[i] < a[j]
NO
YES
⑦ m ← a[i]
⑧ a[i] ← a[j]
⑨ a[j] ← m
⑩ j ← j+1
⑪ j > n
NO
YES
内側ループ
⑫ i ← i+1
⑬ i > n−1
NO
YES
外側ループ
⑭ a[1]～a[n] 出力
END

そして，今回の例はn = 5とし，下表に示すa[1]〜a[5]内に格納される数値を大きい順（降順）に入れ替える処理をみていきます。

配列内の数値（n = 5）

a[1]	a[2]	a[3]	a[4]	a[5]
3	1	2	5	4

1 配列データの値を読み込む（①→③）

nの値を読み込み（①），および配列a[n]を用意したのち（②），並び替え対象であるa[1]〜a[5]の各データを読み込みます（③）。

2 変数の初期値の設定（④→⑤）

以降の処理で必要な変数i, jについて，まずはそれらの初期値を設定します（④，⑤）。今回のフローチャートでは，i = 1, j = i + 1 = 2が初期値となります。

ひとこと

フローチャートにおける変数とは，数値を入れる「箱」のような役割があります。変数内に数値のようなデータを入れる際には，たとえば「i← 1」のように矢印を用いて表現します。

3 内側ループの処理（⑥→⑪）

ここからは，配列内のデータを順番に並べ替えていく処理になります。フローチャートで示す内側ループでは，配列のある要素a[i]と，それより後ろに格納されている要素a[j]を順次比較し，a[i]よりもa[j]の方が大きい（a[i] ＜a[j]）場合に並べ替えを行います（⑥）。

例えば，初期値i = 1,j = 2の場合，a[1]とa[2]を比較します。

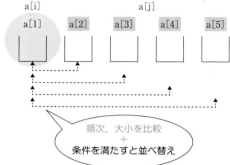

配列のある要素　それよりも後ろにある要素すべて

a[i]　a[j]

a[1]　a[2]　a[3]　a[4]　a[5]

順次，大小を比較
＋
条件を満たすと並べ替え

並べ替えの処理ですが，フローチャートで示されるアルゴリズムでは2つの値を入れ替える際，別の変数（ここではm）を用意して，そこに値を退避させて並べ替えを行います。今回のフローチャートでは，空の変数mにa[i]のデータを退避させ，いったんa[i]を空にします（⑦）。その後，a[j]のデータを空のa[i]に入れ（⑧），変数m内のデータ（元々a[i]に格納されていたもの）を空のa[j]に入れれば（⑨），並べ替え処理は完了です。

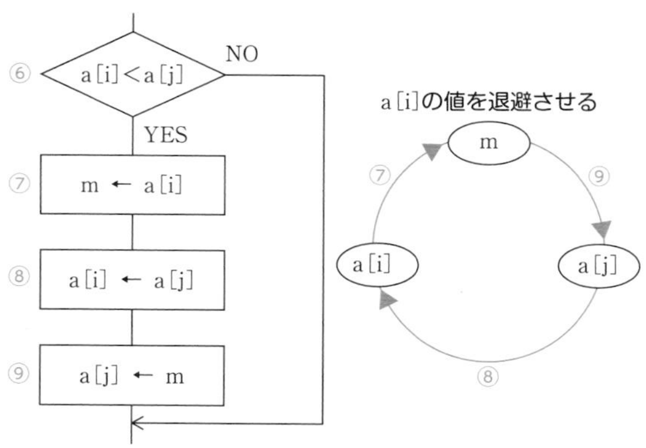

そして，並べ替え処理が終わったら，変数jの値を1増やします（⑩，例：j＝2→3）。こうすることで，a[i]とその後ろにある要素すべてとの大小比較を行うことができます。そして，これらの処理を繰り返し行い，変数jの値が増えてj>n（今回はj> 5）となったとき，ループを抜けます（⑪）。

4 外側ループの処理（⑤→⑬）

3の内側ループを抜けた後，変数iの値を1増やし（⑫，例：i ＝1→2），配列のある要素a[i]を順次1つずつ後ろにずらして，内側ループの処理を再び繰り返します。そして，処理を繰り返し行った結果，変数iの値i>n－1（今回はi> 4）となったとき，ループを抜けます（⑬）。

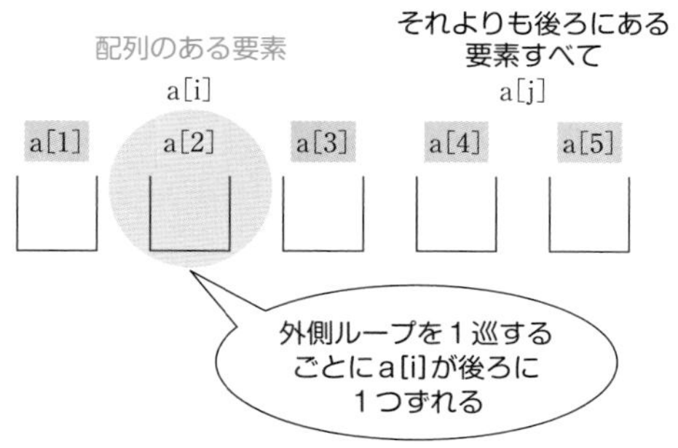

今回のフローチャートでは，下図のように(ア)〜(コ)の順に計10 回の大小比較を行い，並べ替え処理を行っています。

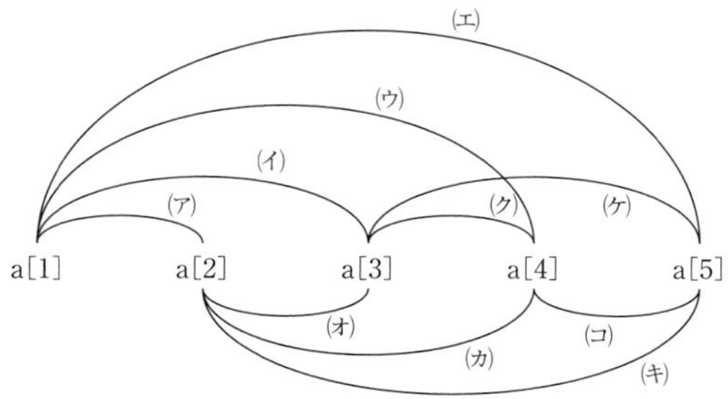

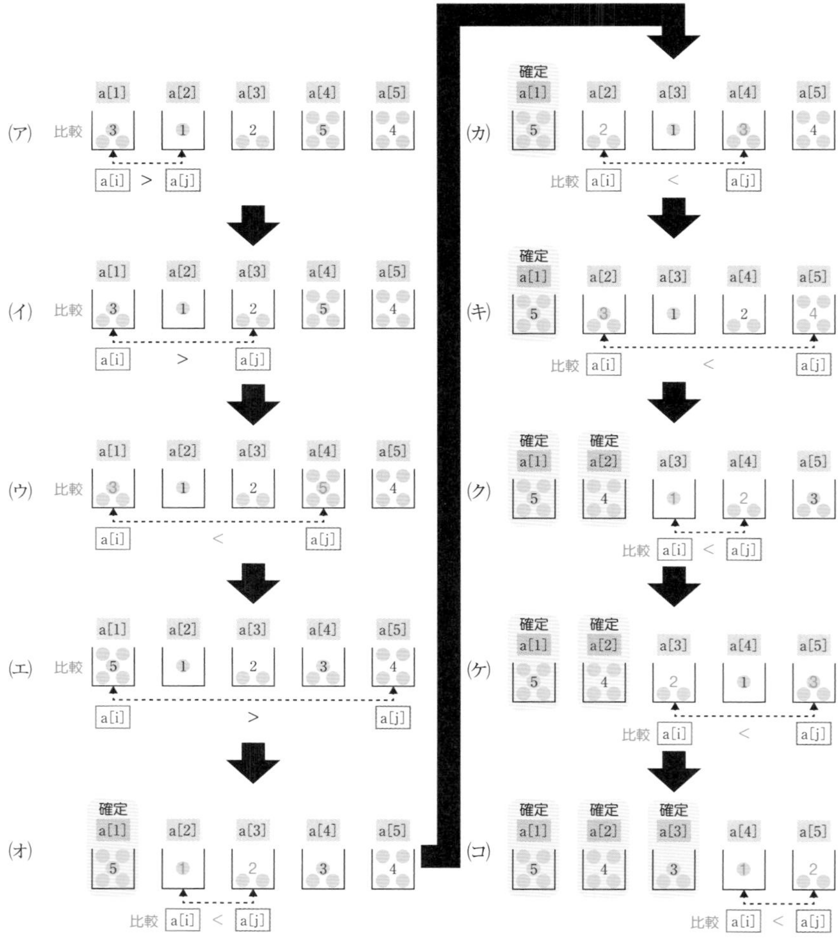

そして，数値の並び替えのようすを次表に示します。各番号(ア)〜(コ)の色付きの部分で，数値の入れ替えが発生したことを示しています。

CHAPTER 08 照明

CHAPTER 08

照明

光に関する単位について学び，実際の計算問題で確認します。それぞれの用語の名前と公式が似ているため，確実に結びつけられるようにしましょう。

このCHAPTERで学習すること

SECTION 01 照明

基本量	意味
光束	単位時間あたりに通過する光量
光度	光束の単位立体角あたりの密度
輝度	見かけの面積あたりの光度
照度	単位面積あたりに入射する光束

明るさの量である，光束，光度，輝度，照度などについて学びます。

傾向と対策

出題数

0～2問／22問中

・計算問題中心

	H27	H28	H29	H30	R1	R2	R3	R4上	R4下	R5上
照明	2	0	2	2	0	1	0	0	2	1

ポイント

計算問題が主に出題されます。複雑な計算はあまりありませんが，用語の名前と公式が似ていて混乱することもありますので，図を描いて違いを理解することが大切です。角度を変えて出題される問題も多いため，公式をそのまま当てはめずに，図に光の線と角度を描いて，求める値を確認しましょう。出題数は少ないですが，複雑な問題はあまりないため，確実に得点しましょう。

SECTION 01

照明

このSECTIONで学習すること

1 明るさを表す量

明るさを表す量である光束，光度，輝度，照度，光束発散度の概念とその計算方法について学びます。

2 屋内の平均照度

屋内の平均照度の計算方法について学びます。

3 道路の平均照度

道路の平均照度の計算方法について学びます。

1 明るさを表す量

I 光束

光（可視光線）は電磁波の一種です。日常的には，電磁波のうち人間の眼に見える波長（380 nm～770 nm 程度）の電磁波を光と呼んでいます。物理の世界では，人間が見ることのできない赤外線や紫外線も光に含めることがあります。

ひとこと

人間の眼はある範囲の波長の電磁波だけに反応をして，電気信号を脳に送ります。見える波長以外の電磁波（光）を受けても，認識できないので真っ暗です。明るさには，光の要素だけでなく，光を検出する眼の要素もからんできます。

可視域とは見ることができる電磁波（光）の波長の範囲のことをいいます。人間の眼は，波長によって明るさの感じ方が一定ではなく，可視域の中央あたり（555 nm付近）が一番よく見え，明るさを感じることができます。逆に，可視域ギリギリでは，ほぼ明るさを感じません。

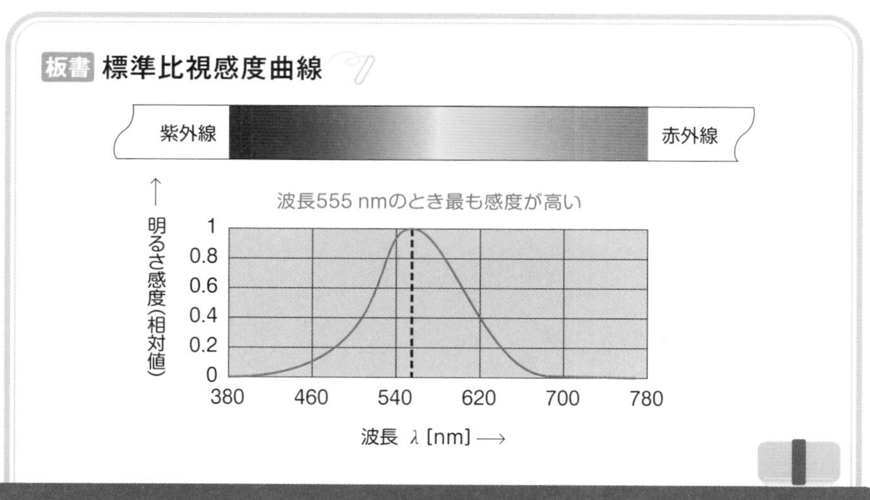

個人差や心理的要因によって明るさの感じ方は変化しますが，標準比視感度曲線は人間の平均的な視覚特性を表したものです。照明という学習においては，見える範囲の光が大事になってきます。

光束（こうそく）（量記号：F，単位：lm（ルーメン））とは，光源から人の眼に見える光がどれくらい出ているかを表したものです。

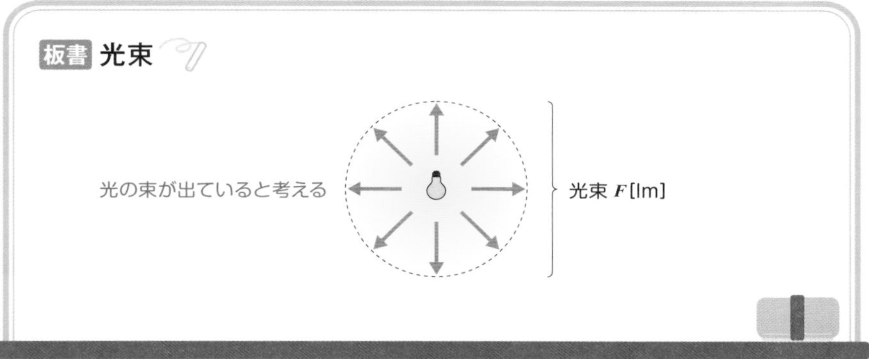

電磁気における電束や磁束と似ていますね。なお，光は直進するので光束は曲がりません。

Ⅱ 光束･光度･照度･輝度の全体像

照明の分野は，明るさを表す方法がたくさんありますので，ここでは❶光束，❷光度，❸輝度，❹照度についてみていきます。

板書 光束・光度・輝度・照度

基本量	意味
光束	単位時間あたりに通過する光量
光度	光束の単位立体角あたりの密度
輝度	見かけの面積あたりの光度
照度	単位面積あたりに入射する光束

輝度も照度も明るさを表すものですが，パソコンのモニタなど，光源を視ることが目的となる明るさは，輝度で表すことが適しています（輝き度合い）。蛍光灯など，光源で照らすことが目的の場合は，照らされるものの明るさを照度で表すことが適しています（照らされ度合い）。

Ⅲ 立体角

弧度法を三次元に拡張した考え方として**立体角**（量記号：ω，単位：ｓｒ）があります。

立体角は空間の広がり度合いを表すもので，球が半径rのとき，球の一部の表面積Aがr^2と等しくなるときの立体角ωを1 srとします。

公式 立体角

$$\omega = \frac{A}{r^2}$$

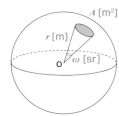

立体角：ω [sr]
球の表面積（一部）：A [m^2]
球の半径：r [m]

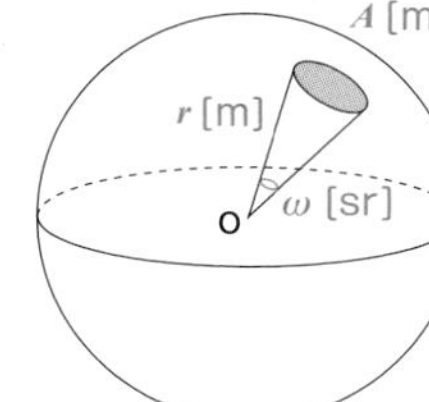

たとえば，球全体の立体角は，球の表面積は $4\pi r^2$ だから，

$$\omega = \frac{4\pi r^2}{r^2} = 4\pi \text{ sr}$$

となります。このことから立体角はつねに 4π sr以下になります。

Ⅳ 光度

光度（こうど）（量記号：I，単位：cd（カンデラ））とは，光源からある方向に向かう光の，**単位立体角あたり**の光束をいいます。

公式 光度

$$I = \frac{F}{\omega} \text{ [cd]}$$

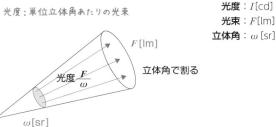

光度：I [cd]
光束：F [lm]
立体角：ω [sr]

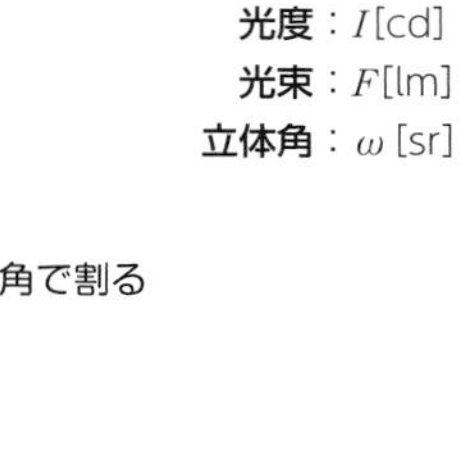

カンデラの語源は，蝋燭（ろうそく）1本の光度からきています。蝋燭は，ラテン語でcandelaです。英語のキャンドルと似ていますね。

V 輝度

輝度（量記号：L，単位：cd/m²）は，輝き度合いを表すもので，❶光が伝わる経路上の断面（発光面および受光面を含む）の単位面積あたり，かつ，❷経路方向の単位立体角あたりの光束をいいます。

単位立体角あたりの光束は光度なので，輝度は，光源の見かけの単位面積あたりの光度といい換えることもできます。

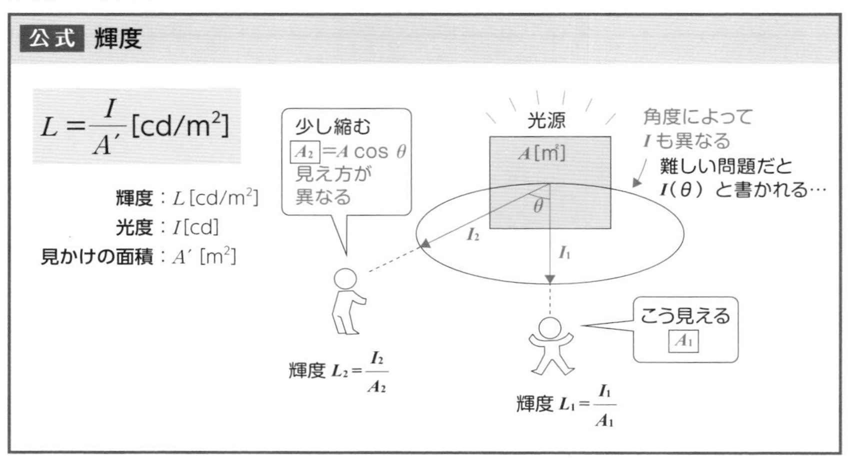

公式 輝度
$L=\frac{I}{A'}$ [cd/m²]
輝度：L [cd/m²]
光度：I [cd]
見かけの面積：A' [m²]
少し縮む
$A_2=A\cos\theta$
見え方が
異なる
光源
A [m²]
θ
I_2
I_1
角度によって
Iも異なる
難しい問題だと
$I(\theta)$ と書かれる…
こう見える
A_1
輝度 $L_2=\frac{I_2}{A_2}$
輝度 $L_1=\frac{I_1}{A_1}$

見る方向によって，光度も変化するし，見かけの面積も変化します。

輝度の対象となる光源は，光が反射している面（反射面）でも光が透けている面（透過面）でもかまいません。

VI 照度

1 照度とは

照度（量記号：E，単位：lx）とは，光の照射を受ける面の単位面積あたりに入射する光束をいいます。光源そのものではなく，照らされている面（被照面）に着目していることが重要です。なお，試験ではこれをよく使います。

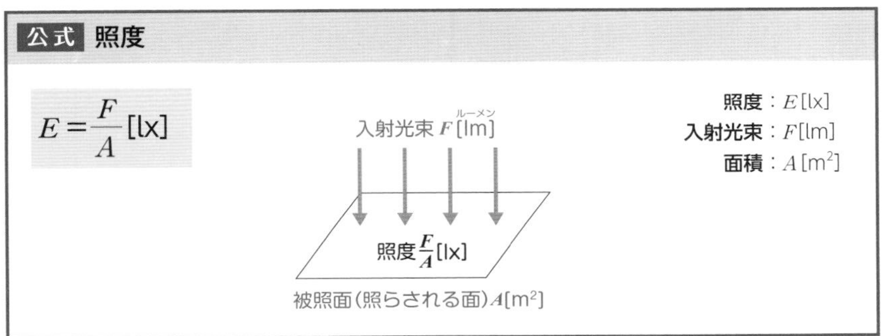

たとえば，読み書きする机やノートなどの作業する面の明るさを表現する場合には，照度が重要になってきます。

ひとこと

照度は，1個のバケツの受け口（単位面積あたり）に，シャワーから水がどれだけ入ってくるかにたとえられることがあります。

シャワーを斜めにするとバケツに水があまり入らなくなります（照度が低くなります）。

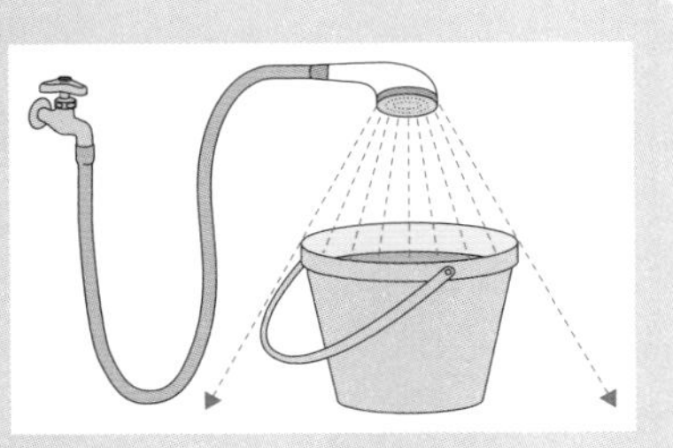

2 点光源（距離の逆2乗の法則）

点光源の直下の照度を考えます（電球の真下にいるような状況）。点光源からは，光束が一様に四方八方に広がるので，全光束F[lm]を球の表面積で割ります。

ここで，点光源から半径ℓ[m]離れた直下の照度E[lx]は，以下のように表現できます。

公式　点光源による照度

$$E=\frac{F}{A}=\frac{4\pi I}{4\pi \ell^2}=\frac{I}{\ell^2}$$

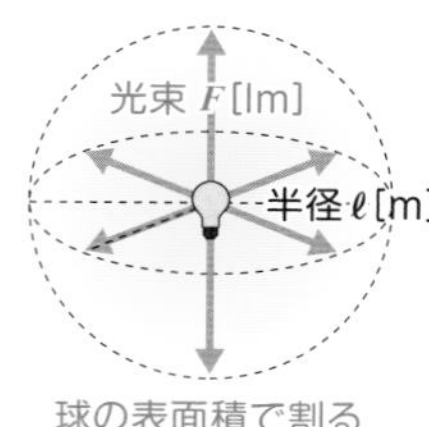

照度：E[lx]
全光束：F[lm]
球の表面積：A[m²]
光度：I[cd]
球の半径：ℓ[m]

ひとこと

光度と照度を結びつける非常に重要な公式です。

この公式の$E=\frac{I}{\ell^2}$は，照度が点光源から被照面までの距離の２乗に反比例することを示しています。

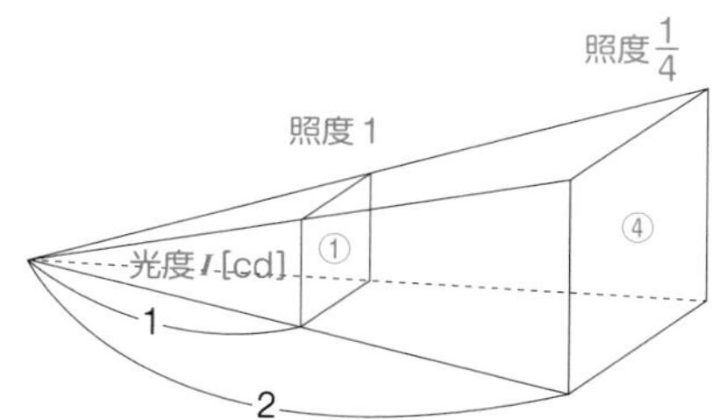

照度に関する距離の逆２乗の法則は，光束が一様に四方八方に発散する非常に小さな点光源を前提として成立します。

距離の逆2乗の法則の導き方

照度E[lx]は，光束F[lm]，被照面積A[m^2]とすると，

$$E=\frac{F}{A}[\mathrm{lx}]\quad\cdots①$$

ここで，点光源である場合，一様に光束が放射される。単位立体角あたりの光束である光度I[cd]に，球全体の立体角ω[sr]を掛けると，全光束F[lm]が求まるから，

$$光束F=\omega I[\mathrm{lm}]\quad\cdots②$$

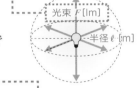

ω=球全体の立体角(4π)
I=単位立体角あたりの光束
$F=\omega I=4\pi I$

球全体の立体角ω[sr]は，球の半径をℓ[m]とすると，

$$\omega=\frac{球の表面積4\pi\ell^2}{\ell^2}=4\pi\ \mathrm{sr}\quad\cdots③$$

光束 F[lm]
半径ℓ[m]

被照面積A[m^2]は半径ℓ[m]の球の表面積であるから，

$$A=4\pi\ell^2\quad\cdots④$$

A=球の表面積4$\pi\ell^2$

①，②，③，④より

$$E=\frac{F}{A}=\frac{\omega I}{4\pi\ell^2}=\frac{4\pi I}{4\pi\ell^2}=\frac{I}{\ell^2}[\mathrm{lx}]$$

したがって，点光源を前提とすれば，照度は距離の2乗に反比例する。

3 無限長直線光源

無限長直線光源の直下の照度を考えます（非常に長い蛍光灯の真下にいるような状況）。

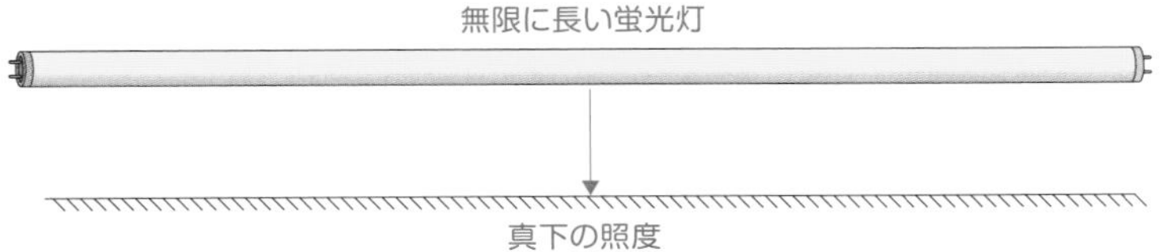

光束は直線光源から一様に四方八方に広がるので，全光束を円筒の側面積で割ればよいことになります。ここで，光源1 mあたりの被照面積を考えると，円筒の側面積$A = 2\pi r$[m^2]として計算できます。

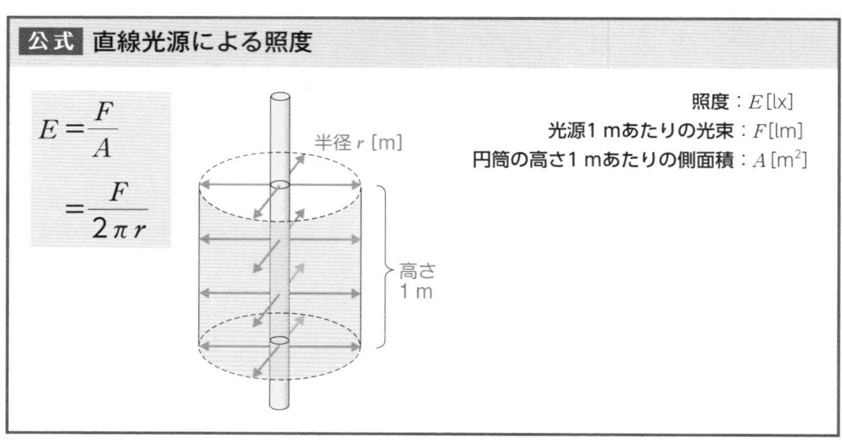

公式 直線光源による照度
$E = \dfrac{F}{A} = \dfrac{F}{2\pi r}$
半径 r [m]
高さ 1 m
照度：E [lx]
光源1 mあたりの光束：F [lm]
円筒の高さ1 mあたりの側面積：A [m^2]

ここまでの話は，光源の真下の照度であることに注意しましょう。

4 入射角余弦の法則

光が入射するとき，入射方向と被照面の法線がなす角度を**入射角**(にゅうしゃかく)といいます。

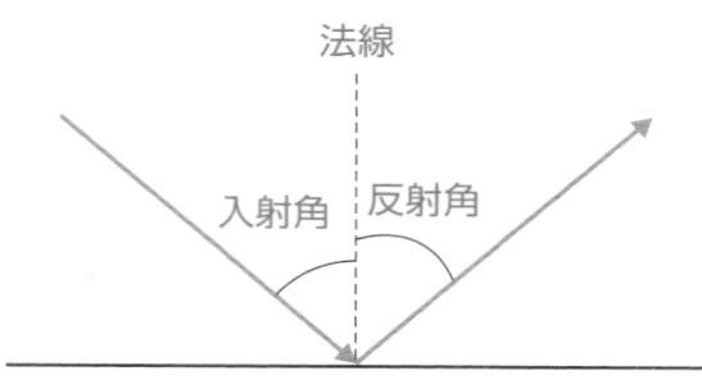

ひとこと

法線(ほうせん)とは，曲線上の一点において，その点での接線に垂直な直線をいいます。直線の場合の垂線(すいせん)をイメージして問題ありません。

簡単な説明のため，図のように同じ光束F[lm]が被照面を照らしている状況を考えます。❶垂直に光束が入射する場合と，❷斜めに光束が入射する場合では，被照面の面積が異なるので照度が異なります。

斜めに入射したときのほうが，照度は小さくなります。

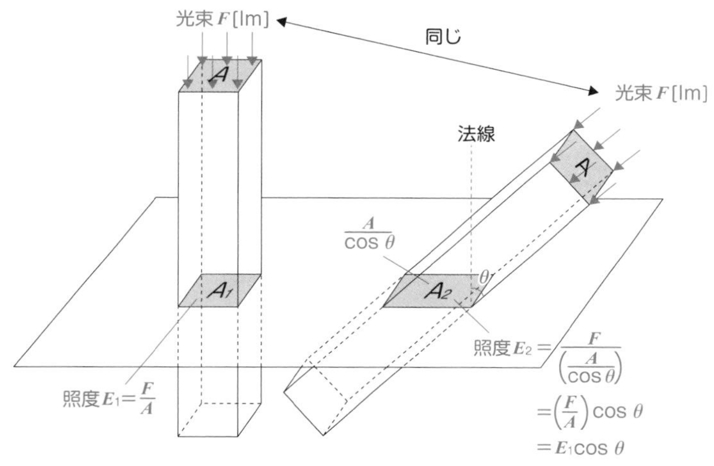

入射角θで光束Fが被照面を照らすと，照度E_2は照度E_1の$\cos\theta$倍になります。これを**入射角余弦の法則**（にゅうしゃかくよげんのほうそく）といいます。

公式 入射角余弦の法則

$$E_2 = E_1\cos\theta$$

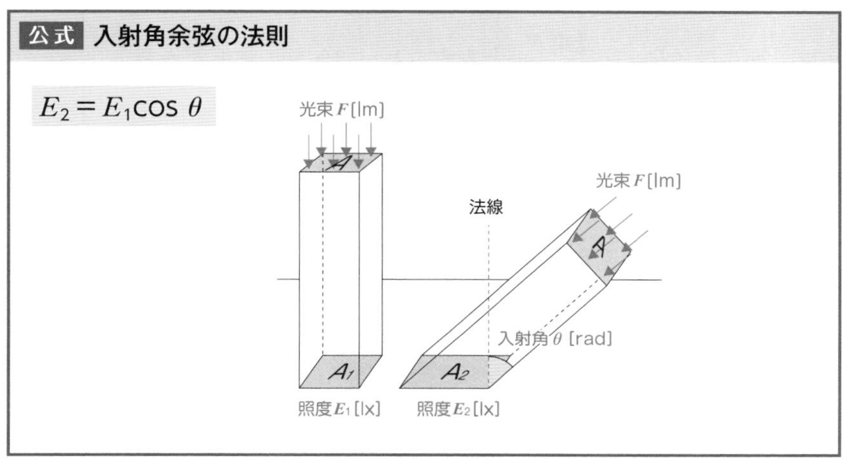

入射角余弦の法則の導き方

前ページの図でAを一辺1 mの正方形とした場合,

(1) 入射角θのとき，被照面積A_2の面積$=\dfrac{A}{\cos\theta}$となることを説明しなさい。

(2) 入射角θのとき，照度が$E_2 = E_1\cos\theta$であることを説明しなさい。

(1) 被照面A_2よりも下の位置に着目する。

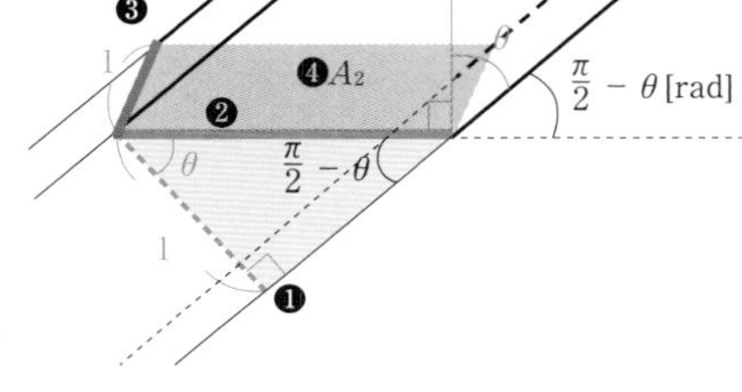

❶右のように青い点線の補助線を引くと，青い点線の長さは，Aの一辺と等しいはずだから1 mとなる。

❷すると，赤い辺の長さは，$\dfrac{1}{\cos\theta}$となる。

❸また，緑色の辺の長さは，Aの一辺と等しいはずだから1 mとなる。

❹したがって，$A_2 = \dfrac{1}{\cos\theta}\times 1 = \dfrac{1}{\cos\theta}[\mathrm{m^2}]$

ここで，$A = 1\times 1 = 1\ \mathrm{m^2}$だから，$A_2 = \dfrac{A}{\cos\theta}$となる。

(2) 照度は，$E = \dfrac{光束F}{被照面積A}$と表すことができ，$A = A_1$だから

$$E_1 = \frac{F}{A_1} = \frac{F}{A}\cdots①$$

$$E_2 = \frac{F}{A_2} = \frac{F}{\left(\dfrac{A}{\cos\theta}\right)} = \frac{F}{A}\times\cos\theta$$

…問(1)より

よって，①より$\dfrac{F}{A}$はE_1だから，

$E_2 = E_1\cos\theta$　となる。

5 水平面照度・鉛直面照度・法線照度

今までの話では，光束の向きを移動させて照度を比較しました。今度はこれを応用して，光源を点光源とし，これを固定し，被照面の傾きを変えて動かすようにします。

ひとこと

次の説明からは，光度（単位立体角あたりの光束）を利用します。普通，点光源を設置すると，地面や壁は斜めに照らされます。このとき，照度はどれくらいになるのか知りたい場合に，どのように計算すればよいのかを考えていきます。

(1) 法線照度

点光源Lに対して入射角が垂直になるように傾けた被照面の照度を**法線照度**（ほうせんしょうど）（量記号：E_n，単位：lx）といいます。点光源による法線照度E_nは次のように表すことができます。

公式 法線照度

$$E_n = \frac{I}{\ell^2}\,[\mathrm{lx}]$$

法線照度：E_n[lx]
光度：I[cd]
距離：ℓ [m]

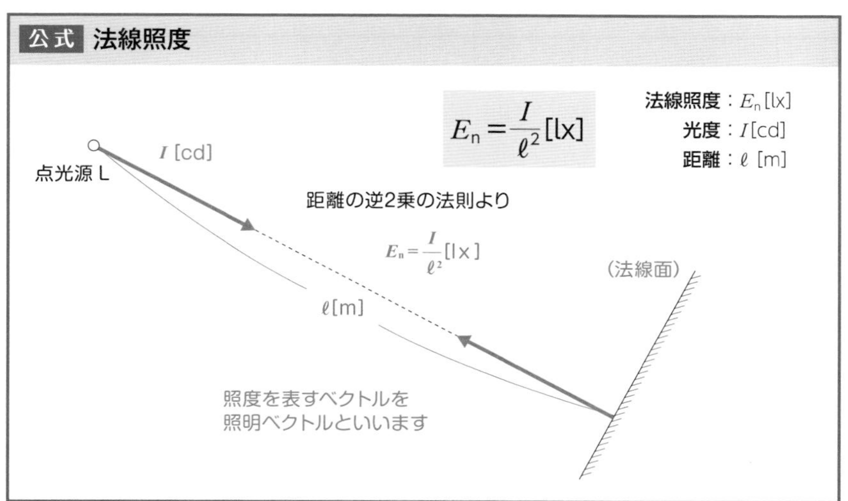

(2) 水平面照度

水平な被照面（地面）の照度を**水平面照度**（量記号：E_h 単位：lx）といいます。水平面照度E_hは，入射角θ，法線照度E_nを使って，以下のように表すことができます。

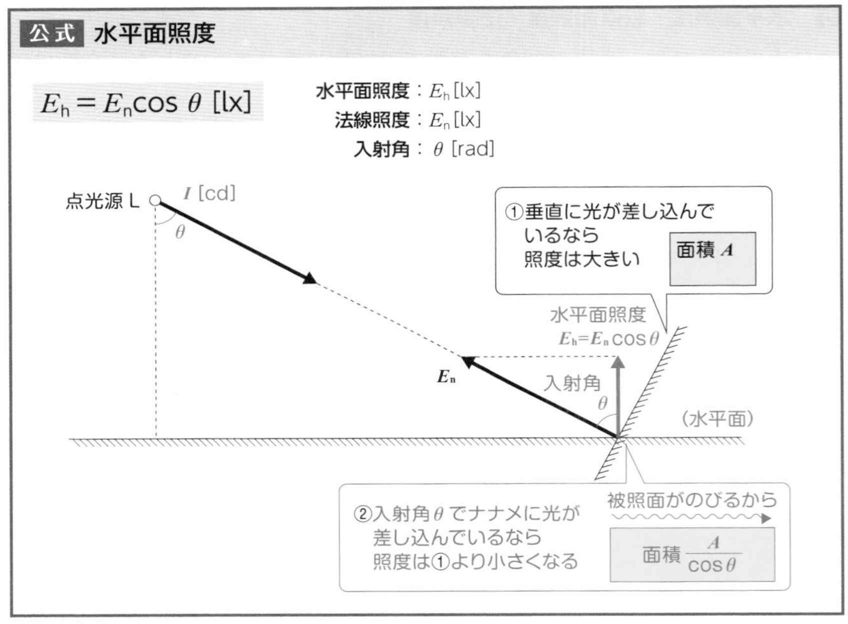

公式 水平面照度
$E_h = E_n\cos\theta$ [lx]
水平面照度：E_h [lx]
法線照度：E_n [lx]
入射角：θ [rad]
点光源 L
I [cd]
θ
①垂直に光が差し込んでいるなら照度は大きい
面積 A
水平面照度
$E_h=E_n\cos\theta$
E_n
入射角
θ
（水平面）
②入射角θでナナメに光が差し込んでいるなら照度は①より小さくなる
被照面がのびるから
面積 $\frac{A}{\cos\theta}$

なお，上図の照度を表す矢印を**照度ベクトル**といいますが，このベクトルを導入する利点は$E_h = E_n\cos\theta$と表すことができるので，照度をベクトルで表現すると理解がしやすくなることです。

(3) 鉛直面照度

鉛直な被照面（壁）に対する照度を**鉛直面照度**（量記号：E_v 単位：lx）といいます。鉛直面照度E_vは，入射角θ，法線照度E_nを使って，次のように表すことができます。

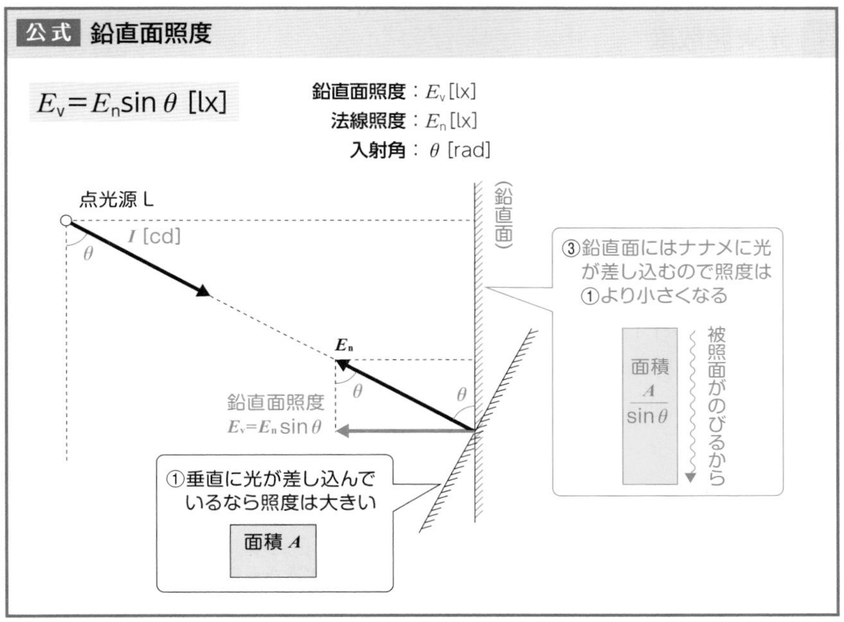

公式 鉛直面照度
$E_v = E_n \sin\theta$ [lx]
鉛直面照度：E_v [lx]
法線照度：E_n [lx]
入射角：θ [rad]
点光源 L
I [cd]
(鉛直面)
③鉛直面にはナナメに光が差し込むので照度は①より小さくなる
面積 $\frac{A}{\sin\theta}$
被照面がのびるから
E_n
鉛直面照度
$E_v = E_n \sin\theta$
①垂直に光が差し込んでいるなら照度は大きい
面積 A

以上から，照度は，法線照度E_n，水平面照度E_h，鉛直面照度E_vがあり，照明ベクトルという概念を導入すると，$\dot{E}_n = \dot{E}_h + \dot{E}_v$であることがわかります。

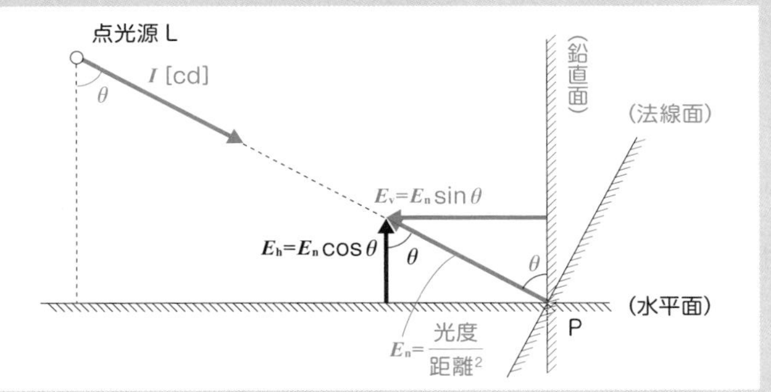

Ⅶ 光束発散度

光束発散度(こうそくはっさんど)（量記号：M，単位：lm/m^2）とは，光を発する面がその単位面積あたりに放出する光束をいいます。これは，光源面（反射面・透過面を含む）に着目したものです。

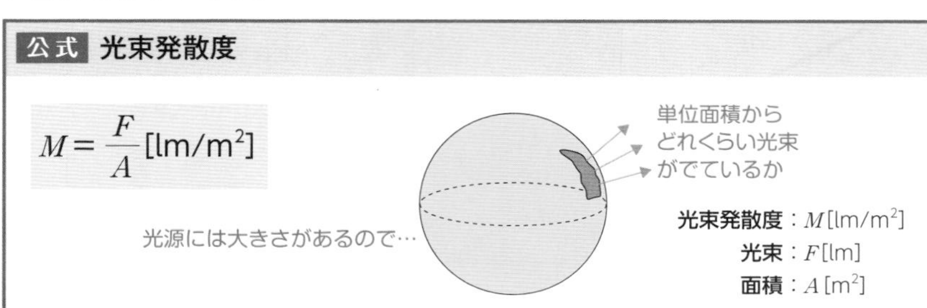

光束発散度を考える理由は，普通，光源が大きさを持つからです。単位面積から光の束が広がる様子を考えます。

Ⅷ 透過率τ(タウ)・吸収率α(アルファ)・反射率ρ(ロー)

1 透過率，吸収率，反射率

光束F[lm]が物質に入射すると，❶物質を透過する光束F_τ[lm]，❷物質に吸収される光束F_α[lm]，❸物質に反射される光束F_ρ[lm]に分かれます。これらは，$F = F_\tau + F_\alpha + F_\rho$の関係があります。

ここで，**透過率**(とうかりつ) $\tau = \dfrac{\text{透過する光束}F_\tau}{\text{入射光束}F}$，**吸収率**(きゅうしゅうりつ) $\alpha = \dfrac{\text{吸収される光束}F_\alpha}{\text{入射光束}F}$，**反射率**(はんしゃりつ) $\rho = \dfrac{\text{反射する光束}F_\rho}{\text{入射光束}F}$とすると，これらは，$1 = \tau + \alpha + \rho$の関係があります。

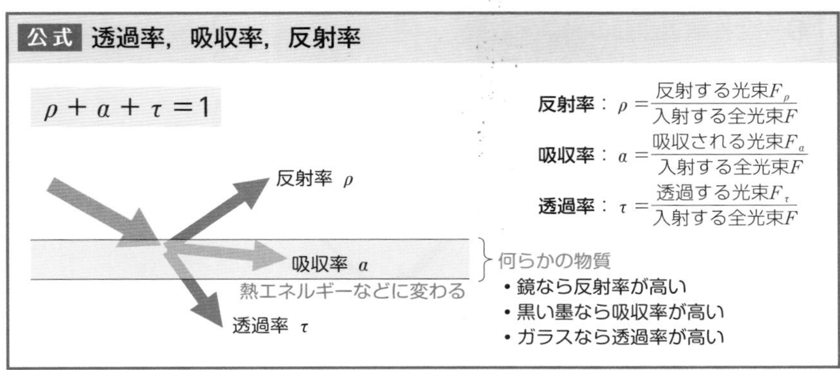

公式 透過率，吸収率，反射率
ρ＋α＋τ＝1
反射率：ρ＝反射する光束Fρ／入射する全光束F
吸収率：α＝吸収される光束Fα／入射する全光束F
透過率：τ＝透過する光束Fτ／入射する全光束F
反射率 ρ
吸収率 α
熱エネルギーなどに変わる
透過率 τ
何らかの物質
• 鏡なら反射率が高い
• 黒い墨なら吸収率が高い
• ガラスなら透過率が高い

2 反射面における照度と光束発散度の関係

照度E[lx]（[lx]＝[lm/m²]）は単位面積あたりに入射する光束です。光束発散度M[lm/m^2]は，単位面積あたりから発する光束です。

ある面に光束F[lm]が入射すると一部は反射します。この反射面は，二次光源と考えることができます。反射面から出る光束F_ρ[lm]は，反射率ρを使って，$\rho \cdot F$と表せます。

同じく，透過面を二次光源と考えることもできます。透過面から出る光束F_τ[lm]は，透過率τを使って$\tau \cdot F$と表せます。

したがって，以下の関係が成り立ちます。

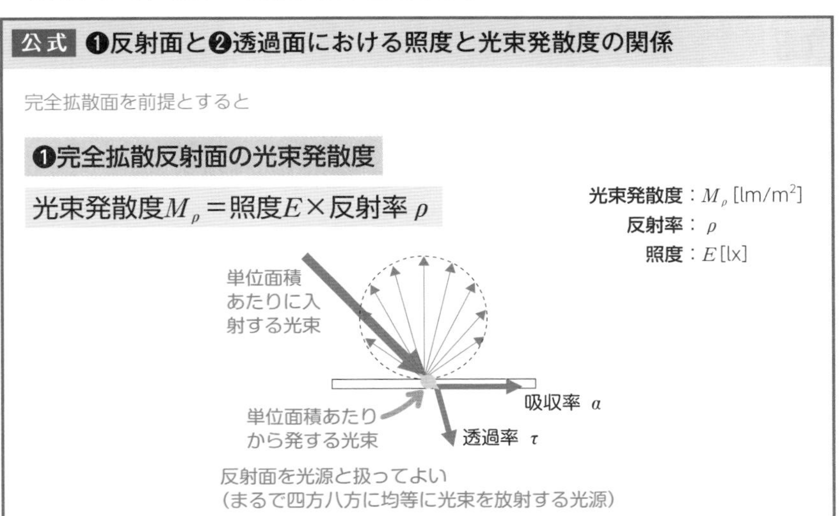

公式 ❶反射面と❷透過面における照度と光束発散度の関係
完全拡散面を前提とすると
❶完全拡散反射面の光束発散度
光束発散度Mρ＝照度E×反射率ρ
光束発散度：Mρ[lm/m²]
反射率：ρ
照度：E[lx]
単位面積あたりに入射する光束
吸収率 α
単位面積あたりから発する光束
透過率 τ
反射面を光源と扱ってよい
（まるで四方八方に均等に光束を放射する光源）

❷完全拡散透過面の光束発散度

完全拡散面とみなせる擦りガラスを使い透過光を照明として使うなら，

光束発散度 M_τ ＝照度 E ×透過率 τ

光束発散度：M_τ [lm/m^2]
透過率：τ
照度：E [lx]

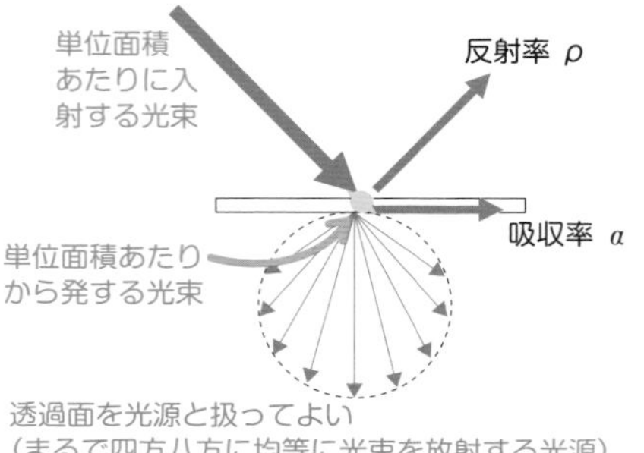

ひとこと

完全拡散面（かんぜんかくさんめん）とは，どの方向から見ても明るさ（輝度）がかわらない表面のことをいいます。たとえば，鏡のようにある一定の方向からみると，キラッ！と光るような反射面は完全拡散面ではありません。白い紙のようなものがこれに近いものです。

理想的な反射面は，どの方向から見ても輝度が一定な完全拡散光源と考えることができます。

3 光束発散度と輝度の関係

完全拡散面では，光束発散度と輝度は以下の関係があります。

公式 光束発散度と輝度の関係

$$L = \frac{M}{\pi}$$

輝度：L [cd/m^2]
光束発散度：M [lm/m^2]

2 屋内の平均照度

作業面や室内を均一に照らし適切な照度にすると，影が生じず，目の疲れも軽減されます。

ひとこと
照度が均一になるように照明器具を配置することを，全般照明といいます。

そこで，作業面に適した照度E[lx]にするために，ランプ（照明器具）が何個必要かを考える場合があります。この場合，以下の公式を利用します。

公式 平均照度

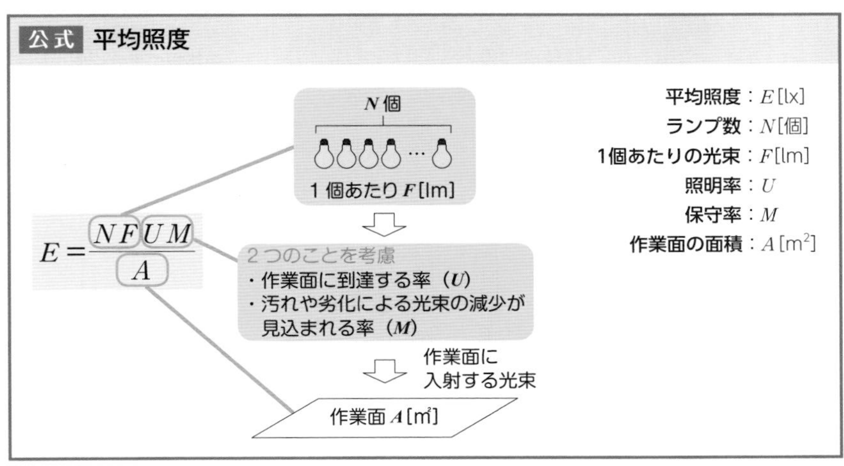

N個
1個あたりF[lm]
$E=\frac{NFUM}{A}$
2つのことを考慮
・作業面に到達する率（U）
・汚れや劣化による光束の減少が見込まれる率（M）
作業面に入射する光束
作業面A[㎡]
平均照度：E[lx]
ランプ数：N[個]
1個あたりの光束：F[lm]
照明率：U
保守率：M
作業面の面積：A[m²]

ランプ数N[個]と各ランプからの光束F[lm]の積が，総光束となります。

次に，総光束NF[lm]のうち作業面に到達する光束は一部なので，補正する係数（**照明率**U）を考えます。

さらに，光源が汚れたり劣化したりすることによる光束の減少を見込む係数（**保守率**M）を考慮して，$NFUM$[lm]が作業面に入射する光束と考えます。

これを作業面の面積A[m^2]で除して平均照度E[lx]を計算します。

問題集 問題124 問題125 問題126

3 道路の平均照度

図のような道路では，光源1灯あたりの光束F[lm]，照明率U，保守率Mとすると，FUM[lm]の光束が，1灯あたりの分担面積BS[m^2]に照射されます。

したがって，平均照度E[lx]は次のように表すことができます。

公式 道路の平均照度

$$E=\frac{FUM}{A}=\frac{FUM}{BS}\text{[lx]}$$

平均照度：E[lx]
1灯あたり光束：F[lm]
照明率：U
保守率：M
作業面の面積：A[m^2]
灯柱間隔：S[m]
道路幅の半分：B[m]

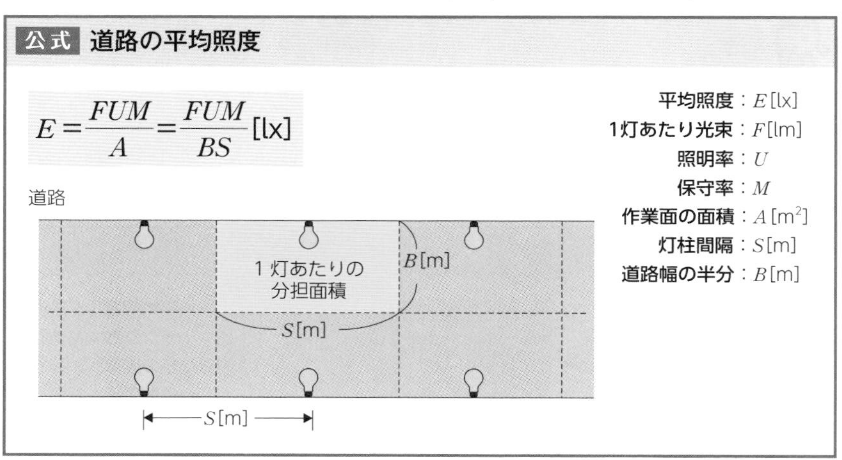

各光源は，左に灯柱間隔の半分である$\frac{S}{2}$[m]，右に灯柱間隔の半分である$\frac{S}{2}$[m]の横幅を分担します。したがって，黄色い分担面積の横の長さは灯柱間隔S[m]となります。また，縦の長さは道路幅の半分となります。

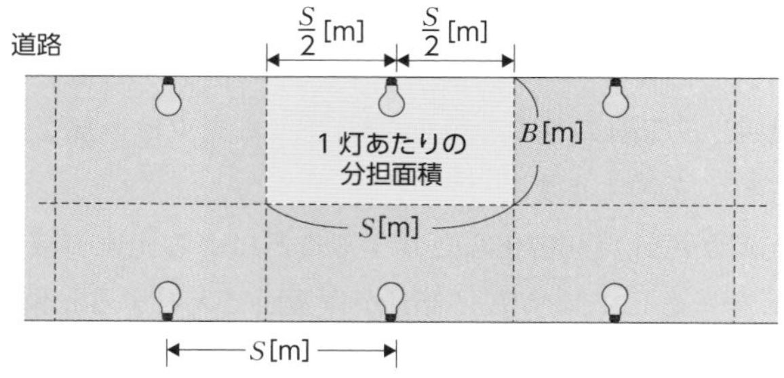

問題集 問題127 問題128

CHAPTER 09

電熱

CHAPTER 09

電熱

電子レンジのように，電気から熱を発生させる方法について考えます。熱と電気の関係について学び，しくみを応用した加熱方式の種類についても学びます。

このCHAPTERで学習すること

SECTION 01 電熱

熱回路		電気回路	
量・量記号	単位	量・量記号	単位
温度差 T	K	電位差（電圧）V	V
熱流 Φ	W	電流 I	A
熱抵抗 R_t	K/W	電気抵抗 R	Ω
温度 t	K	電位 V	V
熱容量 C	J/K	静電容量 C	F
熱量 Q	J	電気量（電荷）Q	C
熱伝導率 λ	W/(m·K)	導電率 σ	S/m
熱回路のオームの法則	$T = R_t \times \Phi$ 温度差 熱抵抗 熱流	電気回路のオームの法則	$V=RI$

電気回路によって発生する熱について，熱量などの数値の計算方法などを学びます。

傾向と対策

出題数

1～2問程度／22問中

・計算問題と論説問題

	H27	H28	H29	H30	R1	R2	R3	R4上	R4下	R5上
電熱	1	2	1	0	2	1	2	2	1	2

ポイント

計算問題と論説問題が出題されます。熱量と電力の関係や，電気加熱の原理を正しく理解する必要があります。計算問題では複雑なパターンが少ないので，過去問を復習してしっかりと理解することが大切です。論説問題は難しい用語が多いため，イラストや図を用いてイメージをつかむと理解しやすくなります。出題数は少ないですが，公式や原理をしっかりと理解して得点しましょう。

SECTION 01

電熱

このSECTIONで学習すること

1 セルシウス温度と絶対温度

セルシウス温度と絶対温度の関係について学びます。

2 熱量

熱運動や熱量の考え方，熱容量や比熱の計算方法などについて学びます。

3 物質の三態

物質の三態や状態変化の考え方，潜熱と顕熱について学びます。

4 熱エネルギーの伝わり方

伝導や対流，放射などの熱エネルギーの伝わり方について学びます。

5 熱回路と電気回路

熱回路におけるオームの法則や熱抵抗，熱回路と電気回路の違いについて学びます。

6 ヒートポンプ

ヒートポンプと，COP（成績係数）の計算方法について学びます。

7 電気加熱の方式と原理

抵抗加熱，アーク加熱，誘導加熱，誘電加熱，赤外線加熱について学びます。

1 セルシウス温度と絶対温度

温度には，単位としてセルシウス温度 t[℃]で表す方法と絶対温度(ぜったいおんど) T[K(ケルビン)]で表す方法があります。絶対温度 T[K]とセルシウス温度 t[℃]の関係は以下のように表すことができます。

公式 セルシウス温度と絶対温度の関係

$$T = t + 273$$

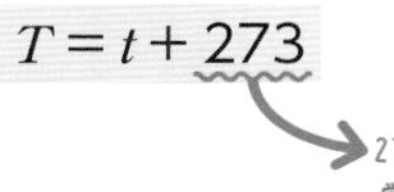

273は絶対零度の絶対値を表しており，厳密にいえば273.15です

絶対温度：T[K]
セルシウス温度：t[℃]

日常的に使っているセルシウス温度（セ氏温度）では氷が溶け出す温度を0℃とし，絶対温度(ぜったいおんど)では温度の最小値を0Kとします。－273.15℃よりも低い温度は存在せず，これを絶対零度(ぜったいれいど)といいます。

ひとこと

セルシウス温度でも絶対温度でも，目盛りの間隔は等しく，温度が1℃上がるということは，1K上がるということです。0(ゼロ)の地点が違うだけです。電験では絶対温度が重要になります。

2 熱量

I 熱運動

温度(おんど)とは，熱運動の激しさを表す物理量です。熱運動(ねつうんどう)とは，物質を構成する分子や原子が不規則にしている運動をいいます。

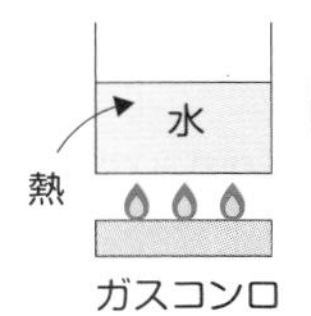

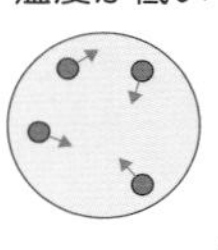

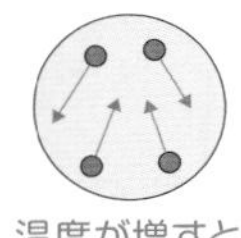

熱の正体は，この分子や原子が運動するエネルギーであり，温度が高いほど熱運動が活発であり，温度が低くなると熱運動がにぶくなります。

高温になるほど物質を構成する粒子の運動は活発になりますが，粒子が動く速さはバラバラです。高温になるほど，速さの平均値が大きくなっていきます。絶対零度になると，熱運動は停止します。

II 熱量

熱は高温から低温の物体に移動します。移動した熱の量を**熱量**（量記号：Q，単位：J）といいます。

移動した熱の量＝熱量Q[J]

高温の物体A	→	低温の物体B

ひとこと

熱の伝わり方のたとえ話として，物体を構成する分子がバネでつながっている状態を考え，高温側の激しい熱運動が次々に低温側に伝わっていくと解釈することができます。

このようにすれば，エネルギーが高温から低温に伝わっていく様子を表現できます。

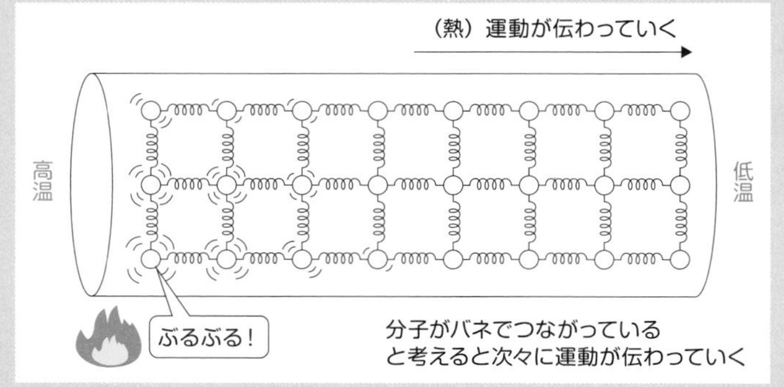

Ⅲ 熱容量

物体の材質や質量によって，温まりやすく冷めやすいもの（温度変化しやすいもの）と，温まりにくく冷めにくいもの（温度変化しにくいもの）があります。

ある物体を1K上昇させるのに必要な熱量を**熱容量**（ねつようりょう）（量記号：C，単位：J/K）といいます。

公式 熱容量

$$Q = C\Delta T = C(T_2 - T_1)$$

熱量：Q[J]
熱容量：C[J/K]
温度上昇：ΔT[K]
加熱後の温度：T_2[Kまたは℃]
加熱前の温度：T_1[Kまたは℃]

Ⅳ 比熱（比熱容量）

物質によって，温度上昇に必要な熱量は異なります。単位質量（＝1 kg）の物質を温度1Kだけ上昇させるのに必要な熱量を**比熱**（ひねつ）（**比熱容量**（ひねつようりょう））（量記号：c，単位：J/(kg・K)）といいます。

公式 比熱

$$Q = mc\Delta T$$

質量m×比熱c＝熱容量C

熱量：Q[J]
温度上昇：ΔT[K]
質量：m[kg]
比熱：c[J/(kg·K)]

V 熱量の保存

物体A（高温）と物体B（低温）を隣り合わせて，AとBの間だけで熱の移動が起こったと仮定します。十分に時間が経つとやがて2つの物体の温度は等しくなり，温度が変わらなくなる状態になります。これを**熱平衡にある**といいます。

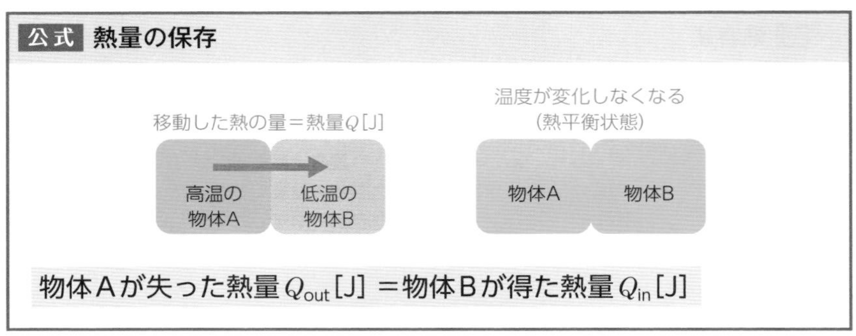

公式 熱量の保存
移動した熱の量＝熱量Q[J]
高温の物体A
低温の物体B
温度が変化しなくなる（熱平衡状態）
物体A
物体B
物体Aが失った熱量Q_{out}[J] ＝物体Bが得た熱量Q_{in}[J]

このとき，❶物体Aが失った熱量Q_{out}[J]と❷物体Bが得た熱量Q_{in}[J]は等しくなります。これを**熱量の保存**といいます。

3 物質の三態

重要度★★★

I 状態変化

氷を加熱すると，氷→水→水蒸気となり，固体・液体・気体と異なる3つの状態になります。これを**物質の三態**といい，固体・液体・気体の間で状態が変化することを**状態変化**といいます。

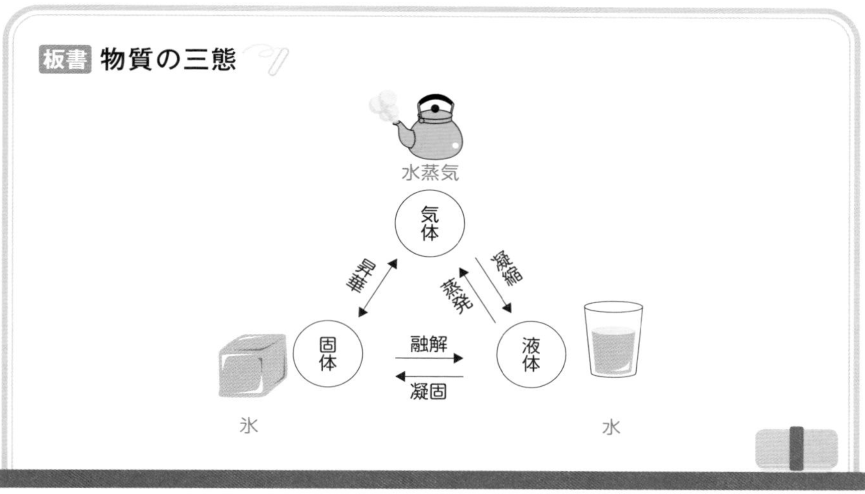

ひとこと

詳しく状態を説明すると以下のとおりです。

状　態	モデル図	説　　明
固　体		物質を構成する粒子がしっかりと結合して熱運動をする。
液　体		粒子間の結びつきが弱く，各粒子が一定の距離を保って熱運動をする。
気　体		粒子が自由に飛びまわっている（そのため体積が著しく増加する）。

II 顕熱と潜熱

物質が，固体から液体，液体から気体になるなど状態変化するときに必要とする熱エネルギーのことを**潜熱**（せんねつ）（量記号：β，単位：J/g）といいます（通常，1 gや1 kgなど単位質量に対する熱量[J]や[kJ]で表されます）。

公式　潜熱

$$Q = \beta m$$

熱量：Q[J]
質量：m[g]
潜熱：β [J/g]

固体が融解するときの温度を**融点**（ゆうてん），液体が沸騰するときの温度を**沸点**（ふってん）といいます。

ひとこと
潜熱には，蒸発熱（じょうはつねつ）（水蒸気になるとき）と融解熱（ゆうかいねつ）（氷が解けるとき）があります。

潜熱に対し，**顕熱**（けんねつ）とは，物質の状態を変えず温度変化をさせる熱エネルギーをいいます。

ひとこと
温度変化を伴うのが顕熱（けんねつ）で，温度変化を伴わない熱が潜熱（せんねつ）です。

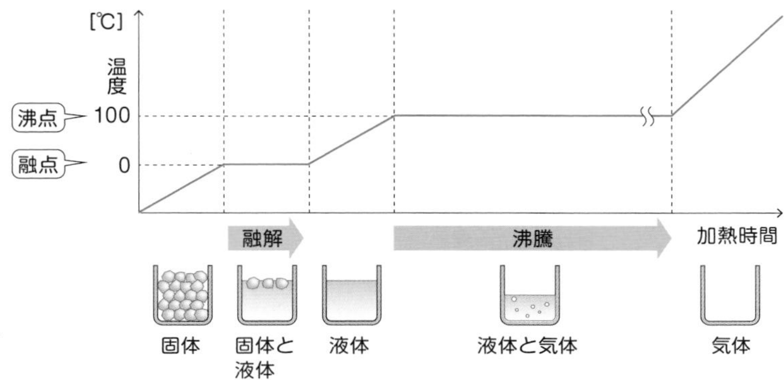

たとえば，0℃の氷を加熱しても，すべて水になるまでは0℃のままで，100℃の水はすべて水蒸気になるまでは100℃のままで，熱を与えても温度変化を伴いません。

問題集 問題129 問題130

4 熱エネルギーの伝わり方 重要度★★★

熱エネルギーの伝わり方は，❶伝導（熱伝導），❷対流，❸放射（輻射）に分類することができます。

I 伝導

伝導（熱伝導）とは，物質の移動や混合によらない熱の伝達です。物体自体は移動せず，物体中の分子の熱運動が順次伝わって熱が移動していきます。

単位時間に流れる熱量Q[J]を**熱流**（量記号：$\varPhi$，単位：W = J/s）といい，高温から低温に熱は移動します。

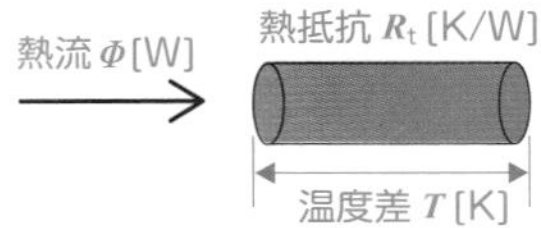

Ⅱ 対流

対流（たいりゅう）とは，液体や気体の流動による熱の伝達です。たとえば，水を加熱したとき，底から温かい水が上昇し，冷たい水と入れ替わって循環するような熱の伝わり方です。対流では物体の移動をともないます。

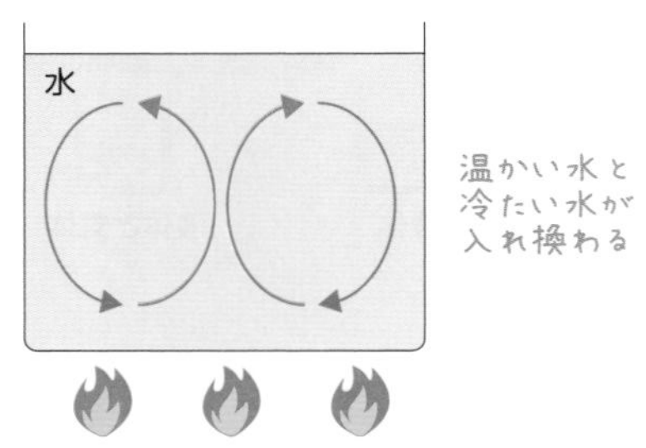

Ⅲ 放射

放射（ほうしゃ）とは，電磁波の放射による熱の伝達です。放射による熱の伝達は，ステファン・ボルツマンの法則に従います。**ステファン・ボルツマンの法則**とは，物体が放射するエネルギーは，保有する絶対温度 T[K]の4乗に比例するという法則です。

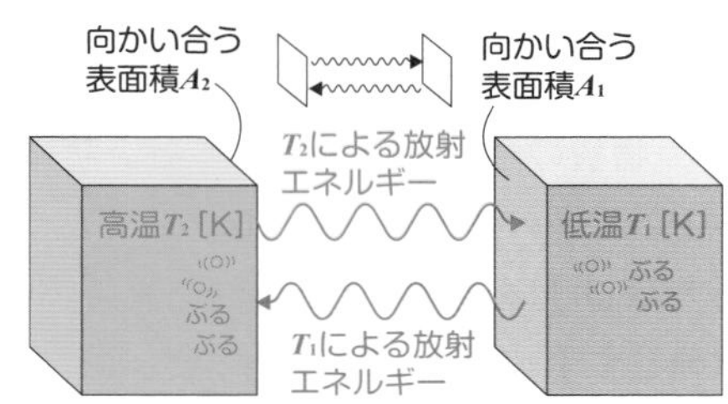

ある物質から放射された電磁波が，別の物質に当たると別の物質を構成する粒子が刺激されて振動します。これによって熱が伝わります。上図では互いに電磁波を出しているので，2つの放射エネルギーの差が熱流となります。

ひとこと

電磁波とは？

❶電荷を持った粒子が振動すると（電流が流れると同じ意味です）❷磁界の変化を生み，❸磁界の変化が電界の変化を生み，❹これを繰り返し，磁界と電界が交互に発生して電気的・磁気的な変化が波として空間を伝わっていきます。これが電磁波です。

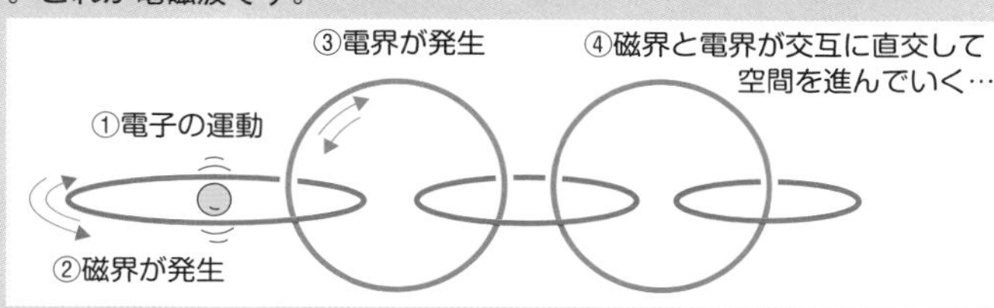

このように考えると，熱を持った物質内では電荷を持った粒子が熱運動しているので，物体は様々な電磁波を放射していると考えられます。

ひとこと

ある物体の表面から出る放射エネルギーEは，

$$E = \varepsilon\sigma A T^4 \text{[W]}$$

（放射率：ε（$0 < \varepsilon < 1$），ステファン・ボルツマン定数：σ，表面積：A，温度：T）

です。公式は覚えなくてかまいません。放射エネルギーは，絶対温度の４乗に比例するということが重要です。

5 熱回路と電気回路

重要度★★☆

❶電気が流れる様子を電気回路で描き表すことができたように，❷熱が流れる様子を熱回路で描き表すことができます。

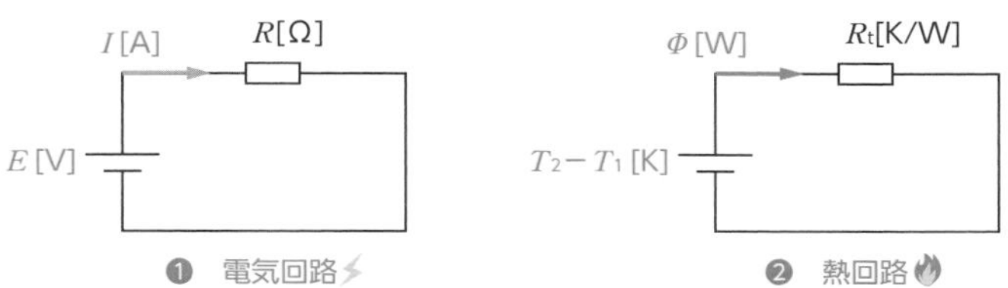

❶ 電気回路　❷ 熱回路

I 熱回路

熱回路と電気回路は似ており，たとえば，熱流は温度が高いところから温度が低いところへ移動し，電流は電位の高いところから低いところへ流れます。

熱回路と電気回路の類似性に着目して以下の表に整理することができ，**熱回路のオームの法則**を導くことができます。

板書 熱回路と電気回路

熱回路		電気回路	
量・量記号	単位	量・量記号	単位
温度差 T	K	電位差（電圧）V	V
熱流 Φ	W	電流 I	A
熱抵抗 R_t	K/W	電気抵抗 R	Ω
温度 t	K	電位 V	V
熱容量 C	J/K	静電容量 C	F
熱量 Q	J	電気量（電荷）Q	C
熱伝導率 λ	W/(m·K)	導電率 σ	S/m
熱回路のオームの法則	$T = R_t \times \Phi$ （温度差 熱抵抗 熱流）	電気回路のオームの法則	$V=RI$

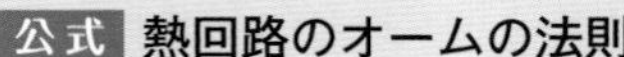

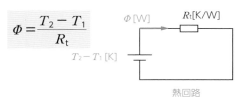

$$\Phi = \frac{T_2 - T_1}{R_t}$$

Φ[W]　R_t[K/W]　$T_2 - T_1$[K]

熱回路

熱流：Φ[W]
熱抵抗：R_t[K/W]
高温側の温度：T_2[Kまたは℃]
低温側の温度：T_1[Kまたは℃]

II 熱抵抗

1 伝導における熱抵抗

熱伝導の度合いを**熱伝導率** λ[W/(m·K)]とすると，熱流 Φ[W]は次の式で求められます。熱伝導率は，物体によって決まる値で，熱の伝わりやすさを表します。

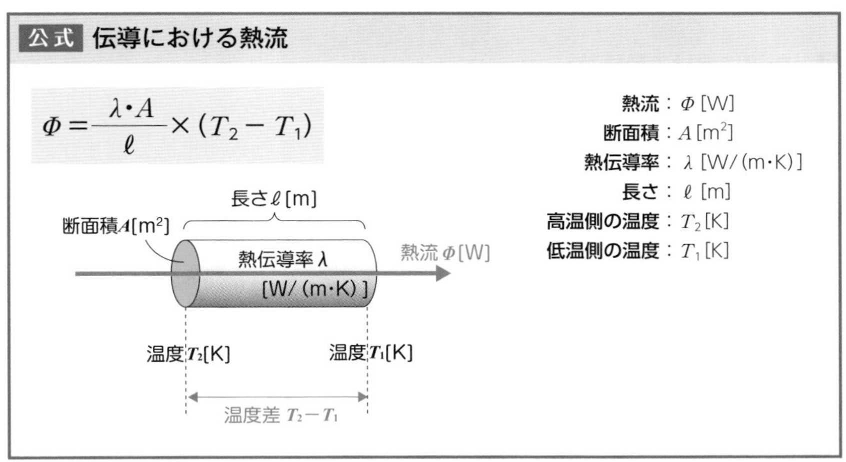

公式 伝導における熱流
$$\Phi = \frac{\lambda \cdot A}{\ell} \times (T_2 - T_1)$$
長さℓ[m]
断面積A[m²]
熱伝導率 λ
[W/(m·K)]
熱流 Φ[W]
温度T_2[K]
温度T_1[K]
温度差 $T_2 - T_1$
熱流：Φ[W]
断面積：A[m²]
熱伝導率：λ[W/(m·K)]
長さ：ℓ[m]
高温側の温度：T_2[K]
低温側の温度：T_1[K]

ここで，熱回路のオームの法則と比較すると，

$$\begin{cases} \Phi=\dfrac{T_2-T_1}{R_t} & \cdots① \text{（熱回路におけるオームの法則）} \\ \Phi=\dfrac{\lambda \cdot A}{\ell}\times(T_2-T_1) & \cdots② \text{（伝導における熱流）} \end{cases}$$

$\dfrac{1}{R_t}=\dfrac{\lambda \cdot A}{\ell}$となるので，熱抵抗$R_t$は右辺の分母分子を逆転させて，$\dfrac{\ell}{\lambda \cdot A}$となります。

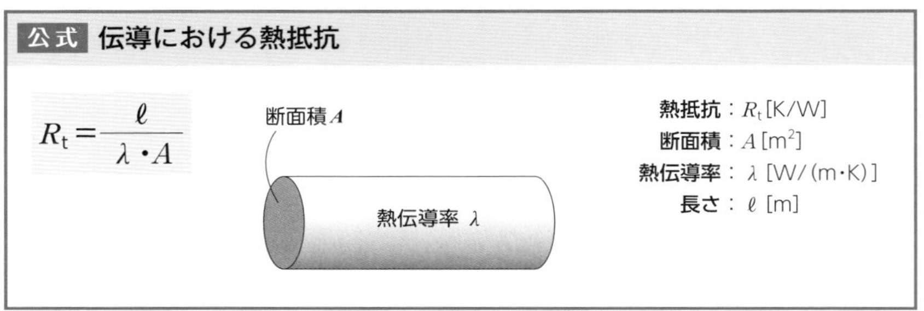

2 対流における熱抵抗

流体（液体または気体）の**熱伝達率（熱伝達係数）**をh[W/(m^2·K)]とすると，固体の表面から，流体に伝わる熱流Φ[W]は，以下の式で求められます。

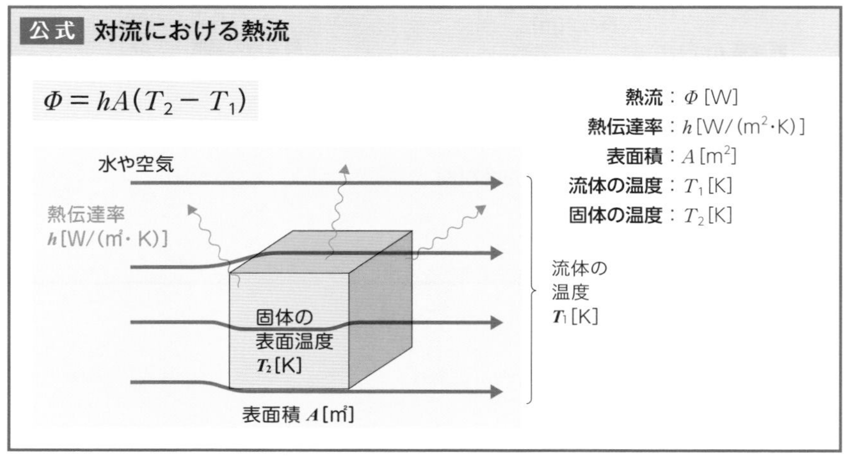

ここで，熱回路のオームの法則と比較すると，

$$\begin{cases} \Phi = \dfrac{T_2 - T_1}{R_t} & \cdots① \text{（熱回路におけるオームの法則）} \\ \Phi = hA(T_2 - T_1) & \cdots② \text{（対流における熱流）} \end{cases}$$

$\dfrac{1}{R_t} = hA$ となるので，熱抵抗 R_t は右辺の分母分子を逆転させて，$\dfrac{1}{hA}$ となります。これを特に，**表面熱抵抗**（ひょうめんねつていこう）R_s といい，電気回路における接触抵抗にあたります。

公式 対流における表面熱抵抗

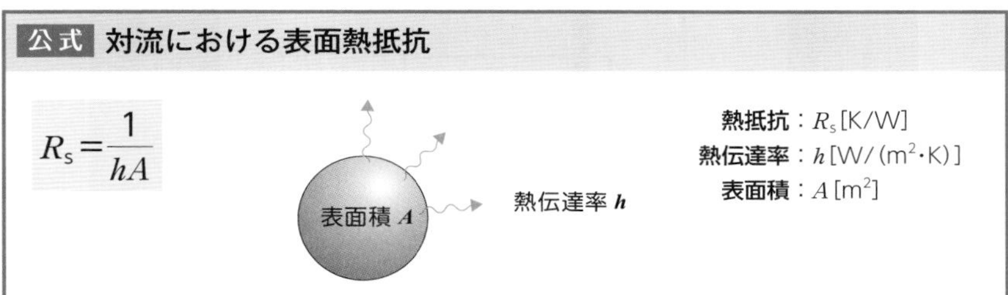

6 ヒートポンプ

電熱器に電流を流して加熱する方法では，電気エネルギーを1とすると，これを熱エネルギーに変換するだけなので熱エネルギーは1以上取り出すことはできません。

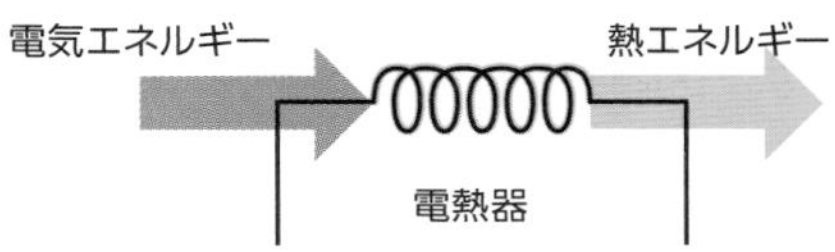

しかし，熱を低温部から高温部に移動させる装置である**ヒートポンプ**（**熱ポンプ**）は，入力した電気エネルギー以上の熱エネルギーを得ることができます。

ヒートポンプは，熱を温度の低いところから高いところへ運ぶことができます。これが，水をくみ上げるポンプと似ているので，「熱ポンプ」という意味の名前になっています。

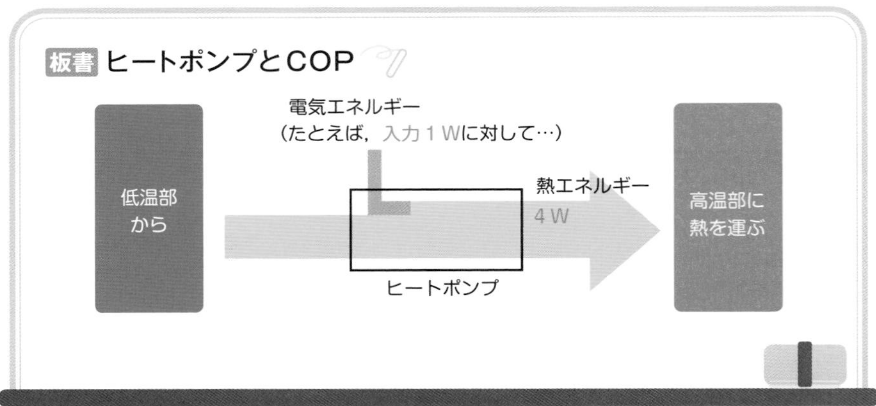

COP（成績係数）は，ヒートポンプの性能の目安を表し，消費電力1Wに対して，その何倍が冷房能力[W]や暖房能力[W]となるかを示します。

冷房能力（れいぼうのうりょく）は機器が単位時間あたりに温調する空間から除去できる熱量であり，**暖房能力**（だんぼうのうりょく）は機器が単位時間あたりに温調する空間に供給できる熱量です。

ひとこと

たとえば，入力１Wに対して出力が４W得られた場合，COPは4となります。

ここで，❶加熱時（暖房など）における$COP_H = \frac{暖房能力}{消費電力}$，❷冷却時（冷房など）における$COP_C = \frac{冷房能力}{消費電力}$は次のように計算することができます。

公式 ヒートポンプの成績係数（加熱時と冷却時）

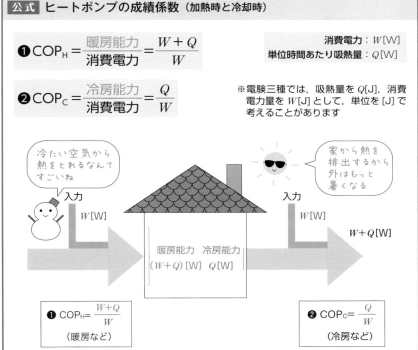

$$❶\ COP_H = \frac{暖房能力}{消費電力} = \frac{W+Q}{W}$$

$$❷\ COP_C = \frac{冷房能力}{消費電力} = \frac{Q}{W}$$

消費電力：W[W]
単位時間あたり吸熱量：Q[W]

※電験三種では，吸熱量を Q[J]，消費電力量を W[J] として，単位を [J] で考えることがあります

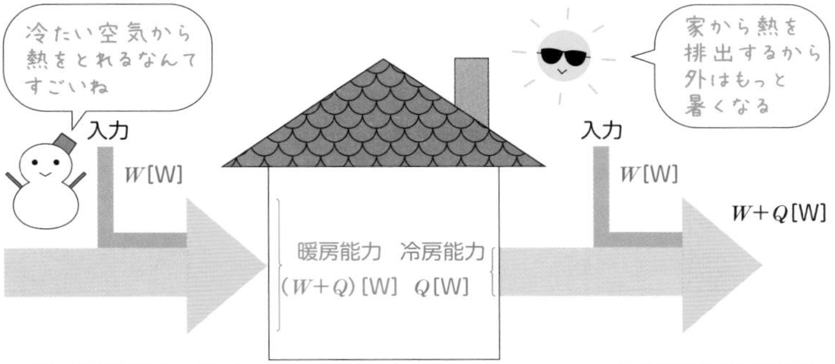

冷たい空気から熱をとれるなんてすごいね

家から熱を排出するから外はもっと暑くなる

入力 W[W]

暖房能力 $(W+Q)$[W]　冷房能力 Q[W]

入力 W[W]　$W+Q$[W]

❶ $COP_H = \frac{W+Q}{W}$（暖房など）

❷ $COP_C = \frac{Q}{W}$（冷房など）

ひとこと

ヒートポンプの詳しいしくみは，過去問題を通して理解すれば十分です。まずは，計算問題ができるようになりましょう。

問題集 問題131 問題132 問題133

7 電気加熱の方式と原理

重要度★★★

電気加熱の方式と原理は次のとおりです。

板書 電気加熱

加熱方式	原理	モデル図
❶抵抗加熱	ジュール熱を利用した加熱	RI^2
❷アーク加熱	アーク熱による高温加熱	電極 電極 アーク放電
❸誘導加熱(ゆうどうかねつ)	交番磁界中におかれた導電性物質中の渦電流によって生じるジュール熱（渦電流損）による加熱	渦電流 交番磁界 交番磁界 →渦電流 →ジュール熱
❹誘電加熱(ゆうでんかねつ)	周波数によって，❶高周波誘電加熱と❷マイクロ波加熱（電子レンジで利用）に分かれる	分極による摩擦熱
	絶縁体の交番電界中における，誘電損による発熱（誘電分極による分子間の摩擦熱）を利用した加熱	
❺赤外線加熱	赤外線放射エネルギーが，物質に吸収されると，ほとんどが熱エネルギーに変換されることを利用した加熱	

試験上重要なのは，誘導加熱と誘電加熱です。過去問の演習を通して理解するほうが得点に結びつきます。

問題集 問題134 問題135 問題136 問題137

CHAPTER 10

電動機応用

CHAPTER 10

電動機応用

電動機の原理を応用した設備や，小形モータの種類，構造について学びます。図を見ながら動作の仕組みを考え，理解を深めましょう。

このCHAPTERで学習すること

SECTION 01 電動機応用

$$W=\frac{1}{2}J\omega^2=\frac{1}{2}J\left(\frac{2\pi N}{60}\right)^2 [\mathrm{J}]$$

回転体の運動エネルギー：W[J]
慣性モーメント：J[kg·m^2]
角速度：ω [rad/s]
回転速度：N[min^{-1}]

クレーンやエレベータ，ポンプなど，電動機の原理を応用したものについて学びます。

SECTION 02 小形モータ

種類	回転子の構造
永久磁石形（PM 形）	回転子に永久磁石を使用
可変リラクタンス形（VR 形）	回転子に鉄心を使用
ハイブリッド形（HB 形）	PM 形と VR 形を組みあわせた構造

小形モータのしくみについて学びます。

傾向と対策

出題数

1～2問/22問中

・計算問題中心

	H27	H28	H29	H30	R1	R2	R3	R4上	R4下	R5上
電動機応用	1	1	1	1	2	2	2	2	2	1

ポイント

電動機を応用した設備の計算問題は，運動エネルギーに関する物理学の知識が必要となります。公式は複雑なので，ただ覚えるだけでなく，導けるようにすることが大切です。また近年では，小形モータの構造について問う問題も増えています。各種小形モータのしくみを図と照らし合わせて覚えましょう。出題数は少ないですが，範囲はそこまで広くないため，しっかりと理解しましょう。

SECTION 01 電動機応用

このSECTIONで学習すること

1 慣性モーメントとはずみ車

慣性モーメントとその計算方法，回転体の運動エネルギーについて学びます。

2 天井クレーン

天井クレーンの構造と，天井クレーンを構成する各電動機の所要出力を計算する方法について学びます。

3 エレベータ

エレベータの構造と，エレベータの電動機の所要出力を計算する方法について学びます。

4 ポンプ

揚水ポンプの構造と，ポンプの電動機の所要出力を計算する方法について学びます。

5 送風機

送風機の構造と，送風機の電動機の所要出力を計算する方法について学びます。

1 慣性モーメントとはずみ車

重要度★★★

I 慣性モーメント

慣性モーメント（量記号：J，単位：$kg\cdot m^2$）は，「回転させにくさ・回転の止めにくさ」の量を表します。

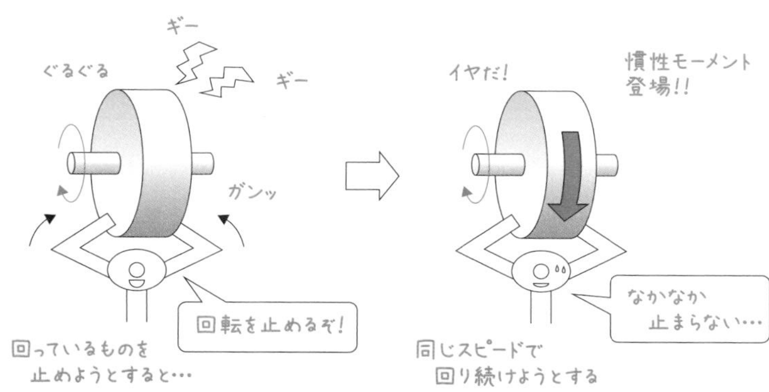

「回転させにくさ・回転の止めにくさ」は，回転体の質量mが大きいほど大きく，半径rが大きいほど大きくなります。

公式 慣性モーメント

$$J = mr^2 \,[kg\cdot m^2]$$

慣性モーメント：J [$kg\cdot m^2$]
質量：m [kg]
半径：r [m]

Ⅱ 回転体の運動エネルギー

回転体の運動エネルギーWは，慣性モーメントJが大きいほど大きく，角速度ωが速いほど大きくなります。

公式 回転体の運動エネルギー

$$W=\frac{1}{2}J\omega^2=\frac{1}{2}J\left(\frac{2\pi N}{60}\right)^2 \text{[J]}$$

回転体の運動エネルギー：W[J]
慣性モーメント：J[kg·m^2]
角速度：ω [rad/s]
回転速度：N[min^{-1}]

回転体の運動エネルギーの公式の導き方

運動エネルギーの式 $W=\frac{1}{2}mv^2$ から回転エネルギーの式 $W=\frac{1}{2}J\omega^2$ を導きなさい。ただし，回転体の質量をm[kg]，周速度をv[m/s]とする。

回転体の半径をr[m]とすると，周速度v[m/s]と角速度ω [rad/s]の間には$v=r\omega$の関係が成り立つから

$$W=\frac{1}{2}mv^2=\frac{1}{2}m(r\omega)^2=\frac{1}{2}(mr^2)\omega^2$$

ここで，mr^2を慣性モーメントJ[kg·m^2]で置き換えると

$$W=\frac{1}{2}(mr^2)\omega^2=\frac{1}{2}J\omega^2$$

よって，$W=\frac{1}{2}mv^2=\frac{1}{2}J\omega^2$[J]

ひとこと

質量mと慣性モーメントJは似た性質があり，質量が「動かしにくさ」を表すのに対し，慣性モーメントは「回転させにくさ」を表します。

ひとこと

慣性モーメントを利用する機械部品に，はずみ車（フライホイール）があります。

はずみ車は，回転運動エネルギーを蓄えたり，放出したりすることで，回転速度の急激な変動を防ぎます。

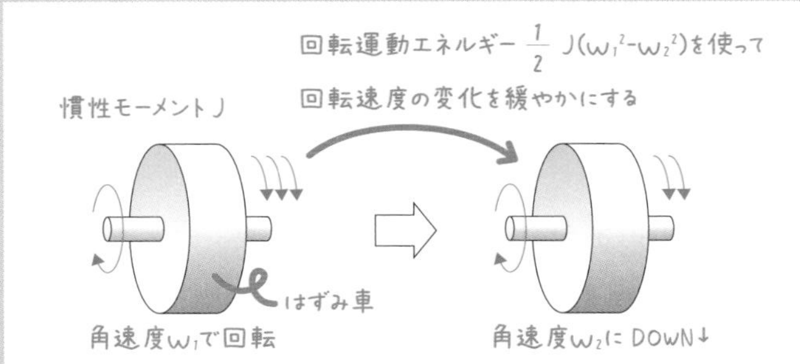
回転運動エネルギー $\frac{1}{2}J(\omega_1^2-\omega_2^2)$を使って
回転速度の変化を緩やかにする
慣性モーメントJ
はずみ車
角速度ω_1で回転
角速度ω_2にDOWN↓

ふむ ふむ

問題集 問題138 問題139 問題140

2 天井クレーン

重要度★★★

天井クレーンは，以下のような構造になっています。❶巻上用電動機の所要出力P_1[kW]，❷横行用電動機の所要出力P_2[kW]，❸走行用電動機の所要出力P_3[kW]は以下のように表すことができます。

なお，9.8 m/s²は重力加速度gを表しています。

公式 天井クレーン

❶巻上用電動機の所要出力P_1

$$=\frac{F_1v_1}{\eta_1}=\frac{9.8M_1v_1}{\eta_1}\text{[kW]}$$

$F=ma$ より（力＝質量×加速度）→ 重力加速度は9.8 m/s²

❷横行用電動機の所要出力P_2

$$=\frac{F_2v_2}{\eta_2}=\frac{\mu_2(M_1+M_2)v_2}{\eta_2}\times10^{-3}\text{[kW]}$$

❸走行用電動機の所要出力P_3

$$=\frac{F_3v_3}{\eta_3}=\frac{\mu_3(M_1+M_2+M_3)v_3}{\eta_3}\times10^{-3}\text{[kW]}$$

走行抵抗μ_2，μ_3がポイント

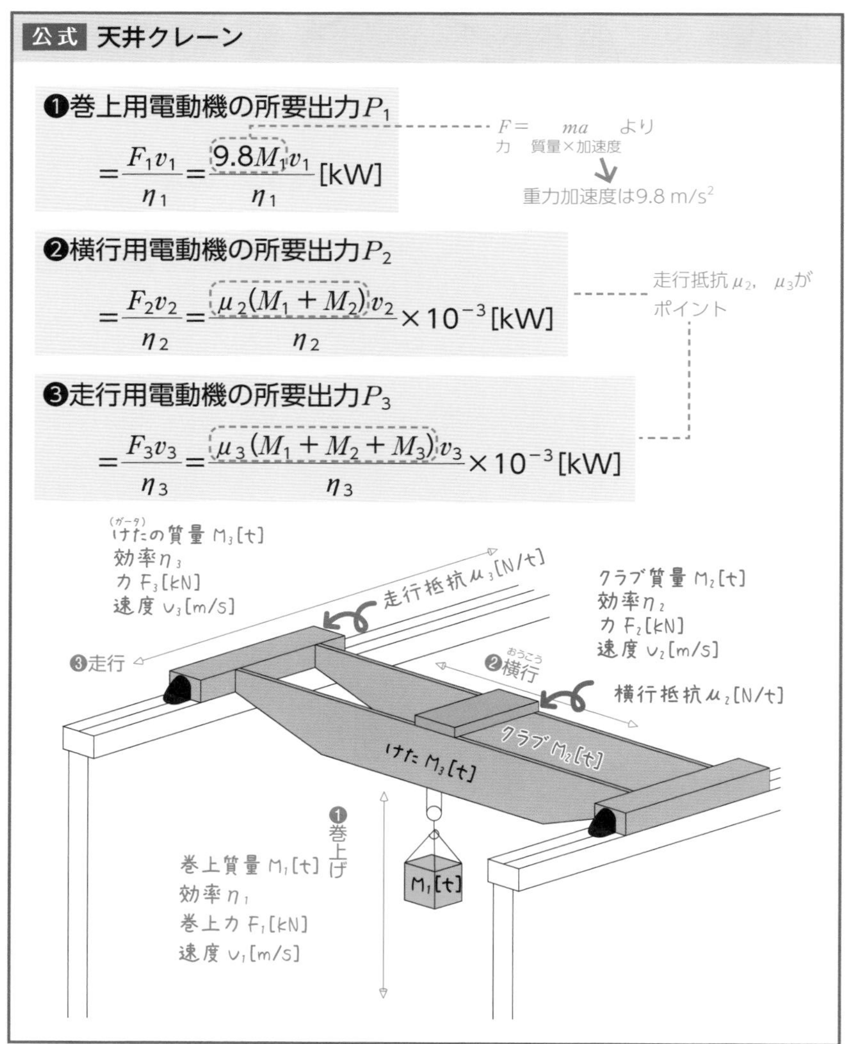

3 エレベータ

重要度★★☆

エレベータの基本構造は，以下のようになっています。

釣り合いおもりの質量M_B[kg]，かごの質量M_C[kg]，積載質量M_L[kg]，効率η，速度V[m/min]とすると，エレベータの電動機の所要出力P[W]は，次のように表すことができます。

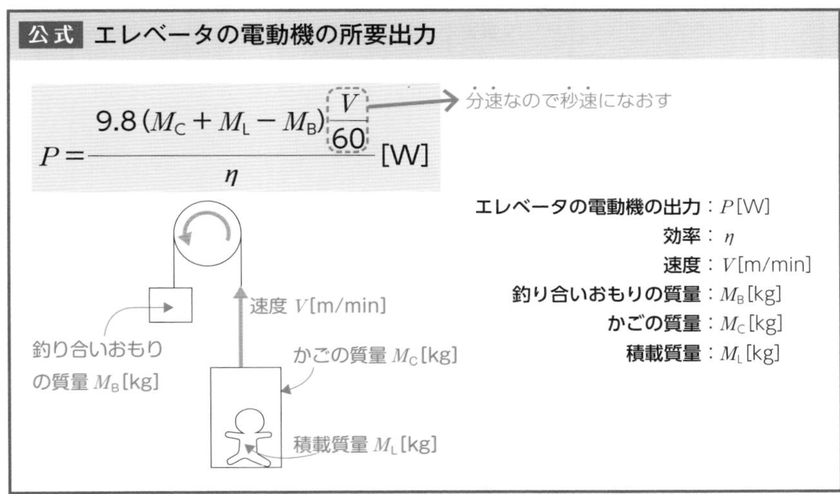

公式でM_B[kg]を引いているのは，釣り合いおもりによって，巻上荷重が軽減されるからです。

ひとこと

M_Bの添え字Bはbalance（バランス），M_Cの添え字Cはかごを意味するcage（ケージ），M_Lの添え字Lは積み荷を意味するload（ロード）からきています。

ひとこと

余裕係数Kを考慮する場合の公式は$P=K\dfrac{9.8(M_C+M_L-M_B)\dfrac{V}{60}}{\eta}$となります。

余裕係数とは，工作上の誤差を見込んで余裕をもたせるための係数です。通常1～1.2程度です。

問題141

4 ポンプ 電力

重要度★★☆

揚水ポンプの電動機の所要出力P[kW]は，次の計算式で表されます。**揚程**とは，ポンプが水をくみ上げる高さのことをいいます。

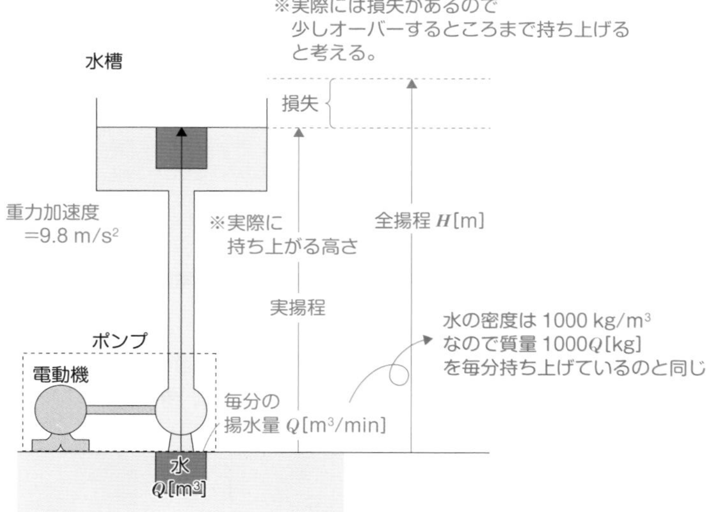

ポンプの吸込み水面から吐出し水面までの高さを**実揚程**といい，実際にこの高さまで持ち上げるには，管内の摩擦損失などを考慮する必要があります。これを考慮したものを**全揚程**といいます。

ひとこと

電力の水力発電で詳しく勉強します。

公式 ポンプの電動機の所要出力

$$P = K\frac{9.8\left(\frac{Q}{60}\right)H}{\eta} \fallingdotseq K\frac{QH}{6.12\,\eta}\ \text{[kW]}$$

ポンプの電動機の出力：P[kW]
余裕係数：K
毎分の揚水量：Q[m³/min]
全揚程：H[m]
効率：η

ポンプの電動機の所要出力の公式の導き方

位置エネルギーの式$U=mgh$[J]から，質量m[kg]をh[m]持ち上げるとき，重力加速度gを9.8 m/s^{2}とすると，$9.8mh$[J]のエネルギーが必要である。また，1 Wは，1秒あたり1 Jの仕事率のことをいい，単位[W]＝[J/s]である。

これを利用して(1)～(4)に従いポンプの電動機の所要出力の公式を導き出しなさい。

(1) 1分でQ[m^3]の水をくみ上げるとき，1秒でくみ上げられる水の容積[m^3]はいくらか。

(2) $\dfrac{Q}{60}$[m^3]の水を，高さH[m]までくみ上げるのに，エネルギーが何[J]必要か答えなさい。ただし，水の密度は1 000 kg/m^{3}とする。

(3) これが1秒で行われたとき，すなわち1秒あたりの揚水量Q[m^3/min]のとき，出力は何[kW]になるか答えなさい。

(4) 効率η，余裕係数Kとして公式を導き出しなさい。

(1) 1分は60秒だから，$\dfrac{Q}{60}$[m^3]

(2) くみ上げる水の質量m[kg]は，

$$m=\underset{\text{密度}}{1000}\times\left(\frac{Q}{60}\right)\text{[kg]}$$

これを，位置エネルギーの式に代入して，

$$U=9.8mh=9.8\times\underbrace{1000\times\left(\frac{Q}{60}\right)}_{m}\times\underbrace{H}_{h}=9800\left(\frac{Q}{60}\right)H\text{[J]}$$

(3) 単位[W]＝[J/s]だから，

$$P=9800\left(\frac{Q}{60}\right)H\div 1\text{秒}=9800\left(\frac{Q}{60}\right)H\text{[W]}$$

[kW]で求めるので，

$$P=9.8\left(\frac{Q}{60}\right)H\text{[kW]}$$

(4) 効率η，余裕係数Kとすると，ポンプの電動機の所要出力P[kW]は，

$$P=K\frac{9.8\left(\frac{Q}{60}\right)H}{\eta}\fallingdotseq K\frac{QH}{6.12\,\eta}\text{[kW]}$$

問題集 問題142 問題143

5 送風機

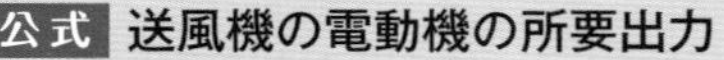 I 送風機の電動機の所要出力

送風機の電動機の所要出力 P[kW]は，次の計算式で表されます。

公式 送風機の電動機の所要出力

$$P = K\frac{qH}{\eta} = K\frac{QH}{60\eta}\text{[W]}$$

$$= K\frac{QH}{60\eta} \times 10^{-3}\text{[kW]}$$

送風機の電動機の所要出力：P[W]または[kW]
余裕係数：K
毎秒の風量：q[m^3/s]
毎分の風量：Q[m^3/min]
風圧：H[Pa] = [N/m^2]
効率：η

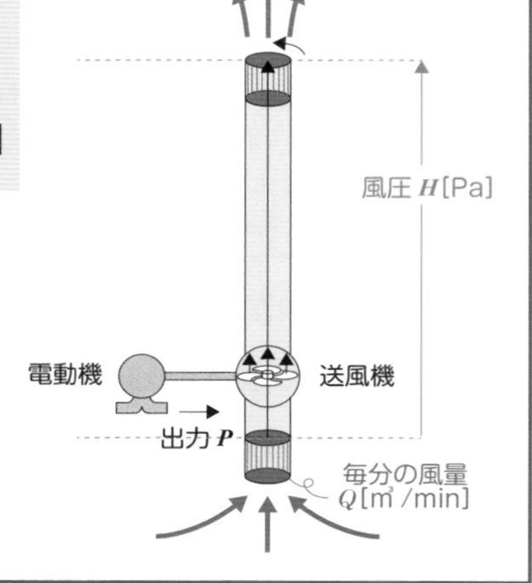

送風機の電動機の所要出力の公式の導き方

送風機の電動機の所要出力Pの公式を導き出しなさい。ただし，送風機による風圧H[Pa]，風速v[m/s]，通風路の断面積A[m^2]，1秒あたりに吐出(としゅつ)される風量q[m^3/s]，1分あたりに吐出される風量Q[m^3/min]とする。なお，単位[Pa] = [N/m^2]である。

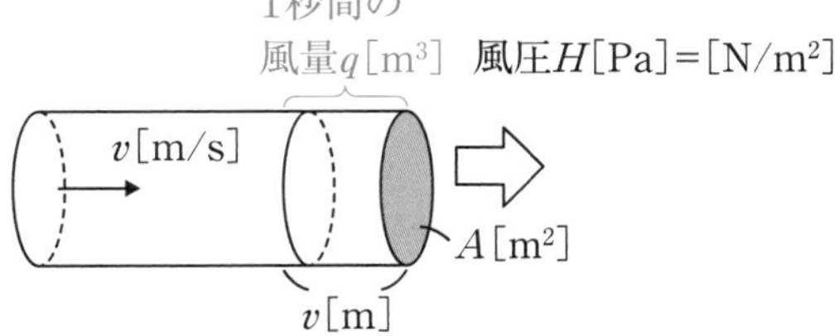

断面積A[m^2]に働く力F[N]は，

$$F = AH\text{[N]}$$

風速v[m/s]だから，気体は1秒間にv[m]移動する。仕事率は$P = Fv$だから（高校の物理で習う），

$$P = Fv = \underbrace{Av}_{\text{1秒間に吐き出される風量}q} H = qH\text{[W]}$$

単位に注目すると…

$$\text{[N]}\left[\frac{\text{m}}{\text{s}}\right] = \left[\frac{\text{N}\cdot\text{m}}{\text{s}}\right] = \left[\frac{\text{J}}{\text{s}}\right]$$

[W] = [J/s]

1秒間に吐出される風量q[m^3/s]は，1分間（= 60秒）に吐出される風量Q[m^3/min]の$\frac{1}{60}$倍だから，

$$P = qH = \frac{QH}{60}$$

効率η，余裕係数Kとすると，送風機の電動機の所要出力P[kW]は

$$P = K\frac{QH}{60\eta}\text{[W]}$$

$$= K\frac{QH}{60\eta} \times 10^{-3}\text{[kW]}$$

II 風の運動エネルギー

送風機で送る風の運動エネルギーを求めます。

風速をv[m/s]，通風路の断面積をA[m^2]とします。単位時間あたりに通過する空気の体積はvA[m^3/s]となります。

ここで空気の密度をρ[kg/m^3]とすると，単位時間あたりに通過する空気の質量はρvA[kg/s]になります。

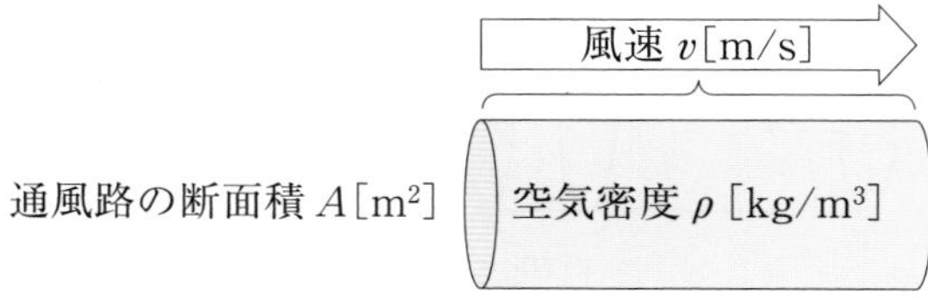

これを運動エネルギーの公式に当てはめると，

$$W=\frac{1}{2}mv^2$$
$$=\frac{1}{2}\rho vAv^2$$
$$=\frac{1}{2}\rho Av^3\text{[J/s]} \cdots \text{[J/s]は[W]}$$

となり，送風機で送る風の単位時間あたりの運動エネルギーWは風速vの3乗に比例することがわかります。

送風機に必要な電力Pは，単位時間あたりの風の運動エネルギーを送風機の総合効率で割って求められるので，送風機に必要な電力Pも風速vの3乗に比例することがわかります。

公式 単位時間あたりの風の運動エネルギー

$$W=\frac{1}{2}\rho Av^3$$

風の運動エネルギー：W[J/s]，[W]
空気の密度：ρ[kg/m^3]
通風路の断面積：A[m^2]
風速：v[m/s]

板書 送風機に必要な電力P

- 送風機に必要な電力Pは，単位時間あたりの風の運動エネルギーWの1乗に比例する
- 送風機に必要な電力Pは，通風路の断面積Aの1乗に比例する
- 送風機に必要な電力Pは，風速vの3乗に比例する

ひとこと

そういえば…

高校の物理で習う運動エネルギーの公式は次のとおりです。

$$K=\frac{1}{2}mv^2$$ （運動エネルギー：K[J]，質量：m[kg]，速度：v[m/s]）

SECTION 02

小形モータ

このSECTIONで学習すること

1 ステッピングモータ

ステッピングモータの構造について学びます。

2 リラクタンスモータ

リラクタンスモータの構造について学びます。

3 コアレスモータ

コアレスモータの構造について学びます。

4 ブラシレスDCモータ

ブラシレスDCモータの構造および動作原理について学びます。

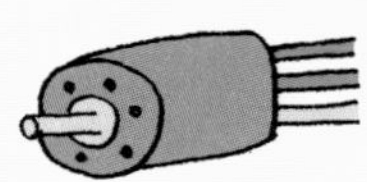

1 ステッピングモータ

重要度★★☆

ステッピングモータは，駆動回路からの電圧で動作する同期電動機です。パルスモータとも呼ばれます。

電動機に接続された駆動回路からの信号はパルス状で，固定子にパルス信号が送られるたびに回転子がある角度（ステップ角（かく））だけ回転します。

ひとこと

ステップ角ごとに繰り返し回転する形態から「ステッピング」モータと呼ばれます。

回転角がパルス信号の数に比例するため，ステッピングモータの回転速度はパルス周波数に比例します。

ステッピングモータは，回転子の構造によって次のように分類されます。

種類	回転子の構造
永久磁石形（PM 形）	回転子に永久磁石を使用
可変リラクタンス形（VR 形）	回転子に鉄心を使用
ハイブリッド形（HB 形）	PM 形と VR 形を組みあわせた構造

永久磁石形（PM 形）ステッピングモータの構造は次のようになります。

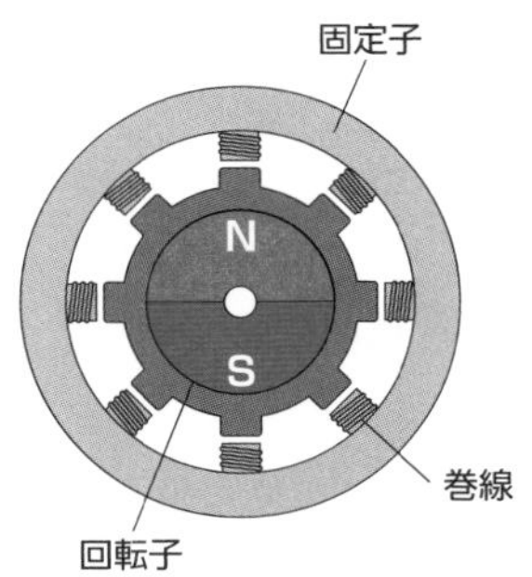

永久磁石形（PM 形）ステッピングモータは，駆動回路からのパルス信号を停止した状態（無通電状態）であっても，固定子と回転子との間に磁気吸引力がはたらき，回転子の位置が保持されるのが特徴です。

2 リラクタンスモータ

リラクタンスモータは，界磁である固定子がつくり出す回転磁界の磁極に，回転子鉄心が吸い寄せられるように回転する同期電動機です。

ひとこと

「リラクタンス」とは磁気抵抗のことです。固定子と回転子との間にあるエアギャップの磁気抵抗が変化することを利用しているため「リラクタンスモータ」と呼ばれます。

リラクタンスモータの一種として，**同期リラクタンスモータ**（SynRM）があります。

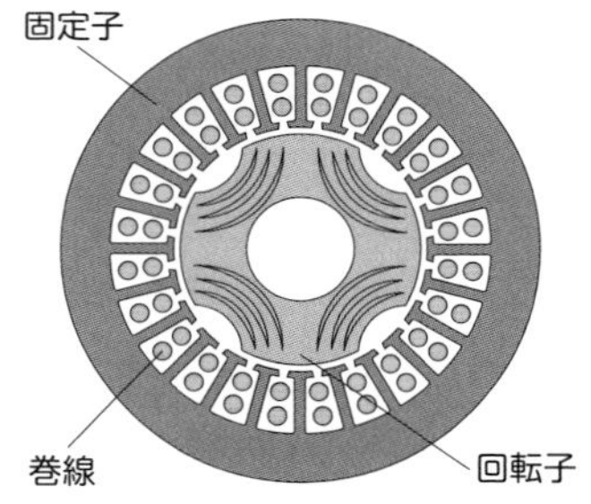

上図のようにSynRMの回転子鉄心にはいくつかの溝が設けられており，さらに突極形とすることで，磁束の通りやすさ（＝磁気抵抗の大きさ）が位置によって変わります。これにより，固定子がつくる回転磁界に，回転子のうち磁束の通りやすい磁極が吸い寄せられるように回転します。

回転子の磁極と回転磁界との位置関係が変化すると，回転子は磁気抵抗が最も小さい状態を維持するように回転します。このとき発生するトルクを**リラクタンストルク**といいます。

SynRMは永久磁石を使用しないために低コストで，かつ強固で遠心力に強く，回転子の高速回転が可能です。ただし，永久磁石を用いる電動機と比較してトルクを大きくできないのがデメリットです。

また，別のリラクタンスモータとして，**スイッチトリラクタンスモータ**（SRM）があります。SRMは先述のステッピングモータにおける可変リラクタンス形（VR形）と構造が同じです。

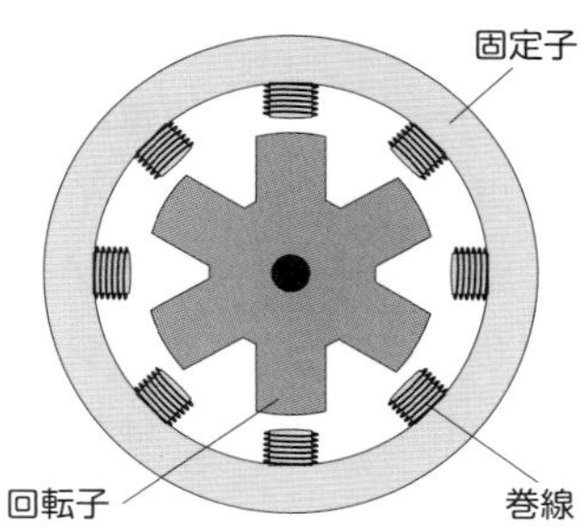

SRMは，上図のように固定子と，突極形の鉄心を用いた回転子で構成されています。まず，固定子巻線に流す電流を順に切り換えていくことで回転磁界をつくり出します。そして，突極形の回転子が回転磁界に吸い寄せられて（磁極間の磁気抵抗が小さくなるように）回転します。

SRMは回転子の構造が簡単かつ強固であり，高速回転に適しています。また，こちらも永久磁石を用いず低コストであるため，電気自動車用モータとして注目されています。

3 コアレスモータ

重要度★★☆

コアレスモータ（無鉄心電動機）は，その名の通り電機子に鉄心（コア）がないタイプの直流電動機です。次のようなカップ形の電機子巻線の内側に円柱型の永久磁石界磁が内蔵される構造です。

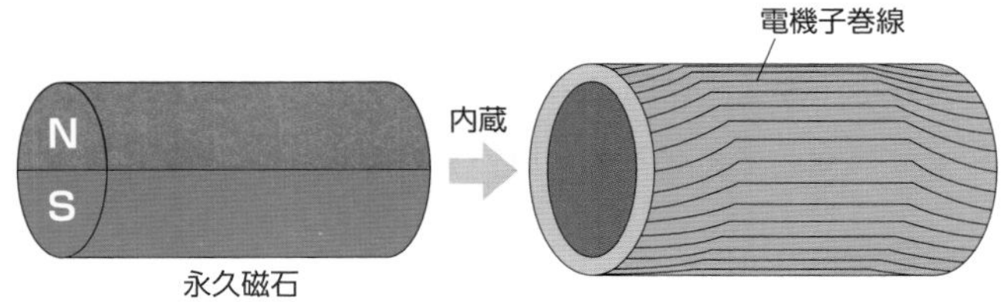

コアレスモータは鉄心がないので電機子の重量は軽く，慣性モーメントが小さいため，応答・加速特性に優れています。また，鉄損が発生しないため高効率で，振動や騒音が少ないのも特徴です。しかし，磁束密度が小さくトルクが小さいという欠点があります。

4 ブラシレスDCモータ

重要度★★☆

ブラシレスDCモータはブラシのない直流電動機で，回転位置を検出するセンサと半導体スイッチを用いて整流作用を電子的に行います。

一般的な直流電動機は，整流作用を整流子とブラシが担っていますが，機械的接触を伴うため，使用しているうちにブラシが摩耗するというデメリットがあります。一方，ブラシレスDCモータはブラシがないため，メンテナンス性に優れています。

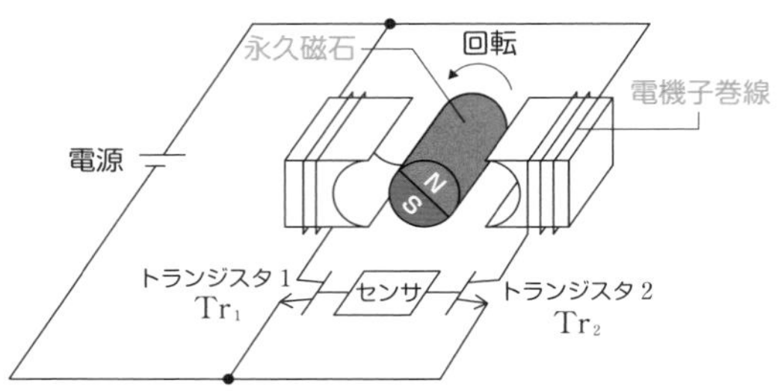

ブラシレスDCモータは，永久磁石が回転子側に，電機子巻線が固定子側に取り付けられており，電機子のつくる回転磁界に同期して永久磁石が回転する構造になっています。

ひとこと

ブラシレスDCモータの構造および原理は，同期電動機に似ています。

一般にはこれらに加え，回転子の回転位置を把握するためのセンサと，半導体スイッチであるトランジスタを用いています。

ひとこと

センサに磁束の向きや大きさに応じて電圧が発生する「ホール素子」を利用しているものを「ホールモータ」といいます。

ブラシレスDCモータの動作について，順を追ってみていきます。

①永久磁石が回転し，センサにS極の磁極が対向する状態では，次のようにセンサに電圧 V_H が発生し，ベース電流 I_B が流れることによりトランジスタ Tr_1 がオンになります。このとき，図の左の電機子が励磁されてS極となり，永久磁石のS極と反発することにより，トルクが発生します。

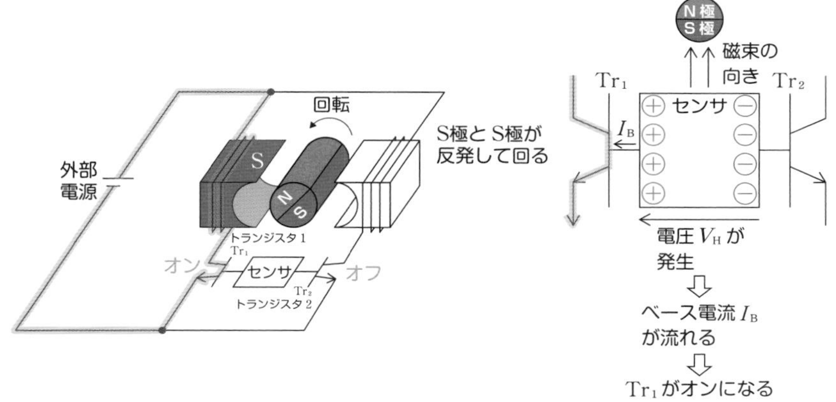

②センサにS極およびN極のいずれの磁極も対向していない状態では，センサに電圧は生じず，トランジスタ Tr_1 と Tr_2 はともにオフになります。この場合は，電機子は励磁されませんが，モータの慣性によって永久磁石は同一方向に回転します。

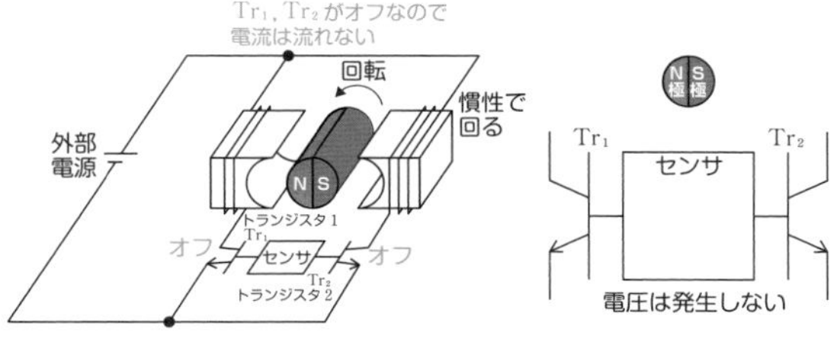

③永久磁石が回転し，センサにN極の磁極が対向する状態では，①のS極の場合とは逆方向の電圧V_Hがセンサに発生し，ベース電流I_Bが流れることによりトランジスタTr_2がオンになります。このとき，図の右の電機子が励磁されてS極となり，永久磁石のS極と反発することにより，トルクが発生します。

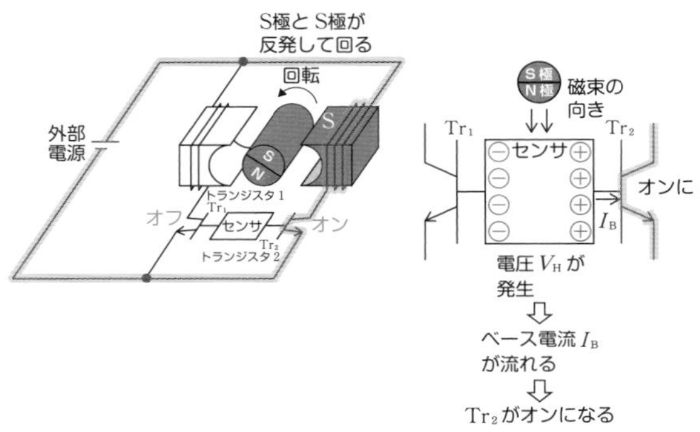

問題集 問題145 問題146

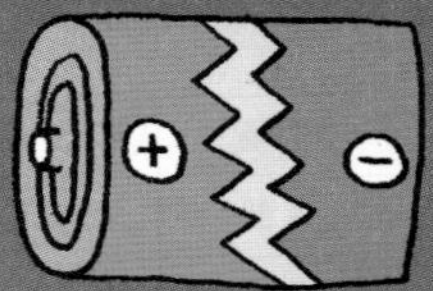

CHAPTER 11
電気化学

CHAPTER 11

電気化学

充電して再度使用することができる二次電池の化学的な原理について学びます。物質の化学反応式や電気分解の様子について学び，電流や物質量を計算できるようにしましょう。

このCHAPTERで学習すること

SECTION 01 電気化学

二次電池の種類	陽極	陰極	電解液	公称電圧
リチウムイオン蓄電池	リチウム系	黒鉛	有機電解液	3.7 V
鉛蓄電池	PbO_2	Pb	H_2SO_4	2.0 V
アルカリ蓄電池	NiOOH	Cd	アルカリ水溶液	1.2 V

各種電池のしくみやファラデーの電気分解の法則について学びます。

傾向と対策

出題数

0～1問／22問中

・計算問題中心

	H27	H28	H29	H30	R1	R2	R3	R4上	R4下	R5上
電気化学	0	1	0	1	0	0	1	1	0	0

ポイント

電気分解の化学反応式の計算には，原子の質量，種類，原子量に関する化学的な知識が必要となります。二次電池の種類だけでなく，各電池の正極，負極に使用される物質や電解液，電子の移動方向に関する知識を問われる問題もあるため，各電池の原理としくみを正しく理解することが大切です。出題数は少ないですが，複雑な問題は少ないため，しっかりと理解して得点しましょう。

SECTION 01 電気化学

このSECTIONで学習すること

1 各種電池

一次電池や二次電池の概念や種類，それぞれの電池の原理について学びます。

2 ファラデーの電気分解の法則

電気分解の概念やしくみ，ファラデーの電気分解の法則について学びます。

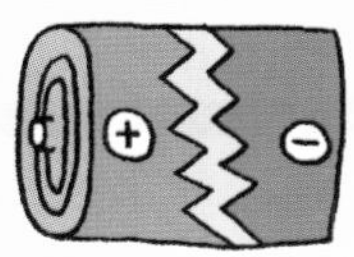

1 各種電池

重要度★★☆

Ⅰ 一次電池と二次電池

電池には，一次電池と二次電池があります。マンガン電池などの一度しか使えず，放電すると再度使用できない電池を**一次電池**（いちじでんち）といいます。

一方，充電放電を繰り返して使用可能な電池を**二次電池**（にじでんち）（**蓄電池**（ちくでんち））といいます。**蓄電池**（ちくでんち）は**電極**（でんきょく）と呼ばれる2種類の金属と**電解液**（でんかいえき）（電解質の水溶液）から構成されていて，イオン化傾向（Ⅱを参照）の差を利用して**起電力**を得ています。

ひとこと

二次電池のことを蓄電池ともいいます。試験では，蓄電池という言葉がよく使われます。

陽イオンと陰イオンに分離する電解質の水溶液を用いなければ，イオンの受け渡しができず，電流が流れません。

板書 二次電池の種類

二次電池の種類	陽極	陰極	電解液	公称電圧
リチウムイオン蓄電池	リチウム系	黒鉛	有機電解液	3.7 V
鉛（なまり）蓄電池	PbO_2	Pb	H_2SO_4	2.0 V
アルカリ蓄電池	NiOOH	Cd	アルカリ水溶液	1.2 V

ひとこと

アルカリ蓄電池とは一般にニッケルカドミウム蓄電池のことを指し，試験では陽極にオキシ水酸化ニッケルを用いた蓄電池がよく使われます。

公称電圧とは，電池1個あたりの電圧のことです。単電池や単セルの電圧といわれることもあります。

問題集 問題147 問題148 問題149

II 蓄電池の原理

電子を失う，水素を失う，酸素と反応することを**酸化**（さんか）といいます。電子を放出し，陽（よう）イオンになりやすい金属と，陽イオンになりにくい金属があり，この性質を**イオン化傾向**（かけいこう）が大きい，小さいといいます。

逆に，電子を受け取る，水素を受け取る，酸素を失うことを**還元**（かんげん）といいます。

ひとこと

一般に，電子を失う物質と受け取る物質があるので，酸化と還元は同時に起こります。

電解液に2つの電極を入れて導線でつなぐと，イオン化傾向の大きい電極では酸化（電子を失う）が起こり，イオン化傾向の小さい電極では還元（電子を得る）が起こり，イオン化傾向の大きい電極から小さい電極へ導線を介して電子が移動します。その結果電流が流れます（理論）。これを**放電**（ほうでん）といいます。

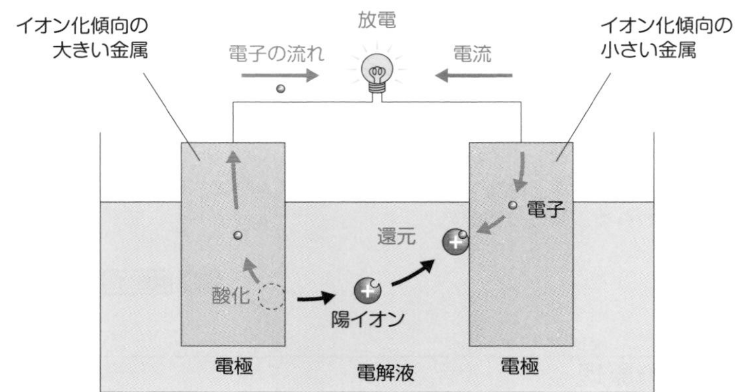

ひとこと

イオン化傾向の差が大きいほど起電力は大きくなります。

蓄電池の電極間に直流電源を接続すると，放電時と逆の現象が起こります。これを**充電**（じゅうでん）といいます。

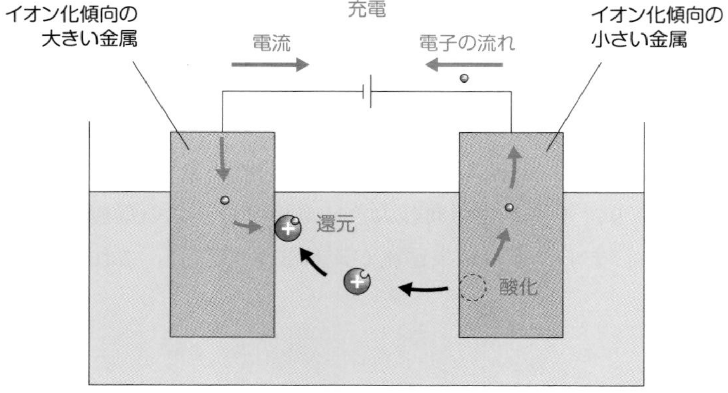

ひとこと

電流の流れ出る電極を正極といい，流れ込む電極を負極といいます。イオン化傾向の小さい電極を陽極といい，充電するときには正極と接続します。イオン化傾向の大きい電極を陰極といいます。

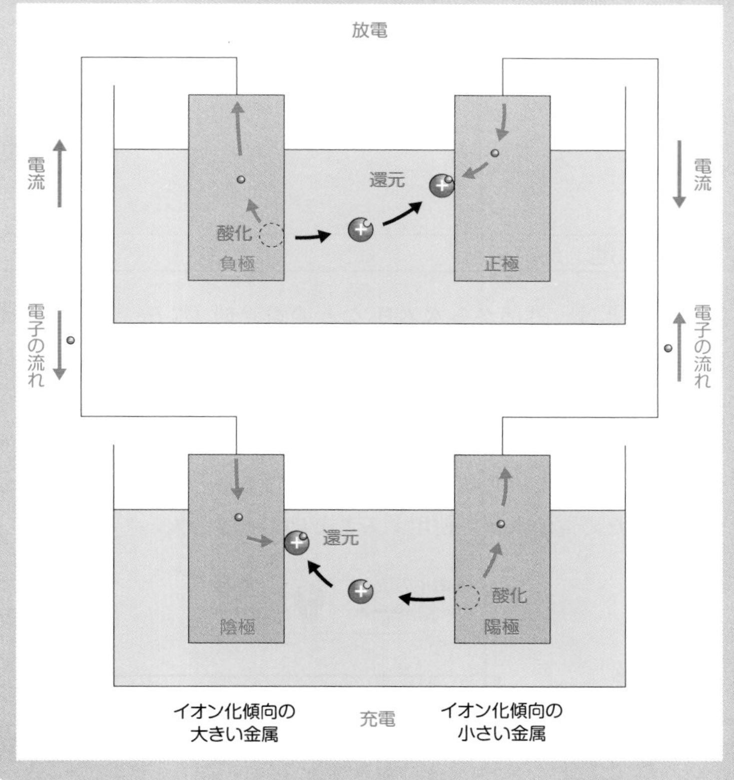

Ⅲ 鉛蓄電池

充電された鉛蓄電池が放電すると，酸化鉛 PbO_2 と希硫酸 H_2SO_4 が反応し，硫酸鉛 $PbSO_4$ と水 H_2O になり，充電時と比べ放電後は比重が小さくなります。

$$\underset{正極}{PbO_2} + \underset{負極}{Pb} + \underset{電解液}{2H_2SO_4} \underset{充電}{\overset{放電}{\rightleftarrows}} \underset{両極}{2PbSO_4} + \underset{電解液}{2H_2O}$$

問題集 問題151 問題152

Ⅳ 燃料電池

燃料電池（ねんりょうでんち）とは，外部から水素 H_2 などの還元剤（電子 e^- を相手に与える物質）と酸素 O_2 などの酸化剤（電子 e^- を相手から受け取る物質）の供給を受けて，化学エネルギーを電気エネルギーに変換して取り出す発電装置です。

燃料電池は，電気容量に限界のある一次電池や二次電池と違い，水素などの燃料を外部から供給し続ける間は電気を得ることができます。しかし，燃料が必要なため電池単体で使用することはできません。

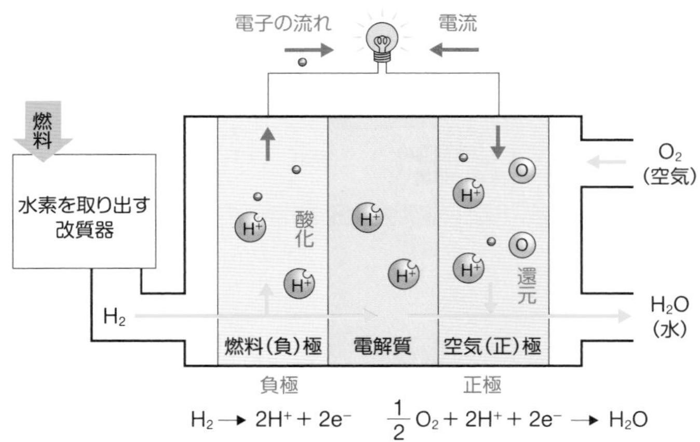

ひとこと

周囲の温度が上がると化学反応が活発になり，端子電圧は上昇します。逆に周囲の温度が下がると，端子電圧は低下します。

2 ファラデーの電気分解の法則

重要度★★☆

I 電気分解

電気分解(でんきぶんかい)とは，電気エネルギーを化学エネルギーに変換するため，電解液中に電極を2つ置き，外部の直流電源により電流を流し，電極の表面で酸化還元反応を起こすことをいいます。

ひとこと

蓄電池の充電も電気分解を利用したものです。

II 両極で起きる反応

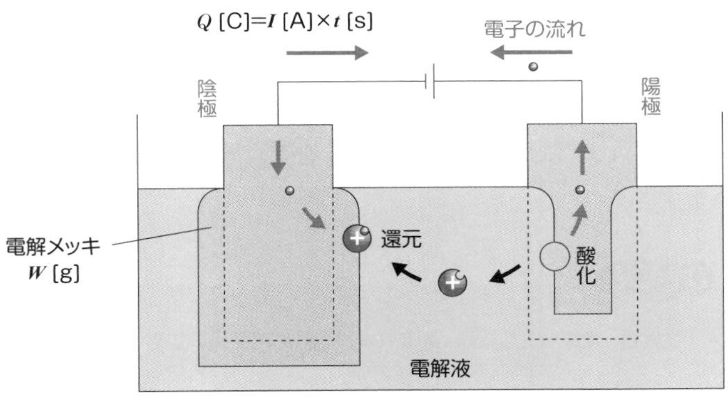

陽極では，外部電源の正極から電流が流れ込み，**酸化反応**が起こります。このとき，❶電解液中に酸化されやすい物質がない場合，陽極側の金属が溶け出します。❷陽極よりも酸化されやすい物質が電解液中にある場合，陽極は溶け出さず，それらの物質が酸化します。

ひとこと

電流を流すと陽極が溶け出す現象を利用した**電解研磨**（でんかいけんま）というものがあります。

陰極では，外部電源の負極から電子を受け取り，**還元反応**が起こります。このとき，❶電解液中にイオン化傾向の大きい金属しかない場合，電解液中の水H_2Oなどが還元されます。❷電解液中にイオン化傾向の小さい金属がある場合，それらが還元されて陰極の表面に析出（溶液中のイオンなどが固体となって生成されること）し，このとき析出された金属を**電解めっき**といいます。

ひとこと

陰極で電解めっきが析出される現象を利用した**電解精錬**（でんかいせいれん）というものがあります。

Ⅲ ファラデーの電気分解の法則

電気分解により各電極に発生，析出する物質の量Wは，通過した電気量（量記号：Q，単位：C）に比例します。これを**ファラデーの電気分解の第一法則**といいます。

電気量（電荷）Q[C]は，電流I[A]×通電時間t[s]で表されます。

同じ電気量で析出する物質の量Wは，物質（イオン）の種類に関係なく，そのイオンの価数に反比例します。これを**ファラデーの電気分解の第二法則**といいます。

ひとこと
試験において原子量は与えられますが，原子価の値は与えられないこともあります。水素は1価，酸素とほとんどの金属が2価であると覚えておきましょう。

公式 ファラデーの電気分解の法則

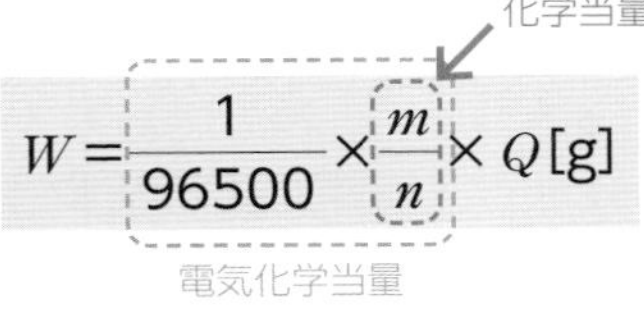

$$W = \frac{1}{96500} \times \frac{m}{n} \times Q\,[\mathrm{g}]$$

$$W = \frac{1}{96500} \times \frac{m}{n} \times It\,[\mathrm{g}]$$

析出量：W[g]
原子量：m
原子価：n
電気量：Q[C]
電流：I[A]
時間：t[s]

ひとこと
試験では，$W = \frac{1}{96500} \times \frac{m}{n} \times It$[g]の通電時間$t$[s]を$T$[h]で表した，

$W = \frac{1}{27} \times \frac{m}{n} \times IT$[g]の式がよく使われます。

ひとこと
試験において，分母のファラデー定数96500 C/molや27 A·h/molは与えられるので，単位の[s]や[h]に気を付けましょう。

問題集 問題155 問題156 問題157

索 引

と

な

に

ね

の

は

ひ

TAC
出版
TAC PG

２分冊の使い方

★セパレートBOOKの作りかた★

白い厚紙から，各分冊の冊子を取り外します。

※厚紙と冊子が，のりで接着されています。乱暴に扱いますと，破損する危険性がありますので，丁寧に抜きとるようにしてください。

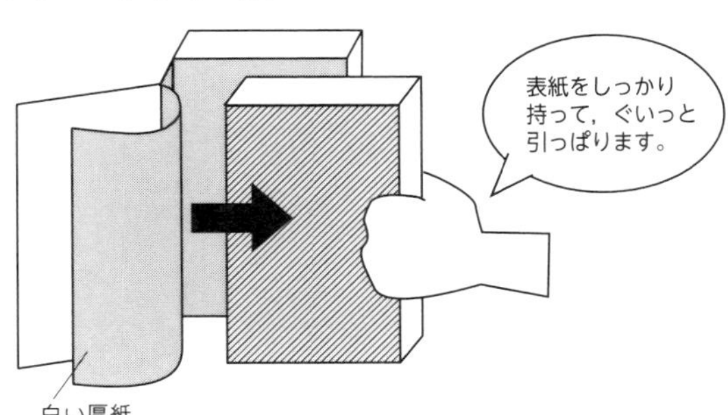
表紙をしっかり
持って，ぐいっと
引っぱります。
白い厚紙

※抜きとるさいの損傷についてのお取替えはご遠慮願います。

第3版

みんなが欲しかった!

電験三種 機械の教科書&問題集

第2分冊

問題集編

第 2 分冊

問題集編

※問題の難易度は下記の通りです

A　平易なもの
B　少し難しいもの
（A・Bについて）難易度がAとBの問題は必ず解けるようにしましょう
C　相当な計算・思考が求められるもの

※過去問のB問題のなかで選択問題については，出題の表記をCとしています（例H23-C17）

第2分冊 問題集編

CHAPTER 01

直流機

難易度 A 起電力と逆起電力

教科書 SECTION 01

問題01 直流電動機が回転しているとき，導体は磁束を切るので起電力を誘導する。この起電力の向きは，フレミングの (ア) によって定まり，外部から加えられる直流電圧とは逆向き，すなわち電機子電流を減少させる向きとなる。このため，この誘導起電力は逆起電力と呼ばれている。直流電動機の機械的負荷が増加して (イ) が低下すると，逆起電力は (ウ) する。これにより，電機子電流が増加するので (エ) も増加し，機械的負荷の変化に対応するようになる。

上記の記述中の空白箇所(ア)，(イ)，(ウ)及び(エ)に記入する語句として，正しいものを組み合わせたのは次のうちどれか。

	(ア)	(イ)	(ウ)	(エ)
(1)	右手の法則	回転速度	減　少	電動機の入力
(2)	右手の法則	磁束密度	増　加	電動機の入力
(3)	左手の法則	回転速度	増　加	電動機の入力
(4)	左手の法則	磁束密度	増　加	電機子反作用
(5)	左手の法則	回転速度	減　少	電機子反作用

H13-A1

	①	②	③	④	⑤
学習日					
理解度 (○/△/×)					

解説

(ア) 誘導起電力の向きはフレミングの**右手の法則**によって決まる。

(イ) 直流電動機の機械的負荷が増加すると，**回転速度**が低下する。

(ウ) 誘導起電力の公式$e = B\ell v$より，速度が低下すると，逆起電力として発生している誘導起電力も**減少**する。

(エ) 逆起電力が減少し，電機子電流が増加すると，**電動機の入力**が大きくなる。

よって，(1)が正解。

解答… (1)

ポイント

導体に電流を流すと，導体はフレミングの左手の法則の向きに従って運動し，導体が運動しているときは右手の法則の向きに従って起電力が生じます。

難易度 B 直流機の構造

教科書 SECTION 01

問題02 次の文章は，直流機の構造に関する記述である。

直流機の構造は，固定子と回転子とからなる。固定子は，[(ア)]，継鉄などによって，また，回転子は，[(イ)]，整流子などによって構成されている。

電機子鉄心は，[(ウ)]磁束が通るため，[(エ)]が用いられている。また，電機子巻線を収めるための多数のスロットが設けられている。

六角形（亀甲形（きっこう））の形状の電機子巻線は，そのコイル辺を電機子鉄心のスロットに挿入する。各コイル相互のつなぎ方には，[(オ)]と波巻とがある。直流機では，同じスロットにコイル辺を上下に重ねて2個ずつ入れた二層巻としている。

上記の記述中の空白箇所(ア)～(オ)に当てはまる組合せとして，正しいものを次の(1)～(5)のうちから一つ選べ。

	(ア)	(イ)	(ウ)	(エ)	(オ)
(1)	界　磁	電機子	交　番	積層鉄心	重ね巻
(2)	界　磁	電機子	交　番	鋳　鉄	直列巻
(3)	界　磁	電機子	一定の	積層鉄心	直列巻
(4)	電機子	界　磁	交　番	鋳　鉄	重ね巻
(5)	電機子	界　磁	一定の	積層鉄心	直列巻

R5上-A1

	①	②	③	④	⑤
学習日					
理解度 (○/△/×)					

解説

(ア) 直流機は固定子と回転子からなる（図１）。一般に直流機の固定子は磁束をつくっており，このように磁束をつくる部分を**界磁**という。

(イ) 直流機における回転子は，界磁のつくる磁束を切って誘導起電力を発生する**電機子**の役割を担っている。

(ウ) 界磁と電機子は，相対的に回転運動している。一般に直流機においては，界磁による磁束の向きが変わらないため，電機子鉄心を通る磁束はその極性が交互に変化する**交番**磁束となる。

(エ) 電機子鉄心には，交番磁束により渦電流が流れることで，損失が発生する。この損失を低減するために，電機子鉄心では渦電流が流れにくい，幾層にも薄い板を重ねた**積層鉄心**が用いられている（図２）。

(オ) 各コイル相互のつなぎ方には，**重ね巻**と波巻とがある。直流機では，同じスロットにコイル片を上下に重ねて２個ずつ入れた二層巻としている。

よって，(1)が正解。

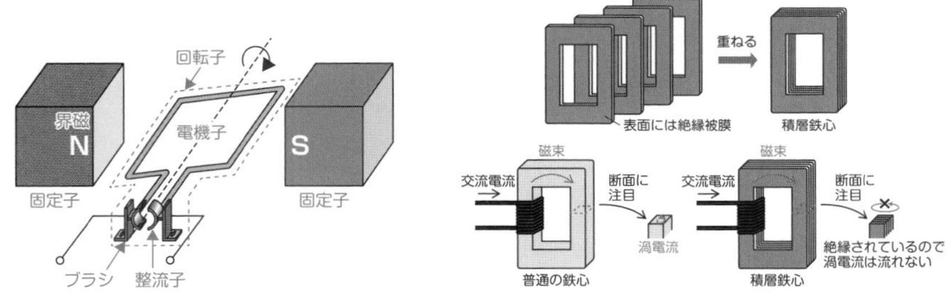

図１　　　図２

解答… (1)

難易度 A

重ね巻直流機の誘導起電力

教科書 SECTION 02

問題03 長さl[m]の導体を磁束密度B[T]の磁束の方向と直角に置き，速度v[m/s]で導体及び磁束に直角な方向に移動すると，導体にはフレミングの[(ア)]の法則により，$e=$[(イ)][V]の誘導起電力が発生する。

1極当たりの磁束がΦ[Wb]，磁極数がp，電機子総導体数がZ，巻線の並列回路数がa，電機子の直径がD[m]なる直流機が速度n[min^{-1}]で回転しているとき，周辺速度は$v=\pi D\dfrac{n}{60}$[m/s]となり，直流機の正負のブラシ間には[(ウ)]本の導体が[(エ)]に接続されるので，電機子の誘導起電力Eは，$E=$[(オ)][V]となる。

上記の記述中の空白箇所(ア)，(イ)，(ウ)，(エ)及び(オ)に当てはまる語句又は式として，正しいものを組み合わせたのは次のうちどれか。

	(ア)	(イ)	(ウ)	(エ)	(オ)
(1)	右　手	Blv	$\dfrac{Z}{a}$	直　列	$\dfrac{pZ}{60a}\Phi n$
(2)	左　手	Blv	Za	直　列	$\dfrac{pZa}{60}\Phi n$
(3)	右　手	$\dfrac{Bv}{l}$	Za	並　列	$\dfrac{pZa}{60}\Phi n$
(4)	右　手	Blv	$\dfrac{a}{Z}$	並　列	$\dfrac{pZ}{60a}\Phi n$
(5)	左　手	$\dfrac{Bv}{l}$	$\dfrac{Z}{a}$	直　列	$\dfrac{Z}{60pa}\Phi n$

H20-A1

	①	②	③	④	⑤
学習日					
理解度 (○/△/×)					

解説

(ア) 誘導起電力の向きはフレミングの右手の法則によって決まる。

(イ) 誘導起電力の大きさ e[V]は,

$$e = B\ell v \sin 90^\circ = B\ell v \text{[V]}$$

ここで，磁束密度 B は，$\dfrac{\text{全磁束}}{\text{電機子の表面積}}$ で求められるため,

$$B = \frac{p\Phi}{\pi D\ell} \text{[T]}$$

周辺速度 v は，$\dfrac{\text{距離}}{\text{時間}} = \dfrac{\text{円周} \times 1\text{分間の回転数}}{\text{時間}}$ で求められるため,

$$v = \frac{\pi Dn}{60} \text{[m/s]}$$

と表すことができる。

(ウ)(エ) 直流機の正負のブラシ間には，$\dfrac{\text{全導体数}}{\text{並列回路数}}$ より，$\dfrac{Z}{a}$ 本の導体が直列に接続される。

(オ) ゆえに，誘導起電力 E[V]は,

$$E = B\ell v \cdot \frac{Z}{a} = \frac{p\Phi}{\pi D\ell} \cdot \ell \cdot \frac{\pi Dn}{60} \cdot \frac{Z}{a} = \frac{pZ}{60a}\Phi n \text{[V]}$$

よって，(1)が正解。

解答… (1)

ポイント

たとえば，図の場合，並列回路数は $a=4$，電機子総導体数（コイル辺の数）は $Z=16$ なので，$16 \div 4 = 4$ 本の導体が直列に接続されていると考えることができます。

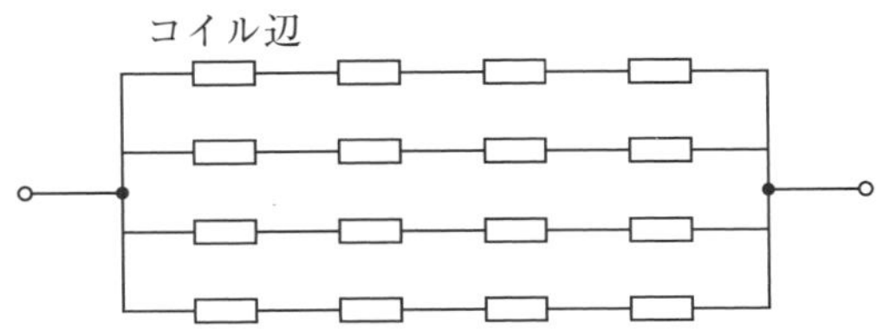

難易度 **A**

誘導起電力と端子電圧

教科書 SECTION 02

問題04 電機子巻線が重ね巻である4極の直流発電機がある。電機子の全導体数は576で，磁極の断面積は0.025 m^2である。この発電機を回転速度600 min^{-1}で無負荷運転しているとき，端子電圧は110 Vである。このときの磁極の平均磁束密度[T]の値として，最も近いのは次のうちどれか。

ただし，漏れ磁束はないものとする。

(1) 0.38　(2) 0.52　(3) 0.64　(4) 0.76　(5) 0.88

H18-A1

	①	②	③	④	⑤
学習日					
理解度 (○/△/×)					

解説

この発電機の誘導起電力をE_a[V]，磁極数をp，電機子の全導体数をZ，並列回路数をa，1極あたりの磁束をϕ[Wb]，回転速度をN[min^{-1}]とすると，直流発電機の誘導起電力の公式より，

$$E_a = \frac{pZ}{60a}\phi N[\mathrm{V}]$$

ただし，重ね巻であるから$a=p$である。また，無負荷運転であるから，端子に負荷がつながっておらず，負荷電流が流れないため，電圧降下はほぼ0Vとみなせる。ゆえに，端子電圧は誘導起電力と等しい。

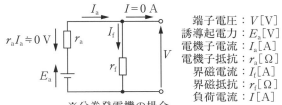

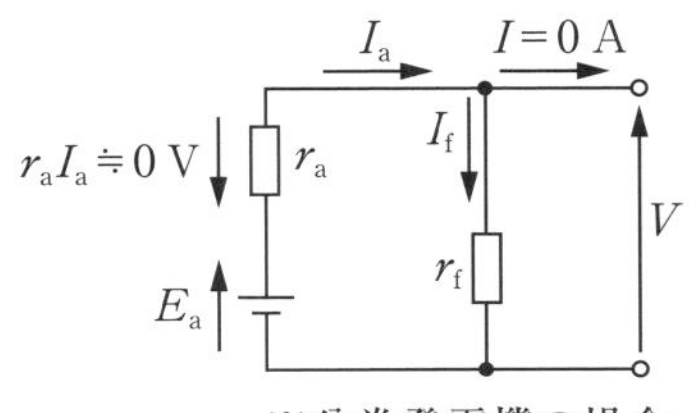

※分巻発電機の場合

端子電圧：V[V]
誘導起電力：E_a[V]
電機子電流：I_a[A]
電機子抵抗：r_a[Ω]
界磁電流：I_f[A]
界磁抵抗：r_f[Ω]
負荷電流：I[A]

これより，磁束ϕ[Wb]を求めると，

$$\phi = \frac{60aE}{pZN} = \frac{60 \times 4 \times 110}{4 \times 576 \times 600} \fallingdotseq 0.0191\ \mathrm{Wb}$$

したがって，平均磁束密度B[T]の値は，

$$B = \frac{磁束}{面積} = \frac{0.0191}{0.025} \fallingdotseq 0.76\ \mathrm{T}$$

よって，(4)が正解。

解答… (4)

ポイント

発電機の無負荷運転とは，発電機の端子を開放（何もつなげない）して運転することです。

難易度 B　電機子導体（1本）に誘導される起電力

教科書 SECTION 02

問題05 図は，磁極数が2の直流発電機を模式的に表したものである。電機子巻線については，1巻き分のコイルを示している。電機子の直径Dは0.5 m，電機子導体の有効長lは0.3 m，ギャップの磁束密度Bは，図の状態のように電機子導体が磁極の中心付近にあるとき一定で0.4 T，回転速度nは1 200 min^{-1}である。図の状態におけるこの1巻きのコイルに誘導される起電力e[V]の値として，最も近いものを次の(1)～(5)のうちから一つ選べ。

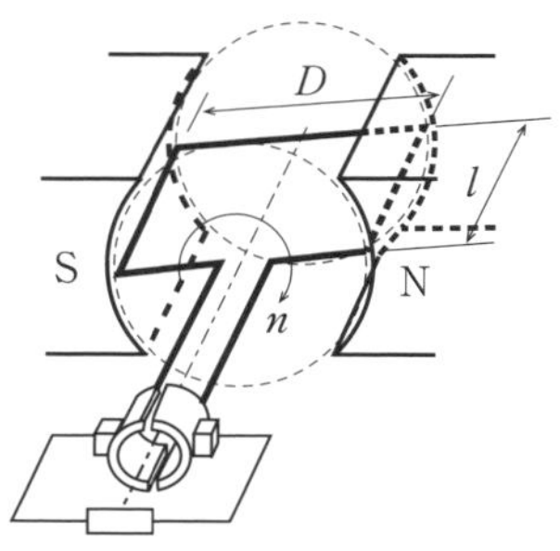

(1)　2.40　　(2)　3.77　　(3)　7.54　　(4)　15.1　　(5)　452

H25-A2

	①	②	③	④	⑤
学習日					
理解度 (○/△/×)					